John Horgan

An den Grenzen des Wissens
Siegeszug und Dilemma der Naturwissenschaften

JOHN HORGAN

AN DEN GRENZEN DES WISSENS

Siegeszug und Dilemma
der Naturwissenschaften

Aus dem Amerikanischen
von Thorsten Schmidt

LUCHTERHAND

Die Originalausgabe erschien 1996 unter dem Titel *The End of Science.
Facing the Limits of Knowledge in the Twilight of the Scientific Age* bei
Addison-Wesley, Reading, Massachusetts.

Die Deutsche Bibliothek – CIP-Einheitsaufnahme

Horgan, John:
An den Grenzen des Wissens : Siegeszug und Dilemma der
Naturwissenschaften / John Horgan. – München : Luchterhand, 1997
Einheitssacht.: The end of science <dt.>
ISBN 3-630-87992-6

2 3   99 98 97
© 1996 John Horgan
© 1997 für die deutsche Ausgabe
Luchterhand Literaturverlag GmbH, München
Typographische Gestaltung: Ina Munzinger, Berlin
Satz aus der Aldus und Arbitrary von Greiner & Reichel, Köln
Druck und Bindung durch Friedrich Pustet, Regensburg
Alle Rechte vorbehalten. Printed in Germany
ISBN 3-630-87 992-6

INHALT

EINLEITUNG:
Die Suche nach »Der Antwort« 9
Einflußangst in den Wissenschaften 17

1. DAS ENDE DES FORTSCHRITTS
Gunther Stents Goldenes Zeitalter 23
Ein Ausflug nach Berkeley 28
Was die Wissenschaft geleistet hat 34
Die Unsterblichkeit wird entzaubert 35
Was die Physiker vor einhundert Jahren glaubten 38
Der apokryphe Patentbeamte 40
Aufstieg und Fall des Fortschritts 43
Die Zeit der grenzenlosen Horizonte ist vorbei 46
Schwere Zeiten für die Physik 50
Die optimistische Gegenstimme Nicholas Reschers 53
Die Bedeutung von Francis Bacons »plus ultra« 55

2. DAS ENDE DER WISSENSCHAFTSTHEORIE
Karl Popper – Mutmaßungen und Widersprüche 59
Das Paradigma des Thomas Kuhn 74
Paul Feyerabend, Anarchist 83
Colin McGinn verkündet das Ende der Philosophie 97
Die Bedeutung des Zahir 101

3. DAS ENDE DER PHYSIK
Sheldon Glashows Zweifel 106
Der scharfsinnigste Physiker von allen: Edward Witten 111

Teilchen-Ästhetik 118
Der Alptraum einer endgültigen Theorie:
  Steven Weinberg 121
Keine weiteren Überraschungen: Hans Bethe 130
John Wheeler und das »It from Bit« 133
David Bohms implizite Ordnung 141
Richard Feynmans düstere Prophezeiung 150

4. DAS ENDE DER KOSMOLOGIE

Stephen Hawkings grenzenlose Phantasie 153
Die großen Überraschungen der Kosmologie 158
Der russische Magier Andrej Linde 162
Die Deflation der Inflation 169
Fred Hoyle, der Sonderling 173
Das Sonnen-Prinzip 181
Das Ende der Entdeckungen 184

5. DAS ENDE DER EVOLUTIONSBIOLOGIE

Richard Dawkins, Darwins Bannerträger 187
Das Zufalls-Modell von Stephen Jay Gould 195
Die Gaia-Häresie: Lynn Margulis 209
Stuart Kauffmans Ordnungsliebe 215
Der Konservatismus der Wissenschaft 222
Der geheimnisvolle Ursprung des Lebens:
  Stanley Miller 224

6. DAS ENDE DER SOZIALWISSENSCHAFTEN

Der Soziobiologe Edward Wilson 231
Ein paar Worte von Noam Chomsky 241
Der Gegen-Fortschritt des Clifford Geertz 248

7. DAS ENDE DER NEUROWISSENSCHAFTEN

Francis Crick, der Mephistopheles der Biologie 257
Gerald Edelmans Begriffs-Pirouetten 266
Der Quantendualismus von John Eccles 278
Roger Penrose und das Quasiquantenbewußtsein 280
Die Mysteriker schlagen zurück 285
Woher weiß ich, ob Sie Bewußtsein besitzen? 290
Die vielen Gesichter des Marvin Minsky 294
Hat Bacon das Bewußtseinsproblem gelöst? 303

8. DAS ENDE DER CHAOPLEXITÄT

31 Sorten von Komplexität 312
Christopher Langton und die Poesie des
    Künstlichen Lebens 317
Die Grenzen der Simulation 323
Die selbstorganisierte Kritizität von Per Bak 325
Kybernetik und andere Katastrophen 331
»More Is Different«, meint Philip Anderson 334
Der Quark-Meister Murray Gell-Mann 337
Ilya Prigogine und das Ende der Gewißheit 345
Mitchell Feigenbaum und der Chaos-Kollaps 353
Metaphern bilden 360

9. DAS ENDE DER LIMITOLOGIE

Die Grenzen des Wissens in Santa Fe 363
Ein Treffen mit Gregory Chaitin 380
Fukuyamas Ende der Geschichte 386
Der *Star Trek*-Faktor 390

10. NATURWISSENSCHAFTLICHE THEOLOGIE ODER DAS ENDE DER MASCHINENWISSENSCHAFT

Der Prophet J. D. Bernal 393
Hans Moravecs zanksüchtige Geisteskinder 394
Freeman Dysons Vielfalt 399
Frank Tipler und der Omegapunkt 406

EPILOG

Die Angst Gottes 413
Charles Hartshornes unsterblicher Gott 417
Die Fingernägel Gottes 419

Anmerkungen 423
Literaturhinweise 445
Danksagung 448
Register 449

EINLEITUNG

Die Suche nach »Der Antwort«

Es war im Sommer 1989, als ich während eines Abstechers in die nördliche Provinz des US-Bundesstaats New York ernsthaft über die Möglichkeit nachzudenken begann, daß die Wissenschaft, die reine Wissenschaft, an ihr Ende angelangt ist. Ich stattete damals der University of Syracuse einen Besuch ab, um Roger Penrose zu interviewen, einen britischen Physiker, der dort als Gastdozent lehrte. Vor dem Treffen mit Penrose hatte ich mich mühsam durch die Fahnenabzüge seines schwierigen Buches *Computerdenken* durchgearbeitet, das zu meinem Erstaunen mehrere Monate später, nach einer lobenden Rezension in der *New York Times Book Review*, zu einem Bestseller wurde.[1] In diesem Buch ließ Penrose das gewaltige Panorama der modernen Naturwissenschaft Revue passieren und diagnostizierte grundlegende Defizite. So könne dieses Wissen trotz seiner Macht und seiner Vielfalt nicht einmal ansatzweise das größte Rätsel des Lebens, das menschliche Bewußtsein, erklären.

Der Schlüssel zum Verständnis des Bewußtseins, so spekulierte Penrose, liege möglicherweise in der Kluft, die die zwei wichtigsten Theorien der modernen Physik voneinander trenne: die Quantenmechanik, die den Elektromagnetismus und die Kernkräfte beschreibt, und die allgemeine Relativitätstheorie, Einsteins Theorie der Gravitation. Viele Physiker, angefangen mit Einstein, hatten sich vergeblich darum bemüht, die Quantenmechanik und die allgemeine Relativitätstheorie nahtlos zu einer »einheitlichen« Theorie zu verschmelzen. In seinem Buch skizzierte Penrose in groben Zügen, wie eine solche einheitliche Theorie aussehen und wie sie die Entstehung des Bewußtseins erklären könnte. Sein Modell, das auf skurrilen Quanten- und Gravitationseffekten basierte, die gleichsam

EINLEITUNG

durch das Gehirn »durchsickern«, war vage, verstiegen und wurde von keinerlei physikalischen oder neurowissenschaftlichen Befunden erhärtet. Wenn es sich jedoch auch nur annähernd als richtig erweisen sollte, dann würde es eine gewaltige Leistung darstellen, eine Theorie, die auf einen Streich die Physik vereinheitlichen und eines der kniffligsten Probleme der Philosophie, die Verbindung zwischen Geist und Materie, lösen würde. Penrose' Ehrgeiz allein machte ihn meines Erachtens zu einem hervorragenden Thema eines Kurzporträts in der Zeitschrift *Scientific American*, deren Redaktionsstab ich angehöre.[2]

Penrose holte mich am Flughafen von Syracuse ab. Er war ein kleinwüchsiger Mann mit schwarzem Haarschopf, der einen zugleich zerstreuten und äußerst geistesgegenwärtigen Eindruck machte. Während er zum Campus der Universität fuhr, fragte er sich immer wieder mit lauter Stimme, ob er auch in die richtige Richtung fahre. Er schien von Rätseln umgeben zu sein. So fiel mir die unerquickliche Aufgabe zu, ihm – obgleich ich zum ersten Mal in Syracuse war – zu raten, hier eine Ausfahrt und dort eine Abzweigung zu nehmen. Trotz unserer beider Unkenntnis gelangten wir schließlich ohne Zwischenfall zu dem Gebäude, in dem Penrose arbeitete. Als wir sein Arbeitszimmer betraten, fiel uns beiden auf, daß ein Kollege von ihm eine knallbunte Sprühdose mit der Aufschrift »Superstring« auf seinem Schreibtisch stehengelassen hatte. Als Penrose den Druckknopf auf der Dose betätigte, schoß ein spaghettidünner grüner Strang durch das Zimmer.

Penrose lächelte über diesen kleinen Scherz unter »Eingeweihten«. Denn »Superstring« ist nicht nur der Name eines Kinderspielzeugs, sondern bezeichnet auch ein unvorstellbar kleines und höchst hypothetisches »saitenähnliches« Teilchen, das von einer vielbeachteten physikalischen Theorie postuliert wird. Diese Theorie besagt, daß die gesamte Materie und Energie des Weltalls und sogar Raum und Zeit selbst durch Windungen dieser Strings in einem zehndimensionalen Hyperraum erzeugt werden. Viele der führenden Physiker der Erde sind der Ansicht, daß sich die Superstringtheorie möglicherweise als jene einheitliche Theorie erweisen wird, nach der sie seit so langer Zeit suchen; einige nennen sie deshalb sogar die »Allumfassende Theorie« (*Theory of Everything*). Penrose freilich gehörte nicht zu ihren Adepten. »Sie kann nicht richtig sein«, sagte er mir, »sie entspricht einfach nicht meiner Vorstellung davon, wie die Antwort aussehen müßte.« Ich begann zu ahnen, daß »die Antwort« für ihn mehr war als bloß eine physikalische Theorie, eine Methode, um Daten systematisch zu ordnen und Ereignisse vorherzusagen. Er sprach von *Der Antwort*: dem Geheimnis des Lebens, der Lösung für das Rätsel des Universums.

Penrose ist ein überzeugter Platoniker: Wissenschaftler erfinden demnach die Wahrheit nicht, sie entdecken sie. Echte Wahrheiten strahlen eine Schönheit, eine Stimmigkeit und eine Evidenz aus, die ihnen die Macht der Offenbarung verleiht. Nach Penrose' Überzeugung fehlten der Superstringtheorie all diese Eigenschaften. Zwar räumte er ein, daß der »Vorschlag«, den er in *Computerdenken* unterbreitet habe – und der eingestandenermaßen noch nicht die Bezeichnung *Theorie* verdiene –, recht plump sei. Er mochte sich, insbesondere in den Einzelheiten, als falsch erweisen. Doch er war der festen Überzeugung, daß sein Modell der Wahrheit näher kam als die Superstringtheorie. Ich fragte Penrose, ob er damit sagen wolle, daß die Wissenschaftler eines Tages *Die Antwort* finden und ihre Suche somit an ein Ende kommen würde.

Anders als einige bekannte Naturwissenschaftler, die Bedachtsamkeit mit Schwäche gleichzusetzen scheinen, denkt Penrose nach, bevor er antwortet, ja noch während er antwortet. »Ich glaube nicht, daß wir nahe dran sind«, sagte er langsam, während er einen Blick durch das Fenster seines Büros warf, »doch das heißt nicht, daß sich die Dinge in einem bestimmten Stadium nicht sehr rasch entwickeln könnten.« Er besann sich einen weiteren Augenblick lang. »Ich neige zu der

Annahme, daß es eine Antwort *gibt*«, fuhr er fort, »obgleich das vielleicht zu pessimistisch ist.« Diese letzte Bemerkung machte mich stutzen. Ich fragte ihn, was an einem Wahrheitssucher, der glaube, daß die Wahrheit erreichbar sei, so pessimistisch sei. »Rätsel zu lösen ist eine wundervolle Sache«, erwiderte Penrose, »wenn alle Rätsel gelöst wären, dann wäre das Leben doch irgendwie recht langweilig.« Dann lachte er, so als wunderte er sich selbst über die sonderbaren Worte, die ihm entschlüpft waren.[3]

Noch lange, nachdem ich Syracuse verlassen hatte, grübelte ich über Penrose' Äußerungen nach. War es möglich, daß die Wissenschaft zu Ende geht? Könnten die Wissenschaftler tatsächlich alles aufklären, was es zu wissen gab? Könnten sie das Weltall aller Geheimnisse berauben? Ich konnte mir nur schwer eine Welt ohne Naturwissenschaft vorstellen, und dies nicht nur, weil sie meinen Broterwerb darstellte. Ich war vor allem deshalb Wissenschaftsjournalist geworden, weil ich die Wissenschaft – die reine Wissenschaft, die Suche nach der Erkenntnis um ihrer selbst willen – für die edelste und bedeutsamste aller menschlichen Bestrebungen hielt. Wir sind hier, um herauszufinden, weshalb wir hier sind. Welcher andere Zweck wäre unser würdig?

Die Naturwissenschaft hat nicht von jeher eine solche Faszination auf mich ausgeübt. Als Student machte ich eine Phase durch, in der mir die Literaturwissenschaft als das aufregendste intellektuelle Abenteuer erschien. Doch eines Tages, zu vorgerückter Stunde, nach zu vielen Tassen Kaffee und zu vielen Stunden, die ich damit zugebracht hatte, mich durch eine weitere Interpretation von James Joyce' *Ulysses* durchzubeißen, stürzte ich in eine »Glaubenskrise«. Sehr kluge Menschen stritten sich seit Jahrzehnten über die Bedeutung des *Ulysses*. Doch eine der grundlegenden Botschaften der modernen Literaturtheorie und der modernen Literatur lautete, daß alle Texte »ironisch« sind, das heißt, sie besitzen mehrere Bedeutungsebenen, von denen keine die maßgebliche ist.[4]

Die Suche nach »Der Antwort«

König Ödipus, Die Göttliche Komödie und sogar die Bibel waren demnach in einem gewissen Sinne »nicht ernst gemeint«, sie waren nicht allzu wörtlich zu nehmen. Meinungsverschiedenheiten über die Bedeutung eines Textes lassen sich folglich grundsätzlich nicht lösen, da die einzig wahre Bedeutung eines Textes der Text selbst ist. Selbstverständlich gilt diese These auch für die Literaturwissenschaftler. So blieb einem nur ein unendlicher Regreß von Interpretationen, von denen keine letzte Gültigkeit beanspruchen konnte. Dennoch wurde weitergestritten! Zu welchem Zweck? Damit jeder Interpret beweisen konnte, daß er klüger oder *interessanter* war als alle übrigen? Dies alles erschien mir mit einem Male völlig sinnlos.

Obgleich ich im Hauptfach Englisch studierte, belegte ich in jedem Semester ein Seminar in Naturwissenschaften oder Mathematik. Die Beschäftigung mit einem Problem aus der Infinitesimalrechnung oder der Physik stellte eine wohltuende Abwechslung zu den öden geisteswissenschaftlichen Aufgaben dar; ich empfand eine große Befriedigung, wenn ich die richtige Lösung eines Problems gefunden hatte. Je mehr mich die ironische Sichtweise der Literatur und der Literaturtheorie frustrierte, um so mehr gefiel mir die klare, sachliche Methode der Naturwissenschaft. Naturwissenschaftler besitzen die Fähigkeit, Fragen in einer Weise zu stellen und zu lösen, die Literaturwissenschaftlern, Philosophen und Historikern vorenthalten bleibt. Theorien werden experimentell überprüft, mit empirischen Daten verglichen und verworfen, falls sie nicht im Einklang mit ihnen stehen. Die Macht der Naturwissenschaften läßt sich nicht bestreiten: Sie hat uns Computer und Düsenflugzeuge, Impfstoffe und Wasserstoffbomben beschert – Technologien, die, zum Guten oder Schlechten, den Lauf der Geschichte verändert haben. Die Naturwissenschaft gewährt uns mehr als jede andere Form der Erkenntnis – Literaturtheorie, Philosophie, Kunst, Religion – dauerhafte Einblicke in die Natur der Dinge. Sie bringt uns weiter. Meine

EINLEITUNG

kleine »Glaubenskrise« führte schließlich dazu, daß ich mich für den Beruf des Wissenschaftsjournalisten entschied. Ihr verdanke ich auch das folgende Kriterium für wissenschaftliche Erkenntnis: Die Naturwissenschaft befaßt sich mit Fragen, die sich unter einem vertretbaren Aufwand an Zeit und Ressourcen zumindest grundsätzlich beantworten lassen.

Vor meinem Treffen mit Penrose hatte ich es als selbstverständlich betrachtet, daß die Naturwissenschaft ein zeitlich unbegrenztes, ja unendliches Vorhaben ist. Die Möglichkeit, daß die Naturwissenschaftler eines Tages eine wahre Theorie von so umfassender Erklärungskraft finden, daß sich alle weiteren Forschungen erübrigen würden, war mir als Wunschdenken erschienen bzw. als jene Art von Übertreibung, die erforderlich ist, um die Naturwissenschaft (und die naturwissenschaftlichen Sachbücher) der Masse der Leser schmackhaft zu machen. Die Skepsis und Zwiespältigkeit, mit der Penrose die Aussicht auf eine endgültige Theorie beurteilte, zwangen mich dazu, meine eigene Auffassung von der Zukunft der Naturwissenschaften zu revidieren. Mit der Zeit ließ mich diese Frage nicht mehr los. Wo liegen die Grenzen der Naturwissenschaft? Ist die Naturwissenschaft ein unendliches Unterfangen, oder ist sie so sterblich wie wir? Falls sie sterblich ist, ist ihr Ende dann bereits in Sicht? Steht es gar unmittelbar bevor?

Nach meinem ersten Gespräch mit Penrose suchte ich weitere Naturwissenschaftler auf, die mit ihren Köpfen gegen die Grenzen des Wissens anliefen: Elementarteilchenphysiker, die von einer endgültigen Theorie der Materie und Energie träumten; Kosmologen, die genau verstehen wollten, wie und sogar weshalb das Weltall entstanden ist; Evolutionsbiologen, die herausfinden wollten, wie das Leben entstanden ist und nach welchen Gesetzen sich seine anschließende Entfaltung vollzog; Neurowissenschaftler, die jene Prozesse im Gehirn erforschten, die die Ursache von Bewußtsein sind; Chaos- und Komplexitätsforscher, die hofften, die Naturwissenschaft mit

Hilfe von Computern und neuen mathematischen Verfahren neu zu beleben. Ich sprach auch mit Philosophen, darunter solchen, die bezweifelten, daß die Naturwissenschaft jemals zu objektiven, absoluten Wahrheiten gelangen könnte. Über einige dieser Naturwissenschaftler und Philosophen schrieb ich Artikel, die im *Scientific American* erschienen.

Als ich zum ersten Mal erwog, ein Buch zu schreiben, dachte ich an eine Reihe von Porträts der faszinierenden Wahrheitssucher, die mir zu interviewen vergönnt war. Ich wollte es den Lesern anheimstellen, selbst zu beurteilen, wessen Voraussagen über die Zukunft der Wissenschaft plausibel klangen. Wer wußte schließlich wirklich, wo die äußersten Grenzen der Erkenntnis lagen? Doch allmählich begann ich mir einzubilden, daß *ich* es wußte; ich gelangte zu der Überzeugung, daß ein bestimmtes Szenario plausibler war als alle übrigen. Ich beschloß, jeglichen Anschein journalistischer Objektivität aufzugeben und ein Buch zu schreiben, das eingestandenermaßen einseitig, polemisch und persönlich sein sollte. Obgleich nach wie vor einzelne Naturwissenschaftler und Philosophen im Mittelpunkt stehen sollten, wollte ich mit meinen eigenen Ansichten nicht hinterm Berg halten. Eine solche Vorgehensweise würde eher meiner Überzeugung entsprechen, daß die meisten Aussagen über die Grenzen des Wissens letztlich zutiefst subjektiv sind.

Es ist zu einer Binsenwahrheit geworden, daß Wissenschaftler mehr sind als bloße Maschinen zur Erkenntnisgewinnung; sie werden genauso von Emotionen und Intuitionen wie von kalter Vernunft und methodischer Planung geleitet. Wissenschaftler sind selten so »menschlich«, so ihren Ängsten und Wünschen ausgeliefert, als wenn sie sich zu den Grenzen des Wissens äußern. Den größten Naturwissenschaftlern geht es vor allem darum, die Geheimnisse der Natur zu lüften (und daneben um Ruhm, Fördermittel, ihre berufliche Karriere und um die Verbesserung des Loses der Menschheit); sie streben nach *Wissen*. Sie hoffen und glauben, daß die Wahrheit erreichbar ist und nicht bloß ein Ideal oder einen Grenzzustand darstellt, dem man sich ewig nähert. Und sie sind wie ich der Ansicht, daß das Streben nach Erkenntnis die bei weitem edelste und sinnvollste menschliche Tätigkeit ist.

Naturwissenschaftlern, die dieser Auffassung sind, wird oftmals der Vorwurf der Arroganz gemacht. Und in der Tat sind einige in höchstem Maße überheblich. Doch viele andere sind meiner persönlichen Erfahrung nach weniger arrogant als vielmehr besorgt. Die Wahrheitssucher haben heute einen schweren Stand. Das Unternehmen Wissenschaft wird von Technikfeinden, Tierschützern, religiösen Fundamentalisten und, am meisten, von knauserigen Politikern bedroht. Gesellschaftliche, politische und ökonomische Zwänge werden in Zukunft dafür sorgen, daß es schwieriger werden wird, Wissenschaft, und insbesondere reine Wissenschaft, zu betreiben.

Zudem schränkt die Wissenschaft durch ihren Fortschritt ihre Macht selbst ein. Nach Einsteins spezieller Relativitätstheorie kann sich ein Teilchen, und somit beispielsweise auch Information, niemals schneller als mit Lichtgeschwindigkeit ausbreiten; die Quantenmechanik postuliert, daß unser Wissen über mikroskopisch kleine Räume immer »unscharf« bleiben wird; die Chaostheorie bestätigt, daß auch ohne die quantenmechanische Unbestimmtheit zahlreiche Phänomene nicht vorhersagbar sind; Kurt Gödels Unvollständigkeitssatz versagt uns die Möglichkeit, eine vollständige, konsistente mathematische Beschreibung der Wirklichkeit zu entwerfen. Und die Evolutionsbiologie erinnert uns immer wieder daran, daß wir Tiere sind, die von der natürlichen Selektion dazu ausersehen wurden, Nachkommen zu zeugen, und nicht etwa, tiefschürfende Wahrheiten über die Natur zu entdecken.

Optimisten, die glauben, sie könnten all diese Beschränkungen überwinden, sehen sich mit einem anderen Dilemma konfrontiert, dem vielleicht beunruhigendsten von allen. Was werden die Wissenschaftler tun, wenn es ihnen gelingt, alles zu wissen, was man wissen kann? Was wäre dann der Zweck ihres Lebens? Was der Zweck des menschlichen Daseins überhaupt? Roger Penrose enthüllte seine Sorge angesichts dieses Dilemmas, als er seinen Traum von einer endgültigen Theorie als pessimistisch bezeichnete.

In Anbetracht dieser beunruhigenden Fragen ist es kein Wunder, daß zahlreiche Naturwissenschaftler, die ich für dieses Buch interviewte, von einem tiefen Unbehagen erfüllt zu sein schienen. Doch diese Verzagtheit hat meines Erachtens eine andere, sehr viel unmittelbarere Ursache. *Wenn man an die Wissenschaft glaubt,* dann muß man sich mit der Möglichkeit – ja sogar der Wahrscheinlichkeit – abfinden, daß das große Zeitalter der wissenschaftlichen Entdeckungen vorüber ist. Mit *Wissenschaft* meine ich nicht die angewandte Wissenschaft, sondern die Wissenschaft in ihrer reinsten und höchsten Form, das dem Menschen von Natur aus innewohnende Streben, das Weltall und seinen eigenen Platz darin zu verstehen. Weitere Forschungen werden möglicherweise zu keinen bedeutenden Entdeckungen oder Umwälzungen mehr führen, sondern nur noch »sinkende Grenzerträge« abwerfen.

Einflußangst in den Wissenschaften

Bei dem Versuch, die Gemütslage der zeitgenössischen Wissenschaftler zu verstehen, habe ich festgestellt, daß sich literaturtheoretische Konzepte gewinnbringend verwenden lassen. In seinem einflußreichen Essay *Einflußangst* aus dem Jahre 1973 verglich Harold Bloom den modernen Dichter mit der Figur des Satans in Miltons *Paradise Lost.*[5] So wie Satan danach strebte, seine Individualität zu behaupten, indem er die Vollkommenheit Gottes in Frage stellte, so muß, Bloom zufolge, der moderne Dichter einen ödipalen Kampf führen, um in Beziehung zu Shakespeare, Dante und anderen Meistern seine Identität zu definieren. Dieses Bemühen sei jedoch letztlich vergeblich, weil kein Dichter hoffen könne, die Vollkommenheit dieser Vorfahren zu erreichen, geschweige denn zu übertreffen. Alle modernen Dichter seien im Grunde genommen tragische Figuren, Zuspätgekommene. Auch die zeitgenössischen Naturwissenschaftler sind Zuspätgekommene, und ihnen ist sogar eine sehr viel schwerere Bürde auferlegt als den Dichtern. Denn sie müssen nicht nur Shakespeares *König Lear* erdulden, sondern auch die Newtonschen Bewegungsgesetze, die Darwinsche Theorie der natürlichen Selektion und Einsteins allgemeine Relativitätstheorie. Diese Theorien sind nicht nur schön, sondern auch wahr, empirisch wahr, auf eine Weise, die kein Kunstwerk je erreichen kann. Die meisten Forscher gestehen offen ihr Unvermögen ein, die »Last einer Tradition abzuwerfen, die so reichhaltig geworden ist, daß ihr nichts mehr fehlt«, wie Bloom sich ausdrückte.[6] Sie bemühen sich um die Lösung dessen, was der Wissenschaftsphilosoph Thomas Kuhn herablassend »Kleinkram« nannte – Probleme also, deren Lösung das vorherrschende Paradigma bestätigt. Sie begnügen sich damit, die brillanten, bahnbrechenden Entdeckungen ihrer Vorgänger zu verbessern und praktisch anzuwenden. Sie versuchen die Masse der Quarks genauer zu bestimmen oder aufzuklären, wie ein bestimmter Strang der DNS (Desoxyribonukleinsäure) das Wachstum des embryonalen Gehirns steuert. Andere entwickeln sich zu dem von Bloom verspotteten Typus des »Rebellen aus Prinzip, der in kindlichem Protest überkommene Moralkategorien auf den Kopf stellt«.[7] Die Rebellen entlarven die herrschenden naturwissenschaftlichen Theorien als fadenscheinige soziale Mythen, die keineswegs sorgfältig überprüfte Beschreibungen der Natur seien.

Blooms »starke Dichter« finden sich mit der Vollkommenheit ihrer Vorgänger ab und streben doch zugleich danach, sie durch verschiedene Tricks einschließlich einer raffinierten Fehlinterpretation ihrer Werke zu überbieten; nur so können sich moderne Poeten vom übermächtigen, fesselnden Einfluß der Vergangenheit befreien. Ebenso gibt es »starke Wissenschaftler«, die zum Beispiel versuchen, die Quantenmechanik, die Urknalltheorie oder die Darwinsche Evolutionstheorie gezielt zu mißdeuten und so über sie hinauszugelangen. Roger Penrose ist ein solcher »starker Wissenschaftler«. In den meisten Fällen bleibt Wissenschaftlern wie ihm nichts anderes übrig, als Wissenschaft auf eine spekulative, postempirische Weise zu betreiben. Diese »ironische Wissenschaft«, wie ich sie nennen möchte, gleicht der Literaturwissenschaft, insofern sie Standpunkte und Meinungen anbietet, die bestenfalls interessant sind und zu weiteren Kommentaren Anlaß geben. Doch sie nähert sich nicht der Wahrheit an. Sie kann nicht mit empirisch überprüfbaren Überraschungen aufwarten, die Wissenschaftler zu einschneidenden Korrekturen an ihrem Basismodell der Wirklichkeit zwingen würden.

Die gängigste Strategie des »starken Wissenschaftlers« besteht darin, auf sämtliche Mängel des gegenwärtigen Wissensfundus, auf alle noch unbeantworteten Fragen hinzuweisen. Doch diese Fragen sind häufig solche, die sich möglicherweise aufgrund der Grenzen des menschlichen Erkenntnisvermögens *niemals* endgültig beantworten lassen. Wie genau vollzog sich die Entstehung des Universums? Könnte »unser« Universum nicht eines von unendlich vielen Universen sein? Könnten Quarks und Elektronen nicht aus noch kleineren Teilchen bestehen, die sich ihrerseits aus noch mikroskopischeren Konstituenten zusammensetzen, und so weiter? Worin liegt die eigentliche Bedeutung der Quantenmechanik? (Die meisten Fragen nach Sinn oder Bedeutung lassen sich nur auf ironische Weise beantworten, wie Literaturtheoretiker wissen.) Die Biologie ist ebenfalls mit einer Fülle unlösbarer Fragen konfrontiert. Wie genau ist das Leben auf der Erde entstanden? Waren der Ursprung des Lebens und dessen anschließende Entfaltung ein zwangsläufiger Prozeß?

Der Praktiker ironischer Wissenschaft hat einen klaren Vorteil gegenüber dem »starken Dichter«, denn die Öffentlichkeit hungert geradezu nach wissenschaftlichen Revolutionen. Je mehr die empirische Wissenschaft erstarrt, um so stärker geraten Journalisten wie ich, die den Hunger der Gesellschaft stillen, unter Druck, Theorien anzupreisen, die vermeintlich über die Quantenmechanik oder die Urknalltheorie oder die Theorie der natürlichen Selektion hinausgehen. Schließlich sind Journalisten in hohem Maße für den weitverbreiteten Eindruck verantwortlich, Gebiete wie die Chaos- und Komplexitätsforschung stellten völlig neue Wissenschaften dar, die den altmodischen reduktionistischen Methoden Newtons, Einsteins und Darwins überlegen seien. Journalisten, ich schließe mich da ein, haben auch dazu beigetragen, daß Roger Penrose' Theorie des Bewußtseins eine viel größere öffentliche Resonanz gefunden hat, als sie in Anbetracht ihrer skeptischen Beurteilung durch sachkundige Neurowissenschaftler verdient hat.

Ich möchte damit nicht sagen, daß die ironische Wissenschaft wertlos ist. Das ist keineswegs so. Im günstigsten Fall versetzt uns die ironische Wissenschaft wie bedeutende künstlerische, philosophische oder auch literaturwissenschaftliche Werke in Staunen; sie flößt uns ehrfürchtige Scheu vor dem Geheimnis des Universums ein. Doch ihr Ziel, die gesicherten Erkenntnisse, die wir bereits besitzen, zu überbieten, kann sie nicht erreichen. Und sie kann uns auch nicht *Die Antwort* liefern – also die Wahrheit schlechthin, die so überzeugend wäre, daß sie unsere Neugierde ein für allemal stillte –, vielmehr schützt sie uns geradezu davor. Schließlich verfügt die Wissenschaft selbst, daß wir Menschen uns stets mit Teilwahrheiten begnügen müssen.

In diesem Buch befasse ich mich hauptsächlich mit den Naturwissenschaften, wie sie heute von Menschen praktiziert werden. (Kapitel 2 ist der Philosophie gewidmet.) In den letzten beiden Kapiteln werde ich die Möglichkeit erörtern – die von einer erstaunlich großen Zahl von Naturwissenschaftlern und Philosophen ernsthaft in Betracht gezogen wird –, daß der Mensch eines Tages intelligente Maschinen konstruieren wird, die unser kümmerliches Wissen enorm erweitern werden. In meiner Lieblingsversion dieses Szenarios verwandeln Maschinen den gesamten Kosmos in ein riesiges einheitliches Datenverarbeitungsnetz. Alle Materie wird Geist. Ein solches Szenario ist natürlich reine Utopie und entbehrt jeglicher wissenschaftlichen Grundlage. Es wirft allerdings einige interessante Fragen auf, deren Beantwortung für gewöhnlich den Theologen vorbehalten bleibt: Was würde ein allmächtiger kosmischer Computer tun? Worüber würde er nachdenken? Ich kann mir nur eine Möglichkeit vorstellen. Er würde versuchen, *Die Frage* zu beantworten, die insgeheim allen anderen Fragen zugrunde liegt: Weshalb gibt es etwas und nicht vielmehr nichts? Möglicherweise wird der allumfassende Geist bei seinem Bemühen, *Die Antwort* auf *Die Frage* zu finden, die äußersten Grenzen des Wissens entdecken.

1. DAS ENDE DES FORTSCHRITTS

Gunther Stents Goldenes Zeitalter

Im Jahre 1989, nur einen Monat nach meinem Treffen mit Roger Penrose in Syracuse, veranstaltete das Gustavus-Adolphus-College in Minnesota ein Symposion mit dem provokanten, aber mißverständlichen Titel »Das Ende der Wissenschaft?«. Die eigentliche Prämisse dieser Veranstaltung lautete nämlich, daß der *Glaube* an die Wissenschaft – und nicht so sehr die Wissenschaft selbst – zu Ende gehe. Einer der Organisatoren formulierte dies folgendermaßen: »Heute setzt sich immer mehr die Überzeugung durch, daß die Wissenschaft als ein einheitliches, universelles und objektives Unternehmen vorüber ist.«[1] Die meisten Redner waren Philosophen, die die Autorität der Wissenschaft auf die eine oder andere Weise in Frage stellten. Die große Ironie der Veranstaltung bestand darin, daß ausgerechnet einer der teilnehmenden Naturwissenschaftler, Gunther Stent, ein Biologe von der University of California in Berkeley, bereits seit Jahren ein viel radikaleres Szenario verkündete, als es im Titel des Symposions anklang. Stent behauptete nämlich, daß möglicherweise die Wissenschaft selbst ihrem Ende entgegengehe, und zwar nicht wegen der Einwände, die einige spitzfindige akademische Kritiker gegen sie vorbrächten. Ganz im Gegenteil. Die Wissenschaft würde womöglich an ihren großen Erfolgen zugrunde gehen.

Stent ist keineswegs eine exotische Randfigur. Er gehört zu den Wegbereitern der modernen Molekularbiologie; er gründete in den fünfziger Jahren an der Universität von Berkeley das erste Institut für dieses Forschungsgebiet, und er führte Experimente durch, die die Mechanismen der Genübertragung aufzuklären halfen. Später, nachdem er von der Genetik auf die Hirnforschung umgesattelt hatte, wurde er zum Vorsitzenden der Sektion Neurobiologie der National Academy of Sciences berufen. Stent ist zudem der scharfsinnigste Analytiker der Grenzen der Wissenschaft, dem ich begegnet bin (scharfsinnig soll natürlich heißen, daß er meine eigenen vagen Vorstellungen klar auf den Punkt bringt). Ende der sechziger Jahre, als Berkeley von Studentenunruhen heimgesucht wurde, schrieb er ein erstaunlich prophetisches Buch, das heute längst vergriffen ist und das den Titel trug: *The Coming of the Golden Age: A View of the End of Progress*. Die Kernthese dieses 1969 erschienenen Buches lautet, daß die Wissenschaft – wie die Technik, die Künste und alle sonstigen sich weiterentwickelnden, auf Anhäufung von Erkenntnissen oder Fertigkeiten beruhende Unternehmen – ihrem Ende entgegengehe.[2]

Stent räumte ein, den meisten Menschen erscheine die Vorstellung absurd, daß die Wissenschaft bald aufhören könnte. Wie ist es möglich, daß sich die Wissenschaft ihrem Ende nähert, wo sie doch in diesem Jahrhundert so rasche Fortschritte gemacht hat? Stent stellte dieses induktive Argument auf den Kopf. Er gab zu, daß die Wissenschaft zunächst infolge positiver Rückkopplungen exponentielle Fortschritte gemacht habe; Wissen erzeugt mehr Wissen, und Macht erzeugt mehr Macht. Stent schrieb dem amerikanischen Historiker Henry Adams das Verdienst zu, diesen Aspekt der Wissenschaft um die Jahrhundertwende vorhergesehen zu haben.[3]

Aus Adams Beschleunigungsgesetz ergibt sich nach Ansicht von Stent eine interessante Konsequenz: Wenn die Wissenschaft Grenzen hat und wenn es Schranken des Fortschritts gibt, dann ist es durchaus möglich, daß die Wissenschaft rasant voranschreitet, bevor sie an diese Grenzen stößt. Die Wissenschaft könnte also gerade dann, wenn sie am kraftvollsten, erfolgreichsten und leistungsfähigsten erscheint, ihrem Tod am nächsten sein. So schrieb Stent in *Golden Age*: »In der Tat läßt es das schwindelerregende Tempo des Fortschritts als sehr wahrscheinlich erscheinen, daß der Fortschritt schon bald –

vielleicht noch zu unseren Lebzeiten, vielleicht binnen ein oder zwei Generationen – zum Stillstand kommt.«[4]

Stent zufolge werden einige wissenschaftliche Fachgebiete schlicht durch die Begrenztheit ihres Gegenstandes beschränkt. So würde beispielsweise niemand die Anatomie des Menschen oder die Geographie als unerschöpfliche Forschungsgebiete betrachten. Auch die Chemie ist begrenzt. »Obgleich die Gesamtzahl möglicher chemischer Reaktionen sehr groß ist und obwohl die Moleküle eine enorme Mannigfaltigkeit von Reaktionen durchlaufen können, so ist doch das Ziel der Chemie, nämlich das Verständnis der Prinzipien, die das Verhalten der Moleküle bestimmen – wie etwa auch das Ziel der Geographie –, eindeutig begrenzt.«[5] Dieses Ziel wurde vermutlich in den dreißiger Jahren erreicht, als der Chemiker Linus Pauling zeigte, daß alle chemischen Wechselwirkungen quantenmechanisch erklärt werden können.[6]

Stent behauptete, daß auf seinem eigenen Gebiet, der Biologie, die Aufklärung der Doppelhelixstruktur der DNS im Jahre 1953 und die anschließende Entzifferung des genetischen Codes die schwierige Frage beantwortet habe, wie die genetische Information von einer Generation an die nächste weitergegeben werde. Die Biologen müßten jetzt nur noch drei grundlegende Fragen lösen: wie das Leben entstanden ist, wie sich aus einer einzigen befruchteten Zelle ein vielzelliger Organismus entwickelt und wie das zentrale Nervensystem Informationen verarbeitet. Wenn diese Fragen geklärt seien, dann, so Stent, habe die Biologie, die theoretische Biologie, ihre wichtigste Aufgabe erfüllt.

Stent räumte zwar ein, daß die Biologen, im Prinzip, auch weiterhin bestimmte Phänomene untersuchen und immer neue Anwendungsmöglichkeiten für ihre Erkenntnisse erschließen könnten. Doch nach der Darwinschen Lehre basiert die Wissenschaft nicht auf unserem Streben nach Wahrheit an sich, sondern auf unserem unwiderstehlichen Drang, unsere Umwelt zu beherrschen, um so die Überlebenswahrscheinlichkeit unserer Gene zu erhöhen. Wenn das Potential für konkrete Nutzanwendungen, das eine bestimmte Wissenschaft bietet, stetig abnimmt, dann sind die Wissenschaftler möglicherweise weniger motiviert, ihre Forschungen weiterzuführen, und die Gesellschaft ist weniger geneigt, Gelder dafür bereitzustellen.

Und auch wenn die Biologen ihre empirischen Untersuchungen abgeschlossen haben werden, bedeutet dies nach Stents Ansicht noch keineswegs, daß sie alle relevanten Fragen beantwortet haben werden. So könne beispielsweise das Bewußtsein niemals durch eine rein physiologische Theorie erklärt werden, da die »Vorgänge, die diese völlig subjektive Erfahrungswirklichkeit hervorbringen, auf scheinbar recht banale, alltägliche Reaktionen zurückgeführt werden dürften, die nicht mehr und nicht minder faszinierend sind als die Prozesse, die beispielsweise in der Leber ablaufen ...«[7]

Anders als die Biologie scheint die Physik, so Stent, keine Grenzen zu kennen. Die Physiker könnten immer versuchen, noch tiefer in die Geheimnisse der Materie einzudringen, indem sie Teilchen mit immer größerer Energie aufeinanderprallen lassen, und Astronomen könnten immer danach streben, noch entferntere Bereiche des Weltalls zu erforschen. Doch bei ihrem Bemühen, Daten aus immer unzugänglicheren Regionen zu erhalten, werden die Physiker zwangsläufig an verschiedene physikalische, wirtschaftliche und auch kognitive Grenzen stoßen.

Im Verlauf dieses Jahrhunderts sind die physikalischen Theorien immer unverständlicher geworden; sie haben unsere Darwinsche Erkenntnistheorie – die uns angeborenen Konzepte, mit deren Hilfe wir uns in unserer Umwelt zurechtfinden – hinter sich gelassen. Stent verwarf das alte Argument, demzufolge »das, was gestern als absurd erschien, heute Allgemeingut ist«.[8] Die Gesellschaft mag durchaus bereit sein, physikalische Forschungsprojekte so lange zu unterstützen, wie sie leistungsfähige neue Technologien hervorbringen, wie etwa Atomwaffen und Atomkraftwerke. Doch wenn die Physik keine praktischen Nutzanwendungen mehr abwirft und unverständlich wird, dann, so Stent, werde die Gesellschaft ihre Unterstützung einstellen.

Stents Zukunftsprognose enthielt eine sonderbare Mischung aus Optimismus und Pessimismus. Er sagte voraus, daß die Wissenschaft vermutlich zur Lösung zahlreicher der dringendsten Probleme der Menschheit beitragen werde, bevor sie zu Ende gehe. Sie könne Krankheiten und Armut beseitigen und die Völker der Erde mit billiger, umweltfreundlicher Energie versorgen, möglicherweise durch die Nutzbarmachung der Kernfusion. Doch in dem Maße, wie wir unsere Herrschaft über die Natur ausdehnten, verlören wir möglicherweise das, was Nietzsche den »Willen zur Macht« nannte; der Ansporn, weitere Forschungen durchzuführen, möge nachlassen, vor allem, wenn diese Forschungen voraussichtlich keine greifbaren Vorteile bringen würden.

Je wohlhabender eine Gesellschaft wird, um so weniger junge Menschen finden sich bereit, den immer steinigeren Weg der Natur- oder auch Geisteswissenschaften einzuschlagen. Viele werden sich möglicherweise hedonistischeren Betätigungen zuwenden und vielleicht mit Hilfe von Drogen oder elektronischen Geräten, die direkt ans Gehirn angeschlossen sind, aus der Wirklichkeit in Traumwelten fliehen. Stent zog daraus den Schluß, daß der Fortschritt früher oder später »abrupt aufhören« und die Welt in einem weitgehend statischen Zustand zurückbleiben werde, den er das »Neue Polynesien« nannte. Er beendete sein Buch mit der bitteren Bemerkung, daß »Jahrtausende künstlerischen und wissenschaftlichen Strebens die Tragikomödie des Lebens schließlich in ein Happening verwandeln werden«.[9]

Ein Ausflug nach Berkeley

Im Frühjahr 1992 machte ich einen Abstecher nach Berkeley, um in Erfahrung zu bringen, ob Stent der Ansicht war, daß sich seine Prophezeiungen bewahrheitet hatten.[10] Auf dem Weg von meinem Hotel zur Universität kam ich an Gestalten vorbei, die mir wie Relikte aus den sechziger Jahren vorkamen: Männer und Frauen mit langen grauen Haaren und zerlumpten Kleidern, die um Kleingeld baten. Als ich den Campus erreicht hatte, begab ich mich zu dem Gebäude, in dem der Fachbereich Biologie untergebracht ist – ein klotziger Betonbau, der im Schatten staubbedeckter Eukalyptusbäume steht. Ich fuhr mit dem Aufzug in den ersten Stock, in dem sich Stents Labor befand, das jedoch verschlossen war. Ein paar Minuten später öffnete sich die Tür des Fahrstuhls und Stent trat heraus: ein verschwitzter Mann mit rotem Kopf, der einen gelben Schutzhelm aufhatte und ein schmutzverkrustetes Mountainbike neben sich herschob.

Stent war als Jugendlicher aus Deutschland in die Vereinigten Staaten ausgewandert, und seine rauhe Stimme und seine Kleidung ließen noch immer seine Herkunft erahnen. Er trug eine Brille mit Drahtfassung, ein kurzärmeliges blaues Hemd mit Epauletten, dunkle Freizeithosen und blankgeputzte schwarze Schuhe. Er führte mich durch sein Labor, das vollgestopft war mit Mikroskopen, Zentrifugen und sonstigen Apparaten, in ein kleines Arbeitszimmer auf der Rückseite des Labors. Der Flur, der zu seinem Arbeitszimmer führte, war mit Bildern von Buddha geschmückt. Als Stent die Tür seines Arbeitszimmers hinter uns zumachte, sah ich, daß er an der Innenseite der Tür ein Poster von der Tagung im Gustavus-Adolphus-College im Jahre 1989 befestigt hatte. Die obere Hälfte des Posters wurde von dem Wort SCIENCE eingenommen, das in großen, grellbunten Buchstaben geschrieben war. Die Buchstaben zerschmolzen und troffen in eine Pfütze aus knallbuntem Protoplasma. Unter dieser psychedelischen

Lache fragten fette schwarze Buchstaben: »Das Ende der Wissenschaft?«

Zu Beginn unseres Gesprächs schien Stent recht mißtrauisch zu sein. Er fragte spitz, ob ich die juristischen Klimmzüge der Journalistin Janet Malcolm verfolge, die in ihrer endlosen gerichtlichen Auseinandersetzung mit dem Psychoanalytiker Jeffrey Masson, über den sie vor längerer Zeit eine Kurzporträt geschrieben hatte, gerade eine Runde verloren habe. Ich murmelte, daß Malcolms Verfehlungen zu geringfügig seien, um sie dafür zu bestrafen, daß ihre Vorgehensweise jedoch unbedacht gewesen sei. Ich sagte zu Stent, wenn ich einen kritischen Kommentar über eine Person schreiben würde, die offenkundig so wankelmütig sei wie Masson, dann würde ich sicherstellen, daß all meine Zitate auf Tonband festgehalten würden. (Während ich sprach, lief mein eigenes Tonbandgerät leise zwischen uns beiden.)

Nach und nach entspannte sich Stent und begann mir von seinem Leben zu erzählen. Im Jahre 1924 als Sohn jüdischer Eltern in Berlin geboren, floh er im Jahre 1938 aus Deutschland und zog zu einer Schwester, die in Chicago lebte. Er wurde an der University of Illinois zum Doktor der Chemie promoviert. Doch als er Erwin Schrödingers Buch *Was ist Leben?* gelesen hatte, begann ihn das Rätsel des Gentransfers in seinen Bann zu schlagen. Nachdem er am California Institute of Technology mit dem bedeutenden Biophysiker Max Delbrück zusammengearbeitet hatte, erhielt er im Jahre 1952 eine Professur in Berkeley. Stent sagte: »In jenen Anfangsjahren der Molekularbiologie wußte keiner von uns, was wir taten. Dann fanden Watson und Crick die Doppelhelix, und binnen weniger Wochen wurde uns klar, daß wir Molekularbiologie betrieben.«

Stent begann in den sechziger Jahren über die Grenzen der Wissenschaft nachzudenken, zum Teil als Reaktion auf die Studentenbewegung in Berkeley, die den Wert des abendländischen Rationalismus, des technischen Fortschritts und anderer zivilisatorischer Errungenschaften, die Stent lieb und teuer waren, in Frage stellte. Die Universitätsverwaltung berief ihn in einen Ausschuß, der durch Gespräche mit den Studenten »die Lage beruhigen« sollte. Stent versuchte diesen Auftrag zu erfüllen – und gleichzeitig seine eigenen inneren Zweifel an seiner Rolle als Wissenschaftler zu besänftigen –, indem er eine Reihe von Vorlesungen hielt. Aus diesen Vorlesungen ging das Buch *The Coming of the Golden Age* hervor.

Ich sagte Stent, daß ich nach der Lektüre von *The Coming of the Golden Age* nicht wisse, ob das »Neue Polynesien«, die Ära gesellschaftlicher und geistiger Stagnation und allgemeiner Muße, seiner Ansicht nach der Gegenwart vorzuziehen sei. »Darüber bin ich mir nie klargeworden!« erwiderte er mit betrübter Miene. »Man nannte mich einen Pessimisten, doch ich hielt mich für einen Optimisten.« Er erachtete eine solche Gesellschaft jedenfalls nicht für eine erstrebenswerte Utopie. Nach den Greueln, die totalitäre Staaten in diesem Jahrhundert begangen hätten, könne man Utopien nicht länger ernst nehmen.

Stent war der Ansicht, daß sich seine Vorhersagen weitgehend bewahrheitet hätten. Obgleich die Hippies verschwunden seien (abgesehen von den mitleiderregenden Überbleibseln auf den Straßen Berkeleys), sei die amerikanische Kultur immer materialistischer und antiintellektueller geworden; die Hippies seien von den Yuppies abgelöst worden. Der Kalte Krieg sei vorüber, allerdings nicht aufgrund des allmählichen Verschmelzens kommunistischer und kapitalistischer Staaten, wie es Stent angenommen hatte. Er räumte ein, daß er das Wiederaufleben lange unterdrückter ethnischer Konflikte im Gefolge des Kalten Kriegs nicht vorhergesehen habe. »Ich bin sehr bekümmert über das, was auf dem Balkan geschieht«, sagte er. »Ich habe nicht geglaubt, daß dies passieren würde.« Stent war auch überrascht über die anhaltende Armut und die fortdauernden Rassenkonflikte in den Vereinigten Staaten, doch seines Erachtens würden diese Probleme mit der Zeit an

Brisanz verlieren. (Aha, dachte ich, er ist also im Grunde doch ein Optimist.)

Stent war überzeugt, daß die Wissenschaft Anzeichen jener Vollendung zeige, die er in *The Golden Age* vorausgesagt hatte. Die Elementarteilchenphysiker täten sich schwer, die Gesellschaft dazu zu bringen, Gelder für ihre immer kostspieligeren Experimente bereitzustellen, wie man am Beispiel des »Superconducting Supercollider« (Supraleitender Superbeschleuniger) sehen könne. Was die Biologen anlange, so hätten sie zwar noch viele Fragen zu beantworten, etwa wie aus einer befruchteten Zelle ein komplexer vielzelliger Organismus, wie zum Beispiel ein Elefant, hervorgehe, und auch die Funktionsweise des Gehirns müsse noch aufgeklärt werden. »Doch meines Erachtens ist das Gesamtbild in seinen wesentlichen Zügen vollendet«, sagte er. »Insbesondere die Evolutionsbiologie war mit der Veröffentlichung von Darwins *Der Ursprung der Arten* praktisch vollendet.« Er spottete über die Hoffnung einiger Evolutionsbiologen – namentlich Edward O. Wilson von der Harvard University –, die Erstellung eines umfassenden Inventars sämtlicher Spezies auf der Erde sei ein zeitlich unbegrenztes Unterfangen. Ein solches Projekt, so kritisierte Stent, sei ein geistloses Glasperlenspiel.

Anschließend polemisierte er gegen die Umweltschutzbewegung. Sie sei im Grunde genommen Ausdruck einer menschenfeindlichen Ideologie, die das sowieso schon geringe Selbstwertgefühl der amerikanischen Jugend und vor allem junger Schwarzer aus sozial schwachen Familien weiter untergrabe. Beunruhigt darüber, daß sich meine Lieblings-Kassandra als ein schrulliger Kauz erwies, wechselte ich das Thema und kam auf das Phänomen des Bewußtseins zu sprechen. Hielt Stent das Bewußtsein noch immer für ein unlösbares wissenschaftliches Problem, wie er es in *The Golden Age* behauptet hatte? Er antwortete, er habe eine sehr hohe Meinung von Francis Crick, der sich relativ spät in seiner wissenschaftlichen Laufbahn der Frage des Bewußtseins zugewandt habe.

Wenn Crick der Ansicht sei, das Bewußtsein könne mit wissenschaftlichen Methoden erfaßt werden, dann müsse diese Möglichkeit ernsthaft in Betracht gezogen werden.

Dennoch war Stent nach wie vor fest davon überzeugt, daß eine rein physiologische Erklärung des Bewußtseins nicht so verständlich bzw. bedeutungsvoll wäre, wie sich die meisten Menschen erhofften; zudem würde sie uns bei der Lösung moralischer und ethischer Fragen keinen Schritt weiterbringen. Nach Stents Ansicht könnte der wissenschaftliche Fortschritt dazu führen, daß die Religion in Zukunft, statt völlig zu verschwinden, wie dies viele Wissenschaftler einst gehofft hatten, wieder an Bedeutung gewänne. Obgleich die Religion nicht mit den empirisch abgesicherten naturwissenschaftlichen Theorien über die materielle Wirklichkeit wetteifern könne, diene sie doch weiterhin als Quelle moralischer Orientierung. »Der Mensch ist ein Tier, aber auch ein moralisches Subjekt. Die Aufgabe der Religion liegt mehr und mehr im ethischen Bereich.«

Als ich Stent fragte, ob Computer eines Tages intelligente Problemlösungen ersinnen und ihre eigene Wissenschaft betreiben könnten, schnaubte er verächtlich. Die Künstliche Intelligenz und insbesondere ihre visionären Zukunftsentwürfe beurteilte er eher pessimistisch. Computer mochten bei der Lösung exakt definierter Aufgaben, wie man sie etwa in der Mathematik und im Schach formulieren könne, Hervorragendes leisten, doch bei jener Art von Problemen, die der Mensch mühelos bewältige – das Wiedererkennen eines Gesichts oder einer Stimme oder das Sichbahnen eines Wegs durch eine dichtgedrängte Menschenmenge –, hätten sie noch immer enorme Schwierigkeiten. »Bescheuert« nannte Stent Marvin Minsky und andere, die vorhergesagt haben, daß wir Menschen eines Tages in der Lage sein würden, unsere Psyche auf Computer zu laden. »Ich möchte nicht ausschließen, daß wir im 23. Jahrhundert ein künstliches Gehirn konstruieren können«, fügte er hinzu, »aber es müßte Erfahrungen machen.« Man könne zwar einen Computer entwerfen, der zu einem Experten auf dem Gebiet von Restaurants würde, »doch diese Maschine würde nie wissen, wie ein Steak schmeckt«.

Ebenso skeptisch beurteilte Stent die Behauptung der Chaos- und Komplexitätsforscher, sie könnten mit Hilfe von Rechnern und hochkomplexen mathematischen Verfahren wissenschaftliches Neuland erschließen. In seinem Buch *The Coming of the Golden Age* erörterte Stent die Arbeiten eines der Wegbereiter der Chaostheorie, Benoit Mandelbrot. Mandelbrot zeigte seit Beginn der sechziger Jahre, daß zahlreiche Phänomene eigentlich nichtdeterministisch sind, das heißt, ihr Verhalten ist nicht vorhersagbar, sondern scheinbar rein zufallsabhängig. Die Wissenschaftler können daher nur Mutmaßungen über die Ursachen einzelner Ereignisse anstellen, und sie können diese Ereignisse auch niemals exakt vorhersagen.

Stent sagte, Chaos- und Komplexitätsforscher bemühten sich, leistungsfähige und leichtverständliche Theorien derselben Phänomene zu erstellen, die Mandelbrot untersucht habe. In *The Golden Age* war er zu dem Schluß gekommen, daß sich diese nichtdeterministischen Phänomene einer naturwissenschaftlichen Analyse entziehen, und er sah keinen Grund, von diesem früheren Urteil abzurücken. Ganz im Gegenteil. Die Arbeiten, die auf diesen Gebieten veröffentlicht würden, bestätigten seine Behauptung, daß die Wissenschaft, wenn sie zu weit gehe, inkohärent werde. War Stent also nicht der Ansicht, Chaos- und Komplexitätsforschung würden zu einer Wiedergeburt der Wissenschaft führen? »Nein«, antwortete er mit einem verschmitzten Lächeln, »sie sind das Ende der Wissenschaft.«

Was die Wissenschaft geleistet hat

Wir sind heute offensichtlich noch weit von der Ära des »Neuen Polynesiens« entfernt, die Stent vorhergesagt hat; dies ist zum Teil darauf zurückzuführen, daß die angewandte Wissenschaft nicht annähernd die großen Fortschritte gemacht hat, die Stent erhoffte (befürchtete?), als er *The Coming of the Golden Age* schrieb. Dennoch ist Stents Prophezeiung meines Erachtens in einem sehr bedeutsamen Aspekt bereits Wirklichkeit geworden. Die reine Wissenschaft, das Bemühen um die Beantwortung der Frage, wer wir sind und woher wir kommen, ist bereits in eine Phase sinkender Nutzenerträge eingetreten. Die mit Abstand größte Hemmnis für künftige Fortschritte in der reinen Wissenschaft sind deren Erfolge in der Vergangenheit. Die Forscher haben bereits ein Grundmodell der materiellen Wirklichkeit entworfen, das sich vom Mikrokosmos der Quarks und Elektronen bis zum Makrokosmos der Planeten, Sterne und Galaxien erstreckt. Die Physiker haben gezeigt, daß die gesamte Materie von einigen wenigen Grundkräften beherrscht wird: der Gravitation, der elektromagnetischen Kraft und der starken und schwachen Kernkraft.

Die Wissenschaftler haben ihre Erkenntnisse auch zu einer beeindruckenden, wenn auch nicht sonderlich detaillierten Entstehungsgeschichte des Menschen verknüpft. Das Universum entstand demnach vor etwa 15 Milliarden Jahren (plus/minus 5 Milliarden Jahren; die Astronomen werden sich möglicherweise nie über die genaue Zahl einigen) durch einen gewaltigen »Urknall« und befindet sich noch immer in einem Zustand stetiger Expansion. Vor etwa 4,5 Milliarden Jahren verdichteten sich die Überreste eines explodierenden Sterns, einer sogenannten Supernova, zu unserem Sonnensystem. Irgendwann im Verlauf der nächsten Hunderten von Millionen Jahren entstanden – aus Gründen, die wir vielleicht niemals wissen werden – auf der Erde, die damals noch immer einem

Die Unsterblichkeit wird entzaubert

Inferno glich, einzellige Lebewesen, die ein raffiniertes Molekül namens DNS in sich trugen. Aus diesen Urmikroben entstand dann unter der Einwirkung der natürlichen Selektion ein gewaltiges Spektrum komplexerer Lebensformen einschließlich des *Homo sapiens*. Ich vermute, daß diese Geschichte, die die Wissenschaftler aus ihren Erkenntnissen zusammengetragen haben, dieser moderne Schöpfungsmythos, hundert oder sogar tausend Jahre lang unverändert Bestand haben wird. Wieso? Weil er wahr ist. Zudem ist es in Anbetracht der bereits erzielten Fortschritte und der physikalischen, gesellschaftlichen und kognitiven Grenzen, die weiteren Fortschritten entgegenstehen, unwahrscheinlich, daß die Wissenschaft den vorhandenen Fundus an Erkenntnissen noch erheblich erweitern wird. Es wird in Zukunft keine Entdeckungen mehr geben, die in ihrer Tragweite mit den Enthüllungen Darwins oder Einsteins oder auch Watsons und Cricks vergleichbar wären.

Die Unsterblichkeit wird entzaubert

Die angewandte Wissenschaft wird noch lange Zeit fortgeführt werden. Die Wissenschaftler werden weiterhin vielseitig anwendbare neue Materialien, schnellere und leistungsfähigere Computer, gentechnische Verfahren, die Krankheiten besiegen und unsere Lebenserwartung weiter verlängern, und vielleicht sogar umweltfreundliche Fusionsreaktoren entwickeln (obgleich die Realisierungschancen eines solchen Reaktors nach den drastischen Kürzungen der staatlichen Forschungsetats geringer sind als je zuvor). Die eigentliche Frage aber lautet, ob diese Fortschritte auf dem Gebiet der angewandten Wissenschaft irgendwelche Überraschungen zutage fördern, irgendwelche umstürzenden Veränderungen an den theoretischen Rahmenmodellen herbeiführen werden. Werden die Wissenschaftler gezwungen sein, ihr Modell über den

Aufbau des Universums oder ihre Chronik der Entstehung und Geschichte des Kosmos zu korrigieren? Wahrscheinlich nicht. Die angewandte Wissenschaft hat im 20. Jahrhundert die vorherrschenden theoretischen Paradigmen eher bestätigt als in Frage gestellt. Laser und Transistoren belegen die Gültigkeit der Quantenmechanik, so wie die Gentechnik den Glauben an das DNS-gestützte Evolutionsmodell stärkt.

Was ist eine Überraschung? Einsteins Entdeckung, daß Raum und Zeit, die Eckpfeiler der Wirklichkeit, gleichsam aus Gummi bestehen, war eine Überraschung. Das gleiche gilt für die Beobachtung der Astronomen, daß das Universum expandiert. Die Quantenmechanik, die im mikrophysikalischen Bereich eine probabilistische Dimension enthüllte, war eine riesige Überraschung; Gott würfelte also doch (auch wenn Einstein die Quantenmechanik ablehnte). Die spätere Entdeckung, daß Protonen und Neutronen aus noch kleineren Teilchen, sogenannten Quarks, zusammengesetzt sind, kam sehr viel weniger überraschend, da sie die Quantentheorie lediglich auf eine noch fundamentalere Ebene ausdehnte; die Grundlagen der Physik blieben davon unberührt.

Die Erkenntnis, daß wir Menschen nicht *de novo* von Gott, sondern schrittweise, durch die natürliche Selektion geschaffen wurden, war eine riesige Überraschung. Die meisten anderen Aspekte der Evolution des Menschen, die sich auf das Wo, Wann und Wie der Entstehung des *Homo sapiens* beziehen, sind lediglich Details. Diese Feinheiten mögen aufschlußreich sein, doch sie stellen nur dann eine echte Überraschung dar, wenn sie zeigen, daß die Grundannahmen der Wissenschaftler über die Evolution falsch sind. So wäre es eine sehr große Überraschung, wenn wir entdecken sollten, daß der plötzliche »Intelligenzsprung«, den der Mensch gemacht hat, durch den Eingriff außerirdischer Wesen beschleunigt wurde, wie dies in dem Film *2001* dargestellt wird. Tatsächlich wäre der Beweis, daß außerirdisches Leben existiert – oder einmal existiert hat –, eine enorme Überraschung. Die Wissenschaft und das gesamte menschliche Denken würden neu geboren. Spekulationen über den Ursprung des Lebens und dessen Zwangsläufigkeit würden auf eine sehr viel solidere empirische Basis gestellt.

Doch wie groß ist die Wahrscheinlichkeit, daß wir auf anderen Planeten Spuren von Leben entdecken werden? Im Rückblick waren die Raumfahrtprogramme der Vereinigten Staaten und der Sowjetunion eher ausgedehnte Imponierrituale als ernsthafte Bemühungen, wissenschaftliches Neuland zu erschließen. Die Chancen, daß in Zukunft Weltraumforschung in großem Maßstab betrieben wird, verringern sich zusehends. Uns fehlt heute der Wille bzw. das Geld, um technologischer Kraftmeierei um ihrer selbst willen zu frönen. Menschen aus Fleisch und Blut werden vielleicht eines Tages zu anderen Planeten unseres Sonnensystems reisen. Doch wenn wir keinen Weg finden, um das Einsteinsche Verbot der Überlichtgeschwindigkeit zu umgehen, dann werden wir aller Wahrscheinlichkeit nach nicht einmal den Versuch unternehmen, einen anderen Stern, geschweige denn eine andere Galaxie, zu besuchen. Ein Raumschiff, das eine Stundengeschwindigkeit von 1,6 Millionen Kilometer erreichen könnte (die um mindestens eine Größenordnung über der maximalen Geschwindigkeit liegt, die mit der heutigen Technologie erreichbar ist), würde noch immer fast dreihundert Jahre brauchen, um unseren nächstgelegenen Nachbarstern, Alpha Centauri, zu erreichen.[11]

Der einschneidendste Fortschritt in der angewandten Wissenschaft, den ich mir vorstellen kann, ist die Unsterblichkeit. Viele Wissenschaftler bemühen sich heute, die genauen Ursachen des Alterungsprozesses aufzuklären. Es ist vorstellbar, daß die Wissenschaftler, sollte ihnen dies gelingen, Varianten des *Homo sapiens* erzeugen können, die unsterblich wären. Doch obgleich die Unsterblichkeit einen Triumph der angewandten Wissenschaft darstellen würde, würde sie nicht notwendigerweise unsere grundlegenden Erkenntnisse über das

Universum verändern. Denn sie würde uns keine neuen Aufschlüsse darüber geben, weshalb das Universum entstanden ist und was sich jenseits seiner Grenzen befindet. Zudem gibt es Evolutionsbiologen, die behaupten, der Mensch könne niemals unsterblich werden. Die natürliche Selektion habe den Menschen so geformt, daß er lange genug lebe, um sich fortzupflanzen und seine Kinder aufzuziehen. Daher sei der Alterungsprozeß nicht auf eine einzelne Ursache und auch nicht auf eine Folge von Ursachen zurückzuführen, vielmehr sei er unwiderruflich in die Struktur unseres Seins eingeschrieben.[12]

Was die Physiker vor einhundert Jahren glaubten

Es ist leicht zu verstehen, weshalb es so vielen Menschen schwerfällt, sich vorzustellen, daß die – reine oder angewandte – Wissenschaft zu Ende gehen könnte. Vor einhundert Jahren konnte niemand absehen, was die Zukunft bringen würde. Fernsehen? Düsenflugzeuge? Raumstationen? Kernwaffen? Computer? Gentechnik? Daher sei es für uns heute genauso unmöglich, zuverlässige Aussagen über die Zukunft der – reinen oder angewandten – Wissenschaft zu machen, wie es für Thomas von Aquin unmöglich gewesen sei, Madonna oder Mikrowellenherde vorherzusehen. Es gebe völlig unvorhersehbare Wunder, die darauf warteten, von uns entdeckt zu werden, so wie es ähnliche Wunder für unsere Vorfahren gegeben habe. Wir würden diese Schätze aber zwangsläufig verfehlen, wenn wir uns einredeten, sie existierten nicht, und aufhörten, danach zu suchen. Es handle sich um eine Selffulfilling prophecy.

Diese Auffassung wird oftmals in Form eines Arguments zum Ausdruck gebracht, das sich plakativ mit dem Satz »Das hat man am Ende des letzten Jahrhunderts schon einmal geglaubt« umschreiben läßt. Das Argument lautet folgendermaßen: Gegen Ende des 19. Jahrhunderts glaubten die Physiker, sie wüßten alles. Doch kaum hatte das 20. Jahrhundert begonnen, als Einstein und andere Physiker die Relativitätstheorie und die Quantenmechanik entdeckten (erfanden?). Diese Theorien stellten die Newtonsche Physik in den Schatten und eröffneten der modernen Physik und anderen Wissenschaftszweigen völlig neue Perspektiven. Daraus könnten wir folgende Lehre ziehen: Jeder, der vorhersagt, daß die Wissenschaft ihrem Ende entgegengehe, wird sich zweifellos als ebenso kurzsichtig entpuppen wie jene Physiker des 19. Jahrhunderts.

Diejenigen, die von der Endlichkeit der Wissenschaft überzeugt sind, haben eine Standardantwort auf dieses Argument parat: Da die ersten Forscher den Rand der Erde nicht entdecken konnten, hätten sie durchaus zu dem Schluß kommen können, daß die Erde unbegrenzt ist. Doch dann hätten sie sich eben geirrt. Zudem ist es keineswegs geschichtlich verbürgt, daß die Physiker gegen Ende des 19. Jahrhunderts der Meinung waren, sie hätten alles unter Dach und Fach gebracht. Die Überzeugung, die Physik gehe ihrer Vollendung entgegen, kommt am klarsten in einer Rede zum Ausdruck, die Albert Michelson, dessen Experimente über die Lichtgeschwindigkeit zu den Inspirationsquellen von Einsteins spezieller Relativitätstheorie gehörten, im Jahre 1894 hielt:

> Obgleich man niemals mit Sicherheit sagen kann, daß die Zukunft der physikalischen Wissenschaft keine Wunder bereithält, die noch erstaunlicher sind als die Entdeckungen der Vergangenheit, dürften die meisten fundamentalen Prinzipien fest verankert sein, so daß weitere Fortschritte hauptsächlich bei der Anwendung dieser Prinzipien auf sämtliche Phänomene, von denen wir Kenntnis erlangen, zu erwarten sind. Hier hat die wissenschaftliche Methode der Messung ihren Stellenwert, denn quantitative Ergebnisse sind hier erwünschter als qualitative Arbeiten. Ein bedeutender Physiker bemerkte einmal, künftige physikalische Wahrheiten seien in der sechsten Stelle hinter dem Komma zu suchen.[13]

Michelsons Äußerung über die sechste Stelle hinter dem Komma wurde so einhellig Lord Kelvin zugeschrieben (nach dem »das Kelvin«, eine Basiseinheit der Temperatur, benannt ist), daß manche Autoren ihm dieses Zitat völlig unkritisch in den Mund legen.[14] Historiker haben jedoch keinerlei Anhaltspunkte dafür gefunden, daß Kelvin jemals eine solche Äußerung getan hat. Zudem gab es nach Darstellung des Wissenschaftshistorikers Stephen Brush von der University of Maryland unter den Physikern zu der Zeit, als Michelson seine Bemerkungen machte, äußerst kontroverse Ansichten über grundlegende Fragen wie etwa die Plausibilität des Atommodells der Materie. Michelson sei so sehr in seine optischen Experimente vertieft gewesen, daß er die damals geführten heftigen Kontroversen zwischen Theoretikern nicht mitbekommen habe. Die vorgebliche »viktorianische Ruhe in der Physik« ist demnach für Brush ein »Mythos«.[15]

Der apokryphe Patentbeamte

Wie vorherzusehen war, erhoben andere Historiker Einwände gegen Brushs Darstellung.[16] Fragen, die sich auf die Grundstimmung einer bestimmten Epoche beziehen, können nie zweifelsfrei beantwortet werden, doch die Vorstellung, die Naturwissenschaftler seien im letzten Jahrhundert davon ausgegangen, alle wichtigen Probleme ihres Gebietes seien gelöst, stellt gewiß eine Übertreibung dar. Allerdings haben Historiker ein endgültiges Urteil über eine andere Anekdote gefällt, die gern von denjenigen vorgebracht wird, die sich nicht mit dem Gedanken abfinden wollen, daß die Wissenschaft möglicherweise endlich ist. Nach dieser Anekdote soll Mitte des 19. Jahrhunderts der damalige Leiter des US-Patentamts seinen Dienst quittiert und empfohlen haben, das Amt zu schließen, weil es bald nichts mehr zu erfinden gebe.

Im Jahre 1995 griff Daniel Koshland, der Herausgeber der

renommierten Wissenschaftszeitschrift *Science*, diese Geschichte in der Einleitung zu einem Abschnitt über die Zukunft der Wissenschaft auf. Darin legten führende Wissenschaftler ihre Vorhersagen über die Fortschritte dar, die während der nächsten zwanzig Jahre auf ihren Gebieten zu erwarten seien. Koshland, der wie Gunther Stent an der University of California in Berkeley Biologie lehrt, erklärte voller Freude, daß die von ihm befragten Auguren »entschieden anderer Meinung sind als der Leiter des Patentamts im vorigen Jahrhundert. Entdeckungen von großer Tragweite für die Zukunft der Wissenschaft sind in Sicht. Daß wir so schnell so weit gekommen sind, ist kein Anzeichen dafür, daß der Markt für Entdeckungen gesättigt ist, sondern daß Entdeckungen noch schneller erfolgen werden.«[17]

Koshlands Aufsatz enthielt zwei irreführende Behauptungen. Erstens rechneten die von ihm befragten Wissenschaftler keineswegs mit »bedeutenden Entdeckungen«, sondern überwiegend mit relativ unspektakulären Anwendungen aktueller Erkenntnisse wie etwa besseren Methoden zur Entwicklung maßgeschneiderter Medikamente, leistungsfähigere Tests für genetisch bedingte Erkrankungen, bessere optische Verfahren zur Untersuchung des Gehirns und so weiter. Einige Prognosen hatten sogar einen negativen Tenor. »Jeder, der hofft, wir könnten in den nächsten fünfzig Jahren einen Computer konstruieren, der menschliche Intelligenzleistungen vollbringt, wird mit Sicherheit enttäuscht werden«, erklärte der Physiker und Nobelpreisträger Philip Anderson.

Zweitens war Koshlands Geschichte über den Leiter des Patentamts frei erfunden. Im Jahre 1940 unterzog ein Wissenschaftler namens Eber Jeffrey diese Anekdote in einem Artikel mit dem Titel »Nothing Left to Invent«, die im *Journal of the Patent Office Society* erschien, einer kritischen Überprüfung.[18] Er führte die Geschichte auf die Aussage zurück, die Henry Ellsworth, der damalige Leiter des US-Patentamts, im Jahre 1843 bei einer Anhörung vor dem US-Kongreß machte.

Ellsworth sagte damals unter anderem: »Der jährliche Fortschritt der Technik stellt unseren Optimismus auf eine harte Probe und scheint den Beginn jener Epoche anzukündigen, in der der menschliche Erfindungsgeist versiegen wird.«

Doch Ellsworth schlug nun keineswegs vor, sein Amt zu schließen, sondern verlangte vielmehr zusätzliche Mittel, um die Flut von Erfindungen zu bewältigen, die er in den Bereichen Landwirtschaft, Verkehr und Nachrichtenwesen erwartete. Ellsworth schied zwei Jahre später, im Jahre 1845, tatsächlich aus dem Dienst, doch auch in seinem Rücktrittsgesuch sprach er sich nicht dafür aus, das Amt zu schließen, vielmehr bekundete er seinen Stolz darauf, das Amt vergrößert zu haben. Jeffrey kam daher zu dem Schluß, daß Ellsworth' Äußerung über »die Epoche, in der der menschliche Erfindungsgeist versiegen wird«, lediglich eine »rhetorische Floskel darstellte, die die rasante Zunahme der Erfindungen, die zur damaligen Zeit zu verzeichnen war und sich voraussichtlich auch in Zukunft fortsetzen würde, unterstreichen sollte«. Doch vielleicht unterschätzte Jeffrey auch Ellsworth' Weitblick. Denn schließlich nahm Ellsworth jenes Argument vorweg, das Gunther Stent über hundert Jahre später vorbringen sollte: Je schneller sich der naturwissenschaftliche Erkenntnisfortschritt vollzieht, um so schneller gelangt die Naturwissenschaft an ihre ultimativen, unüberwindlichen Grenzen.

Betrachten wir die Konsequenzen, die sich aus dem Gegenstandpunkt ergeben, den Daniel Koshland implizit vertritt. Er behauptet, daß die Naturwissenschaft, weil sie in den letzten einhundert Jahren so rasante Fortschritte gemacht habe, dies auch in Zukunft – und möglicherweise für immer – tun werde. Doch dieses induktive Argument überzeugt nicht. Die Naturwissenschaft existiert erst seit einigen Jahrhunderten, und ihre spektakulärsten Errungenschaften erzielte sie in den letzten einhundert Jahren. Die moderne Epoche des schnellen naturwissenschaftlichen und technischen Fortschritts ist kein festes Merkmal der Geschichte des Menschen, sondern eine

Irregularität, ein glücklicher Zufall, das Produkt einer einzigartigen Konvergenz gesellschaftlicher, intellektueller und politischer Faktoren.

Aufstieg und Fall des Fortschritts

In seinem 1932 erschienenen Buch *The Idea of Progress* erklärte der Historiker J. B. Bury: »Die Naturwissenschaft hat in den letzten drei- bis vierhundert Jahren ununterbrochen Fortschritte gemacht; jede neue Entdeckung führte zu neuen Problemen und neuen Lösungsansätzen und eröffnete neue Forschungsgebiete. Bis jetzt hat den Wissenschaftlern nichts Einhalt gebieten können, denn sie haben immer wieder Mittel und Wege gefunden, um weiter vorzustoßen. *Doch welche Gewähr haben wir, daß sie nicht eines Tages auf unüberwindliche Hindernisse treffen werden?*«[kursiv im Original][19]

Bury wies mit seinen eigenen Forschungsarbeiten nach, daß der Fortschrittsbegriff allenfalls einige hundert Jahre alt war. Vom Zeitalter des Römischen Imperiums bis zum Ende des Mittelalters waren die meisten Wahrheitssucher der Auffassung, die Geschichte sei ein Prozeß des Niedergangs; ihres Erachtens hatten die klassischen Griechen den Gipfel der mathematischen und naturwissenschaftlichen Erkenntnis erreicht, und seither befand sich die Zivilisation in einem Prozeß des Verfalls. Die Nachfolger der Klassiker könnten lediglich versuchen, sich gewisse Fragmente jener Weisheit anzueignen, die von Platon und Aristoteles personifiziert wurde. Es waren die Begründer der neuzeitlichen, empirischen Naturwissenschaften wie Isaac Newton, Francis Bacon, René Descartes und Gottfried Leibniz, die als erste die Idee vertraten, der Mensch könne durch die Erforschung der Natur systematisch Wissen erwerben und anhäufen. Diese Stammväter der modernen Naturwissenschaft glaubten, daß dieser Prozeß endlich sei, daß wir zu einer vollständigen Erkenntnis der Welt gelangen und dann auf der Grundlage dieses Wissens und christlicher Gebote eine vollkommene Gesellschaft, ein Utopia (das »Neue Polynesien«!) errichten könnten.

Erst unter dem Einfluß der Darwinschen Lehre schlug die Idee des Fortschritts manche Intellektuelle so sehr in ihren Bann, daß sie zu der Überzeugung gelangten, der Fortschritt könne bzw. möge *ewig* fortdauern. Gunther Stent schrieb in seinem 1978 erschienenen Buch *The Paradoxes of Progress*: »Im Gefolge der Veröffentlichung von Darwins Buch *Über den Ursprung der Arten* wurde die Idee des Fortschritts zu einer wissenschaftlichen Religion erhoben... Diese optimistische Sicht stieß in den Industriestaaten auf so breite Zustimmung..., daß die Behauptung, der Fortschritt könne bald zu Ende gehen, mittlerweile in weiten Kreisen als eine ebenso absonderliche These gilt wie in früheren Zeiten die Behauptung, die Erde bewege sich um die Sonne.«[20]

Es ist nicht weiter verwunderlich, daß die modernen Nationalstaaten zu glühenden Befürwortern dieser Doktrin von der Unbegrenztheit des naturwissenschaftlichen Fortschritts wurden. Denn die Naturwissenschaft brachte solche Wunderdinge wie die Atombombe, die Kernenergie, Düsenflugzeuge, Radar, Computer und Raketen hervor. Im Jahre 1945 verkündete der Physiker Vannevar Bush (ein entfernter Verwandter des früheren US-Präsidenten George Bush) in seinem Buch *Science: The Endless Frontier*, die Naturwissenschaft sei ein »noch weitgehend unerforschtes Neuland« und ein »unentbehrlicher Schlüssel« zur militärischen und wirtschaftlichen Sicherheit der Vereinigten Staaten.[21] Bushs Essay gab den Anstoß zur Gründung der National Science Foundation und anderer staatlicher Organisationen, die von da an die Grundlagenforschung in einem beispiellosen Ausmaß finanziell unterstützten.

Dié Sowjetunion setzte sogar noch stärker als ihr kapitalistischer Konkurrent auf den naturwissenschaftlichen und technischen Fortschritt. Die Sowjets schienen von Friedrich

Engels inspiriert, der in der *Dialektik der Natur* mit seinem Verständnis des Newtonschen Gravitationsgesetzes prahlte. Nach Engels Auffassung könnte und würde die Naturwissenschaft auch weiterhin Fortschritte machen, und zwar mit stetig zunehmender Geschwindigkeit.[22]

Selbstverständlich gibt es heutzutage starke gesellschaftliche, politische und wirtschaftliche Kräfte, die dieser Vision des grenzenlosen naturwissenschaftlichen und technischen Fortschritts entgegenstehen. Der Kalte Krieg, der der Grundlagenforschung in den Vereinigten Staaten und der Sowjetunion wichtige Impulse gab, ist vorüber; damit ist der Ansporn für die Vereinigten Staaten und die ehemaligen Republiken der Sowjetunion, Weltraumstationen und riesige Beschleuniger zu bauen, bloß um ihre Macht zu demonstrieren, erheblich geschwunden. Zudem reagiert die Gesellschaft immer empfindlicher auf die negativen Folgen von Naturwissenschaft und Technik wie etwa Umweltverschmutzung, radioaktive Verseuchung und Massenvernichtungswaffen.

Selbst politische Führer, die lange Zeit zu den entschiedensten Befürwortern des wissenschaftlichen Fortschritts gehörten, beginnen wissenschaftskritische Ansichten zu äußern. So erklärte der tschechische Staatspräsident (und Dramatiker) Václav Havel im Jahre 1992, die Sowjetunion verkörpere den »Kult der Objektivität«, der mit der Naturwissenschaft verbunden sei, und sie habe diesen für immer in Verruf gebracht. Havel äußerte die Hoffnung, der Zerfall des kommunistischen Staates führe »das Ende der Neuzeit herbei, die von dem – auf vielfältige Weise zum Ausdruck gebrachten – blinden Glauben beherrscht war, die Welt – und das Sein als solches – sei ein vollständig erkennbares System, das von einer endlichen Zahl allgemeingültiger Gesetze gesteuert werde, die der Mensch verstehen und auf rationale Weise zu seinem eigenen Vorteil nutzen könne«.[23]

Die Ernüchterung über die Wissenschaft wurde zu Beginn des 20. Jahrhunderts von Oswald Spengler vorausgesehen, der so zum ersten großen Propheten des Endes der Wissenschaft wurde. In seinem 1918 erschienenen Buch *Der Untergang des Abendlandes* behauptete Spengler, der naturwissenschaftliche Fortschritt verlaufe in Zyklen. Auf romantische Epochen der Erforschung der Natur und der Erfindung neuer Theorien folgten Epochen der Konsolidierung, in denen das wissenschaftliche Wissen verknöchere. Je anmaßender und intoleranter gegenüber anderen Glaubenssystemen, insbesondere religiöser Natur, die Naturwissenschaftler aufträten, um so stärker lehne sich die Gesellschaft gegen die Naturwissenschaft auf und um so mehr suche sie Zuflucht in religiösem Fundamentalismus und anderen irrationalen Glaubenssystemen. Spengler sagte voraus, daß der Niedergang der Naturwissenschaft und das Wiederaufleben des Irrationalismus an der Schwelle zum dritten Jahrtausend beginnen werde.[24]

Spenglers Analyse war eher zu optimistisch. Aus seiner zyklischen Konzeption des naturwissenschaftlichen Fortschritts folgte, daß die Naturwissenschaft vielleicht eines Tages wiederauferstehen und eine neue Epoche der Entdeckungen einleiten würde. Doch der naturwissenschaftliche Fortschritt verläuft nicht zyklisch, sondern linear; wir können das Periodensystem der Elemente, die Expansion des Weltalls und die Struktur der DNS nur einmal entdecken. Das größte Hindernis für das Wiederaufleben der Wissenschaft – und vor allem der reinen Wissenschaft, die sich um die Beantwortung der Frage bemüht, wer wir sind und woher wir kommen – sind die Erfolge der Wissenschaft in der Vergangenheit.

Die Zeit der grenzenlosen Horizonte ist vorbei

Naturwissenschaftler geben aus verständlichen Gründen nur ungern öffentlich zu, daß sie in eine Epoche abnehmender Erträge eingetreten sind. Niemand möchte, daß es später einmal von ihm heißt, er sei genauso gewesen wie die vermeintlich kurzsichtigen Physiker des ausgehenden 19. Jahrhunderts. Im übrigen läuft man immer Gefahr, daß Voraussagen über den Tod der Naturwissenschaft zu sich selbst erfüllenden Prophezeiungen werden. Doch Gunther Stent ist keineswegs der einzige prominente Naturwissenschaftler, der das Tabu, mit dem solche Prophezeiungen belegt sind, durchbricht. Im Jahre 1971 veröffentlichte *Science* einen Aufsatz mit dem Titel »Science: Endless Horizons or Golden Age?« von Bentley Glass, einem bedeutenden Biologen, der zugleich Präsident der American Association for the Advancement of Science war. Glass verglich die beiden Szenarios über die Zukunft der Naturwissenschaft, die Vannevar Bush und Gunther Stent entworfen hatten, und schloß sich widerstrebend der Prognose Stents an. Glass behauptete, die Naturwissenschaft sei nicht nur grundsätzlich begrenzt, sondern diese Grenzen zeichneten sich bereits ab. »Wir gleichen den Erforschern eines großen Kontinents«, erklärte Glass, »die in den meisten Himmelsrichtungen bis an dessen Grenzen vorgestoßen sind und die die größten Gebirgsketten und Flüsse kartographisch erfaßt haben. Obgleich noch immer zahlreiche Details einzutragen bleiben, ist die Zeit der grenzenlosen Horizonte vorbei.«[25]

Nach Glass' Ansicht enthüllt eine aufmerksame Lektüre von Bushs Essay *Endless Frontier*, daß sein Verfasser die Naturwissenschaft ebenfalls als ein endliches Unternehmen betrachtet habe. Nirgends behauptete Bush ausdrücklich, sämtliche naturwissenschaftliche Disziplinen könnten endlos neue Entdeckungen machen. Vielmehr verglich Bush das naturwissenschaftliche Wissen mit einem »Gebäude, dessen Form von den Gesetzen der Logik und dem Wesen des menschlichen Denkens determiniert wird. Es ist fast so, als hätte dieses Gebäude bereits existiert.« Daß Bush ausgerechnet diese Metapher verwendet hat, deutet nach Glass darauf hin, daß er den Umfang des naturwissenschaftlichen Wissens als begrenzt angesehen habe. Daher sei der »gewagte Titel« seines Essays »nicht wörtlich zu nehmen, sondern soll lediglich besagen, daß von unserem gegenwärtigen Standpunkt aus noch so viel zu entdecken bleibt, daß der Horizont praktisch unbegrenzt erscheint«.

Im Jahre 1979 präsentierte Glass in der *Quarterly Review of Biology* Belege für seine These, daß die Naturwissenschaft auf ihren Höhepunkt zusteuere.[26] Seine Analyse der Entdeckungen in der Biologie zeige, daß deren Anzahl nicht mit der exponentiellen Zunahme der Forscher und der Mittel Schritt gehalten habe. Glass schrieb: »Wir waren so beeindruckt von der nicht zu leugnenden Beschleunigung im Tempo großartiger Errungenschaften, daß wir kaum bemerkten, daß wir uns bereits tief in einer Epoche sinkender Erträge befinden. Das bedeutet, daß wir immer größere Forschungsanstrengungen unternehmen und immer mehr Gelder aufwenden müssen, um den Fortschritt in Gang zu halten. Früher oder später wird dies aufgrund der unüberwindlichen Grenzen der Verfügbarkeit an Wissenschaftlern und Mitteln aufhören. Der wissenschaftliche Fortschritt verlief in unserem Jahrhundert so rasant, daß wir zu dem Glauben verleitet wurden, dieses Tempo könne auf unbestimmte Zeit beibehalten werden.«

Als ich Glass im Jahre 1994 interviewte, gestand er mir, zahlreiche seiner Kollegen seien schon bestürzt darüber gewesen, daß er das Thema der Grenzen der Wissenschaft überhaupt angeschnitten habe, aber noch viel mehr darüber, daß er ihren Niedergang prophezeit habe.[27] Doch Glass war seinerzeit der Ansicht gewesen (und er war es noch immer), daß das Thema zu wichtig sei, als daß man es einfach ignorieren könne. Glass erklärte, die Wissenschaft als gesellschaftliches Projekt habe offensichtlich *gewisse* Grenzen. Wenn die Wissenschaft weiterhin so rasante Fortschritte gemacht hätte wie zu Beginn des Jahrhunderts, dann hätte sie bald den gesamten Etat aller Industrienationen aufgezehrt. »Ich denke, es leuchtet jedem ein, daß die Aufwendungen für die Forschung, die Grundlagenforschung, nicht beliebig erhöht werden können.« Dieser Wille zur Drosselung der Ausgaben habe sich 1993 in dem Beschluß des US-Kongresses gezeigt, keine weiteren Gelder für den Bau des Superconducting Supercollider zu bewilligen, jenes gewaltigen Teilchenbeschleunigers, von dem die Physiker gehofft hatten, er würde ihnen, jenseits der Quarks und Elektronen, den Zugang zu einer noch fundamentaleren Ebene des Mikrokosmos eröffnen, und zwar für bloße 8 Milliarden Dollar.

Doch selbst wenn die Gesellschaft all ihre Ressourcen für die Forschung aufwenden würde, fügte Glass hinzu, würde die Wissenschaft eines Tages den Punkt abnehmender Erträge erreichen. Wieso? Eben weil die Wissenschaft erfolgreich sei, weil sie ihre Probleme löse. Schließlich hätten die Astronomen bereits die äußersten Grenzen des Universums erkundet; sie könnten nicht sehen, was sich möglicherweise jenseits davon befinde. Zudem glaubten die meisten Physiker, daß die Zerlegung der Materie in immer kleinere Teilchen über kurz oder lang an ein Ende kommen werde, wenn dies praktisch gesehen nicht schon jetzt der Fall sei. Selbst wenn die Physiker Teilchen aufstöbern würden, die sich hinter den Quarks und Elektronen verbergen, würde diese Entdeckung für die Biologen, die mittlerweile wissen, daß die entscheidenden biologischen Vorgänge auf molekularer bzw. supramolekularer Ebene ablaufen, wenig oder gar nichts ändern. »Hier liegt eine Grenze der Biologie«, erklärte Glass, »die schlicht aufgrund der Natur der Zusammensetzung von Materie und Energie kaum zu überwinden sein dürfte.«

Die bedeutenden Revolutionen in der Biologie liegen, Glass zufolge, möglicherweise hinter uns. »Ich kann mir nur schwer vorstellen, daß etwas so umfassend und umstürzend Neues wie Darwins Theorie der Evolution oder Mendels Modell der Vererbung noch einmal entdeckt wird.« Glass betonte, die Biologen hätten zweifellos noch viele Fragen zu beantworten, über Krankheiten wie Krebs und AIDS; über den Prozeß, durch den sich eine einzelne befruchtete Zelle in einen komplexen, vielzelligen Organismus verwandele oder über die Beziehung zwischen Gehirn und Geist. »Unser Wissensfundus wird sich auch in Zukunft noch erweitern. Doch wir haben einige der größtmöglichen Fortschritte erzielt. Und es ist fraglich, ob es weitere wirklich tiefgreifende Veränderungen in unserer Begriffswelt geben wird.«

Schwere Zeiten für die Physik

Im Jahre 1992 veröffentlichte die Monatszeitschrift *Physics Today* einen Essay mit dem Titel »Schwere Zeiten«, in dem Leo Kadanoff, ein namhafter Physiker von der University of Chicago, ein düsteres Bild von der Zukunft der Physik zeichnete. »Höchstwahrscheinlich wird sich die Abnahme der Zahl der Physiker und die schwindende gesellschaftliche Unterstützung und Anerkennung unserer Arbeit durch nichts aufhalten lassen«, erklärte Kadanoff. »Die Unterstützung unserer Forschung hing von Ereignissen ab, die mittlerweile Geschichte sind: Kernwaffen und Radar im Zweiten Weltkrieg, danach die Silicium- und Lasertechnik, der amerikanische Optimismus und das Streben nach industrieller Hegemonie, der sozialistische Glaube an die Vernunft als Instrument zur Verbesserung der Welt.« Kadanoff behauptet, diese Rahmenbedingungen seien weitgehend verschwunden; sowohl die Physik als auch die übrigen Naturwissenschaften würden von Umwelt- und Tierschützern sowie anderen wissenschaftsfeindlich eingestellten Aktivisten bedrängt. »In den letzten Jahrzehnten hat die Naturwissenschaft reiche Erträge abgeworfen, und sie stand im Mittelpunkt des gesellschaftlichen Interesses. Es sollte uns nicht erstaunen, wenn diese Anomalie verschwindet.«[28]

Als ich zwei Jahre später ein Telefongespräch über dieses Thema mit ihm führte, klang er noch pessimistischer als in seinem Essay.[29] Er legte mir schwermütig seine Sicht der Dinge dar, so als leide er an einer existentiellen »Verschnupfung«.

Statt wie in seinem Artikel in *Physics Today* auf die gesellschaftlichen und politischen Probleme der Naturwissenschaften einzugehen, konzentrierte er sich auf ein anderes Hindernis des wissenschaftlichen Fortschritts: die Erfolge der Naturwissenschaften in der Vergangenheit. Die große Leistung der modernen Naturwissenschaften habe in dem Nachweis bestanden, daß die Natur bestimmten physikalischen Grundgesetzen gehorche. »Dieses Problem wurde spätestens seit der Renaissance erforscht und vielleicht schon sehr viel länger. Meines Erachtens ist dieses Problem gelöst. Das heißt, wir haben bewiesen, daß die Natur durch Gesetze erklärt werden kann.« Die fundamentalsten Naturgesetze seien in der allgemeinen Relativitätstheorie und im sogenannten Standardmodell der Elementarteilchenphysik enthalten, das das Verhalten im Quantenbereich mit ausgezeichneter Genauigkeit beschreibe.

Noch vor fünfzig Jahren, so Kadanoff, seien viele angesehene Naturwissenschaftler Anhänger der romantischen Lehre des Vitalismus gewesen, die behauptet habe, das Leben entspringe irgendeinem geheimnisvollen »élan vital«, der sich nicht mit physikalischen Gesetzen erklären lasse. Infolge der Erkenntnisse der Molekularbiologie – angefangen mit der Entdeckung der DNS-Struktur im Jahre 1953 – »gibt es heute nur noch relativ wenige gebildete Menschen, die sich zum Vitalismus bekennen«, sagte Kadanoff.

Natürlich hätten die Naturwissenschaftler noch viel Forschungsarbeit zu leisten, um die Frage zu beantworten, wie die grundlegenden Naturgesetze »die Fülle der Erscheinungen hervorbringen, die wir um uns herum sehen«. Kadanoff selbst ist eine Kapazität auf dem Gebiet der Physik der kondensierten Materie, die nicht das Verhalten einzelner subatomarer Teilchen, sondern das von Feststoffen und Flüssigkeiten erforscht. Kadanoff hat sich auch mit Chaosforschung befaßt und Phänomene untersucht, die sich auf vorhersagbar unvorhersagbare Weise entfalten. Einige Anhänger der Chaosforschung – und des engverwandten Gebietes der Komplexitätsforschung – haben behauptet, sie könnten mit Hilfe von Hochleistungsrechnern und neuen mathematischen Methoden Erkenntnisse gewinnen, die die Entdeckungen der traditionellen, »reduktionistischen« Naturwissenschaft überträfen. Kadanoff bezweifelt dies. Die Erforschung der Auswirkungen der fundamentalen Gesetze sei in gewisser Hinsicht uninteressanter und weniger tiefschürfend als der Beweis, daß die Natur von Gesetzen beherrscht werde. »Doch da wir jetzt wissen, daß die Natur Gesetzen folgt«, fügte er hinzu, »müssen wir uns anderen Dingen zuwenden. Das wird die Phantasie der meisten Menschen vermutlich weniger anregen. Vielleicht aus gutem Grund.«

Kadanoff wies darauf hin, daß auch die Elementarteilchenphysik in letzter Zeit nicht sonderlich aufregend gewesen sei. Die Experimente, die in den vergangenen Jahrzehnten durchgeführt worden seien, hätten lediglich vorhandene Theorien bestätigt und keine neuen Phänomene enthüllt, die neue Gesetze verlangt hätten; das Ziel einer vereinheitlichten Theorie sämtlicher Naturkräfte liege in unendlich weiter Ferne. Im Grunde habe es auf sämtlichen naturwissenschaftlichen Gebieten seit langer Zeit keine wirklich bedeutsamen Entdeckungen mehr gegeben. »Die Wahrheit ist, daß es *keine* wissenschaftliche Errungenschaft gegeben hat, deren Tragweite mit der Quantenmechanik, der Relativitätstheorie oder der DNA-Doppelhelix vergleichbar gewesen wäre. In den letzten Jahrzehnten ist nichts dergleichen geschehen.« Ich fragte, ob dies ein Dauerzustand sei. Kadanoff schwieg einen Augenblick lang. Dann seufzte er, so als wollte er sich seiner ganzen Weltverdrossenheit entledigen. »Hat man erst einmal zur Zufriedenheit vieler Menschen bewiesen, daß die Natur Gesetzen folgt, dann kann man dies kein zweites Mal tun«, antwortete er.

Die optimistische Gegenstimme Nicholas Reschers

Einer der wenigen zeitgenössischen Philosophen, die sich ernsthafte Gedanken über die Grenzen der Naturwissenschaft gemacht haben, ist Nicholas Rescher, der an der University of Pittsburgh lehrt. In seinem 1978 erschienenen Buch *Wissenschaftlicher Fortschritt* bedauerte Rescher die Tatsache, daß Stent, Glass und andere bedeutende Naturwissenschaftler offenbar der Meinung seien, die Naturwissenschaften mündeten in eine Sackgasse. Rescher wollte ein Gegenmittel gegen die vorherrschende Verdrossenheit bereitstellen, indem er den Nachweis erbrachte, daß der wissenschaftliche Erkenntnisprozeß zumindest potentiell unendlich sei.[30] Doch das Szenario, das er in seinem Buch entwarf, konnte kaum als optimistisch bezeichnet werden. Er behauptete, die Naturwissenschaft als empirisch und experimentell verfahrende Disziplin unterliege ökonomischen Zwängen. Sobald die Naturwissenschaftler versuchten, ihre Theorien auf unzugänglichere Objektbereiche auszudehnen – die Randgebiete des Weltalls, kleinste Bausteine der Materie –, würden die dafür erforderlichen Geldmittel zwangsläufig stark ansteigen, während der Ertrag abnehme.

»Die wissenschaftliche Innovation wird in dem Maße schwieriger, in dem wir die Grenzen unseres Wissens in immer unzugänglichere Bereiche vorschieben. Wenn die gegenwärtige Sichtweise auch nur teilweise richtig ist, dann wird das halbe Jahrtausend, das etwa um 1650 beginnt, eines Tages als eine der bedeutendsten Umwälzungen in der Geschichte der Menschheit betrachtet werden, wobei das Zeitalter der Naturwissenschaften eine genauso einzigartige historische Struktur aufweisen dürfte wie die Bronzezeit, die Industrielle Revolution oder die Bevölkerungsexplosion.«[31]

Rescher ließ sein bedrückendes Szenario scheinbar optimistisch ausklingen: die Naturwissenschaft werde niemals an Grenzen stoßen; sie werde nur, wie Zenons Schildkröte, immer langsamer vorankommen. Auch dürften die Naturwissenschaftler nicht glauben, daß ihre Forschungen zwangsläufig zu einem bloßen Sammeln von Daten verkommen würden; es sei jederzeit *möglich*, daß eines ihrer zusehends kostspieligen Experimente zu fundamentalen Neuerungen führe, vergleichbar der Quantenmechanik oder der Darwinschen Lehre.

Bentley Glass nannte diese Thesen in einer Besprechung von Reschers Buch eine »Seelenmassage, damit die Forscher in Anbetracht der düsteren Aussichten den Mut nicht sinken lassen«.[32] Als ich Rescher im August 1992 sprach, räumte er ein, daß seine Analyse in vielerlei Hinsicht pessimistisch gewesen sei. »Wir können die Natur nur erforschen, indem wir mit ihr in Wechselwirkung treten«, sagte er. »Dazu müssen wir in bislang unerforschte Regionen vorstoßen, Bereiche höherer Dichte, niedrigerer Temperatur oder größerer Energie. In all diesen Fällen schieben wir fundamentale Grenzen immer weiter hinaus, und dazu sind immer ausgeklügeltere und kostspieligere Geräte erforderlich. So setzt die Begrenztheit der menschlichen Ressourcen auch der Wissenschaft eine Grenze.«

Doch Rescher beharrte darauf, daß »bedeutende Funde, großartige Entdeckungen« vor uns liegen könnten, ja müßten. Er könne aber nicht sagen, wo diese Entdeckungen herkommen würden. »Es ist wie bei dem Jazz-Musiker, der gefragt wurde, wie sich der Jazz weiterentwickeln werde, und der antwortete: ›Wenn ich das wüßte, wären wir jetzt dort.‹« Rescher verwies schließlich darauf, daß die Naturwissenschaftler am Ende des 19. Jahrhunderts auch geglaubt hätten, alle wichtigen Entdeckungen seien bereits gemacht. Die Tatsache, daß Naturwissenschaftler wie Stent, Glass und Kadanoff offenbar befürchteten, die Wissenschaft nähere sich ihrem Ende, stimme ihn zuversichtlich, daß irgendeine wunderbare Entdeckung bevorstehe. Wie viele andere vorgebliche Propheten war auch Rescher dem Wunschdenken erlegen. Er gab zu, daß das Ende der Wissenschaft seines Erachtens eine Tragödie für die

Menschheit darstellen würde. Was würde aus uns werden, wenn das Streben nach Erkenntnis erlahmte? Was würde unserem Dasein Sinn verleihen?

Die Bedeutung von Francis Bacons »plus ultra«

Die zweithäufigste Antwort auf die These, daß die Naturwissenschaft ihrem Ende entgegengehe – nach dem Argument: »Das hat man schon am Ende des 19. Jahrhunderts geglaubt« –, ist die alte Erfahrungsregel: »Antworten werfen neue Fragen auf«. Kant schrieb in seiner Schrift *Prolegomena zu einer jeden künftigen Metaphysik, die als Wissenschaft wird auftreten können* (1783), daß »eine jede nach Erfahrungsgrundgesetzen gegebene Antwort immer eine neue Frage gebiert, die ebenso wohl beantwortet sein will, und dadurch die Unzulänglichkeit aller physischen Erklärungsarten zur Befriedigung der Vernunft deutlich dartut«.[33] Doch Kant postulierte auch (und nahm damit die Argumente von Gunther Stent vorweg), daß die vorgegebene Struktur unseres Geistes sowohl den Fragen, die wir an die Natur stellen können, als auch den Antworten, die wir von ihr erhalten, von vornherein Grenzen setzt.

Natürlich wird die Naturwissenschaft auch weiterhin neue Fragen aufwerfen. Die meisten davon sind trivial, da sie Details betreffen, die sich nicht auf unser Grundverständnis der Natur auswirken. Wer – außer den Spezialisten – interessiert sich denn wirklich für die genaue Masse des »top-Quarks«, dessen Existenz schließlich im Jahre 1994 nach Experimenten, die Milliarden von Dollar verschlangen, bestätigt wurde? Andere Fragen sind zwar tiefschürfend, aber nicht zu beantworten. Tatsächlich ist das hartnäckigste Hindernis für die *Vollendung* der Naturwissenschaft – für die Entwicklung jener Allumfassenden Theorie, von der Roger Penrose und andere träumen – die Fähigkeit des Menschen, sich unlösbare Fragen auszudenken. Sobald wir eine vermeintlich Allumfassende Theorie erarbeitet haben, wird gewiß irgend jemand fragen: Aber woher wissen wir denn, ob Quarks oder auch Superstrings (in dem unwahrscheinlichen Fall, daß deren Existenz eines Tages bewiesen wird) nicht aus noch kleineren Bausteinen bestehen? Und so weiter ad infinitum. Woher wissen wir, daß das sichtbare Universum nicht bloß eines aus einer unendlichen Zahl von Universen ist? Ist unser Universum zwangsläufig entstanden, oder verdankt es sich einem kosmischen Zufall? Wie steht es mit dem Leben? Sind Computer zu bewußtem Denken fähig? Und wie ist es mit den Amöben?

Ganz gleich, wie weit die empirische Wissenschaft vordringt, unsere Phantasie kann immer noch weiter vorstoßen. Das ist das größte Hindernis für die Hoffnung – und die Angst – der Naturwissenschaftler, daß wir *Die Antwort* finden werden, eine Theorie, die unsere Neugierde für immer stillt. Francis Bacon, einer der Begründer der neuzeitlichen Naturwissenschaft, brachte seinen Glauben an das riesige Entwicklungspotential der Naturwissenschaft mit dem lateinischen Schlagwort *plus ultra*, »immer weiter darüber hinaus«, zum Ausdruck.[34] Doch *plus ultra* gilt nicht für die Naturwissenschaft an sich, die auf einer sehr strikten Methode der Erforschung der Natur beruht. *Plus ultra* gilt vielmehr für unsere Phantasie. Obgleich unsere Einbildungskraft evolutionsgeschichtlich bedingten Einschränkungen unterliegt, kann sie sich doch immer über den Bereich gesicherter Erkenntnisse hinauswagen.

Selbst im »Neuen Polynesien« werden nach Ansicht von Gunther Stent einige beharrliche Geister weiterhin danach streben, das überkommene Wissen zu transzendieren. Stent nannte diese Wahrheitssucher »faustisch« (ein Ausdruck, den er von Oswald Spengler übernommen hat). Ich nenne sie »starke Wissenschaftler« (eine Bezeichnung, die ich Harold Blooms Schrift *Einflußangst* entlehnt habe). Indem diese starken Wissenschaftler Fragen aufwerfen, die die Naturwissenschaft nicht beantworten kann, sind sie in der Lage, auch nach dem Ende der empirischen Naturwissenschaft – das ist diejenige, die Fragen beantwortet – jenes spekulative Erkenntnisstreben fortzusetzen, das ich »ironische Wissenschaft« genannt habe. Der Dichter John Keats prägte den Begriff der *negativen Begabung*, um die Fähigkeit mancher bedeutender Dichter zu beschreiben, »Ungewißheiten, Rätsel und Zweifel auszuhalten, ohne sich ängstlich an Fakten und Vernunft zu klammern«. Als Beispiel griff Keats seinen Kollegen, den Dichter Samuel Coleridge, heraus, der »eine hübsche Wahrscheinlichkeit, die er aus dunkelsten mystischen Tiefen emporgezogen hat, fallenließ, weil er nicht imstande war, sich mit Halbwissen zu begnügen«.[35] Die wichtigste Funktion der ironischen Wissenschaft besteht darin, als »negativer Spiegel« der Menschheit zu dienen. Indem die ironische Wissenschaft unbeantwortbare Fragen aufwirft, gemahnt sie uns daran, daß all unser Wissen bloßes Halbwissen ist; sie erinnert uns daran, wie wenig wir wissen. Doch die ironische Wissenschaft liefert keine substantiellen Beiträge zum Wissen selbst. Daher gleicht sie weniger der Naturwissenschaft im traditionellen Sinne als vielmehr der Literaturtheorie bzw. der Philosophie.

2. DAS ENDE DER WISSENSCHAFTSTHEORIE

Karl Popper – Mutmaßungen und Widersprüche

Die Naturwissenschaft des 20. Jahrhunderts hat ein erstaunliches Paradox hervorgebracht. Derselbe atemberaubende Fortschritt, der zu der Vorhersage führte, daß wir möglicherweise bald alles wissen werden, was man wissen kann, nährte gleichzeitig Zweifel daran, ob wir *irgend etwas* mit Sicherheit wissen können. Wenn eine Theorie so schnell auf die andere folgt, wie können wir dann jemals sicher sein, daß überhaupt irgendeine Theorie wahr ist? Im Jahre 1987 unterzogen zwei britische Physiker, T. Theocharis und M. Psimopoulos, diese skeptische Auffassung in einem Essay mit dem Titel »Where Science Has Gone Wrong« einer vernichtenden Kritik. Der im britischen Wissenschaftsmagazin *Nature* veröffentlichte Aufsatz lastete das »tiefe und weitverbreitete Unbehagen« an der Naturwissenschaft Philosophen an, die den Anspruch der Naturwissenschaft, zu objektiven Erkenntnissen gelangen zu können, in Frage gestellt hätten. In dem Artikel waren Fotos von vier besonders herausragenden »Verrätern der Wahrheit« abgedruckt: Karl Popper, Imre Lakatos, Thomas Kuhn und Paul Feyerabend.[1]

Bei den Fotos handelte es sich um grobkörnige Schwarzweißaufnahmen von der Art, wie sie sonst eine Enthüllungsgeschichte über einen Bankier schmücken, der arme Rentner betrogen hat. Sie sollten signalisieren, daß die Abgebildeten eindeutig intellektuelle Missetäter der übelsten Sorte waren. Feyerabend, den die Verfasser des Aufsatzes den »schlimmsten Feind der Wissenschaft« nannten, sah am verruchtesten aus. Mit einer auf die Nasenspitze gezogenen Brille in die Kamera grinsend, vermittelte er den Eindruck, als hecke er irgendeinen diabolischen Ulk aus. Er sah wie der Zwillingsbruder von Loki aus, dem altnordischen Gott des Unheils.

Der Kern der Kritik von Theocharis und Psimopoulos war unhaltbar. Der Skeptizismus einiger weniger akademischer Philosophen stellte niemals eine ernsthafte Bedrohung für die gewaltige, festverankerte Wissenschaftsbürokratie dar. Viele Wissenschaftler, vor allem Möchtegernrevolutionäre, finden die Ideen von Popper und Konsorten tröstlich, denn wenn unser gegenwärtiges Wissen nur vorläufigen Charakter hat, dann besteht immer die Möglichkeit, daß die bedeutenden Enthüllungen noch vor uns liegen. Theocharis und Psimopoulos brachten jedoch ein scharfsinniges Argument vor, demzufolge die Behauptungen der Skeptiker »sich auf eklatante Weise selbst widerlegen, das heißt sich selbst negieren und aufheben«. Ich sagte mir, daß es interessant wäre, den Philosophen dieses Argument vorzuhalten und zu sehen, wie sie reagieren würden.

Mit der Zeit hatte ich Gelegenheit, genau dies mit allen »Verrätern der Wahrheit« außer Lakatos, der 1974 gestorben war, zu tun. Bei meinen Interviews versuchte ich auch herauszufinden, ob diese Philosophen die Fähigkeit der Wissenschaft, zu wahren Erkenntnissen zu gelangen, tatsächlich so skeptisch beurteilten, wie es einige ihrer Äußerungen andeuteten. Ich gewann jedoch die Überzeugung, daß Popper, Kuhn und Feyerabend eine hohe Meinung von der Wissenschaft hatten; ja ihre Skepsis war von ihrer Wertschätzung motiviert. Ihr größter Fehler bestand vielleicht darin, daß sie der Wissenschaft mehr Macht zuschrieben, als sie tatsächlich besaß. Sie befürchteten, daß die Wissenschaft unsere Fähigkeit zum Staunen zunichte machen und sich dadurch selbst – und alle Formen des Erkenntnisstrebens – dem Untergang weihen könnte. Sie wollten die Menschheit, einschließlich der Wissenschaftler, vor dem naiven Glauben an die Wissenschaft bewahren, wie er beispielhaft von Naturwissenschaftlern wie Theocharis und Psimopoulos vertreten wird.

Weil die Naturwissenschaft im Verlauf des 19. Jahrhunderts an Macht und Ansehen gewann, machten sich allzu viele

Philosophen zu deren willigen PR-Agenten. Dieser Trend geht auf Denker wie den Amerikaner Charles Sanders Peirce zurück, der die Philosophie des Pragmatismus begründete. Peirce definierte die absolute Wahrheit folgendermaßen: Sie ist das, was die Wissenschaftler nach Abschluß ihrer Bemühungen als absolute Wahrheit postulieren.[2]

Ein Großteil der Philosophie nach Peirce hat nichts anderes getan, als diese Auffassung weiterzuentwickeln. Zu Beginn des 20. Jahrhunderts war der logische Positivismus, demzufolge eine Aussage nur dann wahr sei, wenn sie logisch oder empirisch bewiesen werden könne, die vorherrschende philosophische Strömung in Europa. Den Positivisten galten die Mathematik und die Naturwissenschaften als höchste Quellen der Erkenntnis. Popper, Kuhn und Feyerabend – jeder auf seine eigene Weise und aus seinen eigenen Gründen – bemühten sich, dieser devoten Einstellung gegenüber der Naturwissenschaft entgegenzutreten. Ihres Erachtens bestand die wichtigste Aufgabe der Philosophie in einem Zeitalter, in dem die Naturwissenschaft einen beherrschenden Einfluß ausübt, darin, eine Art Gegengewicht gegen die Naturwissenschaft zu schaffen und in den Naturwissenschaftlern Zweifel zu wecken. Nur so läßt sich verhindern, daß das – potentiell unbegrenzte – menschliche Erkenntnisstreben erlahmt; nur so bleibt unser Staunen über die Geheimnisse des Kosmos erhalten.

Popper war von den drei großen Skeptikern, die ich interviewte, derjenige, der sich als erster einen Namen gemacht hatte.[3] Seine philosophische Lehre ging aus seinen Bemühungen hervor, pseudowissenschaftliche Theorien wie etwa den Marxismus, die Astrologie oder die Freudsche Psychoanalyse von echter Wissenschaft wie etwa der Einsteinschen Relativitätstheorie zu unterscheiden. Popper kam zu dem Schluß, daß letztere überprüft werden konnte; sie macht Vorhersagen über die Welt, die empirisch getestet werden können. Die logischen Positivisten hatten ungefähr das gleiche gesagt. Doch Popper widersprach der positivistischen These, Wissenschaftler könnten eine Theorie durch Induktion, also durch wiederholte empirische Überprüfungen oder Beobachtungen, *beweisen*. Denn man kann nie sicher sein, ob die Anzahl der Beobachtungen hinreichend groß ist; die nächste Beobachtung könnte allen vorangegangenen widersprechen. Daher können Beobachtungen eine Theorie niemals bestätigen, sondern nur widerlegen, falsifizieren. Popper rühmte sich, den logischen Positivismus mit diesem Argument »vernichtet« zu haben.[4]

Popper errichtete auf der Grundlage dieses Falsifikationstheorems eine Philosophie, die er »kritischen Rationalismus« nannte. Ein Wissenschaftler äußert eine Hypothese, worauf andere Wissenschaftler diese mit Gegenargumenten oder gegenläufigen experimentellen Befunden zu entkräften suchen. Nach Poppers Auffassung sind Kritik und Kontroversen ein unverzichtbares Element des Fortschritts in allen Bereichen. So wie sich die Wissenschaftler der Wahrheit durch »Mutmaßungen und Widerlegungen« annähern, so entwickeln sich Spezies durch Konkurrenz und Gesellschaften durch politische Diskussionen weiter. »Eine konfliktfreie menschliche Gesellschaft«, so schrieb er einmal, »wäre eine Gesellschaft nicht von Freunden, sondern von Ameisen.«[5] In seinem 1945 erschienenen Werk *Die offene Gesellschaft und ihre Feinde* behauptete Popper, daß die Politik in noch stärkerem Maß als die Wissenschaft auf das freie Spiel der Ideen und der Kritik angewiesen sei. Der Dogmatismus führe, anders als die Marxisten und die Faschisten beteuerten, nicht zu einem Idealstaat, sondern zu totalitärer Unterdrückung.

Ich begann den Widerspruch zu erahnen, der Poppers Werk – und Persönlichkeit – im Innersten durchzieht, als ich vor unserem Treffen andere Philosophen nach ihrer Meinung über ihn fragte. Derartige Erkundigungen entlocken den Befragten meist einhellige nichtssagende Lobpreisungen, doch in diesem Fall äußerten sich meine Gesprächspartner ungewohnt abfällig über den Meisterdenker. Sie kritisierten, daß dieser Mann, der gegen den Dogmatismus wetterte, selbst auf eine nachgerade krankhafte Weise dogmatisch sei und von seinen Studenten unbedingte Ergebenheit verlange. Es gebe einen alten Witz über Popper: *Die offene Gesellschaft und ihre Feinde* hätte *Die offene Gesellschaft von einem ihrer Feinde* betitelt werden sollen.

Um einen Gesprächstermin mit Popper zu vereinbaren, rief ich bei der London School of Economics an, an der er seit Ende der vierziger Jahre gelehrt hatte. Dort sagte mir eine Sekretärin, daß Popper im allgemeinen in seinem Haus in Kensington, einem wohlhabenden Londoner Stadtviertel, arbeite, und gab mir seine Telefonnummer. Als ich dort anrief, antwortete eine Frau in herrischem Ton und mit einem deutschen Akzent in der Stimme, Frau Mew, die Haushälterin und Assistentin von »Sir Karl«. Bevor mich Sir Karl empfangen würde, müsse ich ihr eine Auswahl meiner Aufsätze schicken. Sie übermittelte mir ihrerseits eine Lektüreliste mit etwa einem Dutzend Büchern von Sir Karl, die mich auf das Treffen vorbereiten sollten. Schließlich, nach zahllosen Fax-Botschaften und Telefonaten, legte sie einen Termin fest. Sie gab mir auch Anweisungen, wie ich zu dem Bahnhof in der Nähe von Sir Karls Haus gelangen würde. Als ich Frau Mew fragte, wie ich vom Bahnhof zum Haus komme, versicherte sie mir, sämtliche Taxifahrer wüßten, wo Sir Karl wohne. »Er ist ziemlich berühmt.«

»Zum Haus von Sir Karl Popper, bitte!« sagte ich, als ich am Bahnhof Kensington in ein Taxi stieg. »Wie bitte?« antwortete der Fahrer. Sir Karl Popper? Der berühmte Philosoph? Nie gehört, sagte der Fahrer. Er kannte jedoch die Straße, in der Popper wohnte, und wir fanden Poppers Haus – ein zweistöckiges Landhaus, das von kurzgeschorenem Rasen und sorgfältig gestutzten Büschen umgeben war – ohne große Mühe.[6]

Eine große gutaussehende Frau in schwarzen Hosen und schwarzer Bluse mit kurzem dunklem Haar, das sie nach hinten gekämmt hatte, öffnete die Tür: Frau Mew. Sie wirkte in Person nur eine Spur weniger bedrohlich als am Telefon. Als sie mich in das Haus führte, sagte sie mir, Sir Karl sei recht erschöpft. Er habe anläßlich seines neunzigsten Geburtstags im vorigen Monat viele Interviews geben und eine Flut von Glückwünschen entgegennehmen müssen, und er habe sich bei der Vorbereitung der Dankesrede für den Kyoto-Preis, den japanischen Nobelpreis, allzusehr verausgabt. Ich möge mich darauf einstellen, daß ich höchstens eine Stunde mit ihm sprechen könne.

Ich versuchte meine Erwartungen herabzuschrauben, als Popper das Zimmer betrat. Er ging gebeugt, trug ein Hörgerät und war überraschend kleinwüchsig; ich hatte angenommen, daß der Autor von solch autokratischer Prosa ein stattlicher Mann wäre. Dennoch war er so agil wie ein Fliegengewichtler. Er schwang drohend einen Artikel, den ich für *Scientific American* geschrieben hatte und in dem ich darlegte, daß die Quantenmechanik einige Physiker dazu veranlaßt habe, die Physik nicht länger als eine völlig objektive Wissenschaft zu betrachten.[7] »Ich glaube kein Wort davon«, grollte er mit seinem österreichischen Akzent. Der »Subjektivismus« habe in der Physik grundsätzlich keinen Platz. »Physik«, wetterte er, wobei er hastig nach einem Buch griff und es auf einen Tisch knallte, »ist das!« (Und dies von einem Mann, der Mitautor eines Buches war, das ein Plädoyer für den Dualismus enthielt – die Anschauung, daß Ideen und andere Konstrukte des menschlichen Geistes unabhängig von der materiellen Wirklichkeit existieren.)[8]

Nachdem er Platz genommen hatte, beugte er sich immer wieder wieselflink nach vorn, um nach Büchern oder Artikeln zu stöbern, die eines seiner Argumente untermauern sollten. Sein Gedächtnis mühsam nach einem Namen oder einem Datum durchforstend, massierte er seine Schläfen und knirschte mit den Zähnen, so als würde er mit dem Tode ringen. Als ihm einmal für kurze Zeit das Wort *Mutation* nicht einfiel, schlug er sich mit der Hand mehrfach – und mit besorgniserregender Kraft – auf die Stirn, wobei er »Begriffe, Begriffe, Begriffe!« hervorstieß.

Die Worte sprudelten mit solcher Wucht aus ihm hervor, daß meine Hoffnung schwand, ich könnte auch nur eine der Fragen stellen, die ich mir zurechtgelegt hatte. »Ich bin über neunzig und noch immer bei klarem Verstand«, beteuerte er, als ob er argwöhnte, ich hätte Zweifel daran. Er pries unermüdlich eine Theorie über den Ursprung des Lebens an, die ein ehemaliger Schüler von ihm, Günther Wächtershäuser, ein deutscher Patentanwalt und promovierter Chemiker, aufgestellt hatte.[9] Popper betonte immer wieder, er habe alle Titanen der Naturwissenschaft des 20. Jahrhunderts persönlich gekannt: Einstein, Schrödinger, Heisenberg. Popper rügte Bohr, den er »sehr gut« gekannt habe, dafür, daß er den Subjektivismus in die Physik eingeführt habe. Bohr war »ein phantastischer Physiker, einer der größten aller Zeiten, aber ein miserabler Philosoph, mit dem man kein Gespräch führen konnte. Er sprach wie ein Wasserfall, kaum hatte man selbst ein oder zwei Worte gesagt, schnitt er einem schon wieder die Rede ab.«

Als sich Frau Mew anschickte, das Zimmer zu verlassen, bat Popper sie plötzlich, eines seiner Bücher zu suchen. Sie verschwand für einige Minuten und kam dann mit leeren Händen zurück. »Entschuldigen Sie, Karl, ich kann es nicht finden«, berichtete sie. »Sie müssen mir schon genau sagen, wo es ist, ich kann schließlich nicht alle Bücherregale absuchen.«

»Ich glaube, es stand rechts von der Ecke, aber vielleicht habe ich es auch weggenommen ...« Die Stimme versagte ihm. Frau Mew verdrehte die Augen, ohne sie wirklich zu verdrehen, und verschwand.

Er hielt einen Augenblick lang inne, und ich ergriff verzweifelt die Gelegenheit, um eine Frage zu stellen. »Ich wollte Sie fragen ...«

»Ach ja! Sie sollten mir Ihre Fragen stellen! Ich bin mal wieder vorgeprescht. Sie können mir zunächst all Ihre Fragen stellen.«

Als ich Popper nach seinen Ansichten befragte, zeigte sich,

daß seine skeptische Philosophie auf einer zutiefst romantischen, idealisierten Sicht der Wissenschaft beruhte. So widersprach er der insbesondere von den logischen Positivisten vorgebrachten Behauptung, die Wissenschaft könne eines Tages in ein formales, logisches System gebracht werden, in dem Rohdaten systematisch in wahre Erkenntnisse umgewandelt würden. Popper betonte, eine wissenschaftliche Theorie sei eine Erfindung, ein schöpferischer Akt, der ebenso geheimnisvoll sei wie die künstlerische Kreativität. »Die Geschichte der Wissenschaft ist durchgängig spekulativ«, sagte Popper. »Es ist eine wunderbare Geschichte. Sie macht einen stolz darauf, ein Mensch zu sein.« Das Gesicht mit seinen ausgestreckten Händen umrahmend, sagte Popper in feierlichem Ton: »Ich glaube an die Kraft des menschlichen Geistes.«

Aus ähnlichen Gründen hatte Popper während seiner gesamten wissenschaftlichen Laufbahn die Lehre vom naturwissenschaftlichen Determinismus bekämpft, da sie seines Erachtens unvereinbar war mit der Kreativität und Freiheit des Menschen und folglich mit der Wissenschaft selbst. Popper behauptete, er habe lange vor den modernen Chaostheoretikern erkannt, daß das Verhalten nicht nur quantenmechanischer Systeme, sondern auch klassischer, Newtonscher Systeme grundsätzlich nicht vorhersagbar sei; er habe bereits in den fünfziger Jahren eine Vorlesung zu diesem Thema gehalten. Auf den Rasen vor dem Fenster deutend, sagte er: »In jedem Grashalm herrscht Chaos.«

Als ich Popper fragte, ob er glaube, daß die Wissenschaft nicht imstande sei, die absolute Wahrheit zu ergründen, rief er aus: »Nein, nein!« und schüttelte heftig den Kopf. Er glaube wie die logischen Positivisten vor ihm, daß eine wissenschaftliche Theorie »absolut« wahr sein könne. Er habe sogar »nicht den geringsten Zweifel«, daß einige der gängigen wissenschaftlichen Theorien absolut wahr seien (obgleich er nicht sagen wollte, welche). Doch anders als die Positivisten glaube er nicht, daß wir jemals *wissen* können, ob eine Theorie wahr sei. »Wir müssen zwischen Wahrheit, die objektiv und absolut ist, und Gewißheit, die subjektiv ist, unterscheiden.«

Wenn Wissenschaftler allzusehr an ihre eigenen Theorien glaubten, dann würden sie, so Popper, möglicherweise aufhören, nach der Wahrheit zu suchen. Und das wäre eine Tragödie, da die Suche nach der Wahrheit für Popper das ist, was das Leben lebenswert macht. »Das Streben nach der Wahrheit ist eine Art von Religion«, sagte er, »und meiner Ansicht nach auch ein ethisches Gebot.« Poppers Überzeugung, daß das Streben nach Erkenntnis niemals enden dürfe, spiegelt sich auch im englischen Titel seiner Autobiographie, *Unended Quest*, wider.

Er spottete über die Hoffnung einiger Wissenschaftler, eine vollständige Theorie der Natur aufzustellen, die sämtliche Fragen beantworten würde. »Viele Leute glauben, daß sich die Probleme lösen lassen; viele andere meinen das Gegenteil. Meines Erachtens sind wir zwar sehr weit gekommen, aber wir sind noch weiter davon entfernt. Ich muß Ihnen eine Stelle in einem meiner Bücher zeigen, die sich darauf bezieht.« Er schlurfte erneut durch das Zimmer und kehrte mit seinem Buch *Vermutungen und Widerlegungen* zurück. Er öffnete es und las seine eigenen Worte in ehrfurchtsvollem Ton vor: »In unserer unendlichen Unwissenheit sind wir alle gleich.«

Popper war auch davon überzeugt, daß die Wissenschaft niemals Fragen nach dem Sinn und Zweck des Universums beantworten könne. Aus diesem Grund habe er auch die Religion nie völlig abgelehnt, auch wenn er vor langer Zeit den evangelisch-lutherischen Glauben seiner Jugend aufgegeben habe. »Wir wissen sehr wenig, und wir sollten bescheiden sein und nicht behaupten, etwas über letzte Fragen dieser Art zu wissen.«

Und doch verabscheute Popper jene modernen Philosophen und Soziologen, die behaupteten, die Wissenschaft könne zu *keinerlei* wahren Erkenntnissen gelangen und die Wissenschaftler hielten nicht aus rationalen, sondern aus kulturellen und politischen Gründen an Theorien fest. Diese Kritiker ärgerten sich nur darüber, daß sie nicht das gleiche Ansehen genössen wie die echten Wissenschaftler, und sie versuchten so, »ihre Position in der Hackordnung« zu verbessern. Ich gab zu bedenken, diese Kritiker beschrieben, wie die Wissenschaft praktiziert *wird*, während er, Popper, zu zeigen versuche, wie sie praktiziert werden *sollte*. Zu meiner nicht geringen Überraschung nickte Popper beifällig. »Das ist eine sehr gute Erklärung«, sagte er. »Man kann durchaus erkennen, wie die Wissenschaft betrieben wird, ohne daß man eine Vorstellung davon haben muß, wie sie betrieben werden sollte.« Popper räumte ein, daß die Wissenschaftler oftmals hinter dem Ideal zurückblieben, das sie für ihre Arbeit aufgestellt hätten. »Da die Wissenschaftler Subventionen für ihre Forschungen erhalten, wird die Wissenschaft ihren Ansprüchen vielfach nicht gerecht. Das ist unvermeidlich. Es gibt leider ein gewisses Maß an Unlauterkeit. Doch darum geht es mir nicht.«

Worauf Popper aber doch darauf zu reden kam. »Wissenschaftler sind nicht so selbstkritisch, wie sie sein sollten«, behauptete er. »Es wäre zu wünschen, daß Sie, Menschen wie Sie« – er tippte mich mit einem Finger an – »dies an die Öffentlichkeit bringen.« Er starrte mich einen Augenblick lang an und erinnerte mich dann daran, daß er nicht um dieses Interview gebeten habe. »Ganz und gar nicht!« sagte er. »Sie wissen, daß ich nicht nur keine Bitte an Sie gerichtet, sondern Sie auch nicht ermuntert habe.« Popper stürzte sich daraufhin in eine schrecklich theoretische Kritik der Urknalltheorie, wobei er Begriffe wie Triangulation und andere Fachtermini verwendete. »Es ist immer dasselbe«, resümierte er. »Die Schwierigkeiten werden unterschätzt. Alles wird so dargestellt, als sei es wissenschaftlich gesichert, doch wissenschaftliche Gewißheit gibt es nicht.«

Ich fragte Popper, ob die Biologen seiner Ansicht nach allzusehr auf die Darwinsche Theorie der natürlichen Selektion bauten; früher einmal hatte er behauptet, diese Theorie sei tautologisch und daher pseudowissenschaftlich.[10] »Das war vielleicht überzogen«, sagte Popper mit einer abwiegelnden Handbewegung. »Ich halte nicht dogmatisch an meinen Anschauungen fest.« Plötzlich pochte er mit den Fäusten auf den Tisch und rief aus: »Wir sollten nach alternativen Theorien suchen! Das hier« – er schwenkte den Aufsatz über den Ursprung des Lebens von Günther Wächtershäuser in der Hand – »ist eine alternative Theorie. Es scheint eine bessere Theorie zu sein.« Das bedeute allerdings nicht, daß die Theorie wahr sei, beeilte sich Popper hinzuzufügen. »Der Ursprung des Lebens wird sich vermutlich niemals wissenschaftlich überprüfen lassen«, sagte Popper. Selbst wenn es den Wissenschaftlern gelingen sollte, Leben künstlich im Labor zu erzeugen, könnten sie niemals sicher sein, daß sich die Entstehung des Lebens tatsächlich auf gleiche Weise vollzogen habe.

Jetzt war der passende Augenblick, um meine entscheidende Frage zu stellen. War sein Falsifikationskonzept seinerseits falsifizierbar? Popper starrte mich wütend an. Dann entspannten sich seine Züge, und er legte seine Hand auf meine. »Ich möchte Sie nicht kränken«, sagte er mit sanfter Stimme, »aber Ihre Frage ist reichlich dumm.« Mir forschend in die Augen blickend, erkundigte er sich, ob einer seiner Kritiker mich überredet habe, diese Frage zu stellen. Ja, belog ich ihn. »Dachte ich's mir doch«, sagte er befriedigt.

»Wenn ein Student in einem Philosophie-Seminar eine eigene Idee präsentiert, hält man ihm sogleich entgegen, sie stehe im Widerspruch zu ihren eigenen Prämissen. Das ist eine der idiotischsten Einwendungen, die man sich vorstellen kann!« Sein Falsifikationskonzept liefere ein Kriterium für die Unterscheidung zwischen empirischen Erkenntnisweisen, wie sie in der Wissenschaft üblich seien, und nichtempirischen, wie sie etwa in der Philosophie angewandt würden. Das Falsifikationskonzept selbst sei »eindeutig nichtempirischen Charakters«; es entstamme nicht der Wissenschaft, sondern der Philosophie bzw. »Metawissenschaft« und sei nicht einmal für sämtliche Wissenschaften gültig. Popper gab weitgehend zu, daß seine Kritiker recht hatten: Die Falsifikation ist lediglich eine Richtschnur, eine Faustregel, die manchmal nützlich ist und manchmal nicht.

Popper sagte, er habe nie zuvor auf die Frage geantwortet, die ich gerade gestellt hätte. »Sie erschien mir einfach zu dumm, als daß ich darauf hätte antworten wollen. Verstehen Sie den Unterschied?« fragte er wieder mit sanfter Stimme. Ich nickte. Die Frage sei auch mir etwas einfältig erschienen, doch ich glaubte sie stellen zu müssen. Er lächelte und drückte mir die Hand, wobei er murmelte: »Ja, sehr schön.«

Da Popper einen so verständnisvollen Eindruck machte, erwähnte ich, daß einer seiner ehemaligen Schüler ihm den Vorwurf gemacht habe, keine Kritik an seinen eigenen Ideen zu dulden. Poppers Augen funkelten vor Zorn. »Das ist eine glatte Lüge! Ich war *froh*, wenn man mich kritisierte. Natürlich hat es mir nicht gefallen, wenn die betreffende Person, nachdem ich die Kritik beantwortet hatte, wie ich es bei Ihnen getan habe, nicht lockerlassen wollte. Das habe ich unersprießlich gefunden und nicht toleriert.« In einem solchen Fall verwies Popper den betreffenden Studenten aus dem Seminarraum.

Das Sonnenlicht, das durch ein Fenster in die Küche fiel, nahm bereits eine rötliche Tönung an, als Frau Mew den Kopf durch die Tür steckte und uns eröffnete, daß wir bereits über drei Stunden miteinander plauderten. Wie lange würde unser Gespräch wohl noch dauern, fragte sie ein wenig ärgerlich. Vielleicht wäre es am besten, wenn sie mir ein Taxi riefe. Ich sah Popper an, der grinste wie ein ungezogener Junge, den man bei einem Streich ertappt hatte, machte aber gleichzeitig einen erschöpften Eindruck.

Ich stellte eine letzte Frage. Weshalb habe Popper in seiner Autobiographie geschrieben, er sei der glücklichste Philosoph, den er kenne? »Die meisten Philosophen sind im Grunde ihres Herzens furchtbar deprimiert«, antwortete er, »weil sie nicht imstande sind, etwas Substantielles zu schaffen.« Offenkundig zufrieden mit dieser Äußerung, warf Popper Frau Mew, der das Entsetzen im Gesicht geschrieben stand, einen raschen Blick zu. Popper selbst hörte jäh auf zu lächeln. »Es wäre besser, wenn Sie das nicht schreiben würden«, sagte er, sich zu mir umdrehend. »Ich habe genügend Feinde, und es ist besser, wenn ich ihrer Sache nicht auf diese Weise Vorschub leiste.« Seine Augen blitzten zornig, und er fügte hinzu: »Aber es stimmt.«

Ich fragte Frau Mew, ob sie mir eine Kopie der Rede geben könne, die Popper bei der feierlichen Verleihung des Kyoto-Preises halten werde. »Nein, nicht jetzt«, entgegnete sie barsch. »Warum nicht?« fragte Popper nach. Sie erwiderte: »Karl, ich habe den zweiten Vortrag in einem Zug abgetippt, und ich bin ein bißchen…« Sie seufzte. »Sie wissen, was ich meine?« Zudem sei dies nicht die endgültige Fassung, beeilte sie sich hinzuzufügen. »Und wie steht es mit einer vorläufigen Fassung?« fragte Popper. Frau Mew stolzierte von dannen.

Sie kam zurück und hielt mir eine Kopie von Poppers Rede vor die Nase. »Haben Sie nicht noch ein Exemplar von *Propensities?*« fragte Popper.[11] Sie schürzte die Lippen und stampfte ins Nebenzimmer, während Popper mir das Thema des Buches erklärte. Die Quantenmechanik und sogar schon die klassische Physik lehre uns, so Popper, daß nichts determiniert, gewiß oder vollständig vorhersagbar sei; es gebe lediglich Wahrscheinlichkeiten, mit denen gewisse Dinge einträten. »Beispielsweise besteht in diesem Augenblick eine gewisse Wahrscheinlichkeit, daß Frau Mew ein Exemplar meines Buches findet.«

»O nein!« entfuhr es Frau Mew im Nebenzimmer. Sie kam zurück und gab sich jetzt keinerlei Mühe mehr, ihren Verdruß zu verbergen. »Sir Karl, Karl, Sie haben das letzte Exemplar von *Propensities* verschenkt. Weshalb haben Sie das getan?«

»Das letzte Exemplar hab ich in Ihrer Gegenwart hergegeben«, erklärte er.

»Das glaube ich nicht«, erwiderte sie. »Wer war es?«

»Ich kann mich nicht entsinnen«, murmelte er verschüchtert.

Unterdessen fuhr draußen ein schwarzes Taxi vor. Ich bedankte mich bei Popper und Mrs. Mew für ihre Gastfreundschaft und verabschiedete mich. Als das Taxi losfuhr, fragte ich den Fahrer, ob er wisse, wer in diesem Haus wohne. Nein, er habe keine Ahnung. Jemand Berühmter? Ja, in der Tat: Sir Karl Popper. Wer? Karl Popper, antwortete ich, einer der größten Philosophen des 20. Jahrhunderts. »Ist es die Möglichkeit!« murmelte der Fahrer.

Popper hatte sich bei den Wissenschaftlern immer großer Beliebtheit erfreut – und zwar aus gutem Grund, da er die Wissenschaft als ein endloses romantisches Abenteuer darstellte. In einem Leitartikel des Wissenschaftsmagazins *Nature* wurde Popper einmal ganz zu Recht »der Philosoph *für* die Wissenschaft« genannt. [Hervorhebung durch den Verf.][12] Doch bei seinen Kollegen aus der Philosophenzunft stieß er auf weniger Gegenliebe. Sein Werk, so ihre Kritik, stecke voller Widersprüche. Popper behaupte, die Wissenschaft könne nicht auf eine Verfahrensweise reduziert werden, doch sein Falsifikationsansatz sei ebenfalls nur ein Verfahren. Zudem könne man die Argumente, mit denen er die Unmöglichkeit der endgültigen Verifikation einer Theorie dartue, auch gegen die Falsifikation selbst in Anschlag bringen. Wenn es immer möglich sei, daß künftige Beobachtungen eine Theorie widerlegen, dann sei es auch möglich, daß künftige Beobachtungen eine Theorie, die bereits falsifiziert wurde, wieder bestätigten. Daher sei es vernünftiger anzunehmen, daß bestimmte Theorien endgültig falsifiziert, andere hingegen endgültig verifiziert werden könnten; so sei es beispielsweise unsinnig, weiterhin zu bezweifeln, daß die Erde rund und nicht flach ist.

Als Popper im Jahre 1994, zwei Jahre nach unserem Gespräch, starb, schrieb die Zeitschrift *The Economist* in ihrem Nachruf, er sei »der bekannteste und meistgelesene zeitgenössische Philosoph« gewesen.[13] Sie rühmte insbesondere seinen Antidogmatismus auf politischem Gebiet. Doch in dem Nachruf wurde auch darauf hingewiesen, daß Poppers Behandlung des Induktionsprinzips (das die Grundlage seines Falsifikationskonzepts bildet) von jüngeren Philosophen abgelehnt worden sei.« »Nach seinen eigenen Theorien hätte Popper diese Tatsache begrüßen müssen«, merkte der *Economist* trocken an, »doch er konnte sich nicht dazu durchringen. Es liegt eine gewisse Ironie darin, daß Popper in diesem Punkt nicht zugeben konnte, daß er sich geirrt hatte.« Auf die Wissenschaft angewandt, wurde Poppers Antidogmatismus schließlich zu einer Art Dogmatismus.

Obgleich Popper die Psychoanalyse entschieden ablehnte, liefert sie vielleicht den besten Schlüssel zum Verständnis seines Werks. Poppers Beziehung zu Autoritätspersonen – angefangen von herausragenden Naturwissenschaftlern, wie etwa Bohr, bis hin zu seiner Assistentin, Frau Mew – war offensichtlich komplexer Natur und oszillierte zwischen Trotz und Unterwürfigkeit. In dem vielleicht aufschlußreichsten Passus seiner Autobiographie erwähnt Popper, daß seine Eltern österreichische Juden gewesen seien, die zum Protestantismus übergetreten seien. Dann behauptete er, die fehlende Bereitschaft zahlreicher Juden, sich an die deutsche Kultur anzupassen, und die Tatsache, daß viele führende Linkspolitiker Juden gewesen seien, habe zur Entstehung des Faschismus und des staatlichen Antisemitismus in den dreißiger Jahren beigetragen. Er schrieb, »daß der Antisemitismus ein Übel war, das von Juden und Nichtjuden gleichermaßen gefürchtet werden sollte, und daß es die Aufgabe aller Menschen jüdischer Herkunft war, ihr Bestes zu tun, um ihn nicht zu provozieren«.[14] Es fehlte nicht viel und Popper hätte den Juden selbst die Schuld am Holocaust gegeben.

Das Paradigma des Thomas Kuhn

»Sehen Sie!« sagte Thomas Kuhn halb resigniert, so als hätte er sich von vornherein damit abgefunden, daß ich ihn mißverstehen würde, aber er würde dennoch versuchen – gewiß vergeblich –, seine Auffassung verständlich zu machen. Kuhn benutzte dieses Wort oft. »Sehen Sie«, sagte er wieder. Er beugte seine schlaksige Gestalt und sein langes Gesicht nach vorn, und seine große Unterlippe, die er für gewöhnlich an den Mundwinkeln freundlich zurückschlug, hing herab. »Verdammt noch mal, wenn ich die Wahl hätte, dieses Buch geschrieben zu haben oder nicht, dann wäre es mir lieber, ich hätte es geschrieben. Aber gewisse Aspekte der Reaktion darauf waren wirklich sehr ärgerlich.«

»Das Buch« war *Die Struktur wissenschaftlicher Revolutionen*, die vielleicht einflußreichste Abhandlung über den wissenschaftlichen Erkenntnisfortschritt (bzw. -stillstand), die je geschrieben wurde. Ihm verdanken wir den modischen Begriff des *Paradigmas* und die mittlerweile banale Einsicht, daß Persönlichkeiten und Politik in der Wissenschaft eine wichtige Rolle spielen. Das schlagendste Argument des Buches war indes weniger evident: Die Wissenschaftler können niemals zu einer wahren Erkenntnis der objektiven Wirklichkeit gelangen, ja sich nicht einmal untereinander klar verständigen.[15]

In Anbetracht dieses Themas könnte man meinen, Kuhn hätte damit rechnen müssen, daß seine Botschaft zumindest teilweise mißverstanden wird. Doch als ich Kuhn fast drei Jahrzehnte nach Erscheinen seines Buches in seinem Arbeitszimmer im Massachusetts Institute of Technology sprach, schien ihn das Ausmaß des Mißverstehens sehr zu bedrücken. Besonders ärgerte ihn die Behauptung, er habe die Wissenschaft als irrational beschrieben. »Wenn sie ›*a*-rational‹ gesagt hätten, dann hätte ich nicht das geringste dagegen gehabt«, sagte er mit ernster Miene.

Aus Angst, der Fehldeutung seines Werks weiter Vorschub

zu leisten, war Kuhn ein wenig pressescheu geworden. Als ich ihn zum ersten Mal telefonisch um ein Interview bat, versuchte er mich abzuwimmeln. »Sehen Sie, ich glaube nicht«, sagte er. Er verwies darauf, daß sein Buch im *Scientific American* – der Zeitschrift, für die ich arbeite – die schlechteste Rezension bekommen habe, an die er sich erinnern könne. (Es war in der Tat ein Verriß; so wurde Kuhns Argument als »viel Lärm um sehr wenig« abgetan. Doch was erwartete Kuhn von einem Magazin, das der Wissenschaft huldigt?)[16] Mit dem Hinweis, daß ich damals – die Rezension war im Jahre 1964 erschienen – noch nicht für das Magazin gearbeitet hätte, bat ich ihn, seine Ablehnung zu überdenken. Schließlich willigte Kuhn widerstrebend ein.

Als wir schließlich in seinem Büro Platz nahmen, erklärte Kuhn unmißverständlich, daß ihm die Vorstellung, die Wurzeln seines Denkens zu ergründen, Mißbehagen bereite. »Man ist nicht sein eigener Historiker, geschweige denn sein eigener Psychoanalytiker«, warnte er mich. Dennoch führte er seine Wissenschaftskonzeption auf ein Schlüsselerlebnis zurück, das er im Jahre 1947 hatte, während er in Harvard an seiner Dissertation in Physik arbeitete. Als er die *Physik* des Aristoteles las, wunderte er sich darüber, wie »falsch« sie war. Wie konnte jemand, der auf so vielen Gebieten so Herausragendes geleistet hatte, in der Physik solchen Irrtümern unterliegen?

Kuhn grübelte über diese Frage nach, während sein Blick aus dem Fenster des Studentenwohnheims wanderte (»Ich sehe noch heute die Kletterpflanzen und die zu zwei Dritteln heruntergelassene Jalousie vor mir«), als Aristoteles plötzlich »Sinn ergab«. Kuhn erkannte, daß Aristoteles bestimmten Grundbegriffen andere Bedeutungen beilegte als moderne Physiker. So bezeichnete Aristoteles beispielsweise mit dem Begriff *Bewegung* nicht nur Ortsveränderungen, sondern Veränderungen im allgemeinen – das Rotwerden der Sonne und ihr Sinken zum Horizont. Die Aristotelische Physik war, im Rahmen ihrer eigenen Voraussetzungen verstanden, einfach verschieden von der Newtonschen Physik, dieser aber nicht unterlegen.

Kuhn sattelte von der Physik auf die Philosophie um, und es sollte fünfzehn Jahre dauern, bis er dieses Erweckungserlebnis zu der Theorie ausgearbeitet hatte, die er in dem Buch *Die Struktur wissenschaftlicher Revolutionen* darlegte. Der Grundpfeiler seines Modells ist der Begriff des Paradigmas. Vor Kuhn bezeichnete der Begriff lediglich ein Beispiel, das einem pädagogischen Zweck dient; so ist etwa *amo, amas, amat* ein Paradigma für die Konjugation im Lateinischen. Kuhn benutzte diesen Begriff nun zur Bezeichnung einer Gesamtheit von Vorgehensweisen und Vorstellungen, die Wissenschaftler *implizit* darüber unterrichten, was sie glauben und wie sie arbeiten sollen. Die meisten Wissenschaftler stellen das Paradigma nie in Frage. Sie befassen sich mit knifflligen Problemen, deren Lösung den Gültigkeitsbereich des Paradigmas in der Regel erweitert und nicht einschränkt. Kuhn nannte diese Aktivitäten »Aufräumungsarbeiten« bzw. »normale Wissenschaft«. Doch es tauchen immer wieder »Anomalien« auf, Phänomene, die das Paradigma nicht erklären kann oder die ihm sogar widersprechen. Solche Anomalien werden oftmals ignoriert, doch wenn sie sich häufen, können sie eine Revolution (auch Paradigmenwechsel genannt, wenngleich dieser Begriff ursprünglich nicht von Kuhn stammt) auslösen, was dazu führt, daß die Wissenschaftler das alte Paradigma gegen ein neues eintauschen.

Kuhn lehnte die Auffassung, die Wissenschaft basiere auf einem kontinuierlichen Prozeß der kumulativen Wissensmehrung, ab und betonte, daß eine Revolution ein ebenso zerstörerischer wie schöpferischer Akt sei. Der Revolutionär, der ein neues Paradigma vorschlägt, steht auf den Schultern von Riesen (um Newtons Ausdruck zu benutzen) und schlägt sie dann auf den Kopf. Er oder sie ist oftmals jung oder mit dem Gebiet noch nicht sonderlich vertraut, das heißt noch nicht voll indoktriniert. Die meisten Wissenschaftler bekehren sich nur widerwillig zu dem neuen Paradigma. Häufig verstehen sie es nicht, und sie haben auch keine objektiven Regeln, nach denen sie es beurteilen könnten. Verschiedene Paradigmen haben keine gemeinsamen Vergleichsmaßstäbe; sie sind, mit Kuhn zu sprechen, »inkommensurabel«. Anhänger verschiedener Paradigmen können endlos miteinander streiten, ohne ihre Differenzen beizulegen, weil sie Grundbegriffen – Bewegung, Teilchen, Raum, Zeit – unterschiedliche Bedeutungen beilegen. Die Bekehrung von Wissenschaftlern ist demnach sowohl ein subjektiver als auch ein politischer Prozeß, der mit plötzlichen intuitiven Einsichten einhergehen kann, wie sie Kuhn gewann, als er über Aristoteles nachsann. Doch Wissenschaftler übernehmen ein Paradigma oftmals nur deshalb, weil es von renommierten Kollegen oder von der Mehrheit der wissenschaftlichen Gemeinde unterstützt wird.

Kuhns Auffassung unterscheidet sich in mehreren wichtigen Punkten von Poppers Konzeption. Kuhn behauptete (wie andere Kritiker Poppers auch), die Falsifikation einer Theorie sei genauso unmöglich wie ihre Verifikation; beide Methoden setzten die Existenz absoluter Beweismaßstäbe voraus, die über jedes Paradigma erhaben seien. Ein neues Paradigma könne zwar bessere Problemlösungen bieten als das alte und mehr praktische Nutzanwendungen eröffnen. »Doch man kann die andere Wissenschaft nicht einfach für falsch erklären«, sagte Kuhn. Nur weil die moderne Physik Computer, Kernkraftwerke und CD-Spieler hervorgebracht habe, bedeute dies nicht, daß sie in einem absoluten Sinne »wahrer« sei als die Aristotelische Physik. Kuhn bestritt zudem, daß sich die Wissenschaft kontinuierlich der Wahrheit annähere. Am Ende seines Buches stellte er die These auf, daß sich die Wissenschaft, wie das Leben auf der Erde, nicht *auf* etwas *hin*-, sondern nur von etwas *weg*entwickle.

Kuhn nannte sich mir gegenüber einen »postdarwinistischer Kantianer«. Auch Kant sei der Ansicht gewesen, daß die Vernunft ohne ein *apriorisches* Paradigma nicht imstande sei, die Sinneswahrnehmungen zu ordnen. Doch während Kant und Darwin geglaubt hätten, wir würden alle mit dem mehr oder minder selben apriorischen Paradigma zur Welt kommen, behauptete Kuhn, daß sich unsere Paradigmen mit dem Wandel unserer Kultur veränderten. »Verschiedene Gruppen können unterschiedliche Erfahrungen machen und aus diesem Grund bis zu einem gewissen Grad in unterschiedlichen Welten leben, und das gleiche gilt für ein und dieselbe Gruppe zu verschiedenen Zeitpunkten«, sagte Kuhn zu mir. Offensichtlich teilten alle Menschen aufgrund ihres gemeinsamen biologischen Erbes gewisse Reaktionen auf Erfahrungen, fügte Kuhn hinzu. Doch die universellen Aspekte der menschlichen Erfahrung, alles, was eine bestimmte Kultur und Geschichte transzendiere, sei »unsagbar«, das heißt sprachlich nicht faßbar. »Die Sprache«, so Kuhn, »ist kein universelles Werkzeug. Es ist nicht der Fall, daß man alles, was sich in einer Sprache sagen läßt, auch in einer anderen Sprache ausdrücken kann.«

»Aber ist die Mathematik denn nicht eine Art universeller Sprache?« gab ich zu bedenken. Im Grunde genommen nicht, erwiderte Kuhn, denn sie besitze keine Bedeutung; sie bestehe aus syntaktischen Regeln ohne jeglichen semantischen Gehalt. »Es gibt sehr gute Gründe dafür, die Mathematik als Sprache anzusehen, aber es gibt auch sehr gute Gründe, die dagegen sprechen.« Ich wandte ein, daß Kuhns These über die Grenzen der Sprache zwar für gewisse Gebiete mit metaphysischem Einschlag, wie etwa die Quantenmechanik, gelten mochte, nicht aber für alle Fälle. So sei die Behauptung einiger Biologen, AIDS werde nicht durch das sogenannte AIDS-Virus verursacht, entweder wahr oder falsch; die Sprache sei hier nicht der entscheidende Punkt. Kuhn schüttelte den Kopf. »Jedesmal, wenn zwei Personen dieselben Daten verschieden interpretieren, ist Metaphysik im Spiel«, sagte er.

Waren seine eigenen Konzepte nun wahr oder falsch? »Sehen Sie«, antwortete Kuhn noch verdrossener als zuvor; offensichtlich war ihm diese Frage schon oft gestellt worden.

»Ich glaube, meine theoretische Betrachtungsweise eröffnet ein Spektrum von Möglichkeiten, die erforscht werden können. Doch wie alle wissenschaftlichen Konstrukte muß auch sie einfach auf ihre Nützlichkeit hin überprüft werden – damit wir sehen, was wir mit ihr anfangen können.«

Nachdem Kuhn seine skeptische Einschätzung der Grenzen der Wissenschaft und der menschlichen Sprache überhaupt dargelegt hatte, klagte er über die zahlreichen Fehldeutungen und mißbräuchlichen Verwendungen seines Buches vor allem durch dessen Bewunderer. »Ich habe oft gesagt, daß mir meine Kritiker viel lieber sind als meine Fans.« Er erinnerte sich an Studenten, die auf ihn zukamen, um ihm zu sagen: »Vielen Dank, Mister Kuhn, daß Sie uns mit Paradigmen vertraut gemacht haben. Jetzt, da wir über sie Bescheid wissen, können wir sie viel besser wieder loswerden.« Er beteuerte, er glaube nicht, daß die Wissenschaft *ganz und gar* politisch determiniert – eine bloße Widerspiegelung der vorherrschenden Machtstruktur – sei. »Im Rückblick verstehe ich, weshalb das Buch diese Sichtweise förderte, aber das entsprach nicht meiner Absicht.«

Doch seine Proteste nützten nichts. Er erinnerte sich mit schmerzlichen Gefühlen daran, wie er sich einmal in einem Seminar bemühte darzulegen, daß die Begriffe Wahrheit und Unwahrheit absolut gültig und sogar notwendig seien – innerhalb eines Paradigmas. »Der Professor sah mich schließlich an und sagte: ›Sie wissen selbst nicht, wie radikal dieses Buch ist.‹« Kuhn ärgerte sich auch darüber, daß er zum Schutzheiligen aller wissenschaftlichen Möchtegernrevolutionäre geworden war. »Ich bekomme eine Menge Briefe, in denen es heißt: ›Ich habe gerade Ihr Buch gelesen, und es hat mein Leben verändert. Ich will eine Revolution anzetteln. Bitte helfen Sie mir.‹ Und beigefügt ist ein Manuskript im Umfang eines Buches.«

Kuhn erklärte, daß er ein Befürworter der Wissenschaft sei, obgleich er sein Buch nicht in dieser Absicht geschrieben habe.

Die methodische Strenge und Disziplin der Wissenschaft mache sie zu einem so erfolgreichen Instrument zur Lösung von Problemen. Zudem bringe die Wissenschaft unter allen menschlichen Bestrebungen die »bedeutendsten und originellsten schöpferischen Impulse« hervor. Kuhn räumte ein, daß ihn selbst eine Mitschuld treffe an einigen wissenschaftsfeindlichen Auslegungen seines Modells. Schließlich hatte er Wissenschaftler, die an einem Paradigma festhalten, in seinem Buch »Abhängige« genannt und sie mit den indoktrinierten Figuren in Orwells *1984* verglichen.[17] Kuhn versicherte, er habe sich nicht abfällig über die Wissenschaftler äußern wollen, als er deren Tätigkeit mit Termini wie »Aufräumungsarbeiten« und »Lösung von Rätseln« beschrieben habe. »Sie waren deskriptiv gemeint.« Er besann sich einen Augenblick. »Vielleicht hätte ich die grandiosen Errungenschaften, die sich aus diesem Rätsellösen ergeben, stärker herausstellen sollen, doch meines Erachtens hatte ich das getan.«

Was das Wort *Paradigma* betreffe, so räumte Kuhn ein, es sei infolge seiner »inflationären, beliebigen Verwendung« abgenutzt und sinnentleert. Wie ein Virus habe sich der Begriff über den Bereich der Geschichte und der Wissenschaftstheorie hinaus ausgebreitet und die Intellektuellenszene insgesamt infiziert, wo er mittlerweile praktisch jede grundlegende Idee bezeichne. Eine Karikatur, die im Jahre 1974 im *New Yorker* erschien, verdeutlicht dieses Phänomen. »Donnerwetter, Mr. Gerston!« rief eine Frau einem blasierten Typ zu. »Sie sind der erste Mensch, von dem ich höre, daß er ›Paradigma‹ im wirklichen Leben benutzt.« Der Tiefstand wurde während der Regierungszeit von Präsident Bush erreicht, als Beamte des Weißen Hauses ein wirtschaftspolitisches Programm mit dem Titel »Das Neue Paradigma« erarbeiteten (das nichts anderes war als ein Aufguß von Reagans angebotsorientierter Wirtschaftspolitik).[18]

Kuhn gab erneut zu, daß er nicht ganz unschuldig daran sei, denn in *Die Struktur wissenschaftlicher Revolutionen* habe er den Begriff *Paradigma* nicht so exakt definiert, wie er es hätte tun können. Einmal verwendete er den Begriff für ein mustergültiges Experiment wie etwa Galileis legendäre (vermutlich frei erfundenen) Versuche, bei denen er Kugeln vom Schiefen Turm von Pisa herabfallen ließ. Ein anderes Mal bezeichnete der Begriff die »Gesamtheit von Überzeugungen«, die die Wissenschaftler eines Fachgebiets zusammenschweiße. (Kuhn bestritt allerdings den Vorwurf eines Kritikers, er habe 21 verschiedene Definitionen des Begriffs *Paradigma* gegeben.)[19] In einem Nachtrag zu späteren Auflagen seines Buches empfahl Kuhn, *Paradigma* durch *Modell* (*exemplar*) zu ersetzen, doch dieser Vorschlag fand keinen Anklang. Schließlich gab er die Hoffnung auf, jemals verständlich machen zu können, was er eigentlich hatte sagen wollen. »Wenn man einen Bären beim Kragen gepackt hat, kommt irgendwann einmal der Augenblick, wo man ihn loslassen und einen Schritt zurück machen muß«, seufzte er.

Einer der Gründe für den anhaltenden Einfluß von Kuhns Buch ist dessen grundlegende Mehrdeutigkeit; es spricht Relativisten und Anhänger der Wissenschaft gleichermaßen an. Kuhn räumte ein, daß »ein Großteil des Erfolgs des Buches und ein Teil der Kritik daran auf dessen Vagheit zurückzuführen ist«. (Man fragt sich, ob Kuhn seinen Schreibstil mit Vorbedacht gewählt hat oder ob es seine normale Ausdrucksweise ist; seine Rede ist genauso verknäuelt und durchsetzt von Konjunktiven und Einschränkungen wie seine Prosa.) *Die Struktur wissenschaftlicher Revolutionen* ist zweifelsfrei ein literarisches Werk und als solches offen für vielfältige Auslegungen. Die Literaturtheorie sagt uns, daß Kuhn selbst keine definitive Erklärung seines Werkes geben kann. Nachfolgend möchte ich eine mögliche Interpretation von Kuhns Text und von Kuhn selbst vorstellen. Kuhn konzentrierte sich auf das, was die Wissenschaft ist, nicht darauf, was sie sein sollte; er hat eine sehr viel realistischere, nüchternere und psychologisch treffendere Sicht der Wissenschaft als Popper. Kuhn erkannte, daß in Anbetracht der Macht der modernen Naturwissenschaft und der Neigung der Wissenschaftler, an Theorien zu glauben, die zahlreichen Überprüfungen standgehalten haben, die Wissenschaft durchaus in eine Phase dauerhafter Normalität eintreten könnte, in der keine weiteren Umwälzungen oder Entdeckungen mehr zu gewärtigen sind.

Auch stimmte Kuhn anders als Popper der Einschätzung zu, daß der wissenschaftliche Fortschritt, selbst unter normalen Umständen, möglicherweise nicht ewig währt. »Die Wissenschaft hatte einen Anfang«, sagte Kuhn. »Es gibt viele Gesellschaften, in denen keine Wissenschaft betrieben wird. Sie wird nur unter ganz spezifischen Bedingungen gefördert. Diese gesellschaftlichen Umstände sind heute immer seltener anzutreffen. *Natürlich* könnte sie zum Stillstand kommen.« Die Wissenschaft könnte auch deshalb zu Ende gehen, so Kuhn, weil die Wissenschaftler selbst bei hinreichender Ausstattung mit Ressourcen keine Fortschritte mehr machen.

Da Kuhn die Möglichkeit, daß die Wissenschaft zu Ende geht – und uns das hinterläßt, was Charles Sanders Peirce die »Wahrheit über die Natur« nannte –, ausdrücklich anerkannte, mußte er die Autorität der Wissenschaft, ihre Fähigkeit, *jemals* die absolute Wahrheit zu erreichen, noch viel stärker in Zweifel ziehen als Popper. »Ich meine, wir sollten nicht behaupten, wir wüßten heute, wie die Welt wirklich ist«, sagte Kuhn. »Denn darum geht es meines Erachtens gar nicht.«

Kuhn bemühte sich während seiner gesamten wissenschaftlichen Karriere, jenem Schlüsselerlebnis treu zu bleiben, das er im Studentenwohnheim in Harvard hatte. In jenem Augenblick erkannte Kuhn, daß die Wirklichkeit letzten Endes nicht erkennbar ist; jeder Versuch, sie zu beschreiben, verdunkelt sie in gleichem Maße, wie er sie erhellt. Doch diese Einsicht verleitete Kuhn zu der unhaltbaren These, alle wissenschaftlichen Theorien seien gleichermaßen unwahr, weil sie die absolute, mystische Wahrheit nicht erreichten; weil wir *Die Antwort* nicht entdecken können, können wir gar keine

Antworten finden. Sein Mystizismus führte ihn zu einer Konzeption, die ebenso absurd ist wie die mancher spitzfindiger Literaturtheoretiker, die behaupten, sämtliche Texte – angefangen vom Shakespeareschen *Sturm* bis hin zu einer Werbeanzeige für eine neue Wodka-Marke – seien gleichermaßen bedeutungslos bzw. bedeutungsvoll.

Am Ende seines Buches *Die Struktur wissenschaftlicher Revolutionen* schnitt Kuhn kurz die Frage an, weshalb einige wissenschaftliche Gebiete sich einem Paradigma annähern, während andere, ähnlich wie die Kunst, in einem Zustand beständigen Wandels verharren. Seiner Ansicht nach hing dies mit Wahlentscheidungen zusammen; Wissenschaftler mancher Disziplinen wollten sich schlichtweg nicht auf ein bestimmtes Paradigma festlegen. Ich vermute, daß Kuhn dieses Problem nicht weiterverfolgte, weil er seine Antwort nicht hätte aufrechterhalten können. Einige Gebiete wie die Wirtschaftswissenschaften und andere Sozialwissenschaften halten nie lange an einem Paradigma fest, weil sie sich mit Fragen befassen, die mit nur einem Paradigma nicht hinreichend erklärt werden können. Gebiete dagegen, die einen Konsens bzw. einen »Normalzustand« erreichen, um Kuhns Ausdruck zu verwenden, tun dies, weil ihre Paradigmen objektiven Tatbeständen der Natur entsprechen, also wahr sind.

Paul Feyerabend, Anarchist

Auch wenn die Konzepte von Popper und Kuhn ihre Schwächen haben, so bedeutet dies doch nicht, daß man sie nicht als nützliche Instrumente zur Analyse der Wissenschaft heranziehen könnte. Kuhns Modell der »normalen Wissenschaft« ist eine treffende Beschreibung dessen, was die meisten Wissenschaftler heutzutage tun: Details ergänzen und vergleichsweise triviale Probleme lösen, die in der Regel das vorherrschende Paradigma untermauern. Poppers Falsifikationskriterium kann uns dabei helfen, zwischen empirischer Wissenschaft und ironischer Wissenschaft zu unterscheiden. Doch beide Philosophen gerieten, da sie ihre Ideen zu weit trieben und sie zu ernst nahmen, in eine absurde Position, in der sie sich selbst widersprachen.

Wie vermeidet es ein Skeptiker, so zu werden wie Karl Popper, der auf den Tisch trommelt und dabei lauthals beteuert, er sei *kein* Dogmatiker? Oder wie Thomas Kuhn, der sich bemüht, genau zu erklären, was er meint, während er die Unmöglichkeit wahrer Kommunikation postuliert? Es gibt nur einen Weg: Man muß in Paradoxien, Widersprüchen und rhetorischen Exzessen schwelgen. Man muß zugeben, daß der Skeptizismus ein notwendiges, aber unmögliches Gedankenexperiment ist. Man muß Paul Feyerabend werden.

Feyerabends erstes und einflußreichstes Buch, *Wider den Methodenzwang*, erschien im Jahre 1975 und wurde in sechzehn Sprachen übersetzt.[20] Darin behauptet der Autor, aus der Erkenntnistheorie lasse sich keine bestimmte Methodik bzw. Logik der Wissenschaft ableiten, da sich der wissenschaftliche Fortschritt nicht nach streng rationalen Kriterien vollzogen habe. Durch Analyse wissenschaftlicher Meilensteine wie etwa Galileis Prozeß vor dem Heiligen Offizium oder der Entwicklung der Quantenmechanik versucht Feyerabend den Nachweis zu erbringen, daß es keine Logik der Wissenschaft gebe; Wissenschaftler erarbeiteten und verteidigten wissenschaftliche Theorien aus letztlich subjektiven und sogar irrationalen Gründen. Die Wissenschaftler könnten und müßten das tun, was jeweils erforderlich sei, um Erkenntnisfortschritte zu machen. Er faßte sein anarchistisches Kredo in dem Schlagwort: »Anything goes!« zusammen. Feyerabend verspottete einmal Poppers Kritischen Rationalismus als »winziges Wölkchen heißer Luft in der positivistischen Teetasse«.[21] Er war mit Kuhn in vielen Punkten einer Meinung, vor allem im Hinblick auf die Unvergleichbarkeit wissenschaftlicher Theorien, aber er meinte, die Wissenschaft befinde sich seltener in jenem

»Normalzustand«, als es Kuhn behaupte. Feyerabend machte Kuhn – weitgehend zu Recht – auch den Vorwurf, er sei den Implikationen seiner eigenen Theorie ausgewichen; zu Kuhns Verblüffung wies er darauf hin, daß sich dessen soziopolitisches Modell des wissenschaftlichen Wandels hervorragend auf das organisierte Verbrechen anwenden lasse.[22]

Feyerabends Hang zur Attitüde machte es seinen Kritikern sehr leicht, ihn als einen spleenigen Exzentriker abzustempeln. So verglich er die Wissenschaft einmal mit Voodoo, Zauberei und Astrologie. Er verteidigte das Recht religiöser Fundamentalisten, daß in öffentlichen Schulen neben der Darwinschen Evolutionstheorie auch ihre Version der Schöpfungsgeschichte unterrichtet wird. Sein Eintrag in das *Who's Who in America* im Jahre 1991 endete mit folgender Bemerkung: »Mein Leben war das Ergebnis von Zufällen, nicht von Zielen und Grundsätzen. Meine geistige Arbeit bildet nur einen unbedeutenden Teil davon. Liebe und persönliches Verständnis sind sehr viel wichtiger. Führende Intellektuelle mit ihrem Objektivitätskult zerstören diese persönlichen Elemente. Sie sind Verbrecher und keine Befreier der Menschheit.«

Hinter Feyerabends dadaistischer Rhetorik verbarg sich ein sehr ernstzunehmendes Argument: So edel der Drang des Menschen, absolute Wahrheiten zu finden, auch sein mag, mündet er doch häufig in Tyrannei. Feyerabend griff die Wissenschaft nicht deshalb an, weil er wirklich überzeugt gewesen wäre, daß sich ihr Wahrheitsanspruch nicht von dem der Astrologie unterscheide. Ganz im Gegenteil. Feyerabend attackierte die Wissenschaft, weil er ihre Macht und ihre Fähigkeit, die Vielfalt des schöpferischen Denkens und der menschlichen Kulturen zu vernichten, erkannte – und entsetzt darüber war. Sein Protest gegen den wissenschaftlichen Wahrheitskult war von moralischen und politischen, weniger von erkenntnistheoretischen Beweggründen getragen.

Am Ende seines 1987 erschienenen Buches *Irrwege der Vernunft* enthüllte Feyerabend, wie tief sein Relativismus reichte. Er ging auf einen Punkt ein, der »viele Leser sehr erregt und die Wohlwollenden unter ihnen sehr enttäuscht hat – meine Weigerung, selbst einen extremen Faschismus zu verurteilen, und meinen Vorschlag, auch ihm eine Lebensmöglichkeit zu geben«.[24] Dieser Punkt war besonders heikel, weil Feyerabend im Zweiten Weltkrieg in der deutschen Armee gedient hatte. Es sei sehr leicht, so Feyerabend, den Nazismus zu verdammen, doch eine derartige moralische Selbstgerechtigkeit und Gewißheit habe den Nazismus erst ermöglicht.

> Auschwitz ist nicht etwas, das außerhalb des Menschentums liegt; Auschwitz ist etwas sehr Menschliches, und die Haltung, die dazu führt, ist heute lebendiger denn je.
> Sie zeigt sich in der Behandlung von Minoritäten in industriellen Demokratien; in der Erziehung, Erziehung zu einem humanitären Standpunkt eingeschlossen, die immer ausschließlich ist ... Die Einstellung wird manifest in der nuklearen Bedrohung, der Existenz von Feindbildern, der Kalkulation der Auswirkungen eines Nuklearkrieges ... Sie zeigt sich an der zunehmenden Ausrottung der Natur und ›primitiver‹ Kulturen, ohne auch nur einen Gedanken zu verschwenden an das seelische Elend, erzeugt durch den letzteren Prozeß. Der Geist von Auschwitz zeigt sich in dem Mangel an Gefühl vieler sogenannter Forscher, die Tiere systematisch quälen, ihre Qualen studieren und dafür noch Preise bekommen. Was mich betrifft, ist der Unterschied zwischen diesen ›Wohltätern der Menschheit‹ und den Henkern von Auschwitz nicht sehr groß ...[25]

Als ich Feyerabend im Jahre 1992 ausfindig zu machen suchte, war er bereits von der University of California in Berkeley emeritiert worden. Dort wußte niemand, wo er sich jetzt aufhielt; Kollegen versicherten mir, daß meine Bemühungen, ihn aufzuspüren, vergeblich sein würden. In Berkeley hatte er ein Telefon besessen, das ihm erlaubte, selbst irgendwo anzurufen, aber keine Anrufe entgegenzunehmen. Er hatte Einladungen zu Konferenzen angenommen und war dann nicht erschienen. Er hatte Kollegen brieflich eingeladen, ihn zu

Hause zu besuchen. Doch wenn sie an die Tür seines Hauses klopften, das in den Hügeln oberhalb von Berkeley lag, machte ihnen niemand auf.

Als ich später eine Ausgabe von *Isis*, einer Zeitschrift für Wissenschaftsgeschichte und -theorie, durchblätterte, stieß ich auf eine kurze von Feyerabend verfaßte Rezension eines Essaybandes. In dieser Besprechung stellte Feyerabend einmal mehr seine Begabung für geistreiche Bemerkungen unter Beweis. Feyerabend konterte eine spöttische Äußerung des Autors über die Religiosität mit folgenden Worten: »Das Gebet mag, gemessen an der Himmelsmechanik, nicht sonderlich wirkungsvoll sein, aber es behauptet sich gewiß gegen bestimmte Bereiche der Wirtschaftswissenschaften.«[26]

Ich rief den Chefredakteur von *Isis* an und fragte ihn, ob er mir sagen könne, wie ich mit Feyerabend in Verbindung treten könne, woraufhin er mir eine Adresse in der Nähe von Zürich nannte. Ich schickte Feyerabend einen schmeichlerischen Brief, in dem ich ihn um ein Interview bat. Zu meiner Freude antwortete er mit einer im Plauderton gehaltenen, handgeschriebenen Notiz, in der er sich zu einem Interview bereit erklärte. Er halte sich abwechselnd in seinem Haus in der Schweiz und in der Wohnung seiner Frau in Rom auf. Er fügte eine Telefonnummer bei, unter der er in Rom zu erreichen sei, und außerdem ein Foto von sich, das ihn mit breitem Grinsen und umgebundener Schürze vor einem Spülbecken voller Geschirr zeigte. Das Foto, erläuterte er, »zeigt mich bei meiner Lieblingstätigkeit: Geschirr spülen für meine Frau in Rom«. Mitte Oktober erhielt ich einen zweiten Brief von Feyerabend. »Ich möchte Ihnen mitteilen, daß ich in der Woche zwischen dem 25. Oktober und dem 1. November höchstwahrscheinlich (zu 93 %) in New York sein werde und daß wir während dieser Zeit das Interview führen können. Ich rufe Sie an, sobald ich da bin.«

So kam es, daß ich an einem frostigen Abend, ein paar Tage vor Halloween, in einem luxuriösen Apartment an der Fifth

Avenue mit Feyerabend zusammentraf. Die Wohnung gehörte einer einstigen Schülerin Feyerabends, die klugerweise von der Philosophie auf Immobilien umgesattelt hatte – offensichtlich nicht ohne Erfolg. Sie begrüßte mich und führte mich in die Küche, wo Feyerabend an einem Tisch saß und an einem Glas Rotwein nippte. Er schwang sich aus seinem Stuhl und streckte mir in gebeugter Haltung, so als leide er an einem steifen Kreuz, die Hand zum Gruß entgegen; erst jetzt erinnerte ich mich wieder daran, daß Feyerabend im Zweiten Weltkrieg durch eine Kugel am Rückgrat verletzt worden war und eine dauerhafte Behinderung davongetragen hatte.

Feyerabend hatte die Energie und das knorrige Gesicht eines Kobolds. Während des nun folgenden Gesprächs zog er alle rhetorischen Register: Er wetterte, spottete, schmeichelte und flüsterte – je nach dem Argument, das er anbringen wollte, oder der Wirkung, auf die er abzielte –, während er gleichzeitig wie ein Dirigent mit den Händen durch die Luft wirbelte. Er garnierte seine Hybris mit selbstkritischen Äußerungen. Er nannte sich »faul« und »ein Großmaul«. Wenn ich ihn nach seiner Ansicht zu einem bestimmten Punkt fragte, zuckte er zusammen. »Ich habe keinen Standpunkt!« sagte er. »Wenn man einen Standpunkt hat, dann ist das immer etwas Festgeschraubtes.« Er drehte einen unsichtbaren Schraubenzieher in den Tisch. »Ich habe Ansichten, die ich recht energisch verteidige, doch dann durchschaue ich, wie dumm sie sind, und ich gebe sie auf!«

Feyerabends Frau, Grazia Borrini, eine italienische Physikerin, die so ruhig war wie Feyerabend manisch, verfolgte seine Vorstellung mit einem nachsichtigen Lächeln. Borrini hatte ein Seminar von Feyerabend besucht, als sie im Jahre 1983 in Berkeley ein Aufbaustudium in Öffentlicher Gesundheit absolvierte; sie heirateten sechs Jahre später. Borrini beteiligte sich gelegentlich an unserem Gespräch, zum Beispiel nachdem ich Feyerabend gefragt hatte, weshalb seine Schriften viele Wissenschaftler so in Harnisch brächten.

»Ich habe keine Ahnung«, sagte er mit völliger Unschuldsmiene. »Ist das so?«

Borrini warf ein, daß *sie* selbst auch wütend gewesen sei, als sie erstmals von einem anderen Physiker von Feyerabends Ideen gehört habe. »Jemand entriß mir die Schlüssel zum Verständnis des Universums«, erklärte sie. Erst als sie seine Bücher selbst gelesen habe, sei ihr aufgegangen, daß Feyerabends Thesen sehr viel subtiler und scharfsinniger seien, als seine Kritiker behaupteten. »Meines Erachtens sollten Sie darüber schreiben«, sagte Borrini zu mir, »über das große Mißverständnis.«

»Ach, vergiß es, er ist doch nicht mein Presseagent!« wiegelte Feyerabend ab.

Wie Popper hatte auch Feyerabend seine Kindheit und Jugend in Wien verbracht. Als Teenager nahm er Schauspiel- und Gesangsunterricht. Gleichzeitig erwachte sein Interesse an Naturwissenschaften, nachdem er Vorträgen eines Astronomen beigewohnt hatte. Feyerabend, der seine beiden Leidenschaften keineswegs als unvereinbar betrachtete, wollte Opernsänger und Astronom werden. »Nachmittags würde ich Arien proben, abends würde ich auf der Bühne stehen, und nachts würde ich die Sterne beobachten«, sagte er.

Doch dann kam der Krieg. Im Jahre 1938 erfolgte der »Anschluß« Österreichs an das Deutsche Reich, und im Jahre 1942 trat der achtzehnjährige Feyerabend in eine Offiziersakademie ein. Obgleich er hoffte, die Ausbildungszeit würde sich bis zum Kriegsende hinziehen, wurde ihm überraschend das Kommando über 3000 Soldaten an der russischen Front übertragen. Bei den Kämpfen gegen die Russen (die eigentlich Rückzugsgefechte waren) erlitt er eine Schußverletzung im Bereich der unteren Wirbelsäule. »Ich konnte nicht aufstehen«, entsann sich Feyerabend, »doch ich hatte eine beglückende Vision: ›Ich werde in einem Rollstuhl sitzen und zwischen Regalfluchten voller Bücher auf und ab fahren.‹ Was für eine herrliche Aussicht!«

Allmählich erlangte er seine Gehfähigkeit wieder zurück, auch wenn er auf einen Gehstock angewiesen blieb. Als er nach dem Krieg sein Studium an der Universität wiederaufnahm, sattelte er von Physik auf Geschichtswissenschaft um, die ihn jedoch schon bald zu langweilen begann; er kehrte zurück zur Physik, langweilte sich erneut und wandte sich schließlich der Philosophie zu. Seine Begabung, mit großer intellektueller Raffinesse absurde Standpunkte darzulegen, festigte in ihm die Überzeugung, daß die Triftigkeit eines Arguments mehr eine Frage der Rhetorik als der Wahrheit ist. »›Wahrheit‹ selbst ist ein rhetorischer Begriff«, behauptete Feyerabend. Das Kinn vorschiebend, deklamierte er: »›Ich suche nach der Wahrheit.‹ Mann, was für ein toller Hecht!«

Feyerabend studierte 1952 und 1953 bei Popper an der London School of Economics. Dort lernte er Lakatos kennen, ebenfalls ein brillanter Student von Popper. Lakatos war es auch, der Feyerabend viele Jahre später dazu drängte, *Wider den Methodenzwang* zu schreiben. »Er war mein bester Freund«, sagte Feyerabend über Lakatos. Feyerabend lehrte bis 1959 an der University of Bristol und ging dann nach Berkeley, wo er sich mit Kuhn anfreundete.

Wie Kuhn bestritt auch Feyerabend, daß er wissenschaftsfeindlich eingestellt sei. Er habe lediglich behauptet, daß es nicht nur eine einzige wissenschaftliche Methode gebe. »Der wissenschaftliche Fortschritt vollzieht sich folgendermaßen«, sagte Feyerabend. »Man hat bestimmte Hypothesen, die sich bewähren, doch dann taucht eine neue Situation auf und man probiert etwas anderes. Man verhält sich opportunistisch. Man braucht einen Werkzeugkasten mit den verschiedensten Werkzeugen. Nicht nur einen Hammer und Dübel und sonst nichts.« Das habe er mit dem heftig angefeindeten Schlagwort »Anything goes!« zum Ausdruck bringen wollen (und nicht, wie gemeinhin behauptet wird, daß eine wissenschaftliche Theorie so gut wie jede andere sei). Die Verpflichtung der Wissenschaft auf eine bestimmte Methodik – selbst eine so wenig restriktive wie Poppers Falsifikationskonzept oder Kuhns »normale Wissenschaft« – würde sie zerstören.

Feyerabend widersprach auch der Behauptung, die Wissenschaft sei anderen Erkenntnisformen überlegen. Besonders erzürnte ihn die Neigung der westlichen Staaten, ihren Bürgern gegen deren Willen die Produkte der wissenschaftlichen Forschung – gleich ob es sich um die Evolutionstheorie, Kernkraftwerke oder gigantische Teilchenbeschleuniger handelt – aufzunötigen. »Es gibt zwar die Trennung von Staat und Kirche«, klagte er, »aber keine Trennung von Staat und Wissenschaft!«

Die Wissenschaft »liefert uns faszinierende Geschichten über das Weltall, seine Bestandteile und seine Entwicklung, über die Entstehung des Lebens und dergleichen mehr«, sagte Feyerabend. Doch die vorwissenschaftlichen »Mythenschöpfer« wie Sänger, Hofnarren und Barden hätten sich ihren Lebensunterhalt selbst verdient, während die modernen Wissenschaftler von den Steuerzahlern alimentiert würden. »Die Allgemeinheit bringt die Mittel auf und sollte daher ein Wörtchen mitzureden haben.«

Feyerabend fügte hinzu: »Natürlich neige ich zu Überspitzungen, anders aber, als man mir vorhält, gehe ich keineswegs so weit, die Abschaffung der Wissenschaft zu fordern. Wir sollten uns allerdings von der Vorstellung verabschieden, die Wissenschaft nehme grundsätzlich den *ersten Rang* ein. Es muß von Fall zu Fall entschieden werden, was die Wissenschaft leisten kann.« Schließlich seien sich die Wissenschaftler bei zahlreichen Fragen selbst nicht einig. »Die Leute sollten es nicht einfach hinnehmen, wenn ein Wissenschaftler sagt: ›Alle müssen uns auf diesem Weg folgen.‹«

Wenn er nicht wissenschaftsfeindlich eingestellt sei, was habe er dann mit seiner Aussage in *Who's Who* gemeint, Intellektuelle seien Verbrecher? »Ich habe das lange Zeit geglaubt«, antwortete Feyerabend, »doch letztes Jahr habe ich es durchgestrichen, denn es gibt ein Menge redlicher Intellektueller.«

Er wandte sich seiner Frau zu. »Du bist doch auch eine Intellektuelle.« »Nein, ich bin eine Physikerin!« antwortete sie mit fester Stimme. Feyerabend zuckte die Achseln. »Was versteht man unter ›Intellektuellen‹? Es sind Personen, die – vielleicht – länger über gewisse Dinge nachdenken als andere Menschen. Aber viele von ihnen überfahren andere Menschen schlicht mit der Behauptung: ›Wir haben es kapiert.‹«

Feyerabend wies darauf hin, daß viele nichtindustrialisierte Völker hervorragend ohne Wissenschaft ausgekommen seien. Die Kung-Buschmänner in Afrika »überleben in einer Umwelt, in der jeder westliche Mensch binnen weniger Tage umkommen würde«, sagte er. »Nun können Sie einwenden, daß die Menschen in unserer Gesellschaft sehr viel älter werden, doch die Frage ist, mit welcher Lebensqualität, und das wurde bislang nicht beantwortet.«

Aber verstand Feyerabend denn nicht, daß eine solche Äußerung die meisten Wissenschaftler sehr verärgern mußte? Die Buschmänner mochten glücklich sein, aber sie waren auch unwissend, und war Wissen nicht besser als Unwissenheit? »Was ist so großartig am Wissen?« antwortete Feyerabend. »Sie kümmern sich umeinander. Sie unterdrücken sich nicht gegenseitig.« Die Menschen hätten das gute Recht, die Wissenschaft abzulehnen, wenn sie sich dazu entschlössen, sagte Feyerabend.

Soll das heißen, daß auch christliche Fundamentalisten ein Recht darauf hätten, daß in Schulen der Kreationismus gleichberechtigt neben der wissenschaftlichen Evolutionslehre unterrichtet werde? »Von ›Recht‹ zu sprechen ist oftmals problematisch«, erwiderte Feyerabend, »denn sobald jemand ein Recht hat, kann er dieses Recht einem anderen um die Ohren schlagen.« Er hielt einen Moment lang inne. Idealerweise sollten Kinder möglichst viele unterschiedliche Denkweisen kennenlernen, so daß sie frei darunter auswählen könnten. Er rutschte unruhig auf seinem Stuhl hin und her. Eine Gelegenheit witternd, wies ich darauf hin, daß er meine Frage nach dem Kreationismus eigentlich noch nicht beantwortet habe. Feyerabend blickte mich finster an. »Das ist eine ziemlich unergiebige Sache. Es interessiert mich nicht sonderlich. Der Fundamentalismus ist nicht die alte fruchtbare christliche Überlieferung.« Doch die amerikanischen Fundamentalisten seien sehr einflußreich, beharrte ich, und sie benutzten Argumente wie die seinen, um die Evolutionslehre anzugreifen. »Und die Wissenschaft wurde dazu benutzt, einigen Leuten zu sagen, sie hätten einen niedrigen Intelligenzquotienten«, erwiderte er. »So kann man alles zu unterschiedlichsten Zwecken benutzen. Mit Hilfe der Wissenschaft kann man beispielsweise alle möglichen andersartigen Menschen unterdrücken.«

»Aber sollten Lehrer denn nicht darauf hinweisen, daß sich wissenschaftliche Theorien von religiösen Mythen unterscheiden?« fragte ich. »Selbstverständlich. Ich würde sagen, daß die Wissenschaft heutzutage sehr populär ist«, entgegnete er. »Aber dann muß ich der anderen Seite, die ja immer verkürzt dargestellt wird, auch das Recht zugestehen, so viele Beweise wie möglich vorzulegen.« Jedenfalls wüßten sogenannte primitive Völker oftmals sehr viel mehr über ihren Lebensraum, etwa die Merkmale örtlicher Pflanzen, als vermeintliche Experten. »Daher ist die Behauptung, diese Völker seien unwissend..., *selbst* ein Zeichen von Unwissenheit!«

Ich brachte meine Standardfrage nach der Selbstwidersprüchlichkeit seines Denkens vor: War es nicht widersprüchlich, sämtliche Methoden des abendländischen Rationalismus dazu zu benutzen, ebendiesen Rationalismus anzugreifen? Doch Feyerabend biß nicht an. »Das sind bloß Instrumente, und Instrumente lassen sich auf jede Weise anwenden, die man für angebracht hält«, sagte er mit freundlicher Stimme. »Man kann mir keinen Vorwurf daraus machen, daß ich sie verwende.« Feyerabend machte einen gelangweilten, zerstreuten Eindruck. Obgleich er es nicht zugab, vermutete ich, daß er es leid war, ein radikaler Relativist zu sein und die exotischen Glaubenssysteme der Welt – Astrologie, Kreationismus und sogar den Faschismus – gegen die Tyrannei des Rationalismus zu verteidigen.

Feyerabends Augen glänzten jedoch erneut, als er auf das Buch zu sprechen kam, an dem er gerade arbeitete. Es trug den vorläufigen Titel *The Conquest of Abundance* und behandelte die Vorliebe der Menschen für reduktionistische Erklärungen. Alle menschlichen Bestrebungen, so Feyerabend, zielten darauf ab, die natürliche Vielfalt bzw. »Fülle« der Wirklichkeit zu verringern. »Zunächst verringern unsere Sinnesorgane diese Fülle, damit wir überhaupt überleben können.« Religion, Wissenschaft, Politik und Philosophie stellen unsere Versuche dar, die Wirklichkeit weiter zu verdichten. Allerdings erzeugen diese Versuche, der Fülle Herr zu werden, ihrerseits neue Komplexitäten. »Viele Menschen sind in politisch motivierten Kriegen ums Leben gekommen. Gewisse Ansichten werden eben nicht geduldet.« Ich bemerkte, daß Feyerabend über unsere Suche nach *Der Antwort* sprach, der endgültigen Theorie, die alle anderen Theorien in sich birgt.

Doch nach Feyerabend wird – muß – *Die Antwort* für alle Zeiten unser Begriffsvermögen übersteigen. Er verspottete die Zuversicht einiger Wissenschaftler, sie könnten die Wirklichkeit eines Tages in einer einzigen allumfassenden Theorie einfangen. »Lassen wir ihnen ihren Glauben, es macht ihnen Freude. Lassen wir sie auch Vorträge darüber halten. ›Wir treten in Kontakt mit dem Unendlichen!‹ Und einige Leute sagen mit gelangweilter Stimme: ›Ja, ja, er sagt, er trete in Kontakt mit dem Unendlichen.‹ Und andere sagen mit begeisterter Stimme: ›Ja, ja! Er sagt, er trete in Kontakt mit dem Unendlichen!‹ Aber den kleinen Kindern in der Schule zu erzählen: ›Das ist die Wahrheit‹, das geht viel zu weit.«

Feyerabend sagte, jede Beschreibung der Wirklichkeit sei notwendigerweise unzulänglich. »Glauben Sie vielleicht, diese Eintagsfliege, dieses kleine Stück Nichts, der Mensch, könne – wie es die moderne Kosmologie für sich in Anspruch nimmt – alles herausbekommen? Das halte ich für völlig hirnrissig. Das kann unmöglich wahr sein! Was wir herausgefunden haben, ist eine bestimmte Reaktion auf unsere Handlungen. Und diese Antwort soll das Universum erklären? Die Wirklichkeit, die dahinter liegt, lacht sich ins Fäustchen: ›Haha! Sie glauben, sie hätten mich durchschaut!‹«

Der spätantike Philosoph Dionysius Areopagita habe, so Feyerabend, behauptet, wer Gott direkt zu erkennen versuche, erkenne gar nichts. »Das ist sehr plausibel. Ich kann nicht erklären, wieso. Wir haben einfach nicht die Mittel, um dieses große Etwas, aus dem alles andere hervorgeht, zu erkennen. Unsere Sprache hat sich im Umgang mit Gegenständen, Stühlen und ein paar Werkzeugen entwickelt. Und das alles auf dieser winzigen Erde!« Feyerabend hielt einen Augenblick lang inne, der Wirklichkeit entrückt. »Gott äußert sich in Emanationen, die absinken und immer stofflicher werden. Und auf der untersten Emanationsstufe kann man eine kleine Spur von ihm erhaschen und Mutmaßungen anstellen.«

Erstaunt über diesen Ausbruch, fragte ich Feyerabend, ob er religiös sei. »Ich bin mir nicht sicher«, erwiderte er. Er war im römisch-katholischen Glauben erzogen worden, doch später wurde er ein »entschiedener« Atheist. »Doch jetzt hat meine Philosophie eine ganz andere Gestalt angenommen. Es kann einfach nicht sein, daß das Universum urplötzlich mit einem Riesenknall – bums! – entstanden ist und sich seither stetig ausdehnt. Das wäre völlig absurd.« Viele Wissenschaftler und Philosophen seien zwar der Ansicht gewesen, es sei sinnlos, über den Sinn, die Bedeutung oder den Zweck des Universums nachzudenken. »Doch die Menschen fragen danach. Weshalb sich also nicht damit befassen? All dies wird in das Buch Eingang finden, und herauskommen wird die Frage der Fülle, und es wird mich viel Zeit kosten.«

Als ich mich anschickte zu gehen, fragte mich Feyerabend, wie die Geburtstagsfeier meiner Frau am Vorabend gewesen sei. (Ich hatte Feyerabend vom Geburtstag meiner Frau erzählt, als ich telefonisch das Treffen mit ihm vereinbart hatte.)

»Danke, sehr nett«, antwortete ich. »Sie sind nicht dabei, sich auseinanderzuleben?« hakte Feyerabend nach, mir einen forschenden Blick zuwerfend. »Es war nicht der letzte Geburtstag, den Sie mit ihr feiern werden?«

Borrini starrte ihn entgeistert an. »Warum sollte es?«

»Ich weiß nicht«, versetzte Feyerabend, seine Hände in die Höhe werfend. »Weil es passiert!« Er wandte sich wieder mir zu. »Wie lange sind Sie verheiratet?« Drei Jahre, antwortete ich. »Aha, dann stehen Sie noch am Anfang. Die Probleme werden kommen. Warten Sie mal nach zehn Jahren.« Jetzt klingen Sie wirklich wie ein Philosoph, sagte ich. Er gestand, daß er bereits drei gescheiterte Ehen hinter sich hatte, als er Borrini kennenlernte. »Jetzt bin ich zum ersten Mal sehr glücklich darüber, verheiratet zu sein.«

Ich sagte, ich hätte gehört, seine Ehe mit Borrini habe ihn gelassener gemacht. »Das dürfte mit zwei Dingen zusammenhängen«, erwiderte Feyerabend. »Wenn man älter wird, fehlt einem schlicht die Energie, um nicht gelassen zu sein. Und auch durch sie habe ich mich sehr verändert.« Er strahlte Borrini an, und Borrini strahlte zurück.

Ich wandte mich Borrini zu und erwähnte das Foto, das ihren Gatten beim Geschirrspülen zeige und das er mir zusammen mit der Anmerkung geschickt habe, diese Hausarbeit für seine Frau sei das Wichtigste, was er jetzt tue.

Borrini schnaubte. »Alle Jubeljahre einmal« sagte sie.

»Was soll das heißen, alle Jubeljahre einmal!« protestierte Feyerabend lautstark. »Ich spüle jeden Tag das Geschirr!«

»Alle Jubeljahre einmal«, wiederholte Borrini mit fester Stimme. Ich beschloß, der Physikerin mehr Glauben zu schenken als dem Relativisten.

Etwas mehr als ein Jahr nach meinem Treffen mit Feyerabend berichtete die *New York Times* zu meinem Entsetzen, daß der »Philosoph der Wissenschaftskritik« einem Hirntumor erlegen war.[27] Ich rief Borrini in Zürich an, um ihr mein Beileid auszudrücken – und auch, um meine unersättliche journalistische Neugier zu befriedigen. Sie war völlig aufgelöst. Es war so schnell gegangen. Paul hatte über Kopfschmerzen geklagt, und schon ein paar Monate später... Sie nahm sich zusammen und berichtete mir voller Stolz, daß Feyerabend bis zum Schluß gearbeitet habe. Noch unmittelbar vor seinem Tod habe er letzte Hand an die Rohfassung seiner Autobiographie gelegt. (Das Buch mit dem typisch Feyerabendschen Titel *Zeitverschwendung* erschien im Jahre 1995. Auf den letzten Seiten, die Feyerabend in seinen letzten Lebenstagen schrieb, gelangte er zu dem Fazit, daß die Liebe das einzige sei, was im Leben zähle.)[28] Ich fragte, ob er das Buch über die Fülle fertiggestellt habe. Nein, er habe nicht die Zeit gehabt, es zu beenden, murmelte Borrini.

Mich an Feyerabends heftige Angriffe auf die Mediziner erinnernd, konnte ich mir die Frage nicht verkneifen, ob ihr Mann sich wegen des Tumors in ärztliche Behandlung begeben habe. Natürlich, antwortete sie. Er habe »völliges Vertrauen« in die Diagnose seiner Ärzte gehabt und sei willens gewesen, jede von ihnen empfohlene Behandlung zu akzeptieren; doch der Tumor sei zu spät entdeckt worden, so daß man nichts mehr habe tun können.

Colin McGinn verkündet das Ende der Philosophie

Theocharis und Psimopoulos, die Verfasser des in *Nature* erschienenen Artikels »Where Science Has Gone Wrong«, hatten also doch recht gehabt: Die Konzeptionen von Popper, Kuhn und Feyerabend waren »selbstwidersprüchlich«. Letzten Endes stürzen alle Skeptiker in ihre eigenen Schwerter. Sie werden zu dem, was der Literaturwissenschaftler Harold Bloom in *Einflußangst* als »Rebellen aus Prinzip« bezeichnete. Ihr schlagendstes Argument gegen die wissenschaftliche Wahrheit ist historischer Provenienz: Wie können wir in Anbetracht der raschen Aufeinanderfolge wissenschaftlicher

Theorien im Verlauf der letzten hundert Jahre sicher sein, daß irgendeine der gegenwärtigen Theorien von Dauer sein wird? In Wirklichkeit war die moderne Wissenschaft sehr viel weniger revolutionär – und sehr viel beständiger –, als die Skeptiker, allen voran Kuhn, behauptet hatten. Die Elementarteilchenphysik ruht auf dem festen Fundament der Quantenmechanik, und die moderne Genetik untermauert die Darwinsche Evolutionstheorie. Die historischen Argumente der Skeptiker lassen sich mit größerer Triftigkeit gegen die Philosophie selbst wenden. Wenn die Wissenschaft schon keine absolute Wahrheit erreichen kann, welchen Status soll man dann der Philosophie zubilligen, die sich als weniger erfolgreich erwiesen hat, ihre Probleme zu lösen? Die Philosophen selbst haben ihre Lage erkannt. In dem 1987 erschienenen Sammelband *After Philosophy: End or Transformation?* erörterten vierzehn namhafte Philosophen die Frage, ob ihr Fach Zukunft habe. Ihr einhelliges Fazit: vielleicht, vielleicht auch nicht.[29]

Einer der Philosophen, die sich über die »chronische Stagnation« ihres Berufsstandes Gedanken machten, war Colin McGinn, ein gebürtiger Engländer, der seit 1992 an der Rutgers University lehrt. Als ich McGinn im August 1994 in seiner Wohnung in der Upper West Side von Manhattan aufsuchte, war ich ganz perplex über seine jugendliche Erscheinung. (Ich hielt es für selbstverständlich, daß alle Philosophen eine gefurchte Denkerstirn und behaarte Ohren haben.) Er trug Jeans, ein weißes T-Shirt und Mokassins. Mit seiner gedrungenen Figur, seinem trotzig vorspringenden Kinn und seinen blaßblauen Augen konnte man ihn für einen jüngeren Bruder von Anthony Hopkins halten.

Als ich McGinn nach seiner Meinung über Popper, Kuhn und Feyerabend fragte, schürzte er verächtlich die Lippen. Sie seien »schlampig« und »verantwortungslos«; vor allem Kuhn habe sich »einem absurden Subjektivismus und Relativismus« verschrieben. Nur noch wenige zeitgenössische Philosophen nähmen seine Ansichten noch ernst. »Ich glaube nicht, daß die wissenschaftlichen Erkenntnisse in ihrer Gesamtheit vorläufigen Charakter haben«, beteuerte McGinn. »*Ein Teil* davon ist vorläufig, doch ein anderer nicht!« Seien etwa das Periodensystem der Elemente oder die Darwinsche Theorie der natürlichen Auslese bloß vorläufig gültig?

In der Philosophie dagegen gebe es keinen vergleichbaren Fortschritt, sagte McGinn. Sie entwickle sich nicht in dem Sinne weiter, daß »man an einem Problem arbeitet und eine Lösung dafür findet und dann zum nächsten Problem weitergeht«. Gewisse philosophische Probleme seien »geklärt« worden; gewisse Ansätze seien aus der Mode gekommen. Doch die großen philosophischen Fragen – Was ist Wahrheit? Existiert der freie Wille? Wie können wir etwas erkennen? – seien heute genauso ungelöst wie je. Diese Tatsache solle uns freilich nicht verwundern, so McGinn, denn die moderne Philosophie könne geradezu definiert werden als das Bemühen um die Lösung von Problemen, die jenseits des Bereichs der empirischen, wissenschaftlichen Forschung angesiedelt seien.

McGinn wies darauf hin, daß im 20. Jahrhundert zahlreiche Philosophen – namentlich Ludwig Wittgenstein und die logischen Positivisten – die philosophischen Probleme zu Scheinproblemen, zu sprachlich bedingten Mißverständnissen bzw. »Denkkrankheiten« erklärt hatten. Um das Leib-Seele-Problem zu lösen, bestritten einige dieser »Eliminatoren« sogar, daß es überhaupt so etwas wie Bewußtsein gebe. Dieser Standpunkt »kann politische Folgen haben, mit denen man sich nicht abfinden will«, sagte McGinn. »Er läuft darauf hinaus, den Menschen völlig zu verdinglichen. Und er mündet in einen extremen Materialismus und Behaviorismus.«

McGinn wartete mit einer anderen und seiner Einschätzung nach annehmbareren Erklärung auf: Die großen philosophischen Probleme sind durchaus real, aber sie übersteigen unsere kognitive Leistungsfähigkeit. Wir können sie zwar formulieren, aber wir können sie nicht lösen – genausowenig wie eine Ratte eine Differentialgleichung lösen kann. McGinn sagte, diese Einsicht habe sich ihm eines späten Abends zu der Zeit, als er noch in England gelebt habe, offenbart; erst später sei ihm bewußt geworden, daß er in den Schriften des Linguisten Noam Chomsky (mit dessen Ansichten wir uns in Kapitel 6 befassen werden) einer ganz ähnlichen Hypothese begegnet sei. In seinem 1993 erschienenen Buch *Problems in Philosophy* äußerte McGinn die Vermutung, die Philosophen würden vielleicht in einer Million Jahren zugeben, daß seine Prognose richtig gewesen war.[30] Allerdings, so sagte er mir, würden die Philosophen wohl sehr viel früher ihre Bemühungen einstellen, das Unmögliche zu erreichen.

McGinn vermutete, daß sich auch die Wissenschaft einer Sackgasse näherte. »Die Leute haben großes Vertrauen in die Wissenschaft und die wissenschaftliche Methode«, sagte er, »und tatsächlich hat sie innerhalb ihrer Grenzen einige Jahrhunderte lang Beachtliches geleistet. Doch wer sagt, daß dies auch weiterhin so sein wird und daß sie schließlich alle Fragen beantworten wird?« Wissenschaftler stießen wie Philosophen an die Grenzen ihrer kognitiven Leistungsfähigkeit. »Es ist Ausdruck einer maßlosen Selbstüberhebung, zu glauben, wir verfügten heutzutage über ein vollkommenes kognitives Handwerkszeug«, sagte er. Zudem falle mit dem Ende des Kalten Kriegs ein wichtiges Motiv für die finanzielle Förderung der Wissenschaften weg, und in dem Maße, wie sich der Eindruck durchsetze, die Wissenschaft sei vollendet, würden immer weniger junge Menschen einen wissenschaftlichen Berufsweg einschlagen.

»Daher würde es mich nicht verwundern, wenn sich irgendwann im Verlauf des nächsten Jahrhunderts junge Leute – abgesehen von dem Erwerb gewisser Grundkenntnisse – immer stärker von den Naturwissenschaften abwenden und sich wieder vermehrt den Geisteswissenschaften zuwenden würden.« In der Zukunft werden wir auf das Zeitalter der Naturwissenschaften zurückblicken und es als eine – wenn auch glänzende – geschichtliche Episode betrachten. Wir vergessen allzuleicht, daß es vor eintausend Jahren nur religiöse Weltanschauungen gab und sonst nichts.« Nach dem Ende der Wissenschaft »wird die Religion möglicherweise wieder wachsenden Zuspruch erfahren«. McGinn, ein erklärter Atheist, schien mit sich selbst zufrieden zu sein, und das nicht ohne Grund. Während unserer kurzen Plauderei in seinem luftigen Apartment, durch dessen geöffnetes Fenster das Hupen von Autos, das Dröhnen von Bussen und der Geruch von fettigem chinesischem Essen drang, hatte er den nahen Tod gleich zweier grundlegender menschlichen Erkenntnisformen, Philosophie und Wissenschaft, verkündet.

Die Bedeutung des Zahir

Selbstverständlich wird die Philosophie niemals wirklich zu Ende gehen. Sie wird lediglich auf eine unverhohlen ironischere, ästhetischere Weise, wie sie bereits von Nietzsche, Wittgenstein oder Feyerabend praktiziert wurde, fortgeführt werden. Einer meiner Lieblingsschriftsteller und -philosophen ist Jorge Luis Borges. Mehr als jeder andere mir bekannte Philosoph hat Borges unsere vielschichtige psychologische Beziehung zur Wahrheit ausgeleuchtet. In *Der Zahir* erzählt Borges die Geschichte eines Mannes, der zwanghaft über eine Münze nachzugrübeln beginnt, die er von einem Schankwirt mit dem Wechselgeld herausbekommen hat.[31] Diese scheinbar nicht klassifizierbare Münze ist ein Zahir, ein Gegenstand, der ein Sinnbild aller Dinge, ein Emblem der Rätselhaftigkeit des Daseins ist. Ein Kompaß, ein Tiger, ein Stein, alles Beliebige kann ein Zahir sein. Wer den Zahir erblickt hat, kann ihn nicht mehr vergessen. Er schlägt die Gedanken des Betrachters so sehr in seinen Bann, daß schließlich alle anderen Aspekte der Wirklichkeit bedeutungslos und trivial werden.

Zunächst bemüht sich der Erzähler verzweifelt, den Zahir zu vergessen, doch schließlich nimmt er sein Schicksal auf sich. »… von den tausend Formen komme ich zu der einen; von einem sehr komplexen Traum zu einem sehr schlichten. Andere werden träumen, daß ich verrückt bin; ich werde vom Zahir träumen. Wenn alle Menschen auf der Welt Tag und Nacht an den Zahir dächten, was wäre dann Traum und was Realität, die Erde oder der Zahir?«[32] Der Zahir ist, wie unschwer zu erkennen, *Die Antwort*, das Geheimnis des Lebens, die Allumfassende Theorie. Während Popper, Kuhn und Feyerabend uns mit Zweifeln und rationalen Argumenten vor *Der Antwort* schützen wollten, tat Borges dies, indem er ihren Schrecken beschwor.

3. DAS ENDE DER PHYSIK

Niemand sucht mit größerem Einsatz, um nicht zu sagen Besessenheit, nach *Der Antwort* als die modernen Elementarteilchenphysiker. Sie wollen den Nachweis erbringen, daß all die komplexen Dinge im Universum im Grunde genommen lediglich Erscheinungsformen eines Dings, einer Substanz, einer Kraft, ja einer Energieschleife sind, die sich in einem zehndimensionalen Hyperraum windet. Ein Soziobiologe könnte auf die Idee kommen, daß dieses reduktionistische Streben genetisch verankert sein müsse, da es offenbar seit Anbeginn der Zivilisation am Werke ist. Schließlich verdankt sich die Gottesidee dem gleichen reduktionistischen Impuls.

Einstein war der erste bedeutende Wissenschaftler der Neuzeit, der *Die Antwort* gesucht hat. Gegen Ende seines Lebens arbeitete er an einer Theorie, die die Quantenmechanik mit seiner Theorie der Gravitation, der allgemeinen Relativitätstheorie, vereinigen sollte. Er selbst wollte mit einer solchen Theorie herausfinden, ob die Entstehung des Universums zwangsläufig war oder ob sich Gott bei der Erschaffung des Weltalls auch anders hätte entscheiden können, wie er sich ausdrückte. Doch Einstein, der zweifellos fest davon überzeugt war, daß erst die Wissenschaft dem Leben Sinn gebe, betonte auch, daß keine Theorie wirklich endgültig sein könne. So sagte er einmal über seine eigene Relativitätstheorie, daß sie eines Tages einer anderen Theorie werde weichen müssen, und zwar aus Gründen, die man gegenwärtig noch nicht absehen könne. Und er glaubte, daß der Prozeß der Vertiefung der Theorie keine Grenzen habe.[1]

Die meisten Zeitgenossen Einsteins betrachteten seine Bemühungen um die Vereinheitlichung der Physik als Ausdruck seiner geistigen Altersschwäche und quasireligiöser

Bestrebungen. Doch in den siebziger Jahren wurde der Traum von der Vereinheitlichung durch mehrere Fortschritte neu belebt. Zunächst wiesen Physiker nach, daß nicht nur Elektrizität und Magnetismus Aspekte einer einzigen Kraft sind, sondern daß auch die elektromagnetische und die schwache Wechselwirkung (auf der gewisse Arten des radioaktiven Zerfalls beruhen) ihrerseits Manifestationen einer »elektroschwachen« Kraft sind. Die Forscher entwickelten außerdem eine Theorie der starken Wechselwirkung, die Protonen und Neutronen in den Atomkernen zusammenhält. Diese Theorie, die den Namen »Quantenchromodynamik« trägt, postuliert, daß Protonen und Neutronen aus noch elementareren Bausteinen, den sogenannten »Quarks«, bestehen. Die Theorie der elektroschwachen Kraft und die Quantenchromodynamik bilden gemeinsam das Standardmodell der Elementarteilchenphysik.

Ermutigt durch diesen Erfolg, wagten sich die Wissenschaftler auf der Suche nach einer fundamentaleren Theorie weit über das Standardmodell hinaus. Sie machten sich hierbei eine mathematische Eigenschaft, die Symmetrie genannt wird, zunutze; diese Eigenschaft erlaubt es, die Elemente eines Systems einer Transformation zu unterziehen – etwa einer Drehung oder einer Spiegelung –, ohne daß sich dadurch das System grundlegend verändert. Die Symmetrie wurde zur *conditio sine qua non* der Elementarteilchenphysik. Auf der Suche nach Theorien mit fundamentaleren Symmetrien begannen die Theoretiker in höhere Dimensionen vorzustoßen. Wie ein Astronaut, der sich über die zweidimensionale Erdoberfläche emporschwingt, die Kugelsymmetrie der Erde deutlicher wahrnehmen kann, so können Theoretiker die subtileren Symmetrien, die den Wechselwirkungen der Teilchen zugrunde liegen, dadurch erkennen, daß sie sie von einem höherdimensionalen Standpunkt aus betrachten.

Eines der hartnäckigsten Probleme der Physik der Elementarteilchen rührt von der Definition von Teilchen als Punkte her. Ebenso wie die Division durch Null eine unendliche und daher sinnlose Zahl ergibt, so führen auch Berechnungen mit punktförmigen Teilchen oftmals zu unsinnigen Ergebnissen. Bei der Ausarbeitung des Standardmodells konnten die Physiker diese Probleme unter den Teppich kehren. Doch die Einsteinsche Theorie der Gravitation mit ihren Verzerrungen von Raum und Zeit schien einen noch radikaleren Erklärungsansatz zu verlangen.

Zu Beginn der achtziger Jahre glaubten viele Physiker, mit der Superstringtheorie endlich die Lösung in Händen zu halten. In dieser Theorie werden die punktförmigen Teilchen durch winzige Energieschleifen ersetzt, die die unsinnigen Ergebnisse, die in Berechnungen auftraten, beseitigen. Wie die Schwingungen einer Violinsaite verschiedene Töne erzeugen, so sollen die Schwingungen dieser Saiten (strings) sämtliche Kräfte und Teilchen der materiellen Welt hervorbringen. Die Superstrings könnten ferner eines der Schreckgespenste der Elementarteilchenphysik bannen: die Möglichkeit, daß es keine elementare Basis der physikalischen Wirklichkeit gibt, sondern nur eine endlose Abfolge immer kleinerer Teilchen, die wie russische Puppen ineinandergeschachtelt sind. Nach der Superstringtheorie existiert eine solche fundamentale Ebene, jenseits der alle Fragen nach Raum und Zeit sinnlos werden.

Die Theorie ist jedoch mit mehreren Problemen behaftet. Erstens gibt es zahllose mögliche Varianten der Theorie, und die Theoretiker haben keine Möglichkeit, herauszufinden, welche davon die richtige ist. Zudem geht man davon aus, daß die Superstrings nicht nur die vier Dimensionen bewohnen in denen wir leben (die drei räumlichen Dimensionen plus die Zeit), sondern sechs zusätzliche Dimensionen, die aus irgendeinem Grund in unserem Universum »kompaktifiziert« sind, das heißt zusammengerollt zu infinitesimalen Kugeln. Schließlich sind die Strings im Vergleich zu einem Proton so klein wie ein Proton im Vergleich zum Sonnensystem. Sie sind in gewisser Hinsicht weiter von uns entfernt als die Quasare, die sich am äußersten Rand des sichtbaren Universums verbergen. Der »Superconducting Supercollider«, der den Physikern einen viel tieferen Blick in den mikrophysikalischen Kosmos hätte ermöglichen sollen als alle früheren Beschleuniger, hätte einen Ringumfang von 87 Kilometer gehabt. Um in den Bereich vorzustoßen, den die Superstrings bewohnen sollen, müßten die Physiker einen Teilchenbeschleuniger mit einem Umfang von tausend Lichtjahren bauen. (Unser gesamtes Sonnensystem hat eine Ausdehnung von nur einem Licht*tag*.) Und selbst ein Beschleuniger von dieser Größe würde uns nicht erlauben, in die zusätzlichen Dimensionen, in denen sich Superstrings aufhalten, einzudringen.

Sheldon Glashows Zweifel

Eine der Freuden, die mit dem Beruf des Wissenschaftsjournalisten verbunden sind, ist das Gefühl, durchschnittlichen Zeitungsreportern überlegen zu sein. Zu der primitivsten Sorte von Reportern gehören meines Erachtens solche Typen, die eine Frau aufspüren, die beobachtet hat, wie ihr einziger Sohn von einem durchgedrehten Junkie erstochen wurde, um ihr die Frage zu stellen: »Wie fühlen Sie sich?« Doch im Herbst 1993 erwartete mich eine ganz ähnliche Aufgabe. Ich begann gerade einen Artikel über die Zukunft der Elementarteilchenphysik zu schreiben, als der US-Kongreß das endgültige Aus für den »Superconducting Supercollider« verfügte. (Die beauftragten Baufirmen hatten bereits mehr als zwei Milliarden Dollar ausgegeben und in Texas einen Tunnel von 25 Kilometer Länge gegraben.) Im Verlauf der nächsten Wochen mußte ich Elementarteilchenphysikern gegenübertreten, die noch ganz unter dem Schock standen, der durch das unvermittelte Scheitern ihres hoffnungsvollsten Zukunftsprojekts ausgelöst worden war, und ihnen die Frage stellen: »Wie fühlen Sie sich?«

Die bedrückendste Stimmung herrschte am Fachbereich Physik der Harvard University. Die Abteilung wurde von

Sheldon Glashow geleitet, der gemeinsam mit Steven Weinberg und Abdus Salam für die Entwicklung der Theorie der elektroschwachen Kraft den Nobelpreis erhalten hatte. Im Jahre 1989 hatte Glashow neben dem Biologen Gunther Stent auf dem Symposion über »Das Ende der Wissenschaft« am Gustavus-Adolphus-College einen Vortrag gehalten. Glashow widersprach dort aufs entschiedenste der »absurden« Prämisse der Veranstaltung, der zufolge der philosophische Skeptizismus den Glauben an die Wissenschaft als »einheitliches, allgemeingültiges und objektives Erkenntnisverfahren« untergrabe. Bezweifelt wirklich irgend jemand die Existenz der Jupitermonde, die Galilei vor einigen hundert Jahren entdeckte? Bezweifelt wirklich irgend jemand die moderne Theorie der Krankheitsübertragung? »Krankheitserreger kann man sehen und abtöten«, erklärte Glashow, »sie sind kein Produkt der Einbildungskraft.«

Die Geschwindigkeit des wissenschaftlichen Fortschritts »verlangsamt sich ganz zweifellos«, räumte Glashow ein, aber nicht aufgrund der Angriffe ahnungsloser, wissenschaftsfeindlicher Sophisten. Sein eigenes Gebiet, die Physik der Elementarteilchen, »wird aus einer ganz anderen Richtung bedroht, nämlich gerade durch ihren Erfolg«. Die Forschungen der letzten zehn Jahre hätten zahllose Bestätigungen des Standardmodells der Elementarteilchenphysik erbracht »und nicht den geringsten Fehler, die kleinste Abweichung aufgedeckt... Wir haben keinerlei experimentellen Hinweis oder Anhaltspunkt, der uns dazu veranlassen könnte, eine anspruchsvollere Theorie zu erarbeiten.« Glashow fügte den obligatorischen, hoffnungsvollen Schlußsatz an: »Der Weg der Natur erschien uns schon oft unpassierbar, doch wir haben die Hindernisse stets überwunden.«[2]

In anderen Äußerungen Glashows kommt dieser ungetrübte Optimismus freilich nicht zum Ausdruck. Er gehörte zu denjenigen, die sich am nachdrücklichsten um eine einheitliche Theorie bemühten. In den siebziger Jahren legte er selbst mehrere derartige Theorien vor, doch keine davon war so ehrgeizig wie die Superstringtheorie. Als dann die Superstringtheorie aufkam, räumte er dem Bemühen um eine Vereinheitlichung nur noch geringe Erfolgschancen ein. Die Kollegen, die an der Superstringtheorie und an anderen einheitlichen Theorien arbeiteten, betrieben eigentlich gar keine Physik mehr, wandte Glashow ein, da sich ihre Spekulationen jeglicher empirischen Überprüfung entzögen. Glashow und ein Kollege von ihm kritisierten in einem Artikel, daß das »Nachsinnen über Superstrings zu einer Beschäftigung werden könnte, die so weit von der traditionellen Elementarteilchenphysik entfernt ist wie die Elementarteilchenphysik von der Chemie und die womöglich künftig von Nachfolgern mittelalterlicher Theologen an theologischen Fakultäten betrieben wird«. Sie fuhren fort: »Zum ersten Mal seit dem finsteren Mittelalter können wir absehen, daß unsere ehrbare Suche damit enden könnte, daß der Glaube wieder an die Stelle der Wissenschaft tritt.«[3] Wenn die Elementarteilchenphysik den Bereich der Empirie verläßt, so schien Glashow sagen zu wollen, läuft sie Gefahr, dem Skeptizismus und Relativismus zu erliegen.

Ich interviewte Glashow im November 1993 in Harvard, kurz nach dem endgültigen Aus für den Superconducting Supercollider. Sein schwacherleuchtetes Arbeitszimmer, das von dunklen, dick lasierten Bücherregalen und Büroschränken gesäumt wurde, war so düster wie eine Leichenhalle. Glashow selbst, ein großgewachsener Mann, der nervös auf einem kalten Zigarrenstummel herumkaute, schien nicht so recht in diese Umgebung zu passen. Er hatte das zerzauste, schneeweiße Haar, das ein Markenzeichen für Physik-Nobelpreisträger zu sein scheint, und seine Brillengläser waren so dick wie Teleskoplinsen. Dennoch konnte man hinter der Fassade des Harvard-Professors den selbstbewußten und frechen New Yorker Jugendlichen erkennen, der Glashow einst gewesen war.

Sheldon Glashows Zweifel

Glashow war tief erschüttert über den Tod des Superbeschleunigers. Rein theoretische Spekulationen, so betonte er, brächten die Physik nicht weiter, auch wenn die Anhänger der Superstringtheorie das Gegenteil behaupteten. Die Superstringtheorie »hat trotz des ganzen Rummels nichts gebracht«, murrte er. Schon vor über hundert Jahren hätten einige Physiker versucht, einheitliche Theorien zu erfinden; sie seien natürlich gescheitert, weil sie nichts von Elektronen, Protonen, Neutronen bzw. von der Quantenmechanik gewußt hätten. »Sind wir heute so anmaßend, zu glauben, wir hätten alle experimentellen Informationen, die wir brauchen, um jetzt den Gral der theoretischen Physik, eine einheitliche Theorie, zu konzipieren? Ich glaube nicht. Ich bin vielmehr überzeugt davon, daß natürliche Phänomene auch weiterhin Überraschungen für uns bereithalten, und wir werden diese nur finden, wenn wir aktiv danach suchen.«

Aber gebe es, abgesehen von der Vereinheitlichung, in der Physik nicht noch viel zu tun? »Natürlich!« antwortete er in festem Ton. Die Astrophysik, die Physik der kondensierten Materie und sogar Teilgebiete der Elementarteilchenphysik befassen sich nicht mit der Vereinheitlichung. »Die Physik ist ein sehr großes Gebäude, das voller faszinierender Rätsel (puzzles) steckt«, sagte er (wobei er den Ausdruck benutzte, mit dem Thomas Kuhn Probleme bezeichnete, deren Lösungen das vorherrschende Paradigma untermauern). »*Selbstverständlich* werden wir auch in Zukunft Fortschritte machen. Die Frage ist nur, ob wir uns diesem Gral nähern.« Glashow war der Ansicht, daß die Physiker auch weiterhin »nach einigen interessanten kleinen Leckerbissen suchen werden. Nach etwas Neuem und Amüsantem. Doch das ist nicht das gleiche wie die große Suche, die ich das Glück hatte, in meinem Berufsleben kennenlernen zu können.«

Glashow schätzte die Zukunftsaussichten seines Gebietes in Anbetracht der gegenwärtigen Politik der Wissenschaftsförderung wenig optimistisch ein. Er mußte zugeben, daß die

Elementarteilchenphysik keinen großen praktischen Nutzen hat. »Niemand kann behaupten, daß diese Forschungen einmal ein praktisch anwendbares Gerät hervorbringen werden. Das wäre schlichtweg gelogen. Und in Anbetracht der Einstellung der meisten Regierungen hat die Art von Forschung, die mir gefällt, keine rosige Zukunft.«

Könnte das Standardmodell in diesem Fall die endgültige Theorie der Elementarteilchenphysik sein? Glashow schüttelte den Kopf. »Es läßt zu viele Fragen offen«, sagte er. Natürlich wäre das Standardmodell in einem praktischen Sinne endgültig, wenn die Physiker nicht mit Hilfe leistungsfähigerer Beschleuniger über die Ebene des Standardmodells hinaus vorstoßen könnten. »Es wird die Standardtheorie geben, und sie wird das letzte Kapitel in der Geschichte der Elementarteilchenphysik sein.« Es ist natürlich immer möglich, daß jemand eine Methode findet, mit der sich extrem hohe Energien relativ billig erzeugen lassen. »Vielleicht wird man eines Tages dazu in der Lage sein. Eines Tages, eines fernen Tages.«

Die Frage sei, fuhr Glashow fort, was die Elementarteilchenphysiker tun würden, während sie auf diesen Tag warteten. »Ich vermute, daß sich das Establishment [der Elementarteilchenphysik] mit langweiligem Kram befassen und ein wenig herumexperimentieren wird, bis etwas verfügbar sein wird. Aber sie würden niemals zugeben, daß es sie langweilt. Niemand wird sagen: ›Ich mache langweiliges Zeug.‹« Und natürlich werde das Gebiet in dem Maße, wie es an Reiz verliert und wie die Forschungsmittel gekürzt werden, immer weniger hochbegabte Nachwuchskräfte anlocken. Glashow wies darauf hin, daß jüngst mehrere vielversprechende Studenten Harvard verlassen hätten, um eine Stellung an der Wall Street anzunehmen. »Insbesondere Goldman Sachs hat erkannt, daß theoretische Physiker hervorragend zu gebrauchen sind.«

Der scharfsinnigste Physiker von allen: Edward Witten

Daß die Superstringtheorie Mitte der achtziger Jahre so populär wurde, war nicht zuletzt darauf zurückzuführen, daß ein Physiker namens Edward Witten verkündete, sie stelle die größte Hoffnung für die Zukunft der Physik dar. Ich sah Witten erstmals Ende der achtziger Jahre, als ich mit einem anderen Naturwissenschaftler in der Cafeteria des Institute for Advanced Study in Princeton zu Mittag aß. An unserem Tisch ging ein Mann vorbei, der ein Tablett trug. Er hatte eingefallene Wangen und eine auffallend hohe Stirn, die an ihrem unteren Ende von einer dicken dunkelgetönten Brille und an ihrem oberen Ende von dichtem schwarzem Haar eingerahmt war. »Wer ist das?« fragte ich meinen Begleiter. »Das ist Ed Witten«, antwortete er, »ein Elementarteilchenphysiker.«

Ein oder zwei Jahre später nutzte ich die Pause zwischen zwei Sitzungen auf einem Physiker-Kongreß, um einige Teilnehmer danach zu fragen, wer ihres Erachtens der scharfsinnigste von allen lebenden Physikern sei. Es fielen mehrere Namen, darunter auch die der Nobelpreisträger Steven Weinberg und Murray Gell-Mann. Doch der Name, der am häufigsten genannt wurde, war der von Witten. Er schien eine besondere Art Ehrfurcht einzuflößen, so als gehöre er in eine eigene Kategorie. Er wurde schon öfters mit Einstein verglichen; ein Kollege ging sogar zeitlich noch weiter zurück und meinte, Witten sei das größte mathematische Genie seit Newton.

Witten ist zudem vielleicht der spektakulärste Repräsentant »naiv-ironischer Wissenschaft«, dem ich jemals begegnet bin. Naiv-ironische Wissenschaftler glauben besonders fest an ihre wissenschaftlichen Spekulationen, auch wenn diese nicht empirisch überprüft werden können. Sie sind überzeugt davon, daß sie ihre Theorien nicht erfinden, sondern entdecken, und daß diese Theorien unabhängig von den kulturellen oder historischen Kontexten sowie den konkreten Bemühungen, sie zu finden, existieren.

Ähnlich wie ein Texaner, der meint, alle Nichttexaner würden mit Akzent sprechen, gibt der naiv-ironische Wissenschaftler nicht zu, daß er überhaupt einen philosophischen Standpunkt eingenommen hat (geschweige denn einen, den man als ironisch bezeichnen könnte). Ein solcher Wissenschaftler betrachtet sich gleichsam als eine Röhre, durch die Wahrheiten aus dem platonischen Reich der Ideen in die Welt aus Fleisch und Blut befördert werden; Werdegang und Persönlichkeit spielten bei der wissenschaftlichen Arbeit keine Rolle. Entsprechend versuchte mich Witten, als ich ihn telefonisch um ein Interview bat, von dem Vorhaben abzubringen, über ihn zu schreiben. Er sagte mir, er verabscheue Journalisten, die sich auf die Persönlichkeit von Wissenschaftlern konzentrierten, jedenfalls seien andere Physiker und Mathematiker weitaus interessanter als er. Witten hatte sich über ein Kurzporträt geärgert, das im Jahre 1987 im *New York Times Magazine* erschienen war und in dem er als Erfinder der Superstringtheorie ausgegeben worden war.[4] Witten erklärte mir demgegenüber, er habe an der Entdeckung der Superstringtheorie praktisch keinen Anteil gehabt; er habe lediglich geholfen, sie weiterzuentwickeln, und sie gefördert, nachdem sie bereits entdeckt gewesen sei.

Jeder Wissenschaftsjournalist trifft gelegentlich auf Personen, die nicht im Blickpunkt der Medien stehen, sondern einfach in Ruhe ihrer Arbeit nachgehen wollen. Viele dieser Wissenschaftler verstehen nicht, daß gerade diese Eigenschaft sie noch interessanter macht. Gefesselt von Wittens scheinbar echter Scheu, beharrte ich auf meinem Wunsch nach einem Interview. Witten bat mich, ihm einige meiner Artikel zu schicken. Dummerweise fügte ich ein Kurzporträt von Thomas Kuhn bei, das im *Scientific American* erschienen war. Schließlich erklärte sich Witten zu einem Gespräch mit mir bereit, allerdings würde er mir nur zwei Stunden geben und keine Minute länger; ich würde Punkt 12 Uhr mittags gehen müssen. Kaum daß ich in seinem Arbeitszimmer Platz genommen hatte, begann er mir auch schon einen Vortrag über meine schlechte journalistische Berufsmoral zu halten. Ich hätte der Gesellschaft einen schlechten Dienst erwiesen, als ich Thomas Kuhns Ansicht nachgebetet hätte, der wissenschaftliche Erkenntnisprozeß sei a-rational (nicht irrational) und führe nicht zu einer Annäherung an die Wahrheit. »Sie sollten sich auf ernstzunehmende und substantielle Beiträge zum Verständnis der Wissenschaft konzentrieren«, sagte Witten. Kuhns Konzeption »wird selbst von ihren Befürwortern nur als Diskussionsgrundlage betrachtet«. Suche Kuhn einen Arzt auf, wenn er krank sei? Habe er Gürtelreifen an seinem Auto? Ich zuckte mit den Achseln und mutmaßte, daß dem wohl so sei. Witten nickte triumphierend mit dem Kopf. Das beweise, erklärte er, daß Kuhn an die Wissenschaft und nicht an seine eigene relativistische Erkenntnistheorie glaube.

Ich sagte, auch wenn man mit Kuhns Auffassung nicht übereinstimme, müsse man doch zur Kenntnis nehmen, daß sie einflußreich und provokant sei und daß ich als Journalist die Leser nicht nur informieren, sondern auch provozieren wolle. »Nicht Provokation, sondern Information über einige der *Wahrheiten*, die entdeckt werden: *Das* sollte das Ziel eines Wissenschaftsjournalisten sein«, sagte Witten in gestrengem Ton. Ich erwiderte, daß ich beides versuche. »Das ist eine ziemlich schwache Antwort«, sagte Witten. »Die Leser aufzurütteln oder intellektuell anzuregen sollte ein *Nebeneffekt* der Berichterstattung über einige der Wahrheiten sein, die entdeckt werden.« Das ist ein weiteres Kennzeichen des naivironischen Wissenschaftlers: Er oder sie spricht niemals mit einem ironischen Unterton oder einem Lächeln von »Wahrheit«; der Begriff wird stillschweigend in Großbuchstaben geschrieben. Als Buße für meine journalistischen Verfehlungen schlug Witten vor, ich solle hintereinander fünf Kurzporträts von Mathematikern schreiben; falls ich nicht wüßte, welche

Mathematiker eine solche Beachtung verdienten, werde er mir einige empfehlen. (Witten bemerkte nicht, daß er damit Wasser auf die Mühlen derer goß, die behaupteten, er sei weniger ein Physiker als ein Mathematiker.)

Da es auf 12 Uhr zuging, versuchte ich das Gespräch auf Wittens Berufsweg zu bringen. Er weigerte sich grundsätzlich, »persönliche« Fragen zu beantworten, etwa was sein Hauptfach im College gewesen sei oder ob er andere Berufe erwogen habe, bevor er Physiker geworden sei; sein Lebenslauf sei uninteressant. Ich wußte aus dem, was ich zur Vorbereitung auf dieses Treffen gelesen hatte, daß Witten, obzwar Sohn eines Physikers und dem Fach von jeher zugetan, im Jahre 1971 am Brandeis College einen akademischen Grad in Geschichtswissenschaft erworben hatte und politischer Journalist werden wollte. Es gelang ihm auch, Artikel in den Zeitschriften *New Republic* und *Nation* unterzubringen. Dennoch kam er schon bald zu der Überzeugung, daß ihm der für den Journalismus unabdingbare »gesunde Menschenverstand« fehle (zumindest sagte er das einem Reporter); er schrieb sich in Princeton für das Fach Physik ein und machte im Jahre 1976 seinen Doktortitel.

Witten griff den Faden seiner Erzählung an diesem Punkt auf. Als er mir seine physikalische Forschungsarbeit schilderte, wechselte er in einen hochabstrakten Fachjargon. In deklamierendem Ton erzählte er mir die Geschichte der Superstrings, wobei er die Beiträge von Kollegen betonte, während er seinen eigenen Anteil herunterspielte. Er sprach so leise, daß ich befürchtete, auf dem Tonband würde das Geräusch der Klimaanlage seine Worte übertönen. Er hielt mehrfach inne – einmal für ganze 51 Sekunden –, wobei er die Augen niederschlug und die Lippen zusammenpreßte wie ein schüchterner Teenager. Offenkundig bemühte er sich in seiner Rede um die gleiche Präzision und Abstraktion, die seine Abhandlungen über Superstrings auszeichneten. Ab und zu brach er – aus für mich unerfindlichen Gründen, vermutlich aber, weil ihm ein witziger Einfall durch den Kopf schoß – in ein krampfartiges, abgehacktes Gelächter aus.

Witten machte sich Mitte der siebziger Jahre mit scharfsinnigen, aber konventionellen Aufsätzen über die Quantenchromodynamik und die elektroschwache Kraft einen Namen. 1975 hörte er erstmals von der Superstringtheorie, doch seine damaligen Bemühungen, sie zu verstehen, wurden durch die »obskure« Literatur vereitelt. (Ja doch, selbst der intelligenteste Physiker der Welt hatte Mühe, die Superstringtheorie zu verstehen.) Im Jahre 1982 entnahm Witten einem Zeitschriftenaufsatz von John Schwarz, einem der Wegbereiter der Theorie, eine grundlegende Erkenntnis: Aus der Superstringtheorie folgt nicht nur die Möglichkeit der Gravitation, sondern deren notwendige Existenz. Witten nannte diese Einsicht »das größte intellektuelle Erweckungserlebnis meines Lebens«. Binnen weniger Jahre verschwanden sämtliche Zweifel, die Witten an der Erklärungskraft der Theorie hatte. »Mir war klar, daß ich die Berufung meines Lebens verfehlen würde, wenn ich mich nicht der Stringtheorie widmete«, sagte er. Er begann, die Theorie in der Öffentlichkeit als ein »Wunder« anzupreisen, und er sagte vorher, sie werde »die Physik während der nächsten fünfzig Jahre beherrschen«. Er schrieb eine Fülle von Aufsätzen über die Theorie. Die 96 Artikel, die Witten zwischen 1981 und 1990 abfaßte, wurden 12 105mal von anderen Physikern zitiert; kein anderer Physiker auf der Welt hat auch nur annähernd einen vergleichbaren Einfluß.[5]

In seinen ersten Aufsätzen konzentrierte sich Witten auf die Erarbeitung eines Superstringmodells, das ein originalgetreues Abbild der Wirklichkeit liefern sollte. Doch er gelangte immer mehr zu der Überzeugung, daß sich dieses Ziel am besten dadurch erreichen ließe, daß man die »grundlegenden geometrischen Prinzipien« der Theorie aufdeckte. Diese Prinzipien, so sagte er, entsprächen möglicherweise der nichteuklidischen Geometrie, die sich Einstein zunutze gemacht hätte, um seine allgemeine Relativitätstheorie zu entwerfen.

Die Beschäftigung mit diesen Ideen führte Witten tief in das Gebiet der Topologie hinein, also der Wissenschaft von den fundamentalen geometrischen Eigenschaften von Objekten, unabhängig von ihrer speziellen Form oder Größe. Für einen Topologen sind ein Doughnut und ein einhenkeliger Kaffeebecher äquivalent, weil beide ein Loch aufweisen; ein Objekt läßt sich in das andere umformen, ohne daß man es zerreißen müßte. Ein Doughnut und eine Banane dagegen sind nicht äquivalent, weil man den Doughnut zerreißen müßte, um ihn in ein bananenförmiges Objekt zu transformieren. Das besondere Interesse der Topologen gilt allerdings der Frage, ob sich scheinbar nichtähnliche Knoten ineinander transformieren lassen, ohne daß man sie zerschneidet. Ende der achtziger Jahre erfand Witten ein Verfahren – das Anleihen bei der Topologie und der Quantenfeldtheorie machte –, das Mathematikern erlaubt, tiefe Symmetrien zwischen scheinbar unentwirrbaren, höherdimensionalen Knoten aufzudecken. Für seine Entdeckung wurde Witten 1990 mit der Fields Medal, dem renommiertesten *Mathematik*-Preis, ausgezeichnet. Witten nannte diese Leistung seine »allerbefriedigendste Arbeit«.

Ich fragte Witten, was er auf den Einwand von Kritikern antworte, die Superstringtheorie sei nicht überprüfbar und daher im Grunde genommen überhaupt keine physikalische Theorie. Witten erwiderte, die Theorie habe die Gravitation vorhergesagt. »Auch wenn es sich, strenggenommen, um eine Ex-post-Vorhersage handelt, da das Experiment vor der Theorie durchgeführt wurde, ist die Tatsache, daß die Gravitation sich logisch zwingend aus der Stringtheorie ergibt, für mich eine der bedeutendsten theoretischen Entdeckungen, die je gemacht wurden.«

Er räumte ein und betonte sogar, daß noch niemand die volle Tragweite der Theorie ausgelotet habe und daß es Jahrzehnte dauern könne, bevor sie eine exakte Beschreibung der Natur liefere. Er wollte nicht wie manch andere die Vorhersage wagen, daß die Superstringtheorie das Ende der Physik herbeiführen könnte. Allerdings war er fest davon überzeugt, daß sie uns schließlich ein grundlegend neues Verständnis der Natur eröffnen werde. »Gute falsche Ideen sind außerordentlich selten«, sagte er, »und gute falsche Ideen, die auch nur annähernd die Erhabenheit der Stringtheorie erreichen, hat es noch nicht gegeben.« Als ich Witten weiter mit der Frage der Überprüfbarkeit bedrängte, wurde er wütend. »Ich glaube nicht, daß es mir gelungen ist, Ihnen etwas von dem Zauber, der unglaublichen Konsistenz, der bemerkenswerten Eleganz und Schönheit der Theorie zu vermitteln.« Anders gesagt: Die Superstringtheorie ist zu schön, um falsch zu sein.

Anschließend enthüllte Witten, wie stark sein Glaube an die Theorie war. »Allgemein gesprochen, sind alle wirklich bedeutenden Ideen der Physik im Grunde genommen Ableger der Stringtheorie«, begann er. »Einige davon wurden vor ihr entdeckt, doch ich halte das für einen reinen Zufall der Entwicklung auf dem Planeten Erde. Auf dem Planeten Erde wurden sie in der folgenden Reihenfolge entdeckt.« Er stand auf, ging zu seiner Wandtafel und schrieb darauf die Namen der allgemeinen Relativitätstheorie, der Quantenfeldtheorie, der Superstrings und der Supersymmetrie (ein Konzept, das in der Superstringtheorie eine bedeutende Rolle spielt). »Doch falls es zahlreiche Zivilisationen im Weltall geben sollte, glaube ich nicht, daß diese vier Ideen in allen Zivilisationen in dieser Reihenfolge entdeckt wurden.« Er machte eine Pause. »Übrigens bin ich davon überzeugt, daß diese vier Konzepte in jeder hochentwickelten Zivilisation entdeckt wurden.«

Ich konnte mein Glück nicht fassen. »Wer ist jetzt provokant?« fragte ich. »Ich bin nicht provokant«, konterte Witten. »Ich bin genauso provokant wie jemand, der sagt, der Himmel sei blau, wenn irgendein Journalist geschrieben hat, der Himmel sei mit rosafarbenen Punkten übersät.«

Teilchen-Ästhetik

Zu Beginn der neunziger Jahre, als die Superstringtheorie noch immer relativ neu war, schrieben mehrere Physiker populärwissenschaftliche Bücher, in denen sie auf ihre Tragweite eingingen. In dem Buch *Theorien für Alles* behauptete der britische Physiker John Barrow, der Gödelsche Unvollständigkeitssatz erweise schon die bloße Idee einer *vollständigen* Theorie der Natur als unmöglich.[6] Gödel wies nach, daß jedes Axiomensystem einer gewissen Komplexität zwangsläufig Fragen aufwirft, die sich nicht aus diesen Axiomen beantworten lassen. Daraus folgt notwendig, daß jede Theorie immer ungelöste Fragen beinhaltet. Barrow wies außerdem darauf hin, daß eine einheitliche Theorie der Elementarteilchenphysik keine wirklich Allumfassende Theorie wäre, sondern nur eine Theorie sämtlicher Teilchen und Kräfte. Die Theorie würde wenig oder gar nichts über Phänomene aussagen, die unserem Dasein erst Sinn gäben, wie etwa Liebe oder Schönheit.

Doch Barrow und andere Analytiker räumten immerhin ein, daß die Physiker grundsätzlich eine einheitliche Theorie erarbeiten könnten. Diese Annahme wurde in dem Buch *Das Ende der Physik* von David Lindley, einem Physiker, der auf den Journalismus umgesattelt hatte, in Frage gestellt.[7] Nach Lindleys Auffassung betrieben Physiker, die an der Superstringtheorie arbeiten, keine Physik mehr, weil ihre Theorien niemals experimentell, sondern nur anhand subjektiver Kriterien wie Eleganz und Schönheit bestätigt werden könnten. Die Elementarteilchenphysik laufe daher Gefahr, zu einem Teilgebiet der Ästhetik zu werden.

Die Geschichte der Physik untermauert Lindleys Prognose. Frühere physikalische Theorien – mochten sie auch noch so absonderlich erscheinen – wurden von den Physikern und selbst von der Öffentlichkeit nicht deshalb anerkannt, weil sie plausibel klangen, sondern weil sich aus ihnen Vorhersagen ableiten ließen, die – auf oftmals spektakuläre Weise – durch

Beobachtungen bestätigt wurden. Schließlich widerspricht auch schon die Newtonsche Gravitationstheorie dem Alltagsverstand. Wie ist es möglich, daß ein Gegenstand über große räumliche Entfernungen eine starke Anziehungskraft auf einen anderen Gegenstand ausübt? John Maddox, der Herausgeber von *Nature*, meinte einmal, wenn Newton heute einen Artikel über seine Gravitationstheorie bei einem Wissenschaftsmagazin einreichte, dann würde dieser mit Sicherheit wegen der vermeintlichen Absurdität der Theorie abgelehnt.[8] Allerdings lieferte Newtons Formalismus eine erstaunlich genaue Methode, um die Umlaufbahnen der Planeten zu berechnen; ihr praktischer Nutzen war einfach zu groß, als daß man sie hätte verwerfen können.

Einsteins allgemeine Relativitätstheorie mit ihrer Verzerrung von Raum und Zeit ist sogar noch kurioser. Dennoch wurde ihre Gültigkeit allgemein anerkannt, nachdem Einsteins Vorhersage, daß Lichtstrahlen im Schwerefeld der Sonne abgelenkt würden, durch Messungen bestätigt wurden. Desgleichen halten die Physiker die Quantentheorie nicht deshalb für wahr, weil sie die Natur erklärt, sondern weil sie das Ergebnis von Experimenten mit fast unglaublicher Genauigkeit vorhersagt. Die Theoretiker sagten ständig neue Teilchen und andere Phänomene vorher, und Experimente bestätigten immer wieder diese Vorhersagen.

Die Superstringtheorie steht tatsächlich auf wackligen Beinen, wenn sie auf ästhetische Urteile angewiesen ist. Das einflußreichste ästhetische Prinzip in der Wissenschaft wurde im 14. Jahrhundert von dem englischen Philosophen Wilhelm von Occam aufgestellt. Ihm zufolge ist die einfachste Erklärung für ein bestimmtes Phänomen – also diejenige, die mit den wenigsten Annahmen auskommt – zugleich die beste. Dieses Prinzip, das »Ockhams Rasiermesser« genannt wird, brachte im Mittelalter das Ptolemäische Weltsystem zu Fall. Um zu beweisen, daß die Erde den Mittelpunkt des Sonnensystems bildet, sah sich der Astronom Ptolemäus zu der

Annahme gezwungen, daß die Planeten komplizierte spiralförmige Epizyklen um die Erde beschreiben. Mit der Annahme, daß die Sonne und nicht die Erde den Mittelpunkt des Sonnensystems bildet, konnten spätere Astronomen auf die Epizyklen verzichten und sie durch viel einfachere elliptische Umlaufbahnen ersetzen.

Im Vergleich zu den nicht nachgewiesenen – und auch nicht nachweisbaren – zusätzlichen Dimensionen, die die Superstringtheorie fordert, scheinen die Ptolemäischen Epizyklen von geradezu unübertrefflicher Plausibilität zu sein. Mögen die Superstringtheoretiker die mathematische Eleganz der Theorie auch noch so preisen, so wird der metaphysische Ballast, den sie mit sich herumschleppt, doch verhindern, daß sie – bei Physikern und Laien – auf die gleiche breite Akzeptanz stößt wie die allgemeine Relativitätstheorie oder das Standardmodell der Elementarteilchenphysik.

Tun wir einen Augenblick lang so, als hätten die Verfechter der Superstringtheorie recht. Nehmen wir an, ein künftiger Ed Witten oder auch Witten selbst findet eine unendlich geschmeidige Geometrie, die das Verhalten aller bekannten Kräfte und Teilchen exakt beschreibt. In welchem Sinne würde eine solche Theorie die Welt erklären? Ich habe mit vielen Physikern über Superstrings gesprochen, doch ich weiß noch immer nicht genau, was ein Superstring eigentlich ist. Soweit ich verstanden habe, handelt es sich weder um Materie noch um Energie, sondern um eine Art mathematischen Urstoff, der Materie und Energie sowie Raum und Zeit erzeugt, aber selbst keine Entsprechung in unserer Welt hat.

Gute Wissenschaftspublizisten werden zweifellos ihre Leser glauben machen, sie verstünden eine solche Theorie. Dennis Overbye stellt sich in *Das Echo des Urknalls*, einem der besten Bücher über Kosmologie, das je geschrieben wurde, Gott als einen kosmischen Rockmusiker vor, der das Universum erschaffen hat, indem er auf seine zehndimensionale Superstringgitarre eindrischt.[9] (Man fragt sich, ob Gott improvisiert oder vom Blatt spielt.) Die eigentliche Bedeutung der Superstringtheorie ist selbstverständlich in den hochabstrakten mathematischen Grundlagen der Theorie verankert. Ich hörte einmal, wie ein Professor für Literatur den schwerverständlichen Roman *Finnegans Wake* von James Joyce mit den Wasserspeiern an den Außenwänden der Kathedrale Notre Dame in Paris verglich, die einzig dem Vergnügen Gottes dienten. Sollte Witten jemals die von ihm so ersehnte Theorie finden, dann dürfte nur er – und vielleicht Gott – ihre Schönheit voll zu würdigen wissen.

Der Alptraum einer endgültigen Theorie: Steven Weinberg

Mit seinen roten Wangen, seinen leichten Mandelaugen und seinem silbernen Haar, das noch immer einen Stich ins Rote hat, gleicht Steven Weinberg einem großen, würdevollen Kobold. Er würde einen hervorragenden Oberon abgeben, den Elfenkönig in Shakespeares *Sommernachtstraum*. Und wie ein Elfenkönig hat Weinberg ein starkes Interesse an den Geheimnissen der Natur und die Fähigkeit, subtile Muster in dem Datenstrom zu erkennen, den Teilchenbeschleuniger ausstoßen. In seinem 1993 erschienenen Buch *Der Traum von der Einheit des Universums* gelang es ihm, den Reduktionismus mythisch zu verklären. Die Physik der Elementarteilchen sei der Höhepunkt eines heroischen Strebens, »der uralten Suche nach jenen Prinzipien, die nicht mehr mit Hilfe tieferer Prinzipien erklärt werden können«.[10] Die Triebfeder der Wissenschaft sei die einfache Frage nach dem Warum. Diese Frage habe die Physiker tiefer und tiefer ins Herz der Natur geführt. Schließlich werde die Rückführung auf immer einfachere Prinzipien in einer endgültigen Theorie gipfeln. Weinberg vermutete, daß die Superstrings zu dieser fundamentalen Erklärung führen könnten.

Wie Witten und fast alle Teilchenphysiker ist auch Weinberg fest davon überzeugt, daß die Physik die absolute Wahrheit finden kann. Doch Weinberg wird gerade dadurch zu einem so interessanten Sprecher seiner Zunft, daß er sich, anders als Witten, sehr wohl bewußt ist, daß sein Glaube eben nur ein Glaube ist; Weinberg weiß, daß er mit einem philosophischen Akzent spricht. Während Edward Witten ein in philosophischer Hinsicht einfältiger Naturwissenschaftler ist, ist Weinberg ein überaus reflektierter – vielleicht reflektierter, als es seinem eigenen Gebiet zuträglich ist.

Ich traf Weinberg erstmals im März 1993 in New York – in den unbeschwerten Tagen, bevor das Aus für den »Supercollider« kam – bei einem Festessen aus Anlaß des Erscheinens von *Der Traum von der Einheit des Universums*. In aufgeräumter Stimmung gab er Witze und Anekdoten über berühmte Kollegen zum besten und fragte sich, wie wohl die Plauderei mit dem Talkmaster Charlie Rose am späteren Abend verlaufen werde. Ich versuchte bei dem großen Nobelpreisträger Eindruck zu schinden, indem ich die Namen prominenter Bekannter fallenließ. Ich erwähnte, daß Freeman Dyson mir jüngst gesagt habe, die ganze Idee einer endgültigen Theorie sei ein Hirngespinst.

Weinberg lächelte. Er versicherte mir, daß die Mehrzahl seiner Kollegen an eine endgültige Theorie glaube, auch wenn es viele von ihnen vorzögen, diesen Glauben für sich zu behalten. Ich ließ einen weiteren Namen fallen, den von Jack Gibbons, den der neugewählte Präsident Bill Clinton gerade zum Wissenschaftsberater ernannt hatte. Ich sagte, ich hätte Gibbons unlängst interviewt, und Gibbons habe angedeutet, daß sich die Vereinigten Staaten allein möglicherweise den Supercollider nicht leisten könnten. Weinberg blickte mich finster an und schüttelte den Kopf, dann murmelte er etwas über das beunruhigende gesellschaftliche Desinteresse an den intellektuellen Erträgen der Grundlagenforschung.

Die Ironie lag darin, daß Weinberg selbst in *Der Traum*

von der Einheit des Universums nur wenige bzw. gar keine Argumente dafür geliefert hatte, daß die Gesellschaft weitere Forschungen auf dem Gebiet der Elementarteilchenphysik unterstützen sollte. Er räumte ein, daß weder der »Superconducting Supercollider« noch irgendein anderer Beschleuniger eine endgültige Theorie direkt bestätigen könne; die Physiker müßten sich schließlich ganz an der mathematischen Eleganz und Widerspruchsfreiheit orientieren. Zudem hätte eine endgültige Theorie möglicherweise keinen praktischen Wert. Weinbergs bemerkenswertestes Eingeständnis war freilich, daß eine endgültige Theorie womöglich zum Vorschein bringen werde, daß dem Universum keine Sinnhaftigkeit im menschlichen Verständnis innewohne. Ganz im Gegenteil. Er wiederholte eine berüchtigte Bemerkung aus einem seiner früheren Bücher: »Je begreiflicher uns das Universum wird, um so sinnloser erscheint es auch.«[11] Obgleich ihm diese Äußerung »seitdem beharrlich Ärger bereitet hat«, wollte er sie nicht zurücknehmen. Vielmehr führte er sie noch weiter aus: »Je fundamentaler die von uns entdeckten physikalischen Prinzipien wurden, desto weniger schienen sie mit uns zu tun zu haben.«[12] Weinberg deutete an, daß all unsere Warums schließlich in einem Deshalb gipfeln würden. Seine Vorstellung von einer endgültigen Theorie erinnerte an *Per Anhalter durch die Galaxis* von Douglas Adams. In dieser 1980 erschienenen Science-fiction-Komödie finden Wissenschaftler endlich die Lösung für das Rätsel des Universums, und diese Lösung lautet ... 42. (Adams betrieb Wissenschaftstheorie auf eine unverhohlen literarische Weise.)

Der »Superconducting Supercollider« war tot und beerdigt, als ich Weinberg im März 1995 an der University of Texas in Austin zum zweiten Mal traf. Sein geräumiges Büro war mit Zeitschriften vollgestopft, die von seinen weitgespannten Interessen zeugten, darunter *Foreign Affairs, Isis, Skeptical Inquirer* und die *American Historical Review* sowie physikalische Zeitschriften. Eine Tafel, die sich an einer Wand des

Zimmers entlangzog, war mit den obligaten mathematischen Kürzeln verziert. Diesmal schien das Sprechen für Weinberg eine Strapaze zu sein. Er seufzte, grimassierte, kniff seine Augen zusammen und rieb sie, während sich seine tiefe, sonore Stimme überschlug. Er hatte gerade zu Mittag gegessen und litt vielleicht unter der Müdigkeit, die ein voller Magen mit sich bringt. Doch mir gefiel die Vorstellung besser, er brüte über dem tragischen Dilemma der Elementarteilchenphysiker: Sie sind verdammt, gleich ob sie eine endgültige Theorie zuwege bringen oder nicht.

Es ist eine »schreckliche Zeit für die Elementarteilchenphysik«, gestand Weinberg. »Nie zuvor gab es einen solchen Mangel an Experimenten, die auf grundlegend neue Ideen hindeuten, bzw. an Theorien, die neue und qualitativ andere Arten von Vorhersagen erlauben, die anschließend experimentell bestätigt werden.« Nachdem der »Supercollider« gestorben war und Pläne für weitere neue Beschleuniger in den USA auf Eis lagen, waren die Aussichten für dieses Gebiet düster. Seltsamerweise entschieden sich noch immer hervorragende Studenten für dieses Gebiet, Studenten, die »vermutlich besser sind, als wir es verdienen«, fügte Weinberg hinzu.

Obgleich er wie Witten der Ansicht war, daß sich die Physik der absoluten Wahrheit nähere, war er sich doch durchaus der erkenntnistheoretischen Schwierigkeiten bewußt, die mit diesem Standpunkt verbunden waren. Er gab zu, daß »die Verfahren, mit denen wir die Gültigkeit physikalischer Theorien überprüfen, außerordentlich subjektiv sind«. Kluge Philosophen könnten immer den Einwand vorbringen, die Teilchenphysiker »erfinden sich ihre Theorien, wie sie sie gerade brauchen«. (In *Der Traum von der Einheit des Universums* gestand Weinberg sogar, daß er eine Schwäche für die Schriften des anarchistischen Philosophen Paul Feyerabend habe.) Andererseits, sagte mir Weinberg, sei das Standardmodell der Elementarteilchenphysik, »unabhängig von seiner Ästhetik, mittlerweile empirisch so gut bestätigt wie nur wenige andere Theorien. Wäre es wirklich nur ein gesellschaftliches Konstrukt, dann wäre es schon längst widerlegt worden.«

Weinberg räumte ein, daß die Physiker niemals in der Lage sein würden, eine Theorie als die *endgültige* zu beweisen, so wie die Mathematiker Theoreme beweisen könnten; doch wenn eine Theorie sämtliche experimentellen Daten – die Massen aller Partikel, die Stärken aller Kräfte – erklären könnte, dann würden die Physiker schließlich aufhören, sie in Frage zu stellen. »Ich glaube nicht, daß ich hier bin, um Gewißheit über irgend etwas zu erlangen«, sagte mir Weinberg. »Ein Großteil der Erkenntnistheorie, die auf die Griechen zurückgeht, ist durch das – meines Erachtens falsche – Streben nach Gewißheit verdorben worden. Die Wissenschaft macht zu viel Spaß, um herumzusitzen und verzweifelt die Hände zu ringen, weil wir keine Gewißheit erlangen können.«

Weinberg meinte, noch während unseres Gesprächs könnte jemand über das Internet die endgültige, richtige Version der Superstringtheorie bekanntgeben. »Wenn *sie*«, fügte Weinberg mit einer kaum merklichen Pause und Betonung auf dem *sie* hinzu, »Hypothesen aufstellte, die mit den Experimenten in Einklang stünden, dann würde man sagen: ›Das ist es‹«, auch wenn die Forscher die Strings selbst oder die zusätzlichen Dimensionen, in denen sie angeblich existieren, niemals direkt nachweisen könnten; schließlich sei auch das Atommodell der Materie deshalb als gültig anerkannt worden, weil es mit den Beobachtungen übereingestimmt habe und nicht weil die Experimentatoren Bilder von Atomen zeichnen konnten. »Ich gebe zu, daß Strings der unmittelbaren Wahrnehmung noch viel unzugänglicher sind als Atome, die wiederum ihrerseits der unmittelbaren Wahrnehmung viel unzugänglicher sind als Stühle, aber ich sehe hier keinen erkenntnistheoretischen Bruch.«

Weinbergs Stimme klang nicht sehr überzeugend. Tief im Innern wußte er zweifellos, daß die Superstringtheorie einen Bruch darstellte, einen Sprung ins Jenseits jeder denkbaren empirischen Überprüfung. Unvermittelt stand er auf und begann, durch den Raum zu streifen. Er ergriff einzelne Gegenstände, streichelte sie gedankenverloren und stellte sie wieder hin, während er ununterbrochen weitersprach. Er wiederholte seine Überzeugung, daß eine endgültige Theorie der Physik die grundlegendste mögliche Errungenschaft der Wissenschaft wäre – das Fundament aller übrigen Erkenntnisse. Selbstverständlich erforderten einige komplexe Phänomene wie etwa Turbulenzen oder Volkswirtschaften oder auch das Leben ihre eigenen, spezifischen Gesetze und Verallgemeinerungen. Doch wenn man frage, wieso diese Prinzipien wahr seien, fügte Weinberg hinzu, gelange man zwangsläufig zur endgültigen Theorie der Physik, auf der alles andere fuße. »Aus diesem Grund sind die Wissenschaften hierarchisch geordnet. Und es *ist* eine Hierarchie und nicht bloß eine zufällige Konstellation.«

Viele Wissenschaftler ertrügen diese Wahrheit nicht, sagte Weinberg, doch könne man davor die Augen nicht verschließen. »Deren endgültige Theorie basiert auf dem, was unsere endgültige Theorie erklärt.« Sollten beispielsweise die Neurowissenschaftler jemals das Bewußtsein erklären, dann würde ihre Theorie auf dem Gehirn basieren, »und das Gehirn ist, was es ist, wegen historischer Zufälle und wegen der allgemeingültigen Prinzipien der Chemie und Physik«. Die Wissenschaft werde nach einer endgültigen Theorie gewiß weitergehen, aber sie werde etwas verloren haben. Die Verwirklichung der endgültigen Theorie werde »ein Gefühl der Niedergeschlagenheit« auslösen, so Weinberg, da die große Suche nach dem fundamentalen Wissen dann zu Ende sei.

Im weiteren Verlauf unseres Gesprächs äußerte sich Weinberg immer negativer über die endgültige Theorie. Gefragt, ob es wohl jemals so etwas wie angewandte Superstringtheorie geben werde, zog Weinberg eine Grimasse. (In dem 1994 erschienenen Buch *Hyperspace* sah der Physiker Michio Kaku den Tag voraus, an dem uns die Fortschritte in der Superstringtheorie erlauben würden, in andere Universen vorzustoßen und durch die Zeit zu reisen.)[13] Obgleich die »Sandbänke der Wissenschaftsgeschichte überzogen sind von den Gebeinen der Menschen«, die es versäumt hätten, Anwendungsmöglichkeiten wissenschaftlicher Entdeckungen vorherzusehen, sei es doch nur »schwer vorstellbar«, daß es jemals eine angewandte Superstringtheorie geben werde.

Weinberg bezweifelte auch, daß die endgültige Theorie all die wohlbekannten Paradoxien, die die Quantenmechanik aufwirft, lösen würde. »Ich neige zu der Annahme, daß es sich dabei bloß um Probleme handelt, die durch die Art und Weise unserer sprachlichen Beschreibung der Quantenmechanik bedingt sind«, sagte Weinberg. Man könne diese Probleme beispielsweise dadurch beseitigen, daß man der Vielwelten-Interpretation der Quantenmechanik folge. Diese in den fünfziger Jahren vorgeschlagene Interpretation versucht zu erklären, weshalb der Akt der Beobachtung durch einen Physiker ein Teilchen, etwa ein Elektron, dazu zu zwingen scheint, einer bestimmten von den vielen Bahnen zu folgen, die die Quantenmechanik erlaubt. Nach der Vielwelten-Interpretation folgt das Elektron in Wirklichkeit allen möglichen Bahnen, die aber in verschiedenen Welten liegen. Diese Erklärung habe jedoch abstruse Konsequenzen. »Es könnte eine andere, parallele Zeitbahn geben, auf der John Wilkes Booth bei seinem Attentatsversuch Lincoln verfehlte und...«, Weinberg hielt inne. »Ich hoffe irgendwie, daß sich das ganze Problem von selbst erledigen wird. Aber das ist nicht gesagt. Die Welt mag nun einmal so beschaffen sein.«

Verlangt man zuviel von einer endgültigen Theorie, wenn man erwartet, daß sie uns eine verständliche Erklärung des Universums gibt? Noch bevor ich die Frage beenden konnte, nickte Weinberg mit dem Kopf. »Ja, das ist zuviel verlangt«, antwortete er. Er erinnerte mich daran, daß die Mathematik die den Naturwissenschaften angemessene Sprache sei. Eine endgültige Theorie »muß Menschen, die mit der Sprache der

Mathematik vertraut sind, eine plausible und streng logische Beschreibung des Universums liefern, die jedoch möglicherweise erst nach langer Zeit den Laien verständlich sein wird.« Auch werde eine endgültige Theorie dem Menschen keinerlei Richtschnur für die Erledigung seiner Angelegenheiten an die Hand geben. »Wir haben gelernt, Werturteile und Wahrheitsurteile strikt auseinanderzuhalten«, sagte Weinberg. »Ich rechne nicht damit, daß wir hinter das Erreichte zurückfallen werden, um beide wieder miteinander zu vermengen.« Die Wissenschaft »kann uns helfen herauszufinden, welche Folgen unsere Handlungen haben, aber sie kann nichts darüber aussagen, welche Folgen wir uns wünschen sollten. Das scheint mir ein fundamentaler Gegensatz zu sein.«

Weinberg hatte wenig Verständnis für diejenigen, die behaupten, eine endgültige Theorie werde den Zweck des Universums bzw. »den Plan Gottes« enthüllen, wie Stephen Hawking es einmal ausgedrückt hatte. Ganz im Gegenteil. Weinberg hoffte, daß eine endgültige Theorie das Wunschdenken, den Mystizismus und den Aberglauben beseitigen werde, die einen Großteil des menschlichen Denkens beherrschen und selbst Physikern nicht fremd seien. »Solange wir die fundamentalen Regeln nicht kennen«, sagte er, »können wir noch immer hoffen, daß so etwas wie die Sorge um den Mitmenschen oder ein göttlicher Leitplan in die fundamentalen Regeln eingeschrieben ist. Doch falls wir herausfinden sollten, daß die fundamentalen Gesetze der Quantenmechanik und einige Symmetrieprinzipien völlig unpersönlich und kalt sind, dann wird dies eine stark entmystifizierende Wirkung haben. Zumindest würde ich mir das wünschen.«

Mit stoischer Miene fuhr Weinberg fort: »Ich würde gewiß nicht der Behauptung widersprechen, daß meine bzw. Newtons Physik eine gewisse Ernüchterung herbeigeführt hat. Doch wenn die Welt nun halt einmal so ist, dann ist es besser, dies zu wissen. Ich sehe darin ein Stück des Erwachsenwerdens unserer Art; es ist so ähnlich wie bei einem Kind, das erkennt, daß es keine gute Fee gibt. Es ist besser zu wissen, daß es keine Feen gibt, auch wenn von einer Welt mit Feen ein stärkerer mythischer Zauber ausgeht.«

Weinberg wußte durchaus, daß viele Menschen sehnsüchtig auf eine andere Botschaft der Physik warteten. Tatsächlich hatte er kurz vor unserem Gespräch gehört, daß Paul Davies, ein australischer Physiker, für die »Förderung des öffentlichen Verständnisses von Gott bzw. von Spiritualität« einen mit einer Million Dollar dotierten Preis erhalten hatte. Davies hatte zahlreiche Bücher geschrieben, vor allem *Der Plan Gottes*, in denen er die These vertrat, daß die physikalischen Gesetze einen der Natur zugrundeliegenden Plan enthüllten, einen Plan, in dem das menschliche Bewußtsein möglicherweise eine zentrale Rolle spiele.[14] Nachdem mir Weinberg von Davies' Auszeichnung erzählt hatte, meinte er betrübt: »Ich dachte daran, Davies per Fax die Frage zu stellen: ›Kennen Sie eine Organisation, die bereit ist, einen Preis in Höhe von einer Million Dollar für Arbeiten auszusetzen, die zeigen, daß es keinen göttlichen Plan gibt?‹«

In *Der Traum von der Einheit des Universums* ging Weinberg mit all diesem Gerede von göttlichen Plänen streng ins Gericht. Er brachte das heikle Problem des menschlichen Leids zur Sprache. Was für ein Plan das wohl sei, der den Holocaust und zahllose andere Übel zulasse? Was für ein Planer? Berauscht von der Macht ihrer mathematischen Theorien, hätten viele Physiker behauptet, Gott sei ein »Geometer«. Weinberg entgegnete, er sehe nicht ein, weshalb er sich für einen Gott interessieren solle, der sich offenbar so wenig für uns interessiere, möge er auch ein noch so genialer Geometer sein.

Ich fragte Weinberg, was ihm die Kraft gebe, eine solche trostlose (und meines Erachtens zutreffende) Sicht der *conditio humana* auszuhalten. »Irgendwie genieße ich meine tragische Anschauung«, antwortete er mit einem matten Lächeln. »Was wäre Ihnen denn lieber? Eine Tragödie oder...«, er stockte und sein Lächeln verschwand. »Manchen wäre eine

Komödie lieber. Aber ... ich glaube, daß die tragische Sichtweise dem Leben eine zusätzliche Dimension gibt. Jedenfalls gibt es keine bessere.« Er starrte gedankenversunken aus dem Fenster seines Büros. Vielleicht zu seinem Glück schweifte sein Blick nicht über den berüchtigten Turm, von dem aus ein geistesgestörter Student der University of Texas, Charles Whitman, im Jahre 1966 14 Menschen erschoß. Von Weinbergs Büro aus blickt man auf eine elegante gotische Kirche, die das theologische Seminar der Universität beherbergt. Doch Weinberg schien die Kirche nicht zu sehen – und auch nichts anderes in der materiellen Welt.

Keine weiteren Überraschungen: Hans Bethe

Selbst wenn die Gesellschaft den Willen und das Geld aufbringt, größere Beschleuniger zu bauen und so die Physik der Elementarteilchen weiterhin – zumindest einstweilig – am Leben zu halten, stellt sich die Frage, wie hoch die Wahrscheinlichkeit ist, daß die Physiker je wieder etwas entdecken werden, das wirklich so neu und überraschend ist wie die Quantenmechanik. Nicht besonders hoch, so Hans Bethe. Bethe, ein emeritierter Professor der Cornell University, erhielt 1967 den Nobelpreis für seine Arbeiten über den Kohlenstoff-Stickstoff-Zyklus im Kernfusionsprozeß, der im Innern von Sternen abläuft. Kurz gesagt, er zeigte, was die Sterne zum Leuchten bringt. Er war außerdem Leiter der Sektion für theoretische Physik des Manhattan-Projekts im Zweiten Weltkrieg. In dieser Eigenschaft führte er wohl die wichtigsten Berechnungen in der Geschichte des Planeten Erde durch. Edward Teller (der, ironischerweise, später zum entschiedensten Befürworter von Kernwaffen in der naturwissenschaftlichen Fachwelt wurde) hatte Berechnungen angestellt, denen zufolge der Feuerball einer Kernexplosion die Erdatmosphäre entzünden und einen Großbrand auslösen könnte, der die gesamte Erde vernichten würde. Die Wissenschaftler, die Tellers Vermutung prüften, nahmen sie sehr ernst; schließlich erkundeten sie wissenschaftliches Neuland. Anschließend nahm Bethe das Problem unter die Lupe und stellte seine eigenen Berechnungen an. Er kam zu dem Schluß, daß Teller sich irrte; der Feuerball würde sich nicht ausbreiten.[15]

Niemand sollte gezwungen sein, Berechnungen durchzuführen, von denen das Schicksal der Erde abhängt. Doch wenn es schon jemand tun muß, dann würde meine Wahl auf Bethe fallen. Er strömt Weisheit und Würde aus. Als ich ihn fragte, ob er unmittelbar vor der Zündung der Bombe in Alamogordo irgendwelche geheimen Zweifel an dem vorausberechneten Ablauf der Ereignisse gehabt habe, schüttelte er den Kopf. Nein, antwortete er. Seine einzige Sorge habe der Funktionstüchtigkeit der Zündvorrichtung gegolten. In Bethes Antwort klang keine Spur von Prahlerei mit. Er hatte die Berechnungen durchgeführt, und er vertraute ihnen. (Man fragt sich, ob auch Edward Witten das Schicksal der Erde von einer Vorhersage abhängig machen würde, die auf Superstrings beruht.)

Als ich Bethe nach der Zukunft seines Gebiets fragte, sagte er, daß es in der Physik noch immer viele offene Fragen gebe, einschließlich derer, die durch das Standardmodell aufgeworfen würden. Auch in der Festkörperphysik seien weiterhin bedeutende Entdeckungen zu erwarten. Doch keiner dieser Fortschritte würde revolutionäre Veränderungen an den theoretischen Grundlagen der Physik herbeiführen. Als Beispiel führte Bethe die Entdeckung der sogenannten Hochtemperatur-Supraleiter an, den wohl spektakulärsten Durchbruch in der Physik seit Jahrzehnten. Diese Stoffe, über die erstmals im Jahre 1987 berichtet wurde, leiten den elektrischen Strom bei relativ hohen Temperaturen (die noch immer weit unter null Grad Celsius liegen) ohne Widerstand. »Diese Entdeckung hat unser Verständnis der elektrischen Leitfähigkeit oder auch der Supraleitfähigkeit in keiner Weise verändert«, sagte Bethe. »Die Grundstruktur der Quantenmechanik – Quantenmechanik ohne Relativität – diese Grundstruktur ist vollendet.« Tatsächlich sei »unser Verständnis der Atome, der Moleküle, der chemischen Bindung und so weiter im Jahre 1928 vollendet worden«. Könnte es in der Physik jemals wieder eine der Quantenmechanik vergleichbare Umwälzung geben? »Das ist äußerst unwahrscheinlich«, erwiderte Bethe in seiner beunruhigend nüchternen Art.

In der Tat sind fast alle Physiker, die an die Möglichkeit einer endgültigen Theorie glauben, davon überzeugt, daß es sich dabei auf jeden Fall um eine *Quanten*theorie handeln werde. Steven Weinberg wies mich darauf hin, daß eine endgültige Theorie der Physik »so weit von unserem heutigen Grundverständnis entfernt sein könnte wie die Quantenmechanik von der klassischen Mechanik«. Doch wie Hans Bethe glaubte auch er nicht, daß die endgültige Theorie die Quantenmechanik verdrängen würde. »Meines Erachtens werden wir nicht mehr von der Quantenmechanik loskommen«, sagte Weinberg. »In diesem Sinne könnte die Entwicklung der Quantenmechanik revolutionärer gewesen sein als alle vorhergehenden oder nachfolgenden Entdeckungen.«

Weinbergs Bemerkungen erinnerten mich an einen Aufsatz, der 1990 in *Physics Today* erschien und in dem der Physiker David Mermin von der Cornell University erzählte, daß ein gewisser Professor Mozart (in Wirklichkeit Mermins verschrobenes Alter ego) darüber geklagt habe, daß »die Physik der Elementarteilchen in den letzten vierzig oder fünfzig Jahren eine Enttäuschung gewesen ist. Wer hätte erwartet, daß wir in einem halben Jahrhundert nichts wirklich Neues mehr erfahren!«

Als Mermin den erfundenen Professor fragte, was er damit sagen wolle, antwortete dieser: »Alles, was uns die Elementarteilchenphysik über das große Rätsel gelehrt hat, ist, daß die Quantenmechanik noch immer gültig ist. Und zwar uneingeschränkt, soweit wir wissen. Was für eine Enttäuschung!«[16]

John Wheeler und das »It from Bit«

Bethe, Weinberg und Mermin schienen sagen zu wollen, daß die Quantenmechanik – zumindest in einem qualitativen Sinne – die endgültige Theorie der Physik sei. Einige Physiker und Philosophen haben sogar die Ansicht geäußert, daß sie *Die Antwort* finden könnten, wenn sie sich nur über die eigentliche Bedeutung der Quantenmechanik im klaren wären. Einer der einflußreichsten und originellsten Interpreten der Quantenmechanik und der modernen Physik im allgemeinen ist John Archibald Wheeler. Wheeler ist der archetypische Physiker mit dichterischer Begabung. Er ist bekannt für seine – mal entlehnten, mal selbst erfundenen – Analogien und Aphorismen. Zu den Merksätzen, die er zum besten gab, als ich ihn an einem warmen Frühlingstag in Princeton interviewte, gehörten die folgenden: »Wenn ich mir etwas nicht bildlich vorstellen kann, kann ich es auch nicht verstehen« (Einstein); »der Unitarismus [Wheelers nominelle Religion] ist eine Daunenmatratze, um fallende Christen aufzufangen« (Darwin); »Lauf niemals hinter einer Straßenbahn, einer Frau oder einer kosmologischen Theorie her, denn binnen weniger Minuten kommt die nächste« (ein Freund von Wheeler von der Yale University); und »Wenn man während eines Tages nicht auf irgend etwas Sonderbares gestoßen ist, dann war es ein verlorener Tag« (Wheeler).

Wheeler ist auch berüchtigt für seine unglaubliche Rüstigkeit. Als wir sein Büro im dritten Stock verließen, um Mittagessen zu gehen, verschmähte er den Aufzug – »Aufzüge sind ein Gesundheitsrisiko«, verkündete er – und stürmte die Treppe hinab. Er hakte sich mit einem Arm ins Treppengeländer ein und drehte sich bei jeder Landung, wobei er sich von der Zentrifugalkraft um die Kurve wirbeln und in die nächste Treppe hineinschleudern ließ. »Wir veranstalten regelrechte Wettkämpfe, um herauszufinden, wer die Treppe am schnellsten hinunterlaufen kann«, sagte er über eine Schulter hinweg.

Draußen marschierte Wheeler mehr, als daß er ging, wobei er die Fäuste schneidig im Rhythmus seiner Schritte schwang. Er hielt nur inne, wenn er – durchweg vor mir – an eine Tür kam, die er dann mit einem Ruck aufzog, um mir den Vortritt zu lassen. Nachdem ich hindurchgegangen war, wartete ich in nachdenklicher Ehrerbietung – Wheeler war damals fast achtzig Jahre alt –, doch schon einen Augenblick später überholte er mich wieder, um auf den nächsten Eingang zuzueilen.

Die metaphorische Bedeutung dieses Verhaltens sprang so sehr in die Augen, daß ich den Verdacht hatte, Wheeler tue es absichtlich. Wheelers gesamte wissenschaftliche Laufbahn hatte darin bestanden, anderen Wissenschaftlern vorauszueilen und Türen für sie aufzustoßen. Er hatte dazu beigetragen, daß einige der ausgefallensten Konzepte der modernen Physik – von Schwarzen Löchern über Vielwelten-Theorien bis hin zur Quantenmechanik selbst – allgemeine Anerkennung oder doch zumindest Beachtung fanden. Wheeler wäre vielleicht als lustiger, aber närrischer Vogel belächelt worden, wenn er nicht so unanfechtbare Verdienste vorzuweisen gehabt hätte. In seinen frühen Zwanzigern war er nach Dänemark gefahren, um bei Niels Bohr zu studieren (»weil er einen größeren Weitblick hat als jeder andere lebende Mensch«, schrieb Wheeler in seiner Bewerbung für das Stipendium). Bohr sollte den nachhaltigsten Einfluß auf Wheelers Denken ausüben. Im Jahre 1939 veröffentlichten Bohr und Wheeler den ersten Aufsatz, der eine vollständige quantenphysikalische Erklärung der Kernspaltung lieferte.[17]

Wheelers hervorragende Kenntnisse der Kernphysik führten dazu, daß er im Zweiten Weltkrieg an der Entwicklung der ersten Kernspaltungsbombe und in der Anfangsphase des Kalten Kriegs am Bau der ersten Wasserstoffbombe mitwirkte. Nach dem Krieg wurde Wheeler zu einem der führenden Experten auf dem Gebiet der allgemeinen Relativitätstheorie, Einsteins Gravitationstheorie. Ende der sechziger Jahre prägte er den Begriff *Schwarzes Loch*, und er bemühte sich darum, die Astronomen davon zu überzeugen, daß diese bizarren, unendlich dichten Objekte, die von der Einsteinschen Theorie vorhergesagt wurden, möglicherweise wirklich existierten. Ich fragte Wheeler, welche Eigenschaft ihn befähigt habe, an diese phantastischen Objekte zu glauben, deren Existenz andere Physiker nur sehr widerwillig anerkannt hätten. »Eine lebhaftere Phantasie«, antwortete er. »Es gibt diesen Satz von Bohr, der mir sehr gut gefällt: ›Man muß immer mit einer Überraschung, einer sehr großen Überraschung rechnen.‹«

Seit den fünfziger Jahren begann sich Wheeler immer stärker für die philosophischen Implikationen der Quantenphysik zu interessieren. Die vorherrschende Interpretation der Quantenmechanik war die sogenannte orthodoxe Interpretation (obgleich »orthodox« eine seltsame Beschreibung für eine so radikale Weltsicht ist). Sie wird auch Kopenhagener Interpretation genannt, weil sie erstmals Ende der zwanziger Jahre von Wheelers Mentor, Bohr, in einer Vortragsreihe in Kopenhagen dargelegt wurde. Dieser Deutung zufolge haben subatomare Einheiten wie etwa Elektronen keine materielle Existenz, vielmehr existieren sie nur in einer probabilistischen »Schwebe« aus vielen möglichen übereinandergelagerten Zuständen, bis sie durch den Akt der Beobachtung in einen bestimmten Zustand gezwungen werden. Die Elektronen bzw. Photonen verhalten sich je nach der Art ihrer experimentellen Beobachtung wie Wellen oder wie Teilchen.

Wheeler war einer der ersten prominenten Physiker, die die Auffassung vertraten, daß die Wirklichkeit kein rein physikalisches Phänomen sei; vielmehr sei unser Kosmos in gewissem Sinne ein partizipatives Phänomen, das auf den Akt der Beobachtung – und folglich das Bewußtsein selbst – angewiesen sei. In den sechziger Jahren gehörte Wheeler zu denjenigen, die das berühmte »anthropische Prinzip« propagierten, demzufolge das Universum so sein muß, wie es ist, da wir andernfalls möglicherweise nicht hier wären, um es zu beobachten. Wheeler begann seine Kollegen auch auf einige faszinierende Gemeinsamkeiten zwischen der Physik und der Informationstheorie hinzuweisen, die im Jahre 1948 von dem Mathematiker Claude Shannon begründet wurde. So wie die Physik auf einer elementaren, unteilbaren Einheit – dem Quant – basiert, die durch den Akt der Beobachtung definiert wird, so auch die Informationstheorie. Ihr Quant ist die binäre Einheit, das Bit, eine Nachricht, die eine von zwei Wahlmöglichkeiten darstellt: Kopf oder Zahl, ja oder nein, Null oder Eins.

Nachdem Wheeler sich ein Gedankenexperiment überlegt hatte, das die Fremdartigkeit der Quantenwelt für jedermann sichtbar machte, war er noch stärker von der Bedeutung der Informationstheorie überzeugt. Wheelers sogenanntes Experiment »der nachträglichen Auswahl« ist eine Variation des klassischen Zweispaltexperiments, das die Doppelnatur von Quantenphänomenen veranschaulicht. Wenn Elektronen auf eine Trennwand geschossen werden, die zwei Spalte enthält, dann verhalten sich die Elektronen wie Wellen; sie passieren beide Schlitze gleichzeitig und erzeugen dabei ein sogenanntes Interferenzmuster, das durch die Überlappung der Wellen entsteht, wenn sie auf einen Detektor auf der anderen Seite der Trennwand auftreffen. Wenn der Physiker nun jedoch jeweils einen Spalt abdeckt, dann durchqueren die Elektronen den offenen Spalt wie einfache Teilchen und das Interferenzmuster verschwindet. In dem Experiment »mit nachträglicher Auswahl« beschließt der Experimentator *erst nachdem die Elektronen bereits die Trennwand passiert haben,* ob er beide Spalte offenläßt oder einen abdeckt, was jedoch zu den gleichen Ergebnissen führt. Die Elektronen scheinen im voraus zu wissen, wie der Physiker sie beobachten wird. Dieses Experiment wurde zu Beginn der neunziger Jahre praktisch durchgeführt und bestätigte Wheelers Vorhersage.

Wheeler erklärte dieses Rätsel mit einer weiteren Analogie. Er verglich die Arbeit eines Physikers mit der einer Person, die das »Zwanzig-Fragen-Spiel« in seiner Überraschungsversion spielt. Bei dieser Spielvariante verläßt eine Person den Raum, während die übrigen Mitspieler – wie die hinausgeschickte Person meint – eine bestimmte Person, einen Ort oder ein Ding auswählen. Der Mitspieler wird in den Raum zurückgerufen und versucht nun zu erraten, was sich die anderen ausgedacht haben, indem er eine Reihe von Fragen stellt, die nur mit Ja oder Nein beantwortet werden können. Doch die Gruppe hat beschlossen, dem Fragesteller einen Streich zu spielen. Die erste Person, die befragt wird, denkt sich erst ein Objekt aus, *nachdem* der Fragesteller die Frage gestellt hat. Die übrigen Personen verfahren genauso und sie geben eine Antwort, die nicht nur mit der unmittelbaren Frage, sondern auch mit allen vorangegangenen Fragen logisch konsistent ist.

»Das Wort war noch nicht da, als ich den Raum betrat, obgleich ich dachte, es sei da«, erklärte Wheeler. Ebenso ist ein Elektron vor der Beobachtung durch einen Physiker weder eine Welle noch ein Teilchen. Es ist in gewissem Sinne irreal; es existiert lediglich in einem unbestimmten Zwischenzustand. »Erst wenn man eine Frage stellt, erhält man eine Antwort«, sagte Wheeler. »Die Situation klärt sich erst, wenn man seine Frage gestellt hat. Doch wenn man eine Frage stellt, schließt man damit alle anderen Fragen aus. Wenn Sie mich also fragen, wo meine große Hoffnung liegt – und ich finde es immer interessant, Leute zu fragen, was ihre große Hoffnung ist –, dann würde ich antworten: in der Idee, daß sich diese ganze Sache auf etwas zurückführen läßt, das in groben Zügen diesem Zwanzig-Fragen-Spiel gleicht.«

Wheeler hat diese Gedanken auf eine Kurzformel gebracht, die an ein zenbuddhistisches Kaon erinnert: »the it from bit«. In einem seiner sprachlich eigenwilligen Aufsätze erklärte Wheeler dieses Schlagwort folgendermaßen: »… jedes Es – jedes Teilchen, jedes Kraftfeld, ja sogar das Raum-Zeit-Kontinuum selbst – leitet seine Funktion, seine Bedeutung und selbst seine bloße Existenz ganz und gar – wenn auch in gewissen Kontexten indirekt – von den durch die Beobachtungsapparatur erhaltenen Antworten auf Entscheidungsfragen, binäre Wahlmöglichkeiten bzw. *Bits*, her.«[18]

Von Wheeler inspiriert, begann Ende der achtziger Jahre eine immer größer werdende Gruppe von Forschern – darunter Informatiker, Astronomen, Mathematiker, Biologen und Physiker –, die Verbindungen zwischen Informationstheorie und Physik zu erkunden. Auch einige Superstringtheoretiker gesellten sich dazu; sie versuchten die Quantenfeldtheorie, Schwarze Löcher und die Informationstheorie mit Hilfe eines Strangs aus Strings zusammenzubinden. Wheeler räumte ein, daß diese Ideen noch recht unausgegoren und keiner strengen empirischen Überprüfung zugänglich seien. Er und seine Kollegen würden nach wie vor versuchen, »sich einen Überblick über die Lage der Dinge zu verschaffen« und »herauszufinden, wie man Dinge, die wir bereits wissen, in der Sprache der Informationstheorie ausdrückt«. Diese Bemühungen könnten, so Wheeler, in einer Sackgasse enden oder zu einem grundlegend neuen Verständnis der Wirklichkeit, »des ganzen Theaters«, führen.

Wheeler betonte, daß es für die Wissenschaft noch immer zahlreiche Rätsel zu lösen gebe. »Wir leben noch immer im Kinderstadium der Menschheit«, sagte er. »Viele neue Horizonte beginnen sich in unseren Tagen abzuzeichnen: die Molekularbiologie, die DNS, die Kosmologie. Wir sind Kinder, die nach Antworten suchen.« Er wartete mit einem weiteren Aphorismus auf: »Je größer die Insel unseres Wissens wird, um so länger wird die Küste unserer Unwissenheit.« Dennoch war auch er davon überzeugt, daß der Mensch eines Tages *Die Antwort* finden würde. Auf der Suche nach einem Zitat, das seinen Glauben auf den Punkt brachte, sprang er auf und griff nach einem Buch über Informationstheorie und Physik, zu dem er einen Aufsatz beigesteuert hatte. Nachdem er es aufgeschlagen hatte, las er: »Wir können damit rechnen, daß uns die fundamentale Theorie, die wir gewiß eines Tages entdecken werden, so einfach, schön und zwingend erscheinen wird, daß wir alle zueinander sagen werden: ›Wir Narren, wieso sind wir nicht früher darauf gekommen? Wie konnten wir nur so lange derart verblendet sein!‹«[19] Wheeler blickte glückstrahlend von dem Buch auf. »Ich weiß nicht, ob es ein Jahr oder ein Jahrzehnt dauern wird, aber ich bin sicher, daß wir zu einem grundlegenden Verständnis gelangen können und werden. Das ist mein hauptsächliches Anliegen: Wir können und wir werden eine Erklärung finden.«

Wheeler wies darauf hin, daß viele moderne Naturwissenschaftler seine Zuversicht teilten, daß der Mensch eines Tages *Die Antwort* finden werde. So habe beispielsweise Kurt Gödel, einst Wheelers Nachbar in Princeton, geglaubt, *Die Antwort* sei möglicherweise *bereits* gefunden. »Er glaubte, daß wir im Nachlaß von Leibniz, der damals noch nicht völlig gesichtet worden war, vielleicht den, wie er es nannte, ›Schlüssel des Philosophen‹, den magischen Code zum Aufdecken der Wahrheit und zur Aufklärung jeglicher Verirrung finden würden.« Gödel sei der Ansicht gewesen, dieser Schlüssel »würde der Person, die ihn versteht, eine so große Macht geben, daß man ihn nur Personen von höchster Gesittung zugänglich machen dürfe«.

Doch Wheelers eigener Mentor, Bohr, bezweifelte, daß die Wissenschaft oder die Mathematik eine solche Offenbarung zustande bringen könnte. Daß Bohr skeptisch eingestellt war, erfuhr Wheeler nicht von diesem selbst, sondern von dessen Sohn. Nach Bohrs Tod sagte dieser zu Wheeler, Bohr sei der Ansicht gewesen, die Suche nach der endgültigen Theorie der Physik werde möglicherweise niemals zu einem befriedigenden Abschluß kommen; je tiefer die Physiker in die Natur eindrängen, um so komplexeren und schwierigeren Fragen sähen sie sich gegenüber, die sie schließlich überfordern würden. »Ich glaube, daß ich optimistischer eingestellt bin«, sagte Wheeler. Er hielt einen Augenblick lang inne und fügte mit einem ungewöhnlichen Anflug von Trübsinn hinzu: »Doch vielleicht mache ich mir auch selbst etwas vor.«

Die Ironie liegt darin, daß Wheelers eigene Ideen darauf hindeuten, daß eine endgültige Theorie immer ein Trugbild bleiben wird, daß die Wahrheit in gewisser Hinsicht eher erfunden als objektiv erkannt wird. Gemäß dem Slogan »the it from bit« (»das Es aus dem Bit«) erzeugen wir mit den Fragen, die wir stellen, nicht nur die Wahrheit, sondern sogar die Wirklichkeit selbst – das »It«. Wheelers Auffassung kommt dem Relativismus gefährlich nahe. Zu Beginn der achtziger Jahre luden die Organisatoren des Jahrestreffens der American Association for the Advancement of Science Wheeler zu einer gemeinsamen Podiumsdiskussion mit drei Parapsychologen ein. Wheeler war wütend. Bei dem Treffen machte er unmißverständlich klar, daß er anders als seine Koreferenten nicht an übersinnliche Phänomene glaube. Er verteilte ein Pamphlet, das die Parapsychologie mit der Bemerkung abfertigte: »Wo Rauch ist, ist Rauch.«

Und doch hat Wheeler selbst die Ansicht geäußert, *alles* sei Rauch. »Ich nehme die Idee, daß die Welt ein Produkt unserer Einbildungskraft ist, hundertprozentig ernst«, sagte er einmal zu dem Wissenschaftsjournalisten und Physiker Jeremy Bernstein.[20] Wheeler weiß genau, daß seine Anschauung von einem empirischen Standpunkt aus unhaltbar ist: Wo war der Geist, als das Universum entstand? Und wodurch wurde das Universum während der Jahrmilliarden, bevor der Mensch die Bühne betrat, erhalten? Dennoch konfrontiert er uns mutig mit einem hübschen, deprimierenden Paradox: Auf dem Grund aller Dinge erwartet uns eine Frage, keine Antwort. Wenn wir die geheimsten Winkel der Materie oder den äußersten Rand des Universums ergründen, sehen wir schlußendlich, wie unser eigenes fragendes Gesicht zu uns zurückblickt.

David Bohms implizite Ordnung

Einige andere Physiker, die sich für die philosophischen Implikationen ihres Fachs interessieren, haben sowohl an Wheelers Ansichten als auch ganz allgemein an der von Bohr propagierten Kopenhagener Interpretation Anstoß genommen. Ein prominenter Kritiker war David Bohm. Geboren und aufgewachsen in Pennsylvania, verließ Bohm die Vereinigten Staaten im Jahre 1951, auf dem Höhepunkt der McCarthy-Ära, nachdem er sich geweigert hatte, vor dem US-Ausschuß für staatsfeindliche Umtriebe Auskunft darüber zu geben, ob er oder einer seiner Kollegen (insbesondere Robert Oppenheimer) mit dem Kommunismus sympathisierten. Nach Aufenthalten in Brasilien und Israel ließ er sich Ende der fünfziger Jahre in England nieder.

Zu diesem Zeitpunkt hatte Bohm bereits damit begonnen, eine Alternative zur Kopenhagener Interpretation zu erarbeiten. Dieser Ansatz, der gelegentlich als »Führungswellen-Interpretation« bezeichnet wird, bewahrt einerseits die Fähigkeit der Quantenmechanik, präzise Vorhersagen zu machen, während er andererseits viele der bizarrsten Aspekte der orthodoxen Interpretation beseitigt wie etwa die Doppelnatur der Quanten und die Abhängigkeit ihrer Existenz von einem Beobachter. Seit Ende der achtziger Jahre hat die Führungswellentheorie wachsende Beachtung bei Physikern und Philosophen gefunden, denen der Subjektivismus und der Antideterminismus der Kopenhagener Interpretation mißfiel.

Paradoxerweise schien Bohm gleichzeitig entschlossen zu sein, der Physik einen philosophischeren, spekulativeren und ganzheitlicheren Charakter zu geben. Er zog sehr viel weitergehende Analogien zwischen der Quantenmechanik und asiatischen Religionen als Wheeler. Er entwickelte eine Philosophie der »impliziten Ordnung«, die sowohl mystische als auch wissenschaftliche Erkenntnis umfassen sollte. Bohms Schriften zu diesen Themen wurden in manchen Kreisen zu regelrechten Kultbüchern; er selbst wurde zu einem Idol für alle, die durch die Physik zu mystischer Erleuchtung gelangen wollten. Nur wenige Wissenschaftler vereinen diese beiden gegenläufigen Bestrebungen – den Wunsch, die Wirklichkeit gleichzeitig zu erklären und zu mystifizieren – auf so spannungsvolle Weise in sich.[21]

Im August 1992 besuchte ich Bohm in seinem Haus in Edgeware, einem nördlichen Vorort von London. Seine Haut war erschreckend bleich, vor allem im Kontrast zu seinen purpurroten Lippen und seinem dunklen, drahtigen Haar. Sein Körper, der in einem großen Lehnsessel versunken war, wirkte schlaff und kraftlos, doch zugleich von einer nervösen Energie durchströmt. Er legte eine Hand auf den Kopf, während die andere auf der Armlehne ruhte. Seine langen, blaugeäderten Finger mit spitz zulaufenden gelben Fingernägeln waren gespreizt. Er sagte mir, er erhole sich von einem kurz zurückliegenden Herzinfarkt.

Bohms Frau brachte uns Tee und Gebäck und zog sich dann in einen anderen Teil des Hauses zurück. Bohm sprach zunächst stockend, doch allmählich kamen ihm die Worte schneller über die Lippen, wenn auch in einem kraftlos gleichförmigen Tonfall. Er hatte offenbar einen trockenen Mund, da er sich ständig die Lippen leckte. Ab und zu, wenn er eine Bemerkung gemacht hatte, die ihn amüsierte, entblößte er die Zähne, so als ob er lächeln wollte. Auch hatte er die störende Angewohnheit, alle paar Sätze innezuhalten und zu fragen: »Ist das klar?« oder auch einfach nur: »Hmmm?« Ich war oft so verwirrt und so bar jeder Hoffnung, einen roten Faden zu finden, daß ich einfach nur nickte und lächelte. Doch Bohm konnte seine Gedanken auch mit bestechender Logik vortragen. Später erfuhr ich, daß er auf andere den gleichen Eindruck gemacht hatte; wie ein seltsames Quantenteilchen konnte er zwischen Schärfe und Verschwommenheit oszillieren.

Bohm sagte, er habe Ende der vierziger Jahre, als er ein Buch über die Quantenmechanik geschrieben habe, die Kopenhagener Interpretation in Frage zu stellen begonnen. Bohr hatte die Möglichkeit verworfen, daß das probabilistische Verhalten von Quantensystemen letztlich auf deterministische Mechanismen, sogenannte »verborgene Parameter«, zurückzuführen ist. Bohr behauptete, die Wirklichkeit sei unerkennbar, weil sie an sich nichtdeterministisch sei.

Bohm hielt diese Auffassung für unannehmbar. »Die gesamte Wissenschaft fußt auf der Annahme, daß den Phänomenen eine Wirklichkeit zugrunde liegt, die diese erklärt«, sagte er. »Bohr ging zwar nicht so weit, die Wirklichkeit zu leugnen, aber er behauptete, aus der Quantenmechanik folge, man könne nicht mehr über sie sagen.« Eine solche Sichtweise reduzierte die Quantenmechanik nach Bohms Ansicht auf »ein System von Formeln, die wir dazu benutzen, Vorhersagen zu machen oder Dinge mit Hilfe der Technik zu beherrschen. Das war meines Erachtens nicht genug. Die Wissenschaft würde mich nicht mehr sonderlich interessieren, wenn sie sich darin erschöpfte.«

In einem 1952 veröffentlichten Aufsatz stellte Bohm die These auf, Teilchen seien tatsächlich Teilchen – und zwar immer und nicht bloß, wenn man sie beobachtet. Ihr Verhalten werde von einer neuen, bislang unbekannten Kraft determiniert, die Bohm Führungswelle nannte. Jeder Versuch, die Eigenschaften der Teilchen exakt zu messen, vernichte Informationen über sie, da er die Führungswelle physikalisch verändere. Bohm gab so der Unbestimmtheitsrelation statt einer quasi metaphysischen eine rein physikalische Bedeutung. Er sagte mir, nach Bohrs Verständnis der Unbestimmtheitsrelation zeichne sich ein Quantensystem nicht »durch eine fundamentale Unbestimmtheit, sondern durch eine inhärente Ambiguität aus«.

Bohms Interpretation hob jedoch ein quantenmechanisches Paradox geradezu hervor: die Nichtlokalität, also die Fähigkeit eines Teilchens, augenblicklich über große Entfernungen hinweg auf ein anderes Teilchen zu wirken. Einstein hatte im Jahre 1935 die Aufmerksamkeit auf die Nichtlokalität gelenkt, um zu zeigen, daß die Quantenmechanik fehlerhaft sein müsse. Zusammen mit Boris Podolsky und Nathan Rosen schlug Einstein ein Gedankenexperiment vor – das heute so genannte »EPR-Experiment« –, bei dem zwei Teilchen der gleichen Quelle entspringen und sich in entgegengesetzte Richtungen ausbreiten.[22]

Gemäß dem Standardmodell der Quantenmechanik hat jedes der beiden Teilchen vor dem Akt der Messung weder eine bestimmte Position noch einen bestimmten Impuls; doch sobald der Physiker den Impuls des einen Teilchens mißt, zwingt er das andere Teilchen augenblicklich dazu, einen festen Ort einzunehmen – selbst wenn es sich auf der anderen Seite der Galaxie aufhält. Diesen Effekt als »gespenstische Fernwirkung« verspottend, behauptete Einstein, er widerspreche sowohl dem gesunden Menschenverstand als auch seiner speziellen Relativitätstheorie, die die Ausbreitung von Wirkungen mit Überlichtgeschwindigkeit verbietet; daher müsse die Quantenmechanik eine unvollständige Theorie sein. Im Jahre 1980 jedoch führte eine Gruppe französischer Physiker eine Version des EPR-Experiments durch und zeigte, daß es tatsächlich »gespenstische Wirkungen« hervorbringt. (Das Experiment verletzt allerdings deshalb nicht die spezielle Relativitätstheorie, weil man die Nichtlokalität nicht für die Informationsübertragung nutzen kann.) Bohm hatte nie an dem Ergebnis des Experiments gezweifelt. »Es wäre eine riesige Überraschung gewesen, wenn etwas anderes herausgekommen wäre«, sagte er.

Obgleich Bohm versuchte, die Welt mit Hilfe seines Führungswellenmodells besser zu verstehen, räumte er doch gleichzeitig ein, daß völlige Klarheit unmöglich sei. Seine Ideen waren unter anderem von einem Experiment inspiriert worden, das er im Fernsehen gesehen hatte; dabei wurde ein Tropfen Tinte auf einen Zylinder aus Glycerin aufgebracht. Wenn der Zylinder um seine Achse gedreht wurde, diffundierte die Tinte auf scheinbar irreversible Weise in das Glycerin hinein; ihre Ordnung schien sich aufgelöst zu haben. Wenn jedoch die Rotationsrichtung umgekehrt wurde, sammelte sich die Tinte wieder zu einem Tropfen.

Auf der Grundlage dieses einfachen Experiments formulierte Bohm die These von der »impliziten Ordnung«: Der scheinbar chaotischen Welt physikalischer Erscheinungen – der expliziten Ordnung – liegt eine tiefere, verborgene Ordnung zugrunde. Dieses Konzept auf die Quantenwelt anwendend, setzte Bohm die implizite Ordnung mit dem Quantenpotential gleich, einem Feld, das aus einer unendlichen Zahl schwingender Führungswellen besteht. Durch Überlappung dieser Wellen entstehen die Gebilde, die uns als Teilchen erscheinen, die die explizite Ordnung bilden. Sogar scheinbar so fundamentale Begriffe wie Raum und Zeit sind Bohm zufolge möglicherweise nur explizite Manifestationen einer tieferen, impliziten Ordnung.

Wenn die Physiker diese verborgene Ordnung ergründen wollen, müssen sie nach Bohms Ansicht vielleicht einige Grundannahmen über den Aufbau der Natur preisgeben. »Grundbegriffe wie Ordnung und Struktur beeinflussen unser Denken auf unbewußte Weise, und neue Theorien fußen auf neuen Arten von Ordnung«, bemerkte er. Im Zeitalter der Aufklärung ersetzten Denker wie Newton und Descartes den organischen Ordnungsbegriff der Antike durch die mechanistische Auffassung. Obgleich dieser Ordnungsbegriff im Gefolge der Relativitätstheorie und anderer Theorien modifiziert worden sei, »ist die Grundidee doch noch immer die gleiche«, so Bohm, »eine mechanische Ordnung, die durch Koordinaten beschrieben werden kann.«

Doch ungeachtet seiner eigenen hochfliegenden Ambitionen als Wahrheitssucher verwarf Bohm die Möglichkeit, daß die Wissenschaftler ihr Unternehmen dadurch zu einem Ende bringen könnten, daß sie sämtliche Phänomene der Natur auf ein einziges Phänomen (wie etwa Superstrings) zurückführen.

»Meines Erachtens gibt es keine Grenzen. Man redet viel über eine Allumfassende Theorie, aber es handelt sich um eine Vermutung, die keine Grundlage hat. Auf jeder Ebene gibt es etwas, das wir als Erscheinung betrachten, und etwas anderes, das wir als Wesen betrachten, das die Erscheinung erklärt. Doch wenn wir auf eine andere Ebene übergehen, tauschen Wesen und Erscheinung ihre Regeln aus. Verstehen Sie mich? Das hat kein Ende. Es ist in der Natur unseres Wissens selbst angelegt. Doch was all dem zugrunde liegt, ist unbekannt und läßt sich nicht gedanklich erfassen.«

Für Bohm war die Wissenschaft »ein unerschöpflicher Prozeß«. Er wies darauf hin, daß die neuzeitlichen Physiker davon ausgingen, daß die Naturkräfte das Wesen der Wirklichkeit seien. »Doch wieso gibt es die Naturkräfte? Die Naturkräfte werden einfach als Wesen der Natur betrachtet. Das gleiche glaubte man schon bei den Atomen. Weshalb sollten diese Kräfte das Wesen sein?«

Der Glaube der modernen Physiker an eine endgültige Theorie könne allenfalls den Charakter einer sich selbst erfüllenden Prophezeiung annehmen, so Bohm. »In diesem Fall vermeidet man es, wirklich tiefgründige Fragen zu stellen«, sagte er. »Wenn man Fische in einem Becken hält und eine gläserne Trennscheibe einsetzt, dann werden sich die Fische im Lauf der Zeit davon fernhalten. Nimmt man dann die gläserne Absperrung weg, dann schwimmen sie trotzdem niemals über die mittlerweile unsichtbare Grenzlinie hinweg, weil sie glauben, dort sei die Welt zu Ende.« Er lächelte trocken. »Der Glaube, dies sei das Ende, könnte also die Schranke sein, die einen davon abhält weiterzufragen.«

Bohm wiederholte, daß »wir niemals ein endgültiges Wesen erhalten werden, das nicht zugleich die Erscheinung von etwas anderem ist«. Ich fragte, ob das nicht sehr frustrierend sei. »Nun, das hängt davon ab, was man will. Man ist frustriert, wenn man alles will. Anderseits werden die Wissenschaftler enttäuscht sein, wenn sie die endgültige Antwort haben und dann nur noch als Techniker gebraucht werden.« Wieder lächelte er trocken. So oder so eine deprimierende Situation, sagte ich. »Ich glaube, man muß das anders sehen. Einer der Gründe für wissenschaftliche Forschung ist die Erweiterung unseres Wahrnehmungshorizonts und nicht unseres gegenwärtigen Wissens. Wir sind ständig dabei, unseren Zugang zur Wirklichkeit zu verbessern.«

Die Wissenschaft werde sich zweifellos in völlig unerwartete Richtungen entwickeln, so Bohm. Er bekundete seine Hoffnung, daß sich künftige Wissenschaftler bei der Modellierung der Natur nicht mehr so sehr auf die Mathematik verlassen und neue Quellen für Metaphern und Analogien finden würden. »Es hat sich immer mehr die Überzeugung durchgesetzt, daß die Mathematik die einzige Methode ist, um die Wirklichkeit zu erfassen«, sagte Bohm. »Weil das eine Zeitlang so gut funktioniert hat, nehmen wir einfach an, daß dies so sein müsse.«

Wie viele andere wissenschaftliche Visionäre erwartete auch Bohm, daß Wissenschaft und Kunst eines Tages miteinander verschmelzen würden. »Die Trennung von Kunst und Wissenschaft ist eine nur vorläufige«, bemerkte er. »So wie sie in der Vergangenheit nicht existierte, gibt es keinen Grund, weshalb sie in Zukunft weiterbestehen sollte.« So wie die Kunst nicht bloß aus Kunstwerken, sondern aus einer »Einstellung, dem künstlerischen Geist« bestehe, so bestehe auch die Wissenschaft nicht nur in der Anhäufung von Erkenntnissen, sondern in der Hervorbringung neuartiger Wahrnehmungsweisen. »Die Fähigkeit, andere Wahrnehmungs- und Denkweisen zu erzeugen, ist wichtiger als die gewonnenen Erkenntnisse«, erklärte Bohm. In Bohms Hoffnung, daß die Wissenschaft einen künstlerischen Charakter annehmen könnte, klang eine gewisse Bitterkeit an. Die meisten Physiker hatten seine Führungswellen-Interpretation aus ästhetischen Gründen verworfen: Sie sei zu unelegant, um wahr zu sein.

In dem Bemühen, mich ein für allemal von der Unmöglichkeit endgültigen Wissens zu überzeugen, brachte Bohm das folgende Argument vor: »Alle Erkenntnisse werden durch ihre Grenzen bestimmt. Und dies gilt nicht nur in quantitativer, sondern auch in qualitativer Hinsicht. Die Theorie ist dies und nicht das. In Einklang damit kann man behaupten, daß es das Unbegrenzte gibt. Man muß jedoch beachten, daß das Unbegrenzte, sofern man es als gegeben annimmt, nicht anders sein kann, weil das Unbegrenzte dann das Begrenzte begrenzen wird, indem es behauptet, das Begrenzte sei nicht das Unbegrenzte, nicht wahr? Das Unbegrenzte muß das Begrenzte einschließen. Wir müssen sagen, daß das Begrenzte im Rahmen eines schöpferischen Prozesses aus dem Unbegrenzten hervorgeht; das ist konsistent. Aus diesem Grund können wir sagen: Ganz gleich, wie weit wir vordringen, stehen wir im Unbegrenzten. Unabhängig davon, wie weit wir vordringen, wird uns immer irgend jemand eine weitere Frage auftischen, die wir beantworten müssen. Und ich sehe keine Möglichkeit, das jemals zu überwinden.«

Zu meiner großen Erleichterung betrat in diesem Augenblick Bohms Frau das Zimmer und fragte, ob wir noch etwas Tee wollten. Während sie meine Tasse nachfüllte, zeigte ich auf ein Buch über tibetanische Mystik, das auf einem Regal hinter Bohm stand. Als ich Bohm fragte, ob er von solchen Schriften beeinflußt worden sei, nickte er. Er war ein Freund und Schüler des 1986 verstorbenen indischen Mystikers Krishnamurti. Krishnamurti war einer der ersten indischen Weisen der Neuzeit gewesen, die sich bemüht hatten, westlichen Menschen den Weg zur Erleuchtung zu weisen. War Krishnamurti selbst erleuchtet? »In mancher Hinsicht ja«, erwiderte Bohm. »Er bemühte sich, dem Denken auf den Grund zu gehen, gleichsam das Denken völlig hinter sich zu lassen und den Punkt zu erreichen, an dem das Denken in eine andere Art des Bewußtseins übergeht.« Natürlich könne man seinen Geist niemals wirklich ergründen, sagte Bohm. Jeder Versuch, seine eigenen Gedanken zu erforschen, verändere diese – so wie die Messung eines Elektrons dessen Bahn verändere. Bohm schien damit sagen zu wollen, daß es kein endgültiges mystisches Wissen geben könne, so wenig wie es eine endgültige Theorie der Physik geben könne.

War Krishnamurti ein glücklicher Mensch? Meine Frage schien Bohm zu verdutzen. »Das ist schwer zu sagen«, antwortete er schließlich. »Manchmal war er unglücklich, aber ich glaube, daß er alles in allem recht glücklich gewesen ist. Aber im Grunde genommen geht es nicht um Glück.« Bohm runzelte die Stirn, als ob er plötzlich die Tragweite dessen erkannt hätte, was er gerade gesagt hatte.

In dem Buch *Das neue Weltbild*, das Bohm zusammen mit F. David Peat geschrieben hatte, betonte Bohm, wie wichtig ein »spielerisches Element« in der Wissenschaft und im Leben sei.[23] Doch Bohm selbst war sowohl in seinen Schriften wie auch als Mensch alles andere als verspielt. Für ihn war die Suche nach der Wahrheit kein Spiel, es war eine aussichtslose, aber notwendige Fronarbeit. Bohm versuchte verzweifelt das Geheimnis der Welt zu ergründen, sowohl mit Hilfe der Physik als auch durch Meditation, durch mystisches Wissen. Dennoch blieb er dabei, daß die Wirklichkeit letztlich nicht erkennbar sei – vermutlich weil ihm der Gedanke der Endgültigkeit unerträglich war. Er erklärte, daß jede Wahrheit, ganz gleich, wieviel Staunen sie zunächst hervorrufe, schließlich zu einem toten Faktum werde, das das Absolute nicht enthülle, sondern verschleiere. Bohm sehnte sich nicht nach Wahrheit, sondern nach Offenbarung, unaufhörlicher Offenbarung. Die Folge war, daß er zu ständigem Zweifel verdammt war.

Ich verabschiedete mich schließlich von Bohm und seiner Frau, die mich zur Tür geleitete. Draußen nieselte es; ich ging zur Straße und warf einen kurzen Blick zurück auf Bohms Haus, ein bescheidenes weißes Cottage an einer Straße mit nichts als bescheidenen weißen Cottages. Bohm starb zwei Monate später an einem Herzinfarkt.[24]

Richard Feynmans düstere Prophezeiung

In dem Buch *Vom Wesen physikalischer Gesetze* gab Richard Feynman, der im Jahre 1965 für seine quantenmechanische Theorie des Elektromagnetismus mit dem Nobelpreis ausgezeichnet wurde, eine recht düstere Prophezeiung über die Zukunft der Physik ab:

> Wir haben das große Glück, in einer Zeit zu leben, in der noch Entdeckungen gemacht werden. Es ist wie mit der Entdeckung Amerikas – es wird nur einmal entdeckt. Wir leben im Zeitalter der Entdeckung der fundamentalen Naturgesetze – eine aufregende, eine wunderbare Zeit, die aber nicht wiederkehren wird. Natürlich wird die Zukunft dem Menschen weitere interessante Aufgaben bescheren, etwa die Verknüpfung der verschiedenen Ebenen der Erscheinungen – in der Biologie und so fort, oder, was die Forschung betrifft, die Erforschung anderer Planeten. Das, was wir heute tun, wird es jedoch nicht mehr geben.[25]

Nachdem die fundamentalen Gesetze entdeckt sind, würde die Physik von mittelmäßigen Denkern, das heißt Philosophen, usurpiert werden. »Die Philosophen, die mit ihren albernen Kommentaren immer draußen vor der Tür lauerten, werden hereindrängen, weil wir sie nicht mehr mit der Bemerkung verscheuchen können: ›Wenn Ihr recht hättet, wären wir imstande, alle übrigen Gesetze zu erraten.‹ Denn wenn alle Gesetze auf dem Tisch liegen, werden sie auch für alle eine Erklärung parat haben... So wird es zu einer Degenerierung der Ideen kommen, vergleichbar der, die die großen Forschungsreisenden zu beklagen haben, wenn die Touristen ein Gebiet zu erobern beginnen.«[26]

Feynman sollte mit seiner Prophezeiung auf geradezu unheimliche Weise recht behalten. Er irrte sich nur in der Annahme, es werde Jahrtausende, nicht Jahrzehnte dauern, bis sich die Philosophen einmischten. Im Jahre 1992, als ich an einem Symposion der Columbia University teilnahm, auf dem

Philosophen und Physiker über die Bedeutung der Quantenmechanik diskutierten, konnte ich einen Blick in die Zukunft der Physik werfen.[27] Das Symposion bewies, daß auch noch mehr als sechzig Jahre nach der Erfindung der Quantenmechanik deren Bedeutung, höflich gesagt, schwer bestimmbar ist. In den Vorträgen konnte man die Echos von Wheelers »It from Bit«-Ansatz, von Bohms Führungswellen-Hypothese und von dem Vielwelten-Modell, das von Steven Weinberg und anderen favorisiert wird, vernehmen. Doch die meisten Sprecher schienen zu einer ganz individuellen Deutung der Quantenmechanik gelangt zu sein, die sie zudem in eine idiosynkratische Sprache kleideten. Keiner schien den anderen zu verstehen, geschweige denn mit ihm übereinzustimmen. Das Gezänk rief mir eine Bemerkung in Erinnerung, die Bohr einst über die Quantenmechanik gemacht hatte: »Wer glaubt, sie verstanden zu haben, zeigt damit nur, daß er sie nicht einmal ansatzweise begriffen hat.«[28]

Natürlich hätte mein Eindruck von Verwirrung und Uneinigkeit nur das Ergebnis meiner eigenen Unwissenheit sein können. Doch als ich einem anderen Teilnehmer von diesem Eindruck berichtete, versicherte er mir, diese Einschätzung sei absolut zutreffend. »Es ist ein einziges Durcheinander«, sagte er über die Konferenz (und damit indirekt über alle Interpretationen der Quantenmechanik). Seines Erachtens lag die Schwierigkeit vor allem darin, daß sich die verschiedenen Interpretationen der Quantenmechanik empirisch nicht voneinander unterscheiden lassen; Philosophen und Physiker entschieden sich aus ästhetischen und weltanschaulichen – das heißt subjektiven – Gründen für die eine oder die andere Interpretation.

Das ist das Schicksal der Physik. Die überwiegende Mehrzahl der Physiker – diejenigen, die in der Industrie und an den Hochschulen beschäftigt sind – wird weiterhin das Wissen anwenden, das sie bereits in Händen hält, um beispielsweise noch vielseitiger anwendbare Laser, Supraleiter und Rechner zu entwickeln, ohne sich über die grundsätzlichen philosophischen Fragen die Köpfe zu zerbrechen.[29] Ein paar Dickschädel, die stärker der Wahrheit als der technischen Anwendbarkeit verpflichtet sind, werden die Physik weiterhin auf eine nichtempirische, ironische Weise betreiben, die magische Welt der Superstrings und andere Esoterika ergründen und über die Bedeutung der Quantenmechanik brüten. Die Konferenzen dieser ironischen Physiker, deren Kontroversen sich nicht durch Experimente entscheiden lassen, werden schließlich immer mehr literaturwissenschaftlichen Tagungen gleichen.

4. DAS ENDE DER KOSMOLOGIE

Stephen Hawkings grenzenlose Phantasie

Im Jahre 1990 reiste ich in einen entlegenen Erholungsort in den nordschwedischen Bergen, um an einem Symposion mit dem Titel »Ursprung und frühe Entwicklung unseres Universums« teilzunehmen, das über dreißig Elementarteilchenphysiker und Astronomen aus der ganzen Welt – den Vereinigten Staaten, Europa, der Sowjetunion und Japan – zusammengeführt hatte. Ich war nicht zuletzt deshalb angereist, um Stephen Hawking kennenzulernen. Die eindringliche Symbolik seines schicksalhaften Leides – ein brillantes Gehirn in einem gelähmten Körper – hatte mit dazu beigetragen, ihn zu einem der bekanntesten zeitgenössischen Naturwissenschaftler zu machen.

Hawkings körperlicher Zustand war schlimmer, als ich es erwartet hatte. Bei unserem Zusammentreffen saß er, fötusartig zusammengekauert, mit hochgezogenen Schultern, schlaffem Mund und erschreckend ausgemergeltem Körper in einem Rollstuhl, der mit Batterien und Computern beladen war. Soweit ich es erkannte, konnte er nur seinen linken Zeigefinger bewegen. Damit wählte er mühsam Buchstaben, Wörter oder Sätze auf dem Bildschirm seines Computers aus. Ein Sprachsynthesizer äußerte die Worte mit einer befremdlich tiefen, gebieterisch klingenden Stimme, vergleichbar der des biokybernetischen Helden der Fernsehserie *Robocop*. Hawking schien über den schweren Schicksalsschlag, der ihn ereilt hatte, mehr belustigt als verzweifelt zu sein. Immer wieder verzog sich sein purpurroter Mick-Jagger-Mund zu einem schiefen, gezwungenen Grinsen.

Hawking sollte einen Vortrag über die Quantenkosmologie halten, zu deren Mitbegründern er zählte. Die Quantenkosmologie nimmt an, daß die quantenmechanische Unbestimmtheit auf sehr kleinen Skalen bewirkt, daß nicht nur Materie und Energie, sondern auch das Raum-Zeit-Gefüge selbst zwischen verschiedenen Zuständen oszillieren. Diese raumzeitlichen Fluktuationen könnten ihrerseits »Wurmlöcher« erzeugen, die eine Region der Raumzeit mit einer anderen, sehr weitentfernten Region bzw. mit »Baby-Universen« verbinden könnten. Hawking hatte seine einstündige Rede mit dem Titel »Die Alpha-Parameter der Wurmlöcher« in seinem Computer gespeichert; er brauchte lediglich eine Taste zu drücken, um seinen Sprachsynthesizer aufzufordern, sie Satz für Satz zu verlesen.

Mit seiner unheimlichen Cyber-Stimme erörterte Hawking die Frage, ob wir wohl eines Tages in der Lage sein würden, in unserer Galaxie in ein Wurmloch zu schlüpfen, um einen Augenblick später am anderen Ende, in einer weit-, weitentfernten Galaxie herauszuschießen. Er kam zu dem Schluß, daß dies vermutlich nicht möglich sei, weil die Quanteneffekte die Teilchen, aus denen unser Körper aufgebaut ist, bis zur Unkenntlichkeit durcheinanderwirbeln würden. (Aus Hawkings Argument folgt, daß der »Warp-Antrieb«, die in *Star Trek* dargestellte Fortbewegung mit Überlichtgeschwindigkeit, unmöglich ist.) Er beschloß seinen Vortrag mit einer kurzen Anmerkung zur Superstringtheorie. Obgleich alles, was wir um uns herum sehen, zum »Mini-Superraum« gehöre, den wir Raumzeit nennen, »leben wir eigentlich im unendlichdimensionalen Superraum der Stringtheorie«.[1]

Meine Reaktion auf Hawking war zwiespältig. Einerseits war er eine heroische Figur. Gefangen in einem gelähmten, hilflosen Körper, vermochte er dennoch mit grenzenloser Freiheit in andere Wirklichkeiten vorzustoßen. Andererseits kam mir das, was er sagte, völlig absurd vor. Wurmlöcher? Baby-Universen? Unendlichdimensionaler Superraum der Stringtheorie? Dies erinnerte mich mehr an Science-fiction als an Wissenschaft.

Meine Reaktion auf die gesamte Konferenz fiel ganz ähnlich aus. Einige Vorträge – jene, in denen Astronomen die neuesten Erkenntnisse darlegten, die sie mit Hilfe von Teleskopen und anderen Instrumenten über den Kosmos gewonnen hatten – waren fest in der Wirklichkeit verankert. Dies war empirische Wissenschaft. Doch viele der Vorträge behandelten Probleme, die keinerlei Bezug mehr zur konkreten Wirklichkeit hatten und die sich jeglicher empirischen Überprüfung entzogen. Wie war das Universum beschaffen, als es die Größe eines Basketballs, einer Erbse, eines Protons oder eines Superstrings hatte? Wie wird unser Universum von all den anderen Universen, die durch Wurmlöcher mit ihm verbunden sind, beeinflußt? Daß sich erwachsene Männer (Frauen waren nicht anwesend) um solche Probleme stritten, hatte etwas Großartiges und Lächerliches zugleich.

Während der Konferenz bemühte ich mich mit einigem Erfolg, diesen instinktiven Eindruck der Absurdität zu unterdrücken. Ich erinnerte mich daran, daß diese Wissenschaftler äußerst intelligente Männer waren, »die größten Genies der Welt«, wie eine schwedische Lokalzeitung sie genannt hatte. Sie würden ihre Zeit nicht mit trivialen Rätseln vergeuden. Daher tat ich später, als ich über die Thesen von Hawking und anderen schrieb, mein Bestes, um sie plausibel erscheinen zu lassen, um bei den Lesern Respekt und Verständnis statt Skepsis und Verwirrung zu wecken. Denn das ist schließlich die Aufgabe des Wissenschaftsjournalisten.

Doch manchmal ist die verständlichste wissenschaftliche Prosa zugleich die unehrlichste. Meine anfängliche Reaktion auf Hawking und andere Teilnehmer der Konferenz war bis zu einem gewissen Grad angemessen. Weite Bereiche der modernen Kosmologie, insbesondere jene Aspekte, die von einheitlichen Theorien der Elementarteilchenphysik und anderen esoterischen Ideen inspiriert wurden, *sind* absurd. Oder besser gesagt: Es handelt sich um ironische Wissenschaft, also um Thesen, die nicht experimentell überprüfbar oder grundsätzlich nicht entscheidbar sind und die daher überhaupt keinen wissenschaftlichen Charakter im strengen Sinne haben. Sie dienen hauptsächlich dazu, unsere ehrfürchtige Scheu vor der Rätselhaftigkeit des Kosmos zu bewahren.

Ironischerweise war Hawking der erste prominente Physiker seiner Generation, der vorhersagte, daß die Physik bald eine vollständige, einheitliche Theorie der Natur entwickeln und so ihr eigenes Ende herbeiführen würde. Er machte diese Prophezeiung im Jahre 1980, unmittelbar nach seiner Berufung zum »Lucasian Professor of Mathematics« der Universität Cambridge. Dreihundert Jahre zuvor hatte Newton diesen Lehrstuhl innegehabt. (Nur wenige Beobachter bemerkten, daß Hawking am Ende seiner Rede mit dem Titel »Ist das Ende der theoretischen Physik in Sicht?« darauf hinwies, daß Computer in Anbetracht ihrer rasanten technologischen Weiterentwicklung bald ihre menschlichen Schöpfer an Intelligenz übertreffen und so aus eigener Kraft die endgültige Theorie aufstellen könnten.)[2] Hawking ging in *Eine kurze Geschichte der Zeit* ausführlicher auf seine Prophezeiung ein. Eine endgültige Theorie, so erklärte er im Schlußsatz des Buches, könnte uns dabei helfen, »den Plan Gottes zu kennen«.[3] Diese Aussage suggeriert, daß eine endgültige Theorie uns eine mystische Offenbarung zuteil werden lasse, in deren Glanz wir uns dann bis ans Ende der Zeiten sonnen könnten.

An einer früheren Stelle seines Buches, wo Hawking die von ihm so genannte »Keine-Grenzen-Bedingung« darlegt, gibt er jedoch eine ganz andere Einschätzung von dem, was eine endgültige Theorie leisten könnte. Die »Keine-Grenzen-Bedingung« griff die uralten Fragen auf: Was war vor dem Urknall? Was existiert jenseits der Grenzen unseres Universums? Nach der »Keine-Grenzen-Bedingung« bildet die gesamte Geschichte des Universums, der gesamte Raum und die gesamte Zeit, eine Art vierdimensionale Kugel, die Raumzeit. Vom Anfang oder Ende des Universums zu sprechen ist daher genauso sinnlos, wie vom Anfang oder Ende einer Kugel zu sprechen. Auch die Physik, so spekulierte Hawking, könnte nach ihrer Vereinheitlichung eine vollkommene, fugenlose Einheit bilden; möglicherweise gebe es nur eine vollkonsistente einheitliche Theorie, die die Raumzeit, wie wir sie kennen, erzeugen könne. Gott hatte möglicherweise keine Wahl, als er das Weltall schuf.

»Wo wäre dann noch Raum für einen Schöpfer?« fragte Hawking. *Nirgends*, lautete seine Antwort; eine endgültige Theorie würde Gott – und mit ihm alles Rätselhafte – aus dem Universum ausschließen. Wie Steven Weinberg hoffte auch Hawking, Mystizismus, Vitalismus und Kreationismus aus einer ihrer letzten Zufluchtsstätten, dem Ursprung des Universums, zu vertreiben. Der Darstellung eines Biographen zufolge trennten sich Hawking und seine Frau Jane im Jahre 1990 unter anderem deshalb, weil sie als gläubige Christin in zunehmendem Maße Anstoß an seinem Atheismus nahm.

Nach dem Erscheinen von *Eine kurze Geschichte der Zeit* griffen mehrere andere Bücher die Frage auf, ob die Physik eine vollständige und endgültige Theorie erreichen könne, die sämtliche Fragen beantworten und dadurch die Physik an ihr Ende bringen würde. Diejenigen, die behaupteten, daß eine solche Theorie unmöglich sei, griffen in der Regel auf den Gödelschen Unvollständigkeitssatz und andere Esoterika zurück. Doch mit seiner eigenen wissenschaftlichen Karriere hat Hawking bewiesen, daß es ein viel fundamentaleres Hindernis für eine Allumfassende Theorie gibt: Die Physiker können das Universum niemals restlos enträtseln, sie können niemals *Die Antwort* finden, solange es Physiker mit einer so blühenden Phantasie wie Hawking gibt.

Ich nehme an, daß Hawking – der vielleicht weniger ein Wahrheitssucher als vielmehr ein Künstler, ein Illusionist, ein kosmischer Spaßvogel ist – schon immer wußte, daß es außerordentlich schwierig, ja sogar unmöglich sein würde, eine einheitliche Theorie zu finden und empirisch zu bestätigen. Seine Erklärung, die Physik stehe kurz davor, *Die Antwort* zu finden, mag durchaus eine ironische Äußerung gewesen sein, weniger eine Behauptung als vielmehr eine Provokation. Im Jahre 1994 gab er dies praktisch zu, als er einem Interviewer sagte, die Physik werde vielleicht nie eine endgültige Theorie erreichen.[6] Hawking ist ein Meister der ironischen Physik und Kosmologie.

Die großen Überraschungen der Kosmologie

Das Bemerkenswerteste an der modernen Kosmologie ist die Tatsache, daß sie nicht *ganz und gar* ironisch ist. Die Kosmologie hat uns unbestritten mehrere echte Überraschungen beschert. Zu Beginn dieses Jahrhunderts glaubte man, die Milchstraße, jenes Sternsystem, in dessen Gewirr auch unsere Sonne sich befindet, stelle das gesamte Universum dar. Dann erkannten die Astronomen, daß winzige Lichtflecken, die »Nebel« genannt werden und die man für bloße Gaswolken innerhalb der Milchstraße gehalten hatte, in Wirklichkeit ebenfalls Sternsysteme sind. Die Milchstraße ist nur eine von sehr vielen Galaxien in einem Universum, das viel, viel größer ist, als sich irgend jemand hätte erträumen lassen. Diese Erkenntnis war eine riesige, empirische, unumstößliche Überraschung, die selbst der radikalste Relativist nur schwerlich in Abrede stellen könnte. Frei nach Sheldon Glashow: Galaxien sind kein Produkt der Einbildungskraft; sie existieren wirklich.

Es sollte noch eine weitere große Überraschung geben. Die Astronomen stellten fest, daß die von Galaxien ausgehende Lichtstrahlung immer zum roten Ende des Lichtspektrums verschoben ist. Offenbar entfernen sich die Galaxien mit rasender Geschwindigkeit von der Erde und voneinander, und diese Fluchtgeschwindigkeit sorgt dafür, daß die Lichtwellen einer Doppler-Verschiebung unterliegen (dieselbe Verschiebung bewirkt, daß etwa der Ton der Sirene eines Krankenwagens, der sich vom Hörer entfernt, stetig tiefer wahrgenommen wird). Die kosmologische Rotverschiebung untermauerte eine Theorie, die auf der Einsteinschen Relativitätstheorie basiert und besagt, daß das Universum durch eine explosionsartige Expansion entstanden ist, die noch immer andauert.

In den fünfziger Jahren sagten Theoretiker voraus, daß die Geburt des Universums in einem Feuerinferno ein Nachleuchten in Form von schwachen Mikrowellen zurückgelassen haben müßte. Im Jahre 1964 entdeckten dann zwei Ingenieure der Bell Laboratories zufällig diese sogenannte kosmische Hintergrundstrahlung. Die Physiker vermuteten ferner, daß der Feuerball des Urknalls wie ein nuklearer Schmelzofen wirkte, in dem Wasserstoff durch Kernfusion in Helium und andere leichte Elemente umgewandelt wurde. Systematische Beobachtungen in den letzten Jahrzehnten haben gezeigt, daß die große Häufigkeit leichter Elemente in der Milchstraße und in anderen Sternsystemen exakt mit den theoretischen Vorhersagen übereinstimmt.

David Schramm, der am Fermi-Laboratorium der Universität Chicago forscht, nennt diese drei Indizien – die Rotverschiebung der Galaxien, die kosmische Hintergrundstrahlung und die Häufigkeit leichter Elemente – gern die Säulen, auf denen die Urknallhypothese ruht. Schramm ist ein großer, überschwenglicher Mann mit gewölbter Brust, ein Pilot, Bergsteiger und ehemaliger Hochschulmeister im griechisch-römischen Ringen. Er ist ein unermüdlicher Propagandist der Urknallhypothese – und seiner eigenen Rolle bei der Verfeinerung der Berechnungen der Häufigkeiten leichter Elemente. Bei dem Symposion in Schweden nahm mich Schramm zur Seite und ging ausführlich auf die Indizien ein, die für die Urknallhypothese sprachen. »Die Urknalltheorie ist in *blendender* Form«, sagte er. »Das Rahmenmodell steht, wir brauchen nur noch die Lücken aufzufüllen.«

Schramm gab zu, daß einige dieser Lücken recht groß seien. Die Theoretiker könnten nicht genau erklären, wie sich das heiße Plasma in der Frühzeit des Universums zu Sternen und Galaxien verdichte. Beobachtungen deuteten darauf hin, daß die Masse der sichtbaren, leuchtenden Sterne, die die Astronomen durch ihre Teleskope sehen könnten, nicht groß genug sei, um die Galaxien daran zu hindern, auseinanderzufliegen; irgendeine unsichtbare, dunkle Materie müsse die Galaxien zusammenhalten. Anders gesagt, die sichtbare Materie sei möglicherweise nur der Schaum auf einem tiefen, dunklen See.

Eine weitere Frage betrifft die kosmologische Makrostruktur. In den frühen Tagen der Kosmologie glaubte man, die Galaxien seien mehr oder minder gleichmäßig über das Universum verteilt. Als den Astronomen dann jedoch leistungsfähigere Beobachtungsinstrumente zur Verfügung standen, stellten sie fest, daß Galaxien sich vielfach zu Haufen zusammendrängen, die von riesigen Leerräumen umgeben sind. Schließlich stellt sich die Frage, wie sich das Universum in der Phase der sogenannten Quantengravitation verhalten hat, als der Kosmos so klein und so heiß war, daß vermutlich sämtliche Naturkräfte eine Einheit bildeten. Diese Probleme beherrschten die Diskussionen auf dem Nobel-Symposion in Schweden. Doch Schramm beteuerte, daß keines dieser Probleme die Grundzüge der Urknalltheorie in Frage stelle. »Nur weil wir keine Tornados vorhersagen können«, meinte er, »bedeutet dies noch lange nicht, daß die Erde nicht rund ist.«[7]

Seinen Kollegen auf dem Nobel-Symposion übermittelte Schramm weitgehend die gleiche Botschaft. Er verkündete unermüdlich, daß sich die Kosmologie in einem »goldenen Zeitalter« befinde. Sein marktschreierischer Enthusiasmus schien einigen seiner Kollegen weh zu tun; schließlich wird man nicht Kosmologe, um die Lücken zu füllen, die die Vorreiter gelassen haben. Nachdem Schramm zum x-ten Mal das »goldene Zeitalter« verkündet hatte, entgegnete ein Physiker, daß man nicht wissen könne, ob ein Zeitalter golden sei, solange man sich *in* diesem Zeitalter befinde, sondern nur im Rückblick. Witze über Schramm machten die Runde. Ein Kollege meinte, der untersetzte Physiker stelle möglicherweise die Lösung für das Problem der dunklen Materie dar. Ein anderer schlug vor, Schramm als Stöpsel zu verwenden, um so zu verhindern, daß unser Universum in ein Wurmloch gesogen werde.

Gegen Ende der Tagung in Schweden drängten sich Hawking, Schramm und alle anderen Kosmologen in einen Bus, der sie zu einem Konzert in eine nahe gelegene Stadt brachte. Als sie die protestantische Kirche betraten, in der das Konzert stattfinden sollte, war diese bereits mit Menschen gefüllt. Das Orchester, ein bunter Haufen aus flachsblonden Jugendlichen und verhutzelten Senioren, die Violinen, Klarinetten und andere Instrumente umklammerten, hatte sich bereits in dem Altarraum der Kirche niedergelassen. Ihre Landsleute drängten sich auf den Emporen und den Bänken im hinteren Bereich der Kirche. Als die Wissenschaftler hintereinander durch den Mittelgang zu den für sie reservierten vorderen Bänken schritten, wobei Hawking in seinem motorisierten Rollstuhl die Gruppe anführte, applaudierten die Städter – zunächst zögernd, dann immer heftiger – fast eine ganze Minute lang. Die symbolische Bedeutung ihres Verhaltens war offenkundig: Zumindest in diesem Augenblick, an diesem Ort und für diese Menschen hatte die Wissenschaft die Religion als Quelle der kosmischen Wahrheit abgelöst.

Doch die Ordensgemeinschaft der Naturwissenschaftler wurde selbst von Zweifeln heimgesucht. Kurz vor Beginn des Konzerts belauschte ich zufällig ein Gespräch zwischen David Schramm und Neil Turok, einem jungen britischen Physiker. Turok vertraute Schramm an, daß er über die Unlösbarkeit von Fragen im Zusammenhang mit der dunklen Materie und der Verteilung von Galaxien so verzweifelt sei, daß er erwäge, mit der Kosmologie aufzuhören und in ein anderes Fachgebiet zu wechseln. »Wer sagt denn, daß wir überhaupt das Recht haben, das Universum zu verstehen?« fragte Turok bedrückt. Schramm schüttelte seinen großen Kopf. Das Gerüst der Kosmologie, die Urknalltheorie, sei hervorragend fundiert, sagte er in eindringlichem Flüsterton, während die Musiker ihre

Instrumente stimmten; die Kosmologen bräuchten nur noch ein paar Kleinigkeiten zu erledigen. »Die Dinge werden sich von selbst regeln«, sagte Schramm.

Schramms Worte schienen Turok zu ermutigen, obschon sie ihn wohl eher hätten beunruhigen sollen. Und wenn Schramm nun recht hatte? Und wenn die Kosmologen mit der Urknalltheorie bereits die Grundzüge der Lösung für das Rätsel des Universums in Händen hielten? Und wenn nun tatsächlich nichts mehr zu tun blieb, als Kleinigkeiten zu erledigen – jene Kleinigkeiten, die sich lösen ließen? In Anbetracht dieser Möglichkeit ist es nicht verwunderlich, daß »starke« Wissenschaftler wie etwa Hawking über die Urknalltheorie hinweg in die postempirische Wissenschaft gesprungen sind. Was sollte ein so kreativer und ehrgeiziger Kopf sonst tun?

Der russische Magier Andrej Linde

Einer der wenigen Rivalen von Stephen Hawking auf dem Feld der ironischen Kosmologie ist Andrej Linde, ein russischer Physiker, der im Jahre 1988 in die Schweiz und zwei Jahre später in die USA auswanderte. Linde nahm ebenfalls an dem Nobel-Symposion in Schweden teil, und seine Possen gehörten zu den Glanzpunkten der Tagung. Nachdem Linde auf einer Cocktail-Party im Freien ein oder zwei Drinks zu sich genommen hatte, hieb er mit einem Karateschlag einen Stein entzwei. Er machte aus dem Handstand einen Salto rückwärts und landete auf den Füßen. Er zog eine Schachtel Streichhölzer aus der Hosentasche und legte zwei davon so auf seine Hand, daß sie ein Kreuz bildeten. Obgleich Linde seine Hand – zumindest dem Anschein nach – völlig ruhig hielt, zitterte und hüpfte das obere Streichholz, als ob es ruckartig an einer unsichtbaren Schnur gezogen würde. Der Trick konsternierte seine Kollegen. Es dauerte nicht lange, bis Streichhölzer und Flüche in alle Richtungen flogen, als etwa ein Dutzend der berühmtesten Kosmologen der Welt erfolglos Lindes Taschenspielertrick nachzumachen suchten. Als sie wissen wollten, wie Linde das fertigbrachte, brummte er lächelnd: »Is Kwantumfluktuation.«

Linde ist freilich noch berühmter für seine theoretischen Kunststücke. Zu Beginn der achtziger Jahre war er maßgeblich daran beteiligt, einer der skurrilsten Ideen, die aus der Physik der Elementarteilchen hervorgingen, allgemeine Anerkennung zu verschaffen: der sogenannten Inflation. Gemeinhin gilt Alan Guth vom MIT als Erfinder der Inflation (das Wort *Entdecker* wäre hier nicht angemessen), doch Linde hat die Theorie weiterentwickelt und ihr zum Durchbruch verholfen. Nach Guth und Linde war die Gravitation in der Frühphase der Geschichte unseres Universums – nämlich, um ganz genau zu sein, zum Zeitpunkt $T = 10^{-43}$ Sekunden, als der Kosmos angeblich viel kleiner als ein Proton war – für kurze Zeit eine Abstoßungs- und keine Anziehungskraft. Infolgedessen habe das Universum einen gigantischen, exponentiellen Wachstumsschub durchlaufen, bevor es seine gegenwärtige, gemächlichere Expansionsgeschwindigkeit annahm.

Die Erklärung von Guth und Linde basiert auf nicht überprüften – und mit an Sicherheit grenzender Wahrscheinlichkeit auch nicht überprüfbaren – einheitlichen Theorien der Elementarteilchenphysik. Dennoch verliebten sich die Kosmologen in das Inflationsmodell, weil es einige der verzwicktesten Probleme erklären kann, die die Standardversion der Urknalltheorie aufwirft. Erstens: Weshalb scheint das Universum in allen Richtungen mehr oder minder gleichförmig zu sein? Die Antwort: So wie die Runzeln in einem Luftballon durch das Aufblasen geglättet werden, so soll die exponentielle Aufblähung des Universums dessen relativ gleichförmige Beschaffenheit erzeugt haben. Umgekehrt erklärt das Inflationsmodell auch, weshalb das Universum keine *völlig* homogene Strahlungssuppe ist, sondern Materieklumpen in Form von Sternen und Galaxien enthält. Nach der Quantenmechanik ist selbst der leere Raum randvoll mit Energie; diese Energie unterliegt kontinuierlichen Schwankungen, vergleichbar den Wellen auf der Oberfläche eines windgepeitschten Sees. Die Inflationstheorie besagt nun, daß die von diesen Quantenfluktuationen erzeugten Energiemaxima in der Frühphase des Universums, durch die Inflation, so verstärkt worden sein könnten, daß sie als gravitative Kristallisationskerne wirkten, aus denen die Sterne und Galaxien hervorgingen.

Die Inflation hat einige verblüffende Konsequenzen, so zum Beispiel, daß alles, was wir durch unsere Teleskope sehen, nur ein winziger Bruchteil des sehr viel größeren Raumes ist, der während der Inflation erzeugt wurde. Doch Linde ging noch weiter. Selbst dieses gewaltige Universum, so behauptete er, sei lediglich eines von einer unendlichen Zahl von Universen, die durch die Inflation hervorgebracht wurden. Habe die Inflation erst einmal begonnen, könne sie nicht mehr aufhören; sie habe nicht nur unser Universum erzeugt – den mit Galaxien geschmückten Weltausschnitt, in den wir mit unseren Teleskopen spähen –, sondern noch unzählige weitere. Dieses »Megaversum« weise eine sogenannte fraktale Struktur auf: Die großen Universen gebären kleine Universen, die noch kleinere Universen gebären und so fort. Linde nannte sein Modell das chaotische, fraktale, ewig selbstreproduzierende, inflationäre Universum.[8]

Für jemand, der sich in der Öffentlichkeit so ausgelassen und unterhaltsam gibt, kann Linde erstaunlich mürrisch sein. Ich bekam einen flüchtigen Eindruck von dieser Seite seines Charakters, als ich ihn an der Stanford University besuchte, wo er und seine Frau, Renata Kallosh, seit 1990 theoretische Physik lehren. Nachdem mich Linde vor dem grauen, würfelförmigen Haus begrüßt hatte, das sie gemietet hatten, führte er mich mit dem Desinteresse von jemandem, der ein lästige Pflicht hinter sich bringt, um ihr Domizil. Im Garten hinter dem Haus stießen wir auf seine Frau, die mit heiterer Miene ein Blumenbeet jätete. »Schau mal, Andrej!« rief sie, auf ein

Nest voller piepsender Küken zeigend, das auf einem Ast über ihr saß. Linde, dessen Blässe und zusammengekniffene Augen verrieten, daß ihm Sonnenlicht nicht allzu vertraut war, nickte nur kurz mit dem Kopf. Als ich ihn fragte, ob er das Leben in Kalifornien entspannend finde, brummte er: »Vielleicht zu entspannend!«

Als Linde seine Lebensgeschichte erzählte, begriff ich, daß Angst, ja sogar Depression wichtige Triebfedern seiner Forschungstätigkeit gewesen waren. In verschiedenen Phasen seiner wissenschaftlichen Laufbahn verlor er alle Hoffnung, jemals einen Einblick in die Natur der Dinge zu gewinnen – woraufhin ihm kurze Zeit später mit ebenso großer Regelmäßigkeit ein Durchbruch gelang. Linde war Ende der siebziger Jahre, als er noch in Moskau lebte, zufällig auf das ursprüngliche Konzept der Inflation gestoßen, das er jedoch wegen seiner vermeintlichen Fehlerhaftigkeit nicht weiterverfolgte. Sein Interesse erwachte erst wieder, als Alan Guth die These vorbrachte, das Inflationskonzept könne mehrere rätselhafte Merkmale des Universums, etwa seine Gleichförmigkeit, erklären, doch auch Guths Version war fehlerhaft. Nachdem Linde so besessen über das Problem nachgedacht hatte, daß er ein Magengeschwür bekam, wies er nach, daß Guths Modell so abgewandelt werden konnte, daß die technischen Probleme verschwanden.

Doch auch dieses Inflationsmodell stützte sich auf Merkmale einheitlicher Theorien, die nach Lindes Ansicht fragwürdig waren. Nachdem er in eine so tiefe Depression verfallen war, daß er nur noch mit Mühe aus dem Bett kam, gelangte er schließlich zu der Überzeugung, daß die Inflation möglicherweise auf viel fundamentaleren Quantenprozessen basierte, wie sie erstmals von John Wheeler vorgeschlagen worden waren. Wheeler zufolge könnte man mit einem Mikroskop, dessen Auflösungsvermögen mehrere Billionen mal besser ist als das des leistungsfähigsten Mikroskops, das uns heute zur Verfügung steht, sehen, daß Raum und Zeit aufgrund der quantenmechanischen Unbestimmtheit chaotisch fluktuieren. Linde behauptete nun, daß der von Wheeler so genannte »Raumzeit-Schaum« zwangsläufig die Bedingungen hervorbringe, die für die Inflation notwendig seien.

Die Inflation ist ein sich selbst erschöpfender Prozeß; durch die räumliche Expansion wird die Energie, die die Inflation antreibt, rasch verbraucht. Nach Lindes Theorie setzt sich die Inflation, sobald sie erst einmal begonnen hat, jedoch immer irgendwo fort – und zwar wieder aufgrund der quantenmechanischen Unbestimmtheit. (Eine praktische Sache, diese quantenmechanische Unbestimmtheit!) In ebendiesem Augenblick entstehen neue Universen. Einige davon stürzen sofort wieder in sich zusammen; andere blähen sich so rasch auf, daß sich die Materie nicht sammeln kann. Wieder andere, darunter unser Universum, expandieren so gemächlich, daß die Gravitation die Materie zu Galaxien, Sternen und Planeten verdichten kann.

Linde verglich diesen Superkosmos mehrfach mit einem unendlichen Ozean. Aus der Nähe betrachtet, vermittelt das Meer durch das Auf und Ab der Wellen den Eindruck von Dynamik und Wandel. Weil wir in einer dieser wogenden Wellen leben, glauben wir Menschen, daß das gesamte Universum expandiert. Doch wenn wir uns über die Oberfläche des Meeres erheben könnten, dann würden wir erkennen, daß unser expandierender Kosmos lediglich ein winziger, unbedeutender, lokaler Ausschnitt eines unendlichen, ewigen Ozeans ist. In gewisser Weise sei die alte »Steady-State-Theorie« von Fred Hoyle (auf die ich in diesem Kapitel noch eingehen werde) richtig gewesen; von einem gottähnlichen Standpunkt aus betrachtet, zeige der Superkosmos eine Art Gleichgewicht.

Linde war nicht der erste Physiker, der die Existenz anderer Universen postulierte. Doch während die meisten Theoretiker andere Universen als mathematische Abstraktionen behandeln, die ihnen obendrein noch irgendwie peinlich sind, machte es Linde großen Spaß, über ihre Eigenschaften zu spekulieren.

Bei der Darstellung seiner Theorie vom selbstreproduzierenden Universum machte Linde Anleihen bei der Genetik. Jedes durch Inflation entstandene Universum gebärt seinerseits »Baby-Universen«. Einige dieser Nachkommen bewahren die »Gene« ihrer Vorfahren und entwickeln sich zu ähnlichen Universen mit ähnlichen Naturgesetzen – und vielleicht auch ähnlichen Bewohnern. Unter Berufung auf das anthropische Prinzip meinte Linde, daß eine kosmische Spielart der natürlichen Selektion möglicherweise die Erhaltung von Universen begünstige, die mit hoher Wahrscheinlichkeit intelligentes Leben hervorbringen würden. »Die Tatsache, daß irgendwo Leben, ähnlich dem irdischen, existiert, scheint mir fast sicher zu sein«, sagte er. »Aber wir werden das niemals wissen.«

Wie Alan Guth und andere Kosmologen stellte Linde gern Mutmaßungen darüber an, ob es eines Tages vielleicht möglich sei, inflationäre Universen im Labor zu erzeugen. Doch nur Linde stellte die Frage: Weshalb sollten wir ein anderes Universum erzeugen *wollen*? Welchem Zweck würde dies dienen? Sobald ein kosmischer Ingenieur ein neues Universum erschaffen hätte, würde es sich nach Lindes Berechnungen augenblicklich, mit Überlichtgeschwindigkeit, von seinem Erzeuger trennen, so daß keine weitere Kommunikation möglich wäre.

Andererseits, so mutmaßte Linde, könnte der Ingenieur den präinflationären Materiekern vielleicht so manipulieren, daß er sich zu einem Universum mit spezifischen Dimensionen, physikalischen Gesetzen und Naturkonstanten entwickeln würde. Auf diese Weise könnte der Ingenieur in die Struktur des neuen Universums selbst eine Botschaft einprägen. Nach Lindes Ansicht könnte unser Universum sogar von Wesen eines anderen Universums erschaffen worden sein, so daß Physiker wie Linde bei ihren ungeschickten Bemühungen, die Naturgesetze zu enträtseln, in Wirklichkeit eine Botschaft von unseren kosmischen Eltern entziffern würden.

Linde äußerte diese Ideen mit einer gewissen Vorsicht und

beobachtete meine Reaktion. Erst zum Schluß gestattete er sich ein mattes Lächeln, vielleicht weil ihm mein offener Mund Befriedigung verschaffte. Sein Lächeln verschwand jedoch, als ich wissen wollte, wie die in unser Universum eingeschriebene Botschaft lauten könnte. »Es scheint«, sagte er nachdenklich, »daß wir noch nicht erwachsen genug sind, um diese Frage beantworten zu können.« Linde blickte noch verzagter drein, als ich ihn fragte, ob es ihn nicht bedrücke, daß seine Arbeiten möglicherweise – ich suchte angestrengt nach dem richtigen Wort – Schwachsinn seien.

»In Zeiten tiefer Niedergeschlagenheit empfinde ich mich als totalen Idioten«, antwortete er. »Ich spiele mit einigen sehr primitiven Spielzeugen.« Er fügte hinzu, daß er sich bemühe, sich nicht allzusehr mit seinen eigenen Ideen zu identifizieren. »Manchmal sind die Modelle sehr skurril, und wenn man sie zu ernst nimmt, dann läuft man Gefahr, in eine Falle zu geraten. Ich würde dies mit dem Laufen über sehr dünnes Eis auf einem See vergleichen. Wenn man sehr schnell läuft, sinkt man möglicherweise nicht ein und kann so eine große Strecke zurücklegen. Doch wenn man stehenbleibt und sich fragt, ob man auch in die richtige Richtung läuft, dann geht man vielleicht unter.«

Linde schien sagen zu wollen, daß es ihm als Physiker nicht um *die* Lösung, *Die Antwort* oder auch nur *eine* Antwort gehe, sondern darum, in Bewegung zu bleiben, nicht stillzustehen. Linde verabscheute den Gedanken der Endgültigkeit. Seine Theorie des selbstreproduzierenden Universums ist, vor diesem Hintergrund betrachtet, durchaus plausibel: Wenn das Universum unendlich und ewig ist, dann gilt dies auch für die Wissenschaft, das Streben nach Erkenntnis. Doch selbst eine Physik, die auf unser Universum beschränkt sei, so Linde, könne niemals eine allumfassende Erklärung liefern. »Sie klammert beispielsweise das Bewußtsein völlig aus. Die Physik erforscht die Materie, und das Bewußtsein ist nicht Teil der Materie.« Linde stimmte mit John Wheeler darin überein, daß die Wirklichkeit in gewissem Sinne ein partizipatorisches Phänomen sein müsse. »Bevor man eine Messung durchführt, gibt es kein Universum, nichts, was man objektive Wirklichkeit nennen könnte«, sagte Linde.

Wie Wheeler und Bohm schien Linde von mystischen Sehnsüchten gequält zu werden, die die Physik allein niemals stillen konnte. »Es gibt eine Grenze der rationalen Erkenntnis«, sagte er. »Man kann das Irrationale dadurch erforschen, daß man gleichsam hineinspringt und sich mit Meditation begnügt. Die andere Möglichkeit besteht darin, die Grenzen des Irrationalen mit den Werkzeugen der Rationalität zu erkunden.« Linde hatte sich für die zweite Zugangsweise entschieden, weil die Physik die Möglichkeit bot, »keinen völligen Unsinn« über das Räderwerk des Universums zu reden. »Doch manchmal«, gestand er, »bedrückt mich der Gedanke, als Physiker zu sterben.«

Die Deflation der Inflation

Die Tatsache, daß Linde so große Wertschätzung entgegengebracht worden ist – er wurde von mehreren US-amerikanischen Universitäten umworben, bevor er sich für Stanford entschied –, zeugt sowohl von seinen rhetorischen Fähigkeiten als auch von dem Hunger der Kosmologen nach neuen Ideen. Dennoch entzogen zahlreiche Kosmologen dem Inflationsmodell und vielen anderen bizarren Konzepten, die in den achtziger Jahren aus der Elementarteilchenphysik hervorgegangen waren, zu Beginn der neunziger Jahre ihre Unterstützung. Selbst David Schramm, der sich bei unserem Zusammentreffen in Schweden noch recht optimistisch zur Inflationstheorie geäußert hatte, meldete bei unserem nächsten Gespräch einige Jahre später Vorbehalte an. »Ich *mag* die Inflationstheorie«, sagte Schramm, »aber sie läßt sich niemals voll und ganz verifizieren, weil sie keine einzigartigen Vorhersagen macht, also Vorhersagen, die sich nicht auf andere Weise erklären lassen. Das gibt die Inflationstheorie anders als die Urknalltheorie nicht her«, fuhr Schramm fort, »die kosmische Mikrowellen-Hintergrundstrahlung und die Häufigkeiten leichter Elemente sagen uns: ›Das ist's.‹ Es gibt keine andere Möglichkeit, diese Beobachtungen zu erklären.«

Schramm räumte ein, daß die Theorien der Kosmologen um so spekulativer würden, je weiter sie sich zum Anfang der Zeit vorwagten. Die Kosmologie sei auf eine einheitliche Theorie der Elementarteilchenphysik angewiesen, um Prozesse in der frühesten Phase der Geschichte des Universums beschreiben zu können, doch sei es möglicherweise äußerst schwierig, eine solche einheitliche Theorie zu verifizieren. »Selbst wenn jemand eine so elegante Theorie wie die Superstringtheorie präsentiert, gibt es keinerlei Möglichkeit, sie zu überprüfen. Also verfährt man im Grunde genommen gar nicht nach der wissenschaftlichen Methode, die darin besteht, Vorhersagen zu machen und diese dann zu überprüfen. Man verzichtet auf die experimentelle Überprüfung. Es geht fast nur um die mathematische Konsistenz.«

Könnte die Kosmologie das gleiche Schicksal ereilen wie die Quantenmechanik, in der die Wahrheitskriterien primär ästhetischer Natur sind? »Es ist ein echtes Problem«, erwiderte Schramm, »daß man ohne empirische Überprüfungen eher Philosophie als Physik betreibt. Die Experimente sollen das Universum so reproduzieren, wie wir es beobachten, aber sie liefern eher nachträgliche Erkenntnisse als Vorhersagen.« Es sei jederzeit möglich, daß theoretische Entwürfe der Schwarzen Löcher, Superstrings, Wheelers »It from Bit« und anderer Exotika zu einem Durchbruch führten. »Doch solange wir keine definitiven Tests haben«, sagte Schramm, »und solange wir kein Schwarzes Loch finden, das wir gründlich erforschen können, werden wir nicht ›Heureka!‹ ausrufen, im sicheren Gefühl, die Antwort gefunden zu haben.«

Als Schramm die Tragweite seiner Worte aufging, verfiel er

plötzlich wieder in seine gewohnte, überschwenglich optimistische PR-Manier. Er beteuerte, die Tatsache, daß die Kosmologen so große Mühe hätten, über das Urknallmodell hinauszugelangen, sei ein *gutes* Zeichen, wobei er auf ein allzu vertrautes Argument zurückgriff. »Die Physiker um die Jahrhundertwende waren fest davon überzeugt, die wichtigsten physikalischen Probleme seien gelöst. Es gebe zwar noch einiges an lästigem Kleinkram zu erledigen, aber die großen Fragen seien beantwortet. Doch wir stellten fest, daß dies keineswegs der Fall ist, daß dieses Gefühl vielmehr ein sicheres Indiz dafür ist, daß der nächste große Schritt bevorsteht. Gerade dann, wenn man denkt, das Ende sei in Sicht, stellt man fest, daß es ein ›Wurmloch‹ ist, durch das man zu einer ganz neuen Sicht des Universums gelangt. Und ich vermute, daß genau dies geschehen wird, daß wir immer kleinere Ausschnitte in immer stärkerer Vergrößerung sehen. Wir werden gewisse nagende Probleme sehen, die wir nicht lösen konnten. Doch die Lösung dieser Probleme wird vermutlich ein ganz neues, vielfältiges und spannendes Forschungsfeld eröffnen. Das Unternehmen wird nicht sterben.«[9]

Aber wenn die Kosmologie nun tatsächlich ihren Höhepunkt bereits *hinter* sich hat, insofern es unwahrscheinlich ist, daß sie noch weitere so grundlegende empirische Entdeckungen wie die Urknalltheorie selbst machen wird? Nach Ansicht von Howard Georgi, einem Elementarteilchenphysiker der Harvard University, können sich die Kosmologen glücklich schätzen, daß sie überhaupt etwas mit Sicherheit wissen. »Meines Erachtens muß man die Kosmologie als eine historische Wissenschaft betrachten, vergleichbar der Evolutionsbiologie«, sagte Georgi, ein Mann mit einem Puttengesicht und fröhlich-süffisanter Wesensart. »Sie schauen sich das Universum in seinem heutigen Zustand an und versuchen daraus seine Entwicklung in der Vergangenheit zu extrapolieren. Das ist interessant, aber auch gefährlich, weil es möglicherweise Zufallsereignisse mit weitreichenden Folgen gab. Und sie geben sich alle Mühe herauszufinden, welche Dinge zufällig und welche Merkmale robust sind. Aber es fällt mir schwer, diese Argumente so weit nachzuvollziehen, daß ich völlig davon überzeugt wäre.« Georgi meinte, die Kosmologen könnten vielleicht dadurch zu einer – dringend erforderlichen – größeren Bescheidenheit finden, daß sie die Bücher des Evolutionsbiologen Stephen Jay Gould lesen, der aufzeigt, welche Irrtümer einem unterlaufen können, wenn man die Vergangenheit auf der Grundlage unseres gegenwärtigen Wissens zu rekonstruieren versucht (siehe Kapitel 5).

Georgi lachte verstohlen, vielleicht weil ihm aufging, wie unwahrscheinlich es war, daß irgendein Kosmologe seinen Rat befolgen würde. Wie Sheldon Glashow, dessen Arbeitszimmer am Ende des gleichen Flures lag, hatte Georgi einst zu den Vorkämpfern einer Vereinheitlichung der Physik gehört. Und wie Glashow hatte Georgi später die Superstringtheorie und andere Kandidaten für eine einheitliche Theorie als empirisch nicht überprüfbar und daher unwissenschaftlich verworfen. Das Schicksal der Elementarteilchenphysik und das der Kosmologie seien, so Georgi, bis zu einem gewissen Grad miteinander verflochten. Die Kosmologen hofften, daß eine einheitliche Theorie ihnen helfen werde, den Ursprung des Universums besser zu verstehen. Umgekehrt hofften manche Elementarteilchenphysiker, daß sie ihre Theorien dadurch bestätigen könnten, daß sie durch Teleskope bis zum äußersten Rand des Universums spähten, statt Experimente auf der Erde durchzuführen. »Das erscheint mir ein wenig übertrieben«, meinte Georgi nachsichtig, »aber was soll ich dazu sagen?« Als ich ihn nach seiner Meinung zur Quantenkosmologie fragte, mit der sich Hawking, Linde und andere befaßten, lächelte Georgi verschmitzt. »Ein einfacher Elementarteilchenphysiker wie ich findet sich in diesem wissenschaftlichen Neuland nur schwer zurecht«, sagte er. Er finde Aufsätze über die Quantenkosmologie mit all ihrem Gerede über Wurmlöcher und Zeitreise und Baby-Universen »recht amüsant. Man meint, das

Buch Genesis zu lesen.« Was das Inflationsmodell angehe, so »handelt es sich um einen wunderbaren wissenschaftlichen Mythos, der *mindestens* so schön ist wie alle anderen Schöpfungsmythen, die ich kenne«.[10]

Fred Hoyle, der Sonderling

Es wird immer Wissenschaftler geben, die nicht nur das Inflationsmodell, Baby-Universen und andere hochspekulative Hypothesen, sondern auch die Urknalltheorie selbst ablehnen. Die graue Eminenz unter den Gegnern der Urknalltheorie ist Fred Hoyle, ein britischer Astronom und Physiker. Ein flüchtiger Blick in Hoyles Lebenslauf könnte einem den Eindruck vermitteln, er sei der Insider par excellence. Er studierte an der Universität Cambridge bei dem Nobelpreisträger Paul Dirac, der die Existenz von Antimaterie vorhersagte, die später experimentell bestätigt wurde. Hoyle wurde 1945 Dozent in Cambridge, und in den fünfziger Jahren entwickelte er mit anderen ein theoretisches Modell, das erklärt, wie Sterne die schweren Elemente bilden, aus denen beispielsweise Planeten und Menschen bestehen. Zu Beginn der sechziger Jahre gründete Hoyle an der Universität Cambridge das renommierte Institut für Astronomie und fungierte als dessen erster Direktor. Für diese und andere Verdienste wurde er im Jahre 1972 zum Ritter geschlagen. Dennoch wurde Hoyle aufgrund seiner hartnäckigen Ablehnung der Urknalltheorie – und seines Einsatzes für ausgefallene Ideen auf anderen Gebieten – zu einem Außenseiter in der Disziplin, zu deren Mitbegründern er gehört.

Seit 1988 lebte Hoyle in einem großen Wohnblock in Bournemouth, einer Stadt an der Südküste Englands. Als ich ihn dort besuchte, machte mir seine Frau, Barbara, die Tür auf und führte mich ins Wohnzimmer, wo Hoyle in einem Sessel saß und ein Kricketspiel im Fernsehen verfolgte. Er stand auf und gab mir die Hand, ohne seine Augen vom Fernsehen abzuwenden. Seine Frau, die ihn für seine Unhöflichkeit sanft rügte, ging zum Fernsehgerät und schaltete es aus. Erst jetzt wandte mir Hoyle, der aus einer Hypnose zu erwachen schien, seine ganze Aufmerksamkeit zu.

Ich hatte damit gerechnet, einem verschrobenen und verbitterten Mann zu begegnen, doch Hoyle war fast durchweg von ausgesuchter Liebenswürdigkeit. Mit seiner Stupsnase, seinem vorspringenden Kinn und seiner Vorliebe für Umgangssprache – er nannte Kollegen »Kerle« und eine falsche Theorie »Pfusch« – strahlte er etwas von der Rechtschaffenheit und Herzlichkeit eines Fabrikarbeiters aus. Er schien die Rolle des Außenseiters zu genießen. »Als ich jung war, hielten mich die Alten für einen unerträglichen jungen Burschen, und jetzt, da ich alt bin, halten mich die Jungen für einen unerträglichen alten Kerl.« Er lachte in sich hinein. »Nichts wäre mir peinlicher, als wenn man mich für jemanden halten würde, der ständig das wiederholt, was er schon seit Jahren predigt, wie es viele Astronomen tun. Es würde mich bekümmern, wenn mir jemand sagen würde: ›Ihre Darlegungen sind fachlich nicht fundiert.‹ Das würde mich wirklich bedrücken.« (Tatsächlich hatte man Hoyle beides vorgeworfen: er wiederhole sich und er habe technische Fehler gemacht.)[12]

Hoyle hatte das Talent, seine Ansichten völlig plausibel erscheinen zu lassen – zum Beispiel als er behauptete, die Urkeime des Lebens seien aus dem Weltraum auf die Erde gekommen. Er hatte einmal gesagt, daß die Wahrscheinlichkeit, mit der das Leben durch Urzeugung auf der Erde entstanden sei, genauso hoch sei wie die Wahrscheinlichkeit, daß ein Wirbelsturm, der über einen Schrottplatz hinwegfege, dabei einen B-747 Jumbojet zusammensetze. Bei unserem Gespräch griff Hoyle diesen Punkt auf und wies darauf hin, daß die Erde aufgrund von Asteroideinschlägen mindestens bis vor 3,8 Milliarden Jahren unbewohnbar gewesen sei und daß die ersten zellulären Lebensformen höchstwahrscheinlich vor 3,7 Milliarden Jahren aufgetreten seien. Wenn man sich die gesamte 4,5 Milliarden Jahre alte Geschichte der Erde als einen Tag mit 24 Stunden vorstelle, so Hoyle weiter, dann sei das Leben binnen einer halben Stunde erschienen. »In einer halben Stunde muß man die DNS entdecken und Tausende von Enzymen herstellen, und dies in einer sehr feindlichen Umwelt. Wenn man all dies zusammennimmt, dann stehen die Chancen für die Entstehung des Lebens nicht sonderlich gut.« Während Hoyle sprach, ertappte ich mich dabei, wie ich beifällig nickte. Ganz klar, das Leben konnte gar nicht auf der Erde entstanden sein! Das lag doch auf der Hand. Erst später wurde mir klar, daß nach Hoyles Zeittabelle die Menschenaffen vor etwa 20 Sekunden zu Menschen umgemodelt worden waren und daß die moderne Zivilisation in weniger als 1/10 Sekunde entstanden war. Es mochte unwahrscheinlich sein, aber es war doch geschehen.

Hoyle hatte unmittelbar nach dem Zweiten Weltkrieg in langen Gesprächen mit zwei anderen Physikern, Thomas Gold und Hermann Bondi, erstmals ernsthaft über den Ursprung des Universums nachzudenken begonnen. »Bondi hatte irgendwo einen Verwandten – er schien in aller Welt Verwandte zu haben –, der ihm eine Kiste Rum geschickt hatte«, erinnerte sich Hoyle. Während sich die drei Physiker an Bondis Alkohol gütlich taten, wandten sie sich dem ewigen Rätsel der Jungen und Betrunkenen zu: Wo kommen wir her?

Die Beobachtung, daß sämtliche Galaxien im Kosmos auseinanderstreben, hatte bereits zahlreiche Astronomen davon überzeugt, daß das Universum zu einem bestimmten Zeitpunkt der Vergangenheit durch eine gewaltige Explosion entstanden sein mußte und noch immer expandierte. Hoyles grundsätzlicher Einwand gegen dieses Modell war philosophischer Natur. Von der Entstehung des Universums könne man sinnvollerweise nur dann sprechen, wenn Raum und Zeit als Voraussetzungen der Entstehung bereits gegeben waren. »Man gibt die Universalität der physikalischen Gesetze preis«, erklärte mir Hoyle. »Das ist das Ende der Physik.« Die einzige

Alternative zu dieser Absurdität besteht nach Hoyles Ansicht darin, daß Raum und Zeit von jeher existiert haben müssen. Er, Gold und Bondi stellten daher die »Steady-State-Theorie« auf, die postuliert, daß das Universum räumlich und zeitlich unendlich ist und daß es ständig durch einen unbekannten Mechanismus neue Materie erzeugt.

Nachdem die Entdeckung der kosmischen Hintergrundstrahlung zu Beginn der sechziger Jahre den schlüssigen Beweis für die Urknalltheorie erbracht zu haben schien, ließ Hoyle die Steady-State-Theorie fallen. Doch seine alten Zweifel tauchten in den achtziger Jahren wieder auf, als er miterlebte, wie schwer es den Kosmologen fiel, die Bildung von Galaxien und andere Phänomene zu erklären. »Ich begann zu spüren, daß irgend etwas grundsätzlich falsch war« – nicht nur an neuen Konzepten wie der Inflation und der dunklen Materie, sondern auch an der Urknalltheorie selbst. »Ich glaube fest daran, daß eine richtige Theorie durch eine Menge positiver Beobachtungen bestätigt wird. Im Jahre 1985 war die Theorie bereits zwanzig Jahre alt und man hatte noch immer nicht viel an Beweisen vorzulegen. Das wäre nicht der Fall gewesen, wenn sie richtig wäre.«

Daher ließ Hoyle die Steady-State-Theorie in einer neuen, verbesserten Version wiederauferstehen. Statt eines großen Urknalls habe es im präexistenten Raum und in der präexistenten Zeit zahlreiche kleinere Urknalle gegeben, so Hoyle. Diese kleinen Urknalle seien für die Häufigkeit der leichten Elemente und die Rotverschiebung der Galaxien verantwortlich. Was die kosmische Hintergrundstrahlung anlangte, so vermutete Hoyle, es handele sich um Strahlung, die von einer Art interstellarem Metallstaub emittiert werde. Hoyle gab zu, daß diese »Quasi-Steady-State-Theorie«, die letztlich ein großes Wunder durch zahlreiche kleine Wunder ersetzte, keineswegs vollkommen sei. Doch er betonte, daß neuere Versionen der Urknalltheorie, die die Existenz von Inflation, dunkler Materie und anderen Merkwürdigkeiten postulierten, noch viel mehr Schwachstellen aufwiesen. »Das ist wie mittelalterliche Theologie«, entfuhr es ihm in einem seiner seltenen Wutausbrüche.

Doch je länger Hoyle sprach, um so mehr fragte ich mich, wie ernsthaft seine Zweifel an der Urknalltheorie wirklich waren. In manchen seiner Äußerungen verriet er eine geradezu väterliche Zuneigung zu der Theorie.

Eine der großen Ironien der modernen Wissenschaft liegt darin, daß Hoyle im Jahre 1950, als er im Rundfunk eine Reihe von Vorträgen über Astronomie hielt, den Begriff *Urknall* (Big bang) prägte. Hoyle sagte mir, er wolle entgegen dem, was in vielen Berichten behauptet worden sei, die Theorie nicht verächtlich machen, sondern lediglich beschreiben. Damals, so erinnerte er sich, hätten die Astronomen die Theorie oftmals schlicht »Friedmann-Kosmologie« genannt, nach einem Physiker, der nachgewiesen hatte, daß aus der Einsteinschen Relativitätstheorie notwendig ein expandierendes Universum folgt.

»Das war Gift«, erklärte Hoyle. »Man brauchte ein anschauliches Bild. So kam ich auf den ›Urknall‹. Wenn ich den Begriff patentiert, urheberrechtlich geschützt hätte...«, sagte er versonnen. Im August 1993 schrieb das Magazin *Sky and Telescope* einen Wettbewerb zur Umbenennung der Theorie aus. Nach der eingehenden Prüfung von Tausenden von Vorschlägen erklärte die Jury, keiner der eingereichten Namen sei besser gewesen als *Urknall*.[13] Hoyle sagte, das habe ihn nicht überrascht. »Wörter sind wie Harpunen«, bemerkte er, »sobald sie festsitzen, kann man sie nur noch sehr schwer herausziehen.«

Hoyle schien es nicht verwinden zu können, daß ihm nur ganz knapp die Entdeckung der kosmischen Hintergrundstrahlung entgangen war. Im Jahre 1963 kam Hoyle auf einem Kongreß über Astronomie mit Robert Dicke ins Gespräch, einem Physiker aus Princeton, der plante, nach der kosmischen Mikrowellenstrahlung zu suchen, die von der Urknalltheorie vorhergesagt wurde. Dicke sagte zu Hoyle, er erwarte, daß die Temperatur der Mikrowellenstrahlung bei etwa 20 Grad über dem absoluten Nullpunkt liege (20 K), wie es auch die meisten Theoretiker vorhersagten. Hoyle teilte Dicke mit, daß ein kanadischer Radioastronom namens Andrew McKellar im Jahre 1941 herausgefunden habe, daß die von interstellaren Gaswolken emittierten Mikrowellen eine Temperatur von 3 K und nicht von 20 K besitzen.

Zu Hoyles großem Bedauern hatte weder er noch Dicke während des Gesprächs den naheliegenden Schluß aus McKellars Beobachtung gezogen, nämlich daß die kosmische Hintergrundstrahlung eine Temperatur von 3 K haben könnte. »Wir saßen beisammen und tranken in aller Gemütsruhe unseren Kaffee«, erinnerte sich Hoyle mit lauter werdender Stimme. »Wenn einer von uns beiden gesagt hätte: ›Vielleicht sind es 3 K‹, dann hätten wir das auf der Stelle überprüft, und die Hintergrundstrahlung wäre bereits 1963 entdeckt worden.« Ein Jahr später, kurz bevor Dicke mit seinem Mikrowellenexperiment begann, entdeckten Arno Penzias und Robert Wilson von den Bell Laboratories die 3-Grad-Strahlung, eine Leistung, für die sie später mit dem Nobelpreis ausgezeichnet wurden. »Ich habe das immer als eines der schwersten Versäumnisse meines Lebens empfunden«, seufzte Hoyle, langsam den Kopf schüttelnd.

Weshalb sollte es Hoyle verdrießen, daß er um Haaresbreite die Chance verpaßt hatte, ein Phänomen zu entdecken, dessen Beweiskraft er heute in Abrede stellt? Meiner Ansicht nach hatte Hoyle, wie viele Außenseiter, einst gehofft, ein einflußreiches Mitglied des wissenschaftlichen Establishments zu werden und zu Ruhm und Ehren zu gelangen. Er kam diesem Ziel auch sehr nahe. Doch im Jahre 1972 wurde er – aus politischen, nicht aus wissenschaftlichen Gründen – von der Universitätsverwaltung in Cambridge gezwungen, sein Amt als Direktor des Instituts für Astronomie niederzulegen. Hoyle und seine Frau verließen Cambridge und bezogen ein kleines

Landhaus in einem abgeschiedenen Moor in Nordengland, wo sie fünfzehn Jahre lang lebten, bevor sie nach Bournemouth umsiedelten. In dieser Zeit nahm Hoyles antiautoritäre Einstellung, die ihm einst als Quelle seiner schöpferischen Kraft gedient hatte, eine reaktionäre Färbung an. Er verkam zu einem »notorischen Rebellen« im Sinne Harold Blooms, obgleich er noch immer mit Wehmut daran dachte, was hätte sein können.

Hoyle schien sich noch mit einem anderen Problem herumzuschlagen. Die Aufgabe des Wissenschaftlers besteht darin, Muster in der Natur zu erkennen. Demgemäß läuft er immer Gefahr, Muster zu sehen, wo keine sind. Hoyle scheint in der zweiten Hälfte seiner wissenschaftlichen Laufbahn genau diesem Irrtum aufgesessen zu sein. Er sah Muster bzw. Verschwörungen sowohl in der Struktur des Kosmos als auch unter den Wissenschaftlern, die seine radikalen Ansichten ablehnten. Hoyles Denkmuster kommt in seinen Anschauungen zu biologischen Fragen am deutlichsten zum Vorschein. Seit Beginn der siebziger Jahre verficht er die These, das Universum sei erfüllt von Viren, Bakterien und anderen Organismen. (Hoyle thematisierte diese Möglichkeit erstmals in seinem 1957 erschienenen Buch *Die schwarze Wolke*, dem bis heute bekanntesten seiner zahlreichen Science-fiction-Romane.) Einige dieser durch das Weltall reisenden Mikroben verschlug es nach Hoyles Theorie vor langer Zeit auf die Erde, wo sie zu den Urahnen aller Lebewesen wurden und anschließend auch die Evolution vorantrieben; die natürliche Selektion habe bei der Erschaffung der Vielfalt der Lebensformen nur eine geringe bzw. gar keine Rolle gespielt.[14] Hoyle hat ferner behauptet, daß es immer dann zu Grippe-, Keuchhusten- und anderen Epidemien komme, wenn die Erde Wolken von Krankheitserregern durchquere.

Auf die Frage, weshalb das biomedizinische Establishment weiterhin von der Übertragungsweise von Mensch zu Mensch ausgehe, erwiderte Hoyle mit finsterem Blick: »Sie prüfen die

Daten nicht, sie sagen einfach: ›Es ist falsch‹ und halten an ihrer Lehrmeinung fest. Sie verzapfen immer den gleichen Blödsinn. Und aus diesem Grund hat man Glück, wenn einem in einem Krankenhaus tatsächlich geholfen wird.« Doch wenn der Weltraum von Organismen wimmle, weshalb habe man diese dann noch nicht aufgespürt, fragte ich. Aber das sei doch vermutlich bereits geschehen, versicherte mir Hoyle. Er vermutete, daß die Amerikaner bereits in den sechziger Jahren bei Experimenten an Bord von Höhenballons und anderen Plattformen Beweise für Leben im Weltraum gefunden hatten, die jedoch vertuscht worden seien. Weshalb? Vielleicht aus Gründen der nationalen Sicherheit, gab Hoyle zu bedenken, oder weil die Befunde im Widerspruch zur herrschenden Lehre gestanden hätten. »Die Wissenschaft ist heute in einem Korsett von Paradigmen gefangen«, verkündete er in ernstem Ton. »Jeder Weg ist von Überzeugungen versperrt, die falsch sind, und wer heute versucht, einen Aufsatz, der dem herrschenden Paradigma zuwiderläuft, in einer Zeitschrift unterzubringen, scheitert am Veto der Herausgeber.«

Hoyle betonte, daß er, entgegen anderslautenden Berichten, nicht glaube, daß das AIDS-Virus aus dem Weltall stamme. Es »ist ein so seltsames Virus, daß sich mir der Verdacht aufdrängt, es sei im Labor erzeugt worden«, sagte er. Wollte Hoyle damit sagen, daß der Krankheitserreger möglicherweise im Rahmen eines Programms zur biologischen Kriegsführung, das schiefging, hergestellt worden sei? »Ja, das ist mein Eindruck«, antwortete er.

Hoyle vertrat außerdem die Ansicht, das gesamte Universum entfalte sich nach einem kosmischen Plan. Das Universum ist »ganz offensichtlich das Ergebnis eines geheimen Komplotts«, sagte Hoyle. »Es gibt zu viele Dinge, die zufällig aussehen, aber es in Wirklichkeit nicht sind.« Als ich Hoyle fragte, ob er glaube, daß eine übernatürliche Intelligenz die Dinge steuere, nickte er mit ernstem Gesicht. »Das ist meine persönliche Sicht Gottes. Es ist ein Komplott, aber auf welche

Weise es arrangiert wird, das weiß ich nicht.« Gewiß sind viele von Hoyles Kollegen – ja vermutlich die meisten Menschen – mit ihm der Ansicht, daß das Universum das Produkt eines Plans ist, sein muß. Und vielleicht stimmt das ja auch. Wer weiß? Doch seine Behauptung, Wissenschaftler würden vorsätzlich Beweise für die Existenz von Mikroben im Weltall oder für schwerwiegende Fehler in der Urknalltheorie unterdrücken, offenbart eine grundlegende Fehleinschätzung seiner Kollegen. Denn die meisten Wissenschaftler *sehnen* sich geradezu nach solchen revolutionären Entdeckungen.

Das Sonnen-Prinzip

Läßt man Hoyles Verstiegenheiten einmal außer acht, so ist es durchaus möglich, daß künftige Beobachtungen seine Zweifel an der Urknalltheorie zumindest teilweise bestätigen werden. Vielleicht werden die Astronomen herausfinden, daß die kosmische Hintergrundstrahlung nicht von dem explosionsartigen Urknall herstammt, sondern von einer prosaischeren Quelle, etwa dem Staub in unserer Milchstraße, emittiert wird. Auch der Beweis, der sich auf Kernfusionsreaktionen stützt, ist vielleicht nicht so schlüssig, wie es Schramm und andere Verfechter der Urknalltheorie behauptet haben. Doch selbst wenn diese beiden Stützpfeiler der Theorie fallen sollten, wird sie noch immer von dem Phänomen der Rotverschiebung untermauert, die selbst Hoyle als Beweis für die Expansion des Universums anerkennt.

Die Urknalltheorie ist für die Astronomie, was die Darwinsche Theorie der natürlichen Selektion für die Biologie war: ein übergeordnetes Rahmenmodell, das Konsistenz, Sinn und Bedeutung vermittelt. Das heißt nicht, daß die Theorie sämtliche Phänomene erklären kann oder jemals erklären wird. Trotz ihrer engen Beziehung zur Elementarteilchenphysik, der exaktesten aller Naturwissenschaften, ist die Kosmologie selbst keineswegs eine exakte Naturwissenschaft. Dies zeigt sich beispielsweise an dem anhaltenden Unvermögen der Astronomen, sich über den genauen Wert der Hubble-Konstante zu einigen, die ein Maß für die Größe, das Alter und die Expansionsgeschwindigkeit des Universums ist. Um die Hubble-Konstante herzuleiten, muß man das Ausmaß der Rotverschiebung der Galaxien und ihren Abstand von der Erde messen. Die erste Messung ist einfach, aber die zweite ist ungeheuer kompliziert. Denn die Astronomen können nicht einfach davon ausgehen, daß die scheinbare Helligkeit einer Galaxie proportional zu ihrer Entfernung ist; die Entfernung der Galaxie von der Erde mag gering sein, aber genausogut kann die Galaxie auch einfach an sich eine große Helligkeit besitzen. Einige Astronomen beteuern, daß das Universum maximal 10 Milliarden Jahre alt sei; andere sind sich ebenso sicher, daß es mindestens 20 Milliarden Jahre alt sein müsse.[15]

Aus der Diskussion über die Hubble-Konstante können wir eine folgenschwere Lehre ziehen: Selbst wenn die Kosmologen scheinbar einfache Berechnungen durchführen, müssen sie verschiedene Annahmen machen, die sich auf ihre Ergebnisse auswirken; genauso wie die Evolutionsbiologen und die Historiker müssen sie ihre Daten interpretieren. Man sollte daher sämtliche Thesen, die auf vermeintlich hochexakten Berechnungen basieren (wie etwa Schramms Behauptung, daß die Berechnungen über die Kernfusionsreaktionen bis auf fünf Stellen hinter dem Komma mit den theoretischen Vorhersagen übereinstimmen), mit großen Vorbehalten aufnehmen.

Genauere Beobachtungen kosmischer Vorgänge werden nicht notwendigerweise die Unsicherheiten bezüglich der Hubble-Konstante oder anderer Probleme beseitigen. Bedenken wir, daß unsere eigene Sonne der rätselhafteste aller Sterne ist. So wissen wir beispielsweise bis heute nicht genau, wodurch die Sonnenflecken verursacht werden oder weshalb ihre Anzahl in Perioden von ungefähr zehn Jahren zu- bzw. abnimmt. Unsere Fähigkeit, das Universum mit einfachen, eleganten Modellen zu beschreiben, beruht weitgehend auf einem Mangel an Daten, auf unserer Unwissenheit. Je deutlicher wir das Universum in all seinen wunderbaren Einzelheiten erkennen, um so schwieriger wird es für uns, mit einer einfachen Theorie zu erklären, wie es zu dem geworden ist, was es ist. Wissenschaftler, die die Menschheitsgeschichte erforschen, sind sich dieses Paradoxons wohl bewußt, doch den Kosmologen mag es schwerfallen, sich damit abzufinden.

Diesem Sonnen-Prinzip zufolge ist damit zu rechnen, daß zahlreiche der exotischen Annahmen der Kosmologie irgendwann aufgegeben werden müssen. Noch zu Beginn der siebziger Jahre wurden Schwarze Löcher als theoretische Kuriositäten betrachtet, die man nicht ernst zu nehmen brauchte. (Selbst Einstein war nach Darstellung von Freeman Dyson der Ansicht gewesen, Schwarze Löcher seien »ein Schönheitsfehler seiner Theorie, der durch eine bessere mathematische Formulierung beseitigt werden würde«.)[16] Doch nachdem John Wheeler und andere kräftig die Werbetrommel für sie rührten, wurden sie nach und nach als reale Objekte anerkannt. Viele Theoretiker sind heute davon überzeugt, daß fast alle Galaxien einschließlich unserer eigenen in ihren Zentren riesige Schwarze Löcher beherbergen. Der Grund für diese Akzeptanz liegt darin, daß niemand eine bessere Erklärung für die gewaltige Vernichtung von Materie im Zentrum der Galaxien hat.

Diese Argumentation basiert auf unserer Unwissenheit. Die Astronomen sollten sich selbst folgende Frage stellen: Was würden sie vorfinden, wenn sie sich auf irgendeine Weise ins Zentrum des Andromeda-Nebels oder unserer eigenen Milchstraße versetzen könnten? Würden sie auf etwas stoßen, das den Schwarzen Löchern gleicht, wie sie von der herrschenden Theorie postuliert werden, oder würden sie etwas ganz anderes entdecken, etwas, das sich niemand vorstellte bzw. vorstellen konnte? Nach dem Sonnen-Prinzip ist letzteres wahrscheinlicher. Wir Menschen werden vielleicht niemals direkt in das durch Staubnebel verfinsterte Zentrum unserer Galaxie – geschweige denn einer anderen Galaxie – blicken können, aber vielleicht werden wir neue Erkenntnisse gewinnen, die es uns erlauben, Zweifel an der Hypothese von der Existenz Schwarzer Löcher anzumelden. Vielleicht werden wir so viel neue Erkenntnisse gewinnen, daß wir erneut erkennen, wie wenig wir wissen.

Das gleiche gilt für die Kosmologie im allgemeinen. Wir haben eine höchst erstaunliche, grundlegende Eigenschaft des Universums in Erfahrung gebracht. Wir wissen, daß das Universum expandiert, und zwar bereits seit 10 bis 20 Milliarden Jahren, so wie die Evolutionsbiologen wissen, daß sämtliche Lebensformen durch natürliche Selektion aus einem gemeinsamen Urahnen hervorgegangen sind. Doch die Kosmologen werden dieses Grundmodell wahrscheinlich ebensowenig überwinden wie die Evolutionsbiologen den Darwinismus. David Schramm hatte recht. In der Zukunft wird man die ausgehenden achtziger und beginnenden neunziger Jahre des 20. Jahrhunderts als das goldene Zeitalter der Kosmologie in Erinnerung behalten, in dem diese Wissenschaft ein vollkommenes Gleichgewicht zwischen Wissen und Unwissenheit erreichte. Je mehr der Datenstrom in den kommenden Jahren anschwillt, um so mehr wird sich die Kosmologie der Botanik angleichen und zu einer riesigen Sammlung empirischer Fakten werden, die nur locker von einer Theorie zusammengehalten werden.

Das Ende der Entdeckungen

Wissenschaftler verfügen nicht über die Fähigkeit, unbegrenzt interessante neue Dinge über das Universum herauszufinden. Martin Harwit, ein Astrophysiker und Wissenschaftshistoriker, der bis 1995 das National Air and Space Museum der Smithsonian Institution in Washington, D. C., leitete, erwähnte diesen Punkt in seinem 1981 erschienenen Buch *Die Entdeckung des Kosmos*:

> Die Geschichte der meisten Entdeckungsbemühungen folgt einem gemeinsamen Muster, ob wir nun die Entdeckung von Insektenarten betrachten, die Erforschung der Ozeane nach Kontinenten und Inseln oder die Suche nach Erdölvorkommen im Boden. Anfangs wird eine wachsende Anzahl von Forschern von dem neuen Gebiet angezogen, und die Entdeckungsrate wächst steil an. Neue Ideen und neue Instrumente werden bei der Suche angewandt, und das Tempo der Entdeckungen nimmt zu. Bald jedoch nimmt die Zahl der noch zu machenden Entdeckungen ab, und trotz der hohen Effizienz der inzwischen entwickelten Methoden sinkt die Häufigkeit von Entdeckungen. Die Suche nähert sich einem Ende. Gelegentlich wird man auf eine zuvor übersehene Erscheinung stoßen oder einer ausnehmend seltenen Spezies begegnen, doch die Entdeckungshäufigkeit beginnt rasch abzusinken und verliert sich schließlich in einem Rinnsal. Das Interesse läßt nach, die Forscher kehren dem Gebiet den Rücken, und die Aktivität kommt praktisch zum Erliegen.[17]

Anders als stärker experimentell ausgerichtete Wissenschaftsgebiete, so Harwit, sei die Astronomie eine weitgehend passive Aktivität. Wir könnten Himmelserscheinungen nur mit Hilfe der Information nachweisen, die uns, überwiegend in Form elektromagnetischer Strahlung, aus dem Weltall erreiche. Harwit stellte verschiedene Vermutungen an über Verbesserungen von Beobachtungstechniken, wie etwa optischer Teleskope, und über neue, in der Entwicklung befindliche Technologien wie etwa Gravitationswellendetektoren. Anhand eines Graphen veranschaulichte er die Rate, mit der neue kosmologische Entdeckungen in der Vergangenheit gemacht worden waren und vermutlich in Zukunft gemacht würden. Der Graph zeigte eine Gauß-Kurve, deren spitz zulaufender Scheitelpunkt im Jahre 2000 liegt. In jenem Jahr, so Harwit, werden wir etwa die Hälfte aller Erscheinungen entdeckt haben, die wir entdecken können. Im Jahr 2200 werden wir dann etwa 90 Prozent aller zugänglichen Phänomene entdeckt haben, und der Rest wird im Verlauf der nächsten Jahrtausende wie ein immer spärlicher fließendes Rinnsal folgen.

Harwit räumte ein, daß dieses Szenario durch verschiedene Entwicklungen beeinflußt werden könnte. »Politische Faktoren könnten bestimmen, daß die Astronomie künftig geringere finanzielle Unterstützung erhält. Ein Krieg könnte die Suche derart beeinträchtigen, daß sie praktisch zum Erliegen kommt, wenn auch die Nachkriegszeit, falls es eine gäbe, die Astronomen mit ausgedientem Militärgerät versorgen könnte, das wiederum die Entdeckungsrate beschleunigen würde.«[18] Hinter jeder Wolke zeigt sich ein Silberstreifen am Horizont.

Solange wir so phantasiereiche und ehrgeizige Dichter wie Hawking, Linde, Wheeler und, ja doch, auch Hoyle haben, wird die ironische Kosmologie fortbestehen. Ihre Visionen stimmen uns einerseits bescheiden, insofern sie uns die Begrenztheit unseres empirischen Wissens vor Augen führen, und andererseits heiter, da sie gleichzeitig von der Grenzenlosigkeit der menschlichen Einbildungskraft zeugen. Die gelungensten Werke der ironischen Kosmologie können dafür sorgen, daß wir unsere ehrfürchtige Scheu vor dem Universum bewahren. Aber sie genügen nicht mehr dem Anspruch der Wissenschaftlichkeit.

5. DAS ENDE DER EVOLUTIONSBIOLOGIE

Richard Dawkins, Darwins Bannerträger

Kein anderes Wissenschaftsgebiet trägt so schwer an seiner Vergangenheit wie die Evolutionsbiologie. Sie ist durchdrungen von dem, was der Literaturwissenschaftler Harold Bloom »Einflußangst« nannte. Die Evolutionsbiologie läßt sich weitgehend als das fortdauernde Bemühen der geistigen Erben Darwins definieren, sich gegen dessen erdrückenden Einfluß zu behaupten. Darwin stützte seine Theorie der natürlichen Auslese, den zentralen Stützpfeiler seiner Weltsicht, auf zwei Beobachtungen. Erstens, Pflanzen und Tiere bringen in der Regel mehr Nachkommen hervor, als ihre Umwelt ernähren kann. (Darwin übernahm diese Idee von dem britischen Wirtschaftswissenschaftler Thomas Malthus.) Zweitens, diese Nachkommen unterscheiden sich geringfügig von ihren Eltern und voneinander. Darwin folgerte daraus, daß jeder Organismus in seinem Bemühen, lange genug am Leben zu bleiben, um Nachkommen zu zeugen, entweder direkt oder indirekt mit anderen Individuen seiner Art konkurriert. Das Überleben jedes Individuums ist zwar auch vom Zufall abhängig, doch die Natur begünstigt bzw. selektiert jene Organismen, deren Variationen ihnen eine geringfügig höhere Fitneß verleihen, so daß sie höhere Chancen haben, lange genug am Leben zu bleiben, um sich fortzupflanzen und ihre adaptiven Variationen an ihre Nachkommen weiterzugeben.

Darwin konnte nur vermuten, was die allesentscheidenden Variationen zwischen den Generationen hervorbringt. In seinem 1859 erschienenen Werk *Über die Entstehung der Arten* erwähnte er eine von dem französischen Biologen Jean-Baptiste Lamarck aufgestellte Hypothese, wonach Organismen nicht nur ererbte, sondern auch erworbene Merkmale an ihre Nachkommen weitergeben könnten. So soll etwa das ständige

Recken des Halses nach hochhängenden Blättern an einem Baum die Samen- bzw. Eizellen einer Giraffe so verändern, daß ihre Nachkommen mit längeren Hälsen geboren würden. Doch Darwin mißfiel die Vorstellung, daß die Adaptation ein gerichteter Prozeß sei. Er nahm vielmehr an, daß Variationen zwischen Generationen zufallsbedingt sind und daß sie nur unter dem Druck der natürlichen Selektion einen Anpassungsvorteil vermitteln und die Evolution vorantreiben.

Darwin wußte nicht, daß ein Zeitgenosse von ihm, der österreichische Mönch Gregor Mendel, Experimente durchführte, deren Ergebnisse die Lamarcksche Theorie widerlegen und Darwins Vermutung bestätigen würden. Mendel war der erste Wissenschaftler, der erkannte, daß sich natürliche Lebensformen in diskrete Merkmale untergliedern lassen, die durch *Erbpartikel* bzw. Gene von einer Generation an die nächste weitergegeben werden. Die Gene verhindern die Vermischung von Merkmalen und erhalten sie auf diese Weise. Die Neukombination der Gene, die bei der geschlechtlichen Fortpflanzung stattfindet, bringt zusammen mit gelegentlichen genetischen Fehlern (Mutationen) die Mannigfaltigkeit der Varianten hervor, die erforderlich ist, damit die natürliche Selektion ihr Zauberwerk verrichten kann.

Mendels 1865 erschienener Aufsatz über die Züchtung von Erbsen wurde bis zur Jahrhundertwende von der wissenschaftlichen Forschergemeinde weitgehend ignoriert. Und selbst nach ihrer Wiederentdeckung wurde die Mendel-Genetik nicht sofort mit der Darwinschen Theorie verknüpft. Einige der ersten Genetiker waren der Auffassung, daß genetische Mutation und sexuelle Rekombination die Evolution unabhängig von der natürlichen Selektion in bestimmte Bahnen lenken könnten. Doch in den dreißiger und vierziger Jahren des 20. Jahrhunderts verschmolzen Ernst Mayr von der Harvard University und andere Evolutionsbiologen die Darwinschen Ideen mit der Genetik zu einer leistungsfähigen modifizierten Version seiner Theorie, der sogenannten »Synthetischen Evolutionstheorie«, der zufolge die Erscheinungsform und Vielfalt der Organismen in erster Linie durch die natürliche Selektion hervorgebracht wird.

Die Aufklärung der Struktur der DNS – die gleichsam als Blaupause dient, nach der sämtliche Organismen gebaut sind – bestätigte Darwins Vermutung, daß alle Lebensformen miteinander verwandt sind und von einem gemeinsamen Urahnen abstammen. Die Entdeckung von Watson und Crick enthüllte auch die Grundlage für Kontinuität und Variation, die die natürliche Selektion erst möglich machen. Darüber hinaus legte die Molekularbiologie nahe, daß sämtliche biologischen Phänomene auf mechanisch-physikalische Weise erklärt werden könnten.

Dies war jedoch nach Ansicht von Gunther Stent keineswegs eine zwangsläufige Schlußfolgerung. In *The Coming of the Golden Age* wies er darauf hin, daß – vor der Aufklärung der DNS-Struktur – einige prominente Naturwissenschaftler davon überzeugt gewesen seien, daß sich die herkömmlichen naturwissenschaftlichen Methoden und Annahmen als unzureichend erweisen würden, um die Vererbung und andere grundlegende biologische Fragen zu verstehen. Diese Auffassung wurde vor allem von dem Physiker Niels Bohr vertreten. Er behauptete, daß die Biologen, ähnlich wie die Physiker, denen bei ihren Versuchen, das Verhalten eines Elektrons zu verstehen, die Unbestimmtheitsrelation im Wege stehe, an eine fundamentale Grenze stoßen würden, wenn sie versuchten, allzu tief in lebende Organismen einzudringen:

> Es bleibt eine Unsicherheit hinsichtlich des physischen Zustands, dem [der Organismus] unterworfen ist, und die Annahme selbst legt die Vermutung nahe, daß das Mindestmaß an Freiheit, das wir dem Organismus in dieser Hinsicht einräumen müssen, gerade groß genug ist, um seine letzten Geheimnisse vor uns zu verbergen. Aus dieser Sicht muß die Existenz des Lebens in der Biologie als Ausgangspunkt betrachtet werden, so wie das Plancksche Wirkungsquantum, das vom Standpunkt der klassi-

schen Mechanik als ein irrationales Element erscheint, zusammen mit der Existenz der Elementarteilchen die Grundlage der Quantenmechanik bildet.[2]

Stent beschuldigte Bohr, er versuche die alte, als überholt geltende Lehre des Vitalismus wiederzubeleben, wonach das Leben von einer geheimnisvollen Substanz bzw. Kraft hervorgebracht wird, die nicht auf physikalische Prozesse zurückgeführt werden kann. Doch Bohrs vitalistische Auffassung ist nicht bestätigt worden. Vielmehr hat die Molekularbiologie eines von Bohrs eigenen Dikta bewiesen, daß nämlich die Wissenschaft dort, wo sie am erfolgreichsten ist, Geheimnisse in Trivialitäten verwandelt (wenn auch nicht unbedingt in leichtverständliche).[3]

Was kann ein ehrgeiziger junger Biologe tun, um sich in der postdarwinistischen, Post-DNS-Ära einen Namen zu machen? Eine Möglichkeit besteht darin, darwinistischer als Darwin zu sein und die Darwinsche Theorie als letztgültige, unüberbietbare Wahrheit über die Natur zu akzeptieren. Diesen Weg hat der »Oberaufklärer« und Reduktionist Richard Dawkins von der University of Oxford beschritten. Er hat aus dem Darwinismus eine furchteinflößende Waffe geschmiedet, mit der er alle Ideen zertrümmert, die seine entschieden materialistische, nichtmystische Konzeption des Lebens in Frage stellen. Er scheint das Fortbestehen des Kreationismus und anderer antidarwinistischer Lehren als eine persönliche Beleidigung zu empfinden.

Ich begegnete Dawkins erstmals bei einer Versammlung, die von seinem Agenten in Manhattan arrangiert worden war.[4] Er ist ein kühl wirkender, gutaussehender Mann mit Adleraugen, einer scharf geschnittenen Nase und nicht recht dazu passenden rosigen Wangen. Er trug einen augenscheinlich teuren, maßgeschneiderten Anzug. Wenn er seine feingeäderten Hände ausstreckte, um einem Argument Nachdruck zu verleihen, zitterten sie leicht. Es war kein Zittern aus Nervosität, sondern das Vibrieren eines gestählten Elitekämpfers, der in der Schlacht der Ideen an vorderster Front kämpfte: Darwins Bannerträger.

Nicht nur in seinen Büchern, sondern auch in Person verströmte Dawkins ein unerschütterliches Selbstbewußtsein. Vielen seiner Äußerungen schien eine unausgesprochene Einleitung vorangestellt zu sein: »Wie jeder, der auch nur einen Funken Verstand hat, begreifen kann...« Als bekennender Atheist verkündete Dawkins, er gehöre nicht zu den Wissenschaftlern, die glaubten, Wissenschaft und Religion behandelten unterschiedliche Fragen und könnten daher problemlos nebeneinander bestehen. Die meisten Religionen behaupteten, so Dawkins, Gott sei für die Plan- und Zweckmäßigkeit, die sich in den Lebewesen widerspiegele, verantwortlich. Dawkins war dazu entschlossen, diese Ansicht auszumerzen. »Sämtliche Zweckhaftigkeit geht letztlich auf die natürliche Selektion zurück«, sagte er. »Das ist meine tiefste Überzeugung.«

Dawkins verbrachte dann etwa 45 Minuten damit, seine ultrareduktionistische Theorie der Evolution darzulegen. Er meinte, wir sollten uns Gene als kleine Software-Einheiten vorstellen, die nur ein Ziel hätten: weitere Kopien von sich selbst herzustellen. Nelken, Geparden und alle übrigen Lebewesen seien lediglich komplexe Vehikel, die diese »Selbstkopierprogramme« erzeugt hätten, um ihnen bei der Fortpflanzung zu helfen. Auch die Kultur basiere auf Selbstkopierprogrammen, die Dawkins Meme nennt. Dawkins forderte uns auf, wir sollten uns ein Buch mit folgender Botschaft vorstellen: Glaube, was in diesem Buch steht, und sorge dafür, daß deine Kinder ebenfalls daran glauben, sonst wirst du nach deinem Tod an einem sehr ungemütlichen Ort namens Hölle landen. »Das ist ein sehr effizienter Selbstkopiercode. Niemand ist so dumm, einfach dem Befehl zu folgen: ›Glaube daran und sag deinen Kindern, daß sie ebenfalls daran glauben sollen.‹ Man muß ein wenig subtiler vorgehen und das Ganze auf raffinierte Weise verpacken. Sie wissen, wovon ich spreche.« Natürlich. Das Christentum ist, wie alle Religionen, ein außerordentlich erfolgreicher Kettenbrief. Was könnte plausibler klingen?

Im Anschluß daran beantwortete Dawkins Fragen aus dem Publikum, einem buntzusammengewürfelten Haufen von Journalisten, Lehrern, Verlagslektoren und anderen Halbintellektuellen. Unter den Zuhörern war auch John Perry Barlow, ein ehemaliger Hippie und gelegentlicher Texter für die Rockgruppe Grateful Dead, der sich in einen New-Age- und Cyber-Propheten verwandelt hatte. Barlow, ein vierschrötiger Mann, der ein großes rotes Halstuch trug, stellte Dawkins eine langatmige Frage darüber, wo Information *wirklich* existiere.

Dawkins kniff die Augen zusammen, und seine Nasenlöcher bebten ganz leicht, als würden sie die Witterung verworrener Gedanken aufnehmen. Es tue ihm leid, sagte er, aber er verstehe die Frage nicht. Barlow sprach etwa eine weitere Minute lang. »Ich habe den Eindruck, Sie wollen auf etwas hinaus, das Sie, nicht aber mich interessiert«, sagte Dawkins, worauf er den Raum nach einem anderen Fragesteller absuchte. Urplötzlich schien der Raum um einige Grade frostiger geworden zu sein.

Später, als über außerirdisches Leben diskutiert wurde, bekräftigte Dawkins seine Überzeugung, daß die natürliche Selektion ein kosmisches Prinzip sei; wo immer es Leben gebe, sei die natürliche Selektion am Werk gewesen. Allerdings könne Leben im Universum nicht allzu häufig sein, da wir bislang weder auf anderen Planeten unseres Sonnensystems noch irgendwo sonst im Kosmos auf Spuren von Leben gestoßen seien. Der unverzagte Barlow unterbrach ihn mit der Bemerkung, daß unsere Unfähigkeit, extraterrestrische Lebensformen aufzuspüren, möglicherweise auf Unzulänglichkeiten unseres Wahrnehmungsvermögens zurückzuführen sei. »Wir wissen nicht, wer das Wasser entdeckte«, fügte Barlow bedeutungsschwanger hinzu, »aber wir können ziemlich sicher sein, daß es nicht die Fische waren.« Dawkins schaute Barlow fest an. »Sie meinen also, daß wir sie die ganze Zeit vor der Nase haben«, fragte Dawkins, »aber nicht sehen?« Barlow nickte. »Gewiß«, seufzte Dawkins, als ob er alle Hoffnung fahrenließ, eine unsäglich dumme Welt aufzuklären.

Auch Biologen, die es gewagt hatten, das Grundparadigma des Darwinismus in Frage zu stellen, hatte Dawkins rüde zurechtgewiesen. Er hat mit bezwingender Überzeugungskraft dargetan, daß alle Versuche, die Darwinsche Lehre in irgendeinem wesentlichen Aspekt abzuwandeln bzw. zu überbieten, mit Fehlern behaftet seien. So verkündete er im Vorwort seines 1986 erschienenen Buches *Der blinde Uhrmacher*: »Dieses Buch ist in der Überzeugung geschrieben, daß unsere eigene Existenz zwar früher einmal das größte aller Rätsel war, heute aber kein Geheimnis mehr darstellt, da das Rätsel gelöst ist. Gelöst haben es Darwin und Wallace, auch wenn wir ihrer Erklärung wohl noch eine Zeitlang Fußnoten anfügen werden.«[5]

»In einer solchen Aussage ist immer eine rhetorische Überspitzung enthalten«, antwortete Dawkins, als ich ihn später auf die Bemerkung mit den Fußnoten ansprach. »Andererseits ist die rhetorische Überspitzung gerechtfertigt, insofern Darwin tatsächlich das Rätsel gelöst hat, wie das Leben entstanden ist und wie es die Schönheit, Anpassungsfähigkeit und Komplexität entwickelt hat, die es heute besitzt.« Dawkins stimmte mit Gunther Stent darin überein, daß alle großen Fortschritte in der Biologie seit Darwin – Mendels Beweis, daß Gene diskrete Einheiten darstellen; die Aufklärung der Doppelhelixstruktur der DNS durch Watson und Crick – die Darwinsche Grundidee eher stützten als widerlegten.

Die Molekularbiologie hat unlängst enthüllt, daß die Wechselwirkungen zwischen DNS, RNS (Ribonukleinsäure) und Proteinen zwar sehr viel komplexer sind als ursprünglich angenommen, aber dies ändert nichts an der Gültigkeit des grundlegenden Paradigmas der Genetik – der DNS-gestützten Genübertragung. »Ein grundlegendes Umdenken wäre erst dann erforderlich«, sagte Dawkins, »wenn ein vollständiger Organismus, etwa ein Zebra in der Serengeti, ein Merkmal erwerben würde, etwa das Erlernen eines neuen Wegs zu einem Wasserloch, das in das Genom rückcodiert werden könnte. Wenn so etwas geschehen würde, dann würde ich – ohne Scherz – einen Besen fressen.«

Es gebe noch immer einige große biologische Rätsel wie etwa den Ursprung des Lebens, der Sexualität und des menschlichen Bewußtseins. Auch die Entwicklungsbiologie, die erforsche, wie aus einer einzelnen befruchteten Eizelle ein Salamander oder auch ein Prediger werde, werfe grundlegende Fragen auf. »Wir müssen herausfinden, wie das funktioniert, und dieser Vorgang ist zweifellos sehr, sehr kompliziert.« Aber Dawkins versicherte, daß die Entwicklungsbiologie, wie die Molekulargenetik vor ihr, das Darwinsche Paradigma lediglich mit weiteren Details anreichern werde.

Dawkins hatte »die Nase voll« von Intellektuellen, die behaupteten, die Naturwissenschaft allein könne die grundlegenden Existenzfragen nicht beantworten. »Sie glauben, die Wissenschaft sei zu anmaßend und es gebe gewisse Fragen, die die Wissenschaft nichts angingen und die von jeher nur religiöse Menschen interessiert hätten. Als ob *sie* irgendwelche Antworten parat hätten. Es ist eine Sache, zu sagen, es ist sehr schwer zu erklären, wie das Universum entstanden ist, was den Urknall ausgelöst hat und was Bewußtsein ist. Aber wenn es den Wissenschaftlern schon schwerfällt, ein Phänomen zu verstehen, dann können Sie Gift darauf nehmen, daß erst recht niemand anders eine Erklärung dafür finden wird.« Dawkins zitierte mit sichtlichem Vergnügen eine Äußerung des großen britischen Biologen Peter Medawar, nach der einige Menschen »großes Vergnügen daran finden, sich in einem tiefen Morast geistiger Trägheit zu suhlen. Ich will verstehen«, fügte Dawkins mit scharfer Stimme hinzu, »und verstehen heißt für mich, auf wissenschaftliche Weise verstehen.«

Ich fragte Dawkins, weshalb seine Botschaft – daß Darwin

uns alles Wichtige, was wir über das Leben wissen und wissen müssen, gelehrt habe – seines Erachtens nicht nur bei Kreationisten, New-Age-Anhängern und spitzfindigen Philosophen, sondern auch bei sachkundigen Biologen auf Widerstand stoße. »Vielleicht drücke ich mich nicht klar genug aus«, erwiderte er. Doch es ist wohl eher das Gegenteil der Fall. Dawkins trägt seine Auffassung mit bestechender Klarheit vor, so daß kein Raum bleibt für Rätselhaftigkeit, für Sinn oder Bedeutung – oder auch für grundlegende wissenschaftliche Entdeckungen, die über die Darwinsche Theorie hinausführen könnten.

Das Zufalls-Modell von Stephen Jay Gould

Natürlich mißfällt einigen Biologen die Vorstellung, daß sie Darwins Opus magnum lediglich einige Fußnoten anfügen. Einer der (im Bloomschen Sinne) »stärksten« Nachfahren Darwins ist Stephen Jay Gould von der Harvard University. Gould versucht, dem Einfluß Darwins dadurch zu widerstehen, daß er die Erklärungskraft der Darwinschen Theorie in Zweifel zieht. Er begann in den sechziger Jahren damit, seinen philosophischen Standpunkt abzustecken, in dem er die altehrwürdige Lehre des Uniformitarismus angriff, wonach die geophysikalischen Kräfte, die die Erde und das Leben formten, mehr oder minder konstant geblieben sind.[6]

Im Jahre 1972 dehnten Gould und Niles Eldredge vom American Museum of Natural History in New York diese Kritik am Uniformitarismus auf die Evolutionslehre aus, indem sie die Theorie des »durchbrochenen Gleichgewichts« einführten (die von Kritikern von Gould und Eldredge auch »Evolution in Sprüngen« genannt wurde).[7] Sie behaupteten, daß sich die Entstehung neuer Arten nur selten nach dem von Darwin beschriebenen Muster der graduellen, linearen Evolution vollziehe. Vielmehr sei die Artbildung ein in relativ kurzer Zeit ablaufendes Ereignis, das eintrete, sobald sich eine Gruppe von Organismen von ihrer stabilen Elternpopulation absondere und ihren eigenen genetischen Weg einschlage. Die Artenbildung fuße nicht auf den von Darwin (und Dawkins) beschriebenen adaptiven Prozessen, sondern auf viel spezielleren, komplexeren und zufälligeren Faktoren.

In seinen späteren Schriften tat sich Gould als scharfer Kritiker zweier Annahmen hervor, die seines Erachtens unausgesprochen in zahlreichen Deutungen der Darwinschen Theorie enthalten sind: Fortschritt und Zwangsläufigkeit. Weder verlaufe die Evolution gerichtet, so Gould, noch sei die Entstehung eines ihrer Produkte – wie etwa des *Homo sapiens* – in irgendeinem Sinne unvermeidlich; wenn man das »Band des Lebens« eine Million Mal abspiele, dann würde dieser eigenartige Menschenaffe mit dem überdimensionierten Gehirn möglicherweise nie entstehen. Gould griff auch den genetischen Determinismus in all seinen Erscheinungsformen an, gleich ob er sich in pseudowissenschaftlichen Thesen über den Zusammenhang zwischen Rasse und Intelligenz oder in viel solideren Theorien der Soziobiologie niederschlug. Gould verpackt seine Skepsis in einer Prosa, die zahlreiche Beispiele aus der Hoch- und Massenkultur entlehnt und durchdrungen ist von einem ausgeprägten Bewußtsein ihrer eigenen Existenz als kulturelles Artefakt. Er hat großen Erfolg damit; fast all seine Bücher sind zu Bestsellern geworden, und er ist einer der meistzitierten Wissenschaftler der Welt.[8]

Schon vor dem Treffen mit Gould hatten mich mehrere scheinbar widersprüchliche Aspekte seines Denkens neugierig gemacht. Ich fragte mich beispielsweise, wie tief seine Skepsis, seine Ablehnung des Fortschrittsgedankens wirklich ging. War er wie Thomas Kuhn der Ansicht, daß die Wissenschaft selbst keine kontinuierlichen Fortschritte gemacht hatte? Ist der Gang der Wissenschaft genauso verschlungen, so ziellos wie die Geschichte des Lebens? Und wie entging Gould in diesem Falle den Widersprüchen, in die sich Kuhn verstrickt hatte? Zudem beschuldigten ihn einige Kritiker – sein Erfolg sicherte deren ständige Vermehrung –, er sei ein verkappter Marxist. Doch Marx vertrat eine extrem deterministische, fortschrittsgläubige Geschichtskonzeption, die der Gouldschen diametral entgegengesetzt zu sein scheint.

Ich fragte mich auch, ob Gould hinsichtlich der »Theorie des durchbrochenen Gleichgewichts« einen Rückzieher machen würde. In der Überschrift ihres ursprünglichen, 1972 erschienenen Aufsatzes bezeichneten Gould und Eldredge ihre Theorie als eine »Alternative« zum Darwinschen Gradualismus, die diesen möglicherweise eines Tages ersetzen würde. In der Überschrift eines rückblickenden Essays, der 1993 in der Zeitschrift *Nature* erschien und den Titel »Punctuated Equilibrium Comes of Age« [Die Theorie des durchbrochenen Gleichgewichts wird volljährig] trug, erklärten Gould und Eldredge, ihre Hypothese stelle möglicherweise »eine nützliche Erweiterung« bzw. »Ergänzung« von Darwins Grundmodell dar. Gould und Eldredge beschlossen ihren Aufsatz mit einem Kommentar von entwaffnender Ehrlichkeit. Sie wiesen darauf hin, daß ihre Theorie nur eines von vielen modernen wissenschaftlichen Modellen sei, die dem Zufall und sprunghaften Änderungen einen höheren Stellenwert einräumten als Ordnung und stetigem Fortschritt. »So gesehen ist das Modell vom durchbrochenen Gleichgewicht nur der Beitrag der Paläontologie zum *Zeitgeist*, und dem *Zeitgeist* als (im wörtlichen Sinne) vergänglichem Geist der Zeit sollte man niemals trauen. Als wir die Theorie aufstellten, waren wir daher entweder Opportunisten, die aus einem kurzlebigen Modetrend Kapital schlugen und die daher verdientermaßen auf der Müllhalde der Geschichte landen werden, oder wir haben tatsächlich einen flüchtigen Blick auf das Wesen der Natur geworfen. Die ›durchbrochene‹ und unvorhersagbare Zukunft wird es erweisen.«[9]

Ich vermute, daß sich diese untypische Bescheidenheit auf Ereignisse zurückführen läßt, die Ende der siebziger Jahre vorfielen, als die Theorie des durchbrochenen Gleichgewichts von

Journalisten zu einer »revolutionären Überbietung« Darwins hochgejubelt wurde. Wie nicht anders zu erwarten, werteten die Kreationisten dieses Modell als Beweis dafür, daß die Evolutionstheorie nicht allgemein anerkannt werde. Einige Biologen machten Gould und Eldredge den Vorwurf, sie hätten mit ihrer Rhetorik einer solchen Deutung Vorschub geleistet. Im Jahre 1981 versuchte Gould dies nachträglich richtigzustellen, indem er bei einem Gerichtsverfahren in Arkansas, bei dem es um die Frage ging, ob der Kreationismus in Schulen gleichberechtigt neben der Evolutionslehre unterrichtet werden sollte, als Zeuge aussagte. Tatsächlich mußte Gould einräumen, daß die »Theorie des durchbrochenen Gleichgewichts« kein umstürzend neues Rahmenmodell war, sondern eher eine untergeordnete technische Angelegenheit, eine Kontroverse unter Fachleuten.

Gould hat ein entwaffnend gewöhnliches Aussehen. Er ist klein und untersetzt; zudem hat er ein pausbäckiges Gesicht, das von einer Stupsnase und einem angegrauten Charlie-Chaplin-Schnurrbart geziert wird. Bei unserem Treffen trug er eine zerknitterte khakibraune Hose und ein Oxford-Hemd; er wirkte wie der Prototyp des zerstreuten Professors. Doch der Eindruck der Gewöhnlichkeit verschwand, als Gould zu sprechen begann. Er erörterte wissenschaftliche Probleme mit unglaublicher Rasanz, und er legte die kompliziertesten fachlichen Argumente mit einer Leichtigkeit dar, die darauf hindeutete, daß er ein noch viel umfangreicheres Wissen auf Lager hatte. Wie seine Schriften schmückte er auch seine Rede mit Zitaten, die er durchgängig mit der Bemerkung einleitete: »Sie kennen natürlich die berühmte Äußerung von...« Während er sprach, wirkte er oft zerstreut, als ob er seinen eigenen Worten keine Aufmerksamkeit schenkte. Ich hatte den Eindruck, daß bloßes Sprechen nicht ausreichte, um seine geistigen Kräfte ganz in Anspruch zu nehmen; die höheren Programme seines Geistes eilten voraus, um das Terrain zu sondieren und möglichen Einwänden gegen seine Darlegungen zuvorzukommen, wobei sie nach neuen Argumentationsketten, Analogien und Zitaten suchten. Gleich, wo ich gerade mit meinen Gedanken war, schien Gould mir immer weit voraus zu sein.

Gould räumte ein, daß Thomas Kuhns Buch *Die Struktur wissenschaftlicher Revolutionen*, das er unmittelbar nach seinem Erscheinen im Jahre 1962 gelesen habe, seinen eigenen evolutionsbiologischen Ansatz beeinflußt habe. Es habe ihn in der Überzeugung bestärkt, daß ein junger Mann aus »einer Familie der unteren Mittelschicht in Queens, in der bislang noch niemand ein College besucht hatte«, einen bedeutenden Beitrag zur Wissenschaft leisten könne. Es habe ihn auch dazu veranlaßt, »das induktivistische, auf allmähliche Erkenntnisfortschritte abzielende Modell der Wissenschaftspraxis – nach dem Motto: ›Trage einen Befund nach dem anderen zusammen und warte mit der Formulierung von Theorien, bis du alt bist‹« – zu verwerfen.

Ich fragte Gould, ob er wie Kuhn der Ansicht sei, daß die Wissenschaft der Wahrheit nicht näher komme. Gould schüttelte energisch den Kopf und bestritt, daß Kuhn einen solchen Standpunkt vertrete. »Ich kenne ihn sehr gut«, sagte Gould. Obgleich Kuhn der »geistige Vater« der sozialen Konstruktivisten und Relativisten sei, glaube er doch »an die Existenz einer objektiven Wirklichkeit«, beteuerte Gould. Zwar glaube Kuhn, daß diese objektive Wirklichkeit in *gewisser* Hinsicht sehr schwer zu definieren sei, doch er würde zweifellos zugeben, daß »wir diese Wirklichkeit heute besser verstehen als vor einigen hundert Jahren«.

Glaubte Gould, der sich doch so unablässig darum bemüht hatte, die Idee des Fortschritts aus der Evolutionsbiologie zu verbannen, demnach etwa an den wissenschaftlichen Fortschritt? »Aber selbstverständlich«, sagte er in mildem Ton. »Das tun wohl alle Wissenschaftler.« Ein echter Wissenschaftler könne auf gar keinen Fall ein überzeugter kultureller Relativist sein, so Gould weiter, denn dazu sei die Wissenschaft viel zu langweilig. »Die tägliche Routinearbeit des Wissenschaftlers ist *ungemein* langweilig. Man muß Mäusekäfige säubern und Lösungen titrieren. Und man muß Petri-Schalen putzen.« Kein Wissenschaftler ertrage eine solche Tretmühle, es sei denn, er vertraue darauf, so zu einer »größeren empirischen Angemessenheit« zu gelangen. Und erneut in Anspielung auf Kuhn fügte Gould hinzu, »daß gewisse Personen, die weitreichende Ideen vertreten, diese oftmals auf eine geradezu befremdlich übertriebene Weise zum Ausdruck bringen, nur um den Grundgedanken herauszustellen«. (Als ich später über die Bemerkung nachsann, fragte ich mich: Entschuldigte sich Gould damit für seine eigenen rhetorischen Auswüchse?)

Genauso elegant zog sich Gould bei meinen Fragen zu Marx aus der Affäre. Er gab zu, daß er einige der Marxschen Konzepte sehr reizvoll fand. So sei beispielsweise die Marxsche Auffassung, daß Ideen gesellschaftlich verwurzelt seien und der Wandel der Ideen durch Konflikte vorangetrieben werde, durch den Zusammenprall von Thesen und Antithesen, »eine sehr plausible und interessante Theorie des Wandels«, so Gould. »Die Weiterentwicklung vollzieht sich, indem die ursprüngliche These negiert wird, worauf diese Negation ihrerseits negiert wird, freilich ohne daß man dadurch zur ursprünglichen These zurückkehrt. Vielmehr erreicht man etwas Neues. Ich halte das alles für sehr interessant.« Die Marxsche Theorie des gesellschaftlichen Wandels und der Revolution, wonach »sich geringfügige Verstöße gegen das System so lange aufschaukeln, bis das System selbst zusammenbricht«, sei ebenfalls gut mit dem Modell des durchbrochenen Gleichgewichts vereinbar.

Die nächste Frage hätte ich eigentlich gar nicht stellen müssen. War Gould Marxist, oder war er es jemals gewesen? »Erinnern Sie sich doch nur an das, was Marx selbst gesagt hat!« erwiderte Gould, noch bevor ich meinen Mund geschlossen hatte. Marx selbst, so »erinnerte« mich Gould, habe einst selbst bestritten, Marxist zu sein, da der Marxismus zu einer Leerformel für alles mögliche geworden sei. Kein Intellektueller, so Gould, wolle sich allzu eng mit einem »Ismus« identifizieren, insbesondere einem so dehnbaren. Gould lehnte auch die Marxsche Fortschrittsideologie ab. »Marx hat insbesondere in seiner Theorie der Geschichte, die meines Erachtens völlig kontingent verlaufen ist, einen extrem deterministischen Standpunkt eingenommen. Ich bin der festen Überzeugung, daß er sich in diesem Punkt völlig geirrt hat.« Darwin hingegen, »mochte er auch zu tief vom viktorianischen Zeitalter geprägt gewesen sein, um sich völlig des Fortschrittsglaubens zu entschlagen«, habe den viktorianischen Fortschrittsideen doch sehr viel kritischer gegenübergestanden als Marx.

Andererseits wollte Gould, der unerbittliche Fortschrittskritiker, nicht ausschließen, daß im kulturellen Bereich eine Art Fortschritt möglich sei. »Da die soziale ›Vererbung‹ nach Lamarckschen Prinzipien erfolgt, steht der Glaube an den kulturellen Fortschritt auf einer solideren theoretischen Grundlage. Sie wird zwar immer wieder durch Kriege und ähnliches unterbrochen und ist aus diesem Grund kontingent. Doch weil alles, was wir erfinden, direkt an Nachkommen weitergegeben wird, besteht zumindest die Möglichkeit einer gerichteten Anhäufung.«

Als ich Gould schließlich nach der »Theorie des durchbrochenen Gleichgewichts« fragte, verteidigte er sie aufs entschiedenste. Die wirkliche Bedeutung der Theorie, so sagte er, liege darin, daß »man [die Artbildung] auf der Ebene der Anpassungsbestrebungen der Individuen nicht mit der Darwinschen Lehre – dem herkömmlichen Darwinismus – erklären kann«. Die Entwicklungstendenzen ließen sich nur mit Mechanismen erklären, die auf der Ebene der Spezies ansetzten. »Trends kommen dadurch zustande, daß einige Arten häufiger neue Arten hervorbringen, länger leben als andere«, sagte er. »Da die Ursachen für die Geburt und den Tod von Arten sich grundlegend von den Ursachen für die Geburt und den Tod von Organismen unterscheiden, handelt es sich um eine andere Art von Theorie. Das ist das Interessante. Hier bedeutet die neue Theorie einen echten Durchbruch.«

Gould weigerte sich zuzugeben, daß er die Bedeutung seiner »Theorie des durchbrochenen Gleichgewichts« relativiere bzw. den Vorrang Darwins anerkenne. Als ich ihn fragte, weshalb er in seinem Rückblick in *Nature* im Jahre 1993 den Ausdruck »Alternative«, den er in seinem ursprünglichen Aufsatz aus dem Jahre 1972 verwendet hatte, durch »Ergänzung« ersetzt habe, antwortete er: »Der Ausdruck stammt nicht von mir!« Gould beschuldigte den Herausgeber von *Nature*, John Maddox, das Wort »Ergänzung« in die Überschrift des Aufsatzes eingefügt zu haben, ohne sich mit ihm oder Eldredge abgesprochen zu haben. »Ich bin deswegen echt sauer auf ihn«, versetzte Gould wutschnaubend. Doch dann meinte er, daß »Alternative« und »Ergänzung« sich eigentlich semantisch nicht so stark unterschieden.

»Zu behaupten, es sei eine Alternative, bedeutet nicht, den alten Gradualismus zu leugnen. Das ist ein weiterer Punkt, der oftmals mißverstanden wird. Die Welt ist voller Alternativen, nicht wahr? Denken Sie nur an Frauen und Männer, die beim *Homo sapiens* alternative Geschlechter sind. Wenn man eine Alternative präsentiert, dann bedeutet das nicht, daß man eine ausschließliche Gültigkeit dafür in Anspruch nimmt. Bevor wir unseren Aufsatz veröffentlichen, war der Gradualismus praktisch unangefochten. Wir haben eine überprüfbare Alternative vorgelegt. Meines Erachtens liefern Fossilienfunde eine überwältigende Fülle von Beispielen, die für die Hypothese vom durchbrochenen Gleichgewicht sprechen, das heißt, daß der Gradualismus zwar existiert, aber insgesamt einen recht untergeordneten Stellenwert hat.«

Je länger Gould sprach, um so mehr zweifelte ich daran, ob es ihn wirklich interessierte, Kontroversen über die Theorie des durchbrochenen Gleichgewichts oder andere Streitfragen zu lösen. Als ich ihn fragte, ob die Biologie seiner Meinung nach jemals eine endgültige Theorie aufstellen könne, verzog er das Gesicht. Biologen, die dieser Auffassung seien, seien »naive Induktivisten«, sagte er. »Sie glauben tatsächlich, wir bräuchten nur das Genom des Menschen zu sequenzieren und schon seien wir am Ziel angelangt.« Selbst einige Paläontologen, so räumte er ein, seien vermutlich überzeugt, »wir müßten nur lange genug weitermachen, dann würden wir schon die grundlegenden Merkmale der Geschichte des Lebens aufklären, und unsere Suche wäre zu Ende«. Gould war anderer Meinung. Darwin »hat die grundlegenden Wechselbeziehungen zwischen den Organismen richtig erklärt, doch das ist meines Erachtens nur ein Anfang. Es ist nicht vorbei; es hat erst begonnen.«

Welches waren nach Goulds Einschätzung die noch offenen Fragen der Evolutionsbiologie? »Ach, da gibt es so viele, daß ich gar nicht weiß, wo ich anfangen soll.« Er wies darauf hin, daß die Theoretiker noch immer das »gesamte Spektrum von Ursachen« aufklären müßten, das der Evolution zugrunde liege, angefangen von Molekülen bis hin zu großen Populationen von Organismen. Dann seien da »all diese Kontingenzen« wie etwa Asteroideneinschläge, die vermutlich die Massenaussterben auslösten. »Daher würde ich sagen: Ursachen, Intensitäten von Ursachen, Ebenen von Ursachen und Kontingenz.« Gould sann einen Augenblick nach. »Das ist keine schlechte Formulierung«, sagte er, worauf er ein kleines Notizbuch aus der Tasche seines Hemds zog und etwas hineinkritzelte.

Anschließend zählte er vergnügt sämtliche Gründe dafür auf, daß die Wissenschaft *niemals* all diese Fragen wird beantworten können. Als eine historische Wissenschaft könne die Evolutionsbiologie nur retrospektive Erklärungen, aber keine Vorhersagen liefern, und manchmal könne sie gar keine Aussagen machen, weil es an einer hinreichenden Datenbasis fehle. »Wenn einem Belege über frühere Ereignisfolgen fehlen, dann kann man gar nichts machen«, sagte er. »Aus diesem Grund werden wir meines Erachtens niemals die Entstehung der

Sprache aufklären. Denn dies ist keine Frage der Theorie, sondern der kontingenten Geschichte.«

Außerdem war Gould, wie Gunther Stent, der Ansicht, daß das menschliche Gehirn, das auf den Zweck der Daseinserhaltung in der vorindustriellen Gesellschaft zugeschnitten sei, bestimmte Fragen schlicht nicht lösen könne. Untersuchungen hätten gezeigt, daß sich der Mensch bei der Bewältigung von Problemen, die Wahrscheinlichkeiten und Wechselwirkungen zwischen komplexen Variablen – wie etwa natürliche Anlage und Umwelt – einschlössen, recht ungeschickt anstelle. »Die Leute verstehen nicht, daß man die Wechselwirkung zwischen Genen und Kultur, die es *natürlich* gibt, nicht prozentual aufteilen kann, indem man etwa sagt, es liegt zu 20 Prozent an den Genen und zu 80 Prozent an der Umwelt. Das kann man nicht. Das ist Unsinn. Das emergente Merkmal ist das emergente Merkmal, und das ist alles, was man jemals darüber sagen kann.« Gould gehört allerdings nicht zu denjenigen, die dem Leben oder dem Bewußtsein mystische Eigenschaften zuschreiben. »Ich bin ein altmodischer Materialist«, sagte er. »Ich glaube, daß das Bewußtsein aus den komplexen Wechselwirkungen der neuronalen Organisation hervorgeht, die wir bislang nur ansatzweise verstehen.«

Zu meinem Erstaunen erging sich Gould daraufhin in Spekulationen über Unendlichkeit und Ewigkeit. »Dies sind zwei Dinge, die wir nicht begreifen können«, sagte er. »Und doch sind wir aus theoretischen Erwägungen fast gezwungen, uns damit auseinanderzusetzen. Vermutlich liegt das daran, daß wir uns falsche Vorstellungen darüber machen. Die Unendlichkeit ist im kartesischen Raum ein Paradox. Als ich acht oder neun Jahre alt war, pflegte ich zu sagen: ›Da draußen ist eine Backsteinmauer.‹ Und was ist hinter der Backsteinmauer? Aber das ist der kartesische Raum, und selbst wenn der Raum gekrümmt ist, fragt man sich zwangsläufig, was wohl hinter der Kurve ist, auch wenn dies nicht die richtige Weise ist, sich dies vorzustellen. Vielleicht ist das alles falsch! Vielleicht ist es ein Universum fraktaler Expansionen! Ich weiß nicht, was es ist. Vielleicht weist das Universum Strukturen auf, die einfach unser Vorstellungsvermögen übersteigen.« Gould bezweifelte, daß Wissenschaftler irgendeiner Disziplin eine endgültige Theorie aufstellen könnten, da sie immer dazu neigten, Dinge nach vorgefaßten Konzepten zu ordnen. »Ich frage mich wirklich, ob alle vermeintlich endgültigen Theorien nicht lediglich die Art und Weise widerspiegeln, wie wir Dinge in Begriffe fassen.«

War es in Anbetracht all dieser Grenzen möglich, daß die Biologie und vielleicht sogar die Wissenschaften insgesamt so weit vorstießen, wie sie konnten, und dann einfach zum Stillstand kamen? Gould schüttelte den Kopf. »Am Ausgang des 19. Jahrhunderts glaubte man schon einmal, die Wissenschaft gehe ihrem Ende entgegen, und dennoch wurden später die Plattentektonik und die genetischen Grundlagen des Lebens entdeckt. Weshalb sollte sie zum Stillstand kommen?« Und zudem, so fügte Gould hinzu, würden unsere Theorien möglicherweise eher die Begrenzungen unseres Erkenntnisvermögens als das wahre Wesen der Wirklichkeit widerspiegeln. Bevor ich antworten konnte, war Gould mir bereits gedanklich vorausgeeilt. »Wenn es sich dabei um intrinsische Schranken handelt, dann wird die Wissenschaft natürlich innerhalb dieser Grenzen vollendet sein. Okay, das ist ein nachvollziehbares Argument. Ich glaube zwar nicht, daß es zutrifft, aber ich kann den Gedankengang verstehen.«

Gould behauptete, daß der Biologie zudem in Zukunft vielleicht noch bedeutende theoretische Umwälzungen bevorstünden. »Die Evolution des Lebens auf diesem Planeten wird sich vielleicht als ein sehr kleiner Teil des umfassenden Phänomens Leben erweisen.« Es sei durchaus möglich, so Gould, daß das Leben auf anderen Planeten nicht den Darwinschen Prinzipien gehorche, auch wenn Richard Dawkins das Gegenteil glaube; die Entdeckung außerirdischen Lebens würde womöglich Dawkins Behauptung widerlegen, daß Darwin nicht nur auf der kleinen Erde, sondern im gesamten Kosmos herrsche.

Glaubte Gould demnach, daß auf anderen Planeten Leben existiert? »Sie etwa nicht?« erwiderte er. Ich antwortete, daß dies meines Erachtens reine Ansichtssache sei. Gould fuhr verärgert zurück; vielleicht hatte ich dieses eine Mal eine Frage gestellt, mit der er nicht gerechnet hatte. Ja, *selbstverständlich* sei die Existenz außerirdischen Lebens Ansichtssache, sagte er, aber man könne dennoch eine sachlich begründete Spekulation wagen. Das Leben scheint hier auf der Erde recht schnell entstanden zu sein, da das älteste Gestein, das Spuren von Leben aufweisen *konnte*, tatsächlich diese Spuren aufweise. Ferner »ergibt sich aus der enormen Größe des Universums und der Unwahrscheinlichkeit einer völligen Einzigartigkeit irgendeines Teils davon die extrem hohe Wahrscheinlichkeit, daß im gesamten Universum eine Art Leben existiert. Aber wir wissen das nicht. *Selbstverständlich* wissen wir es nicht, und ich bin mir im klaren darüber, daß auch die gegenteilige Ansicht erkenntnistheoretisch nicht unhaltbar ist.«

Der Schlüssel zum Verständnis von Gould ist möglicherweise nicht sein vermeintlicher Marxismus, Liberalismus oder seine antiautoritäre Einstellung, sondern die Angst vor der Möglichkeit, daß sein eigenes Forschungsgebiet zum Stillstand kommt. Mit der Verbannung Darwins aus der Evolutionsbiologie – und aus der Wissenschaft insgesamt, der Wissenschaft im Sinne der Suche nach allgemeingültigen Gesetzen – verfolgte er das Ziel, das Streben nach Erkenntnis zu einem zeitlich unbegrenzten, ja unendlichen Prozeß zu machen. Gould ist viel zu intelligent, als daß er bestreiten würde – wie dies einige plumpe Relativisten tun –, daß die von der Wissenschaft aufgedeckten fundamentalen Gesetze existieren. Statt dessen beteuert er auf sehr überzeugende Weise, daß die Gesetze keinen großen Erklärungswert besitzen; sie ließen viele Fragen unbeantwortet. Er ist ein äußerst geschickter Praktiker der ironischen Wissenschaft in ihrer Rolle als »negativer Spiegel«. Seine Theorie des Lebens läßt sich dennoch mit dem alten Ausruf zusammenfassen: »Was für ein Zufall!«

Gould drückt dies freilich auf elegantere Weise aus. Während unseres Gesprächs wies er darauf hin, daß viele Wissenschaftler die Geschichtsschreibung, die sich mit Besonderheiten und Kontingenzen befaßt, nicht als Wissenschaft betrachteten. »Ich halte dies für eine falsche Taxonomie. Die Histographie ist eine andere Art von Wissenschaft.« Gould gab zu, daß er die Regellosigkeit der Geschichte, den Widerstand, den sie einer einfachen Analyse entgegensetze, als beflügelnd empfinde. »Ich mag das! Deshalb bin ich im Grunde meines Herzens ein Historiker.« Indem Gould die Evolutionsbiologie gleichsam in die Geschichtwissenschaft integriert – die schon an sich, wie die Literaturwissenschaft, eine sehr deutungsoffene, ironische Disziplin ist –, macht er sie zu einem Feld, auf dem er mit seinen bestechenden rhetorischen Fähigkeiten glänzen kann. Wenn die Geschichte des Lebens eine unerschöpfliche Fundgrube von weitgehend zufallsabhängigen Ereignissen ist, dann kann er weiterhin darin schürfen und wortmächtig einen exotischen Fund nach dem anderen feiern, ohne je befürchten zu müssen, daß seine Bemühungen trivial oder redundant werden. Während die meisten Wissenschaftler das »Signal« aufspüren wollen, das der Natur zugrunde liegt, lenkt Gould die Aufmerksamkeit weiterhin auf das »Rauschen«. Die »Theorie des durchbrochenen Gleichgewichts« ist im Grunde genommen gar keine Theorie; sie ist eine Beschreibung des Rauschens.

Goulds großes Schreckgespenst ist Mangel an Originalität. Darwin nahm die Grundidee vom durchbrochenen Gleichgewicht bereits in seinem Werk *Über den Ursprung der Arten* vorweg: »Viele Arten machen, nachdem sie einmal gebildet sind, keinerlei weitere Veränderungen mehr durch ... und die Perioden, während deren die Art Modifikationen unterlag, [waren] nach Jahren gemessen wohl lang, aber nur kurz im Vergleich zu den Zeiten, in denen die Arten unverändert blieben.«[10] Ernst Mayr, ein Kollege von Gould in Harvard, stellte in den vierziger Jahren die Hypothese auf, daß sich Arten – etwa durch geographische Isolation kleiner Populationen – so schnell bilden könnten, daß im Fossilbeleg keine Spur von Zwischenformen nachweisbar sei.

Richard Dawkins kann in Goulds Werk nur wenig Substantielles erkennen. Selbstverständlich könne die Artbildung manchmal oder auch häufig in explosionsartigen Schüben verlaufen. Na und? »Entscheidend ist, daß eine gradualistische Selektion stattfindet, selbst wenn diese gradualistische Selektion auf kurze Perioden um den Zeitpunkt der Artbildung verdichtet ist«, erklärte Dawkins. »Ich sehe darin kein wichtiges Argument. Es ist eine interessante Ergänzung der neodarwinistischen Theorie.«

Dawkins spielte auch Goulds Behauptung herunter, die Entstehung des Menschen und aller anderen intelligenten Lebensformen auf der Erde sei nicht zwangsläufig gewesen. »Darin stimme ich ihm zu!« sagte Dawkins. »Und das tun wohl alle anderen Evolutionsbiologen ebenfalls! Das ist ja der springende Punkt! Er kämpft gegen Windmühlen!« Fast 3 Milliarden Jahre lang habe das Leben auf dem Niveau von Einzellern verharrt, so Dawkins, und es hätte durchaus noch weitere 3 Milliarden Jahre auf dieser Ebene bleiben können, ohne Vielzeller hervorzubringen. »Also gibt es *natürlich* keine Zwangsläufigkeit.«

War es möglich, fragte ich Dawkins, daß sich, auf lange Sicht, Goulds evolutionsbiologischer Ansatz durchsetzen würde? Schließlich hatte Dawkins selbst erklärt, die fundamentalen Fragen der Biologie könnten durchaus irgendwann einmal endgültig beantwortet werden, während die historischen Probleme, mit denen sich Gould befaßte, praktisch unendlich seien. »Wenn Sie damit sagen wollen, daß man, sobald die interessanten Fragen einmal gelöst sind, nur noch die Details aufklären muß«, erwiderte Dawkins trocken, »dann dürfte das richtig sein.« Andererseits, so fügte er hinzu, könnten die Biologen niemals sicher sein, welche biologischen Prinzipien von wahrhaft universeller Bedeutung seien, »bis wir auf einigen anderen Planeten, die ebenfalls Leben beherbergen, gewesen sind«. Dawkins räumte stillschweigend ein, daß die grundlegendsten Fragen der Biologie: War die Entstehung des Lebens auf der Erde ein zwangsläufiger Vorgang? Ist der Darwinismus ein universelles oder ein nur auf der Erde gültiges Gesetz? niemals endgültig empirisch beantwortet werden könnten, solange wir nur eine Form des Lebens untersuchen könnten.

Die Gaia-Häresie: Lynn Margulis

So wie Darwin Goulds Thesen mit einem kaum merklichen Rülpsen verdaut hat, so hat er auch die Ideen einer anderen vermeintlich »starken« Wissenschaftlerin, Lynn Margulis (die an der University of Massachusetts in Amherst lehrt), in sich aufgesogen. Margulis hat die von ihr so genannte »ultradarwinistische Orthodoxie« mit mehreren Ideen herausgefordert. Die erste und erfolgreichste war die der Symbiose. Darwin und seine Erben haben die Rolle hervorgehoben, die die Konkurrenz zwischen Individuen und Arten in der Evolution spielt. In den sechziger Jahren behauptete Margulis, daß die Symbiose ein ebenso wichtiger – und vielleicht sogar noch wichtigerer Faktor – in der biologischen Evolution ist. Eines des größten Rätsel der Evolutionsbiologie betrifft die evolutionäre Weiterentwicklung der Prokaryonten – kernloser Zellen, die die primitivsten Organismen überhaupt sind – zu Eukaryonten, kernhaltigen Zellen. Sämtliche Vielzeller einschließlich des Menschen bestehen aus eukaryontischen Zellen.

Margulis' Theorie zufolge entstanden die Eukaryonten möglicherweise dadurch, daß ein Prokaryont einen anderen, kleineren Prokaryonten in sich aufnahm, der so zu dessen Zellkern wurde. Diese Zellen sollten ihrer Meinung nach nicht als einheitliche, sondern als zusammengesetzte Organismen betrachtet werden. Nachdem Margulis Beispiele für symbiotische Beziehungen zwischen lebenden Organismen präsentiert hatte, gewann sie allmählich Unterstützung für ihre Einschätzung der Rolle der Symbiose in der frühen Evolution. Allerdings gab sie sich damit nicht zufrieden. Wie Gould und Eldredge behauptete sie, herkömmliche darwinistische Prinzipien könnten das Muster abrupten Entstehens und Vergehens, das im Fossilbeleg nachweisbar sei, nicht erklären. Die Symbiose hingegen erkläre, weshalb Arten so plötzlich auftauchten und weshalb sie lange Zeit unverändert fortbestünden.[11]

Margulis' Betonung der Symbiose führte zwangsläufig zu einer sehr viel radikaleren Idee: Gaia. Der Begriff (Gaia war die griechische Göttin der Erde) war ursprünglich 1972 von James Lovelock, einem freiberuflichen britischen Chemiker und Erfinder, der vielleicht noch ketzerischere Ansichten vertritt als Margulis, in die Diskussion eingebracht worden. Es gibt viele verschiedene Versionen des Gaia-Konzepts, doch der Grundgedanke ist der, daß die terrestrische Biota, die Gesamtheit der Lebensformen auf der Erde, in einer symbiotischen Beziehung zur Umwelt steht, zu der die Atmosphäre, die Meere und andere Aspekte der Erdoberfläche gehören. Die Biota reguliert auf chemische Weise die Umwelt so, daß sie ihr eigenes Überleben sichert. Margulis war sofort von der Idee begeistert, und sie und Lovelock haben sich seither gemeinsam darum bemüht, diese Vorstellung zu propagieren.[12]

Ich traf Margulis im Mai 1994 in der First-class-Lounge der Pennsylvania Station in New York, wo sie auf einen Zug wartete. Sie hatte kurzes Haar und eine rötliche Gesichtsfarbe, und sie trug ein gestreiftes, kurzärmeliges Hemd und khakifarbene Hosen. Pflichtgemäß spielte sie zunächst die Radikale. Sie verspottete die Behauptung von Dawkins und anderen Ultradarwinisten, daß die Evolutionsbiologie möglicherweise ihrer Vollendung entgegengehe. »*Sie sind* am Ende«, erklärte Margulis, »und ihre Theorie ist nur ein kurzes Zwischenspiel in der Geschichte der Biologie des 20. Jahrhunderts und keine ernstzunehmende wissenschaftliche Auffassung, die überdauern wird.«

Sie betonte, daß sie kein Problem mit der Grundprämisse des Darwinismus habe. »Die Tatsache der Evolution unterliegt keinem Zweifel; die Evolution hat stattgefunden, und sie findet noch immer statt. Jeder, der wissenschaftlich denkt, stimmt dem zu. Die Frage ist, wie sie sich vollzieht. Und hier scheiden sich die Geister.« Da sich die Ultradarwinisten auf das Gen als Selektionseinheit konzentriert hätten, sei es ihnen nicht gelungen zu erklären, wie die Artbildung ablaufe; nur eine viel umfassendere Theorie, die Symbiose und Selektion auf höheren Ebenen mit einschließe, könne die Mannigfaltigkeit erklären, die sich in den Fossilien und den heutigen Lebensformen zeige.

Die Symbiose, so fügte sie hinzu, erlaube auch eine Art von Lamarckismus, also die Vererbung erworbener Merkmale. Durch Symbiose könne ein Organismus das Erbgut eines anderen in sich aufnehmen bzw. in dieses eindringen und dadurch seine Chancen erhöhen. Wenn beispielsweise ein durchscheinender Pilz eine Alge, die Photosynthese betreiben könne, in sich aufnehme, dann werde dieser Pilz vielleicht ebenfalls die Fähigkeit zur Photosynthese erwerben und sie an seine Nachkommen weitergeben. Margulis sagte, daß Lamarck zu Unrecht die Rolle eines Narren der Evolutionsbiologie zugewiesen worden sei. »Es gibt dabei eine französisch-britische Rivalität. Darwin ist in Ordnung, Lamarck ist schlecht. Das ist wirklich furchtbar.« Margulis hob hervor, daß die Symbiogenese, die Entstehung neuer Arten durch Symbiose, im Grunde genommen keine originelle Idee sei. Das Konzept sei erstmals Ende des letzten Jahrhunderts vorgeschlagen und seither viele Male wiederaufgegriffen worden.

Vor meinem Treffen mit Margulis hatte ich die Rohfassung eines Buches gelesen, das sie zusammen mit ihrem Sohn, Dorion Sagan, schrieb und das den Titel *What is Life?* trug. Das Buch war eine Mischung aus Philosophie, Naturwissenschaft und poetischen Huldigungen des »Lebens: des ewigen Rätsels«. Es plädierte für einen neuen ganzheitlichen Ansatz in der Biologie, der den animistischen Glauben der alten Völker mit den mechanistischen Anschauungen der postnewtonschen, postdarwinschen Wissenschaft verschmelzen sollte.[13] Margulis räumte ein, daß der Zweck des Buches weniger darin bestehe, überprüfbare wissenschaftliche Aussagen vorzulegen, als vielmehr darin, eine neue philosophische Sichtweise unter den Biologen zu fördern. Der einzige Unterschied zwischen ihr und Biologen wie Dawkins bestehe darin, daß sie ihren philosophischen Standpunkt nicht verleugne. »Wissenschaftler sind hinsichtlich der Prägung durch kulturelle Denkmuster nicht unschuldiger als alle anderen Menschen.«

Bedeutete dies, daß sie nicht glaubte, daß die Wissenschaft absolute Wahrheiten erreichen könne? Margulis sann einen Augenblick lang nach. Sie wies darauf hin, daß sich die Erklärungs- und Überzeugungskraft der Wissenschaft von der Tatsache herleite, daß ihre Behauptungen – anders als die Aussagen von Religion, Kunst und anderen Wissensformen – empirisch überprüft werden könnten. »Aber das ist meines Erachtens nicht das gleiche, wie zu behaupten, daß es eine absolute Wahrheit gibt. Ich glaube nicht, daß es eine absolute Wahrheit gibt, und falls es sie gibt, dann ist sie jedenfalls nicht im Besitz einer Person.«

Doch dann – vielleicht weil sie erkannte, wie sehr sie sich dem Relativismus angenähert hatte, dem Standpunkt des »Rebellen aus Prinzip« im Bloomschen Sinne – bemühte sie sich, wieder in das Fahrwasser des wissenschaftlichen Mainstream zurückzugelangen. Sie sagte, daß sie von vielen als eine Feministin betrachtet werde, obwohl sie dies nicht sei, und daß es sie ärgere, so etikettiert zu werden. Sie räumte ein, daß Gaia und Symbiose im Vergleich zu Konzepten wie »Überleben der Bestangepaßten« und »Kampf ums Dasein« weiblich *erscheinen* mochten. »Es gibt diesen kulturellen Unterton, doch ich halte das für eine völlige Verdrehung.«

Sie lehnte die – oftmals mit Gaia in Verbindung gebrachte – Vorstellung ab, die Erde sei in gewissem Sinne ein lebender Organismus. »Die Erde ist *ganz offensichtlich* kein lebender Organismus«, sagte Margulis, »weil kein einziger lebender Organismus seine Abfallprodukte wiederverwertet. Das ist *zu* anthropomorph, *zu* verfälschend.« Sie behauptete, James Lovelock habe diese Metapher gefördert, weil er geglaubt habe, sie würde der Sache der Umweltschutzbewegung nützen, und weil sie seinen eigenen quasispirituellen Neigungen entsprochen habe. »Er sagt, es sei eine gute Metapher, weil sie besser sei als die alte. Ich glaube, es ist eine schlechte, weil es andere Wissenschaftler nur verärgert, wenn man angeblich dem Irrationalismus Vorschub leistet.« (Wie verlautet, hat auch Lovelock Zweifel an einigen seiner früheren Aussagen zu Gaia geäußert und sogar erwogen, auf den Begriff zu verzichten.)[14]

Sowohl Gould als auch Dawkins haben das Gaia-Konzept als Pseudowissenschaft, als Dichtung, die sich als Theorie ausgibt, gegeißelt. Doch Margulis ist zumindest in einem Sinne sehr viel sachlicher, sehr viel positivistischer als sie. Gould und Dawkins flüchten sich in Spekulationen über außerirdisches Leben, um ihre Theorien über die Evolution des Lebens auf der Erde zu untermauern. Margulis mokiert sich über diese Winkelzüge. Sämtliche Hypothesen über die Existenz von Leben auf anderen Planeten – und dessen darwinistisches bzw. nichtdarwinistisches Gepräge – seien reine Mutmaßungen. »Die Antwort darauf unterliegt keinerlei sachlichen Beschränkungen. Es ist völlig unklar, ob es ein häufiges oder ein seltenes Phänomen ist. Daher verstehe ich nicht, wie jemand entschiedene Meinungen dazu vertreten kann. Lassen Sie es mich folgendermaßen ausdrücken: Meinungen sind keine wissenschaftlichen Aussagen. Sie haben keine wissenschaftliche Grundlage! Sie sind nichts als subjektive Einschätzungen!«

Sie erzählte, daß sie zu Beginn der siebziger Jahre einen Anruf von dem Regisseur Steven Spielberg erhalten habe, der damals am Drehbuch für den Film *ET* schrieb. Spielberg fragte Margulis, ob sie es für wahrscheinlich oder auch nur möglich halte, daß ein außerirdisches Lebewesen zwei Hände mit jeweils fünf Fingern haben würde. »Ich sagte: ›Sie drehen einen Film! Sorgen Sie dafür, daß er Spaß macht! Was zum Teufel zerbrechen Sie sich darüber den Kopf! Reden Sie sich nicht ein, Sie könnten wissenschaftlichen Ansprüchen genügen!‹«

Gegen Ende unseres Interviews fragte ich Margulis, ob es ihr etwas ausmache, immer als eine provozierende bzw. lästige Außenseiterin oder auch als jemand, der »sich auf fruchtbare Weise irrte«, wie es ein Wissenschaftler ausgedrückt hatte, abgestempelt zu werden.[15] Mit zusammengepreßten Lippen grübelte sie über die Frage nach. »Es klingt herablassend, so als brauche man mich nicht ernst zu nehmen«, antwortete sie. »Würden Sie etwa über einen ernstzunehmenden Wissenschaftler so sprechen?« Sie starrte mich an, und ich verstand schließlich, daß es sich nicht um eine rhetorische Frage handelte. Ich gab zu, daß sich die Beschreibungen ein wenig herablassend anhörten.

»So ist es«, sagte sie nachdenklich. Doch sie beteuerte, derartige Kritik mache ihr nichts aus. »Jeder, der diese Art persönlich gemeinter Kritik vorbringt, entlarvt sich selbst, oder etwa nicht? Wenn ihre Argumentation sich nur auf provozierende Adjektive über mich stützt, statt auf den Kern des Problems einzugehen, dann...« Ihre Stimme verlor sich. Wie so viele »starke« Wissenschaftler sehnte auch sie sich hin und wieder danach, einfach von Fachkreisen, die am Status quo festhielten, respektiert zu werden.

Stuart Kauffmans Ordnungsliebe

Der vielleicht ehrgeizigste und radikalste Herausforderer Darwins ist Stuart Kauffman, ein Biochemiker am Santa Fe Institute, dem Zentrum des ultramodernen Gebiets der Komplexitätsforschung (siehe Kapitel 8). Schon als Student, in den sechziger Jahren, begann Kauffman zu argwöhnen, daß Darwins Evolutionstheorie schwerwiegende Fehler aufweisen müsse, da sie seines Erachtens die wunderbar anmutende Fähigkeit des Lebens, auf so erstaunliche Weise zu entstehen und sich selbst zu erhalten, nicht erklären konnte. Schließlich folgte aus dem zweiten Hauptsatz der Thermodynamik, daß alles im Universum unerbittlich dem »Wärmetod«, der universellen Ödnis entgegentreibt.

Kauffman überprüfte seine Ideen, indem er die Wechselwirkung verschiedener abstrakter Agenzien – die für chemische und biologische Substanzen stehen sollten – auf Computern simulierte. Dabei stieß er auf mehrere interessante Befunde. So fand er beispielsweise heraus, daß ein System aus einfachen Chemikalien, sobald es einen gewissen Grenzwert der Komplexität erreicht, eine tiefgreifende Umwandlung durchmacht, die dem Phasenübergang gleicht, der eintritt, wenn Wasser gefriert. Die Moleküle beginnen sich spontan zu größeren Molekülen wachsender Komplexität mit katalytischen Fähigkeiten zusammenzulagern. Kauffman behauptete nun, daß dieser Prozeß der Selbstorganisation durch Autokatalyse – und nicht die zufällige Bildung eines Moleküls mit der Fähigkeit, sich zu verdoppeln und zu evolvieren –, zur Entstehung von Leben geführt habe.

Kauffmans zweite Hypothese ging sogar noch weiter, indem er das vielleicht zentrale Dogma der Biologie in Frage stellte: die natürliche Auslese. Kauffman zufolge verläuft die Evolution komplexer Verbände aus wechselwirkenden Genen, die Zufallsmutationen unterliegen, nicht nach dem Zufallsprinzip. Vielmehr konvergieren diese Verbände regelmäßig gegen eine relativ geringe Anzahl von Mustern bzw. Attraktoren – um den Lieblingsbegriff der Chaostheoretiker zu verwenden. In seinem 1993 erschienenen Wälzer *The Origins of Order: Self-Organization and Selection in Evolution* vertritt Kauffman die These, daß dieses Ordnungsprinzip, das er gelegentlich »Antichaos« genannt hat, die Evolution des Lebens, vor allem ab einer gewissen Komplexitätsstufe, stärker gesteuert habe als die natürliche Selektion.[16]

Kauffman, dem ich bei einem Besuch in Santa Fe im Mai 1994 zum ersten Mal begegnete, hatte ein breites, braungebranntes Gesicht und gewelltes graues Haar, das an der Haarkrone schütter wurde. Er trug das typische Santa-Fe-Outfit: Jeanshemd, Khakihose und Wanderstiefel. Er wirkte einerseits schüchtern und verletzlich, andererseits in höchstem Grade selbstbewußt. Seine Ausführungen waren wie die Improvisationen eines Jazz-Musikers: wenig Melodie, viele Abschweifungen. Wie ein Vertreter, der sich darum bemüht, eine persönliche Beziehung zu einem potentiellen Kunden aufzubauen, nannte er mich ständig bei meinem Vornamen: »John«. Er redete offensichtlich gern über philosophische Fragen. Im Verlauf unseres Gesprächs hielt er mir mehrere Kurzvorträge nicht nur über seine Antichaos-Theorien, sondern auch über die Grenzen des Reduktionismus, die Schwierigkeit, Theorien zu falsifizieren, und den sozialen Kontext wissenschaftlicher Erkenntnisse.

Zu Beginn unserer Unterhaltung erinnerte sich Kauffman an einen Artikel, den ich für den *Scientific American* über den Ursprung des Lebens geschrieben hatte.[17] In dem Artikel hatte ich Kauffman mit der Bemerkung zitiert: »Ich bin sicher, daß ich [mit meiner Theorie über die Entstehung des Lebens] recht habe.« Kauffman sagte mir, es sei ihm peinlich gewesen, diese Äußerung zu lesen; er habe sich geschworen, derartige Anwandlungen von Selbstüberschätzung in Zukunft zu vermeiden. Zu meinem Bedauern hielt Kauffman sein Wort – meistens. Während unseres Gesprächs gab er sich große

Mühe, seine Aussagen einzuschränken: »Ich will damit nicht sagen, daß ich recht habe, John, aber ...«

Kauffman hatte gerade ein weiteres Buch beendet, das den Titel *At Home in the Universe* (dt. *Der Öltropfen im Wasser*) trug und in dem er die Implikationen seiner Theorien über die biologische Evolution entfaltete. »Der Standpunkt, den ich in diesem Buch vertrete, ist meines Erachtens richtig – richtig in dem Sinne, daß alles vollkommen plausibel ist, wenn auch noch *viel* experimentell nachgewiesen werden muß. Doch zumindest läßt sich anhand einer Vielzahl mathematischer Modelle zeigen, daß die Emergenz des Lebens möglicherweise ein zwangsläufiges Phänomen ist, in dem Sinne, daß sich in einem hinreichend komplexen Verband wechselwirkender Moleküle mit hoher Wahrscheinlichkeit autokatalytische Teilverbände herauskristallisieren. Wenn diese Sichtweise richtig ist, wie ich Ihnen vor einigen Jahren mit überschwenglichem Enthusiasmus erzählte« – breites Lächeln –, »dann sind wir nicht das Produkt unglaublich unwahrscheinlicher Zufälle.« Höchstwahrscheinlich gebe es auch an anderen Orten des Universums Leben, fügte er hinzu. »Und aus diesem Grund sind wir auf eine ganz andere Weise im Universum zu Hause, als wir es wären, wenn das Leben dieses unglaublich unwahrscheinliche Ereignis wäre, das auf einem Planeten und nur auf einem Planeten stattgefunden hat, weil es so unwahrscheinlich ist, daß man eigentlich gar nicht damit rechnen kann.«

Seine Erklärung dafür, weshalb genetische Netzwerke gegen gewisse wiederkehrende Muster konvergieren, stellte er unter den gleichen Vorbehalt. »Angenommen, ich hätte auch hier recht«, sagte Kauffman; dann sei ein Großteil der Ordnung, die biologische Systeme aufwiesen, nicht auf den »harterarbeiteten Erfolg der natürlichen Selektion«, sondern auf diese alles durchdringenden ordnungsstiftenden Wirkungen zurückzuführen. »Der springende Punkt ist der, daß es sich um spontane Ordnung handelt, um ›Ordnung zum Nulltarif‹. Wenn diese Hypothese richtig ist, dann müssen wir nicht nur den Darwinismus so abwandeln, daß er dies erklären kann, sondern wir verstehen die Emergenz und die Ordnung des Lebens auch auf eine andere Weise.«

Seine Computersimulationen hätten noch eine andere, ernüchterndere Botschaft geliefert, sagte Kauffman. So wie das Hinzufügen eines einzigen Sandkörnchens zu einem großen Sandhaufen lawinenartige Sandstürze auslösen könne, so könne die Änderung der Fitneß einer Spezies eine plötzliche Änderung der Fitneß aller übrigen Spezies im Ökosystem auslösen, was eine Aussterbewelle nach sich ziehen könne. »Metaphorisch gesprochen, kann die beste Anpassung, die jeder von uns erreicht, eine Lawine auslösen, die letztlich zu unserem Untergang führt. Weil wir alle an dem Spiel beteiligt sind und Wellen durch das System senden, das wir gemeinsam erzeugen. *Das* gemahnt zu Bescheidenheit.« Kauffman schrieb die Sandhaufen-Analogie Per Bak zu, einem Physiker, der mit dem Santa Fe Institute zusammenarbeitet und der eine Theorie der sogenannten »selbstorganisierten Kritizität« (vgl. Kapitel 8) entwickelt hatte.

Als ich einwandte, daß viele Wissenschaftler, vor allem aber diejenigen, die am Santa Fe Institute tätig seien, Computersimulationen mit der Wirklichkeit zu verwechseln schienen, nickte Kauffman. »Ich stimme Ihnen zu. Mich persönlich stört das sehr«, erwiderte er. Einige Simulationen betrachtend, sagte er: »Ich kann Ihnen nicht sagen, wo die Grenze liegt zwischen Aussagen über *die Welt* und hübschen Computerspielen und Kunstformen und Spielzeugen.« Doch wenn *er* Computersimulationen durchführe, dann versuche er immer oder doch fast immer »herauszufinden, wie etwas in der Welt funktioniert. Manchmal versuche ich auch einfach Dinge zu finden, die interessant zu sein scheinen, und ich frage mich, ob sich mit ihnen etwas anfangen läßt. Doch meines Erachtens betreibt man nur dann Wissenschaft, wenn das, was man herausfindet, schließlich nachweisbar einem realen Sachverhalt entspricht. Und das heißt letzten Endes, daß es überprüfbar sein muß.«

Sein Modell genetischer Netzwerke »macht alle *möglichen* Vorhersagen«, die vermutlich innerhalb der nächsten fünfzehn bis zwanzig Jahre überprüft werden würden, sagte Kauffman. »Es ist mit gewissen Einschränkungen überprüfbar. Wenn man ein System mit 100 000 Komponenten hat und das System – noch – nicht in Einzelteile zerlegen kann, was sind dann die angemessenen überprüfbaren Folgen? Es müssen irgendwelche statistischen Folgen sein, nicht wahr?«

Wie könnte man seine Theorie über die Entstehung des Lebens überprüfen? »Es handelt sich eigentlich um zwei verschiedene Fragen«, erwiderte Kauffman. Zum einen beziehe sich die Frage auf die genaue Art und Weise, wie das Leben vor 4 Milliarden Jahren auf der Erde entstanden sei. Kauffman sagte, er wisse nicht, ob seine Theorie oder irgendeine andere Theorie diese historische Frage befriedigend beantworten könne. Andererseits könne man seine Theorie dadurch überprüfen, daß man versuche, autokatalytische Verbände im Labor zu erzeugen. »Ich sag Ihnen was. Wir schließen eine Wette. Wenn es mir oder einem anderen gelingen sollte, kollektivautokatalytische Molekülverbände mit den entsprechenden Phasenübergängen und Reaktionsgraphen zu erzeugen, dann sind Sie mir ein Abendessen schuldig. Einverstanden?«

Es gibt gewisse Parallelen zwischen Kauffman und anderen Wissenschaftlern, die die herrschende Lehre der Evolutionsbiologie in Frage stellen bzw. stellten. Erstens haben Kauffmans Ideen, wie die »Theorie vom durchbrochenen Gleichgewicht« und das Symbiose-Modell, historische Vorläufer. Kant, Goethe und andere Denker vor Darwin vermuteten, daß allgemeine mathematische Prinzipien bzw. Regeln die Musterbildung in der Natur steuern. Sogar nach Darwin blieben viele Biologen davon überzeugt, daß neben der natürlichen Selektion eine weitere ordnungsstiftende Kraft existieren müsse, die dem universellen Drang zur thermodynamischen Gleichförmigkeit entgegenwirke und biologische Ordnung hervorbringe. Im 20. Jahrhundert wurde diese Auffassung, die gelegentlich als »Rationale Morphologie« bezeichnet wird, unter anderem von D'Arcy Wentworth Thompson, William Bateson und, in jüngster Zeit, Brian Goodwin vertreten.[18]

Zudem scheint Kauffman mindestens ebensosehr von philosophischen Überzeugungen darüber, wie die Dinge sein sollten, wie von der wissenschaftlichen Neugier darauf, wie die Dinge wirklich sind, motiviert zu werden. Gould betont, welche bedeutende Rolle der Zufall – die Kontingenz – in der Evolution gespielt hat. Margulis lehnt den neodarwinistischen Reduktionismus ab und befürwortet einen ganzheitlicheren Ansatz. In ähnlicher Weise ist Kauffman der Ansicht, daß der Zufall allein das Leben nicht erschaffen haben kann; unserem Kosmos muß irgendeine fundamentale Tendenz zur Ordnung innewohnen.

Schließlich fiel es Kauffman, wie Gould und Margulis, sehr schwer, sein Verhältnis zu Darwin zu klären. In dem Gespräch mit mir sagte er, er betrachte das Antichaos-Konzept als eine Ergänzung zur Darwinschen Theorie der natürlichen Selektion. Zu anderen Zeitpunkten hatte er erklärt, Antichaos sei der Hauptfaktor der Evolution und die natürliche Selektion habe eine nur untergeordnete bzw. überhaupt keine Rolle gespielt. Kauffmans anhaltende Ambivalenz in dieser Frage spiegelte sich auf besonders deutliche Weise in der Rohfassung von *Der Öltropfen im Wasser* wider, die er mir im Frühjahr 1995 gab. Auf der ersten Seite des Buches verkündete Kauffman, der Darwinismus sei »falsch«, doch er hatte »falsch« durchgestrichen und durch »unvollständig« ersetzt. In den Fahnen seines Buches, die mehrere Monate später freigegeben wurden, kehrte er zu »falsch« zurück. Was sagte die endgültige, veröffentlichte Version? »Unvollständig.«

Kauffman hat in Gould, der auf dem Einband von Kauffmans Buch *Origins of Order* mit den Worten zitiert wurde, es würde »zu einem Markstein und einem Klassiker auf unserem Weg zu einer umfassenderen und befriedigenderen Theorie der Evolution« werden, einen mächtigen Verbündeten gefunden. Es ist ein sonderbares Bündnis. Während Kauffman behauptet, die Komplexitätsgesetze, die er in seinen Computersimulationen aufgespürt habe, verliehen der Evolution des Lebens eine gewisse Zwangsläufigkeit, bemühte sich Gould, während seiner gesamten wissenschaftlichen Laufbahn, nachzuweisen, daß praktisch *nichts* in der Geschichte des Lebens unvermeidlich gewesen sei. In seinem Gespräch mit mir widersprach Gould insbesondere der Vorstellung, die biologische Evolution entfalte sich nach mathematischen Gesetzmäßigkeiten. »Es ist eine sehr tiefgründige Auffassung«, sagte Gould, »aber ich glaube auch, daß sie zutiefst falsch ist.« Was Gould und Kauffman verbindet, ist, daß beide die Behauptung von Richard Dawkins und anderen orthodoxen Darwinisten in Frage gestellt hatten, die Evolutionstheorie habe bereits mehr oder weniger die Geschichte des Lebens erklärt. Indem Gould für Kauffmans Bücher die Werbetrommel rührt, zeigt er, daß er der alten Maxime folgt: »Der Feind meines Feindes ist mein Freund.«

Kauffman hat bislang nur wenige Anhänger für seine Ideen gefunden. Das vielleicht größte Problem besteht darin, daß seine Theorien rein statistischer Natur sind, wie er selbst zugibt. Man kann jedoch eine statistische Vorhersage über die Wahrscheinlichkeit der Entstehung des Lebens und dessen anschließender Evolution nicht bestätigen, wenn man nur einen Bezugspunkt – das Leben auf der Erde – hat. Eines der schärfsten Urteile über Kauffmans Arbeit stammt von John Maynard Smith, einem britischen Evolutionsbiologen, der, wie Dawkins, berüchtigt ist für seine spitze Zunge und der als erster mathematische Modelle in die Evolutionsbiologie eingeführt hat. Kauffman, der einst bei Maynard Smith studiert hatte, verbrachte zahllose Stunden mit dem Versuch, seinen einstigen Mentor von der Bedeutung seiner Arbeiten zu überzeugen – offensichtlich vergeblich. In einer öffentlichen Diskussion im Jahre 1995 sagte Maynard Smith über die »selbstorganisierte Kritizität«, das von Per Bak aufgestellte und von

Kauffman übernommene Sandhaufenmodell: »Ich finde das ganze Unternehmen verachtenswert.« Später, bei einem Glas Bier, sagte Maynard Smith zu Kauffman, er halte Kauffmans Ansatz für uninteressant.[19] Für einen ironischen Wissenschaftler wie Kauffman kann es kein grausameres Urteil geben.

Kauffman ist am beredtsamsten und überzeugendsten, wenn er selbst Kritik übt. Er hat erklärt, die von Biologen wie Dawkins propagierte Theorie der Evolution sei kalt und mechanistisch; sie werde der Erhabenheit und Rätselhaftigkeit des Lebens nicht gerecht. Kauffman hat recht; die Darwinsche Theorie hat etwas Unbefriedigendes, Tautologisches, selbst wenn sie von einem so geschickten Rhetoriker wie Dawkins erläutert wird. Doch immerhin unterscheidet Dawkins zwischen lebenden und nichtlebenden Dingen. Kauffman scheint alle Phänomene, von Bakterien bis zu Galaxien, als Manifestationen abstrakter mathematischer Formeln zu betrachten, die endlosen Permutationen unterworfen sind. Er ist ein mathematischer Ästhet. Seine Auffassung gleicht der der Elementarteilchenphysiker, die Gott einen Geometer nennen. Kauffman hat behauptet, seine Theorie der Entstehung des Lebens sei sinnhafter und tröstlicher als die von Dawkins. Doch die meisten von uns dürften sich eher mit Dawkins' draufgängerischen kleinen Replikatoren als mit Kauffmans Booleschen Funktionen im n-dimensionalen Hyperraum identifizieren können. Welchen Sinn und welchen Trost vermitteln derartige Abstraktionen?

Der Konservatismus der Wissenschaft

Der Status quo in der Wissenschaft – wie in allen menschlichen Bestrebungen – wird beständig von dem Wunsch neuer Generationen bedroht, sich in der Welt einen Namen zu machen. Und die Öffentlichkeit ist von einer unersättlichen Gier nach Neuem erfüllt. Diese beiden eng miteinander verzahnten Phänomene sind der Hauptgrund für den raschen Wechsel der Stile in der Kunst, in der der Wandel um seiner selbst willen begrüßt wird. Die Wissenschaft kann sich diesen Einflüssen kaum entziehen. Goulds »Theorie des durchbrochenen Gleichgewichts«, Margulis' Gaia-Konzept und Kauffmans Antichaos-Modell haben alle ihre Stunde des Ruhms gehabt. Doch ist es – aus naheliegenden Gründen – in der Wissenschaft sehr viel schwieriger, eine dauerhafte Veränderung herbeizuführen als in der Kunst. Der Erfolg der Wissenschaft basiert größtenteils auf ihrem Konservatismus, ihrem Festhalten an rigiden Standards. Die Quantenmechanik und die allgemeine Relativitätstheorie waren so neu und so überraschend, wie man es sich nur wünschen konnte. Doch sie setzten sich letztlich nicht deshalb durch, weil sie einen intellektuellen Reiz besaßen, sondern deshalb, weil sie gültig waren: Sie sagten die Ergebnisse von Experimenten richtig vorher. Alte Theorien sind aus guten Gründen alt geworden. Sie sind robust und flexibel. Sie weisen eine geradezu unheimliche Übereinstimmung mit der Wirklichkeit auf. Vielleicht sind sie sogar *wahr*.

Potentielle Revolutionäre sehen sich einem weiteren Problem gegenüber. Die wissenschaftliche Kultur war früher viel überschaubarer und daher leichter veränderbar. Mittlerweile ist sie zu einer riesigen intellektuellen, gesellschaftlichen und politischen Bürokratie angeschwollen, die eine entsprechende Trägheit aufweist. In einem unserer Gespräche verglich Stuart Kauffman den Konservatismus der Wissenschaft mit dem der biologischen Evolution, in der die Geschichte den Spielraum für Veränderungen stark einengt. Nicht nur die Wissenschaft, sondern auch viele andere Ideensysteme – namentlich solche mit weitreichenden gesellschaftlichen Auswirkungen – neigten dazu, »sich mit der Zeit zu stabilisieren und einzufrieren«, wie Kauffman bemerkte. »Denken Sie nur an die Evolution der Verhaltensvorschriften auf Schiffen oder Flugzeugträgern«, sagte er. »Es ist ein unglaublich träger Prozeß. Wenn Sie ankämen und versuchen würden, die Vorschriften auf einem Flugzeugträger ganz von vorn zu entwerfen, dann würden Sie ein unglaubliches Durcheinander erzeugen!«

Kauffman neigte sich zu mir. »Das ist wirklich interessant«, sagte er. »Nehmen wir das Recht. Das britische Gewohnheitsrecht hat sich über einen Zeitraum von vielleicht 1200 Jahren entwickelt. Es gibt diesen riesigen Korpus mit einer Fülle von Konzepten des vernünftigen Verhaltens. Es wäre sehr schwierig, dies alles zu ändern! Ich frage mich, ob man zeigen könnte, daß der Kernbestand eines Begriffssystems in jedem beliebigen Bereich – in all den Fällen, in denen wir Modelle entwerfen, um uns in der Welt zurechtzufinden – mit zunehmender Reife immer unveränderlicher wird.« Seltsamerweise lieferte Kauffman ein hervorragendes Argument dafür, weshalb sich seine eigenen radikalen Theorien über den Ursprung des Lebens und der biologischen Ordnung vermutlich nie durchsetzen würden. Wenn eine wissenschaftliche Idee ihre Fähigkeit bewiesen hat, allen Infragestellungen standzuhalten, dann ist es die Darwinsche Evolutionstheorie.

Der geheimnisvolle Ursprung des Lebens: Stanley Miller

Wenn ich ein Kreationist wäre, dann würde ich aufhören, die Theorie der Evolution anzugreifen – die durch Fossilienfunde so gut untermauert wird –, und mich statt dessen auf den Ursprung des Lebens konzentrieren. Das ist mit Abstand die schwächste Säule im Gebäude der modernen Biologie. Der Ursprung des Lebens ist der Traum jedes Wissenschaftspublizisten. Hier wimmelt es von exotischen Wissenschaftlern und exotischen Theorien, die niemals völlig aufgegeben oder völlig anerkannt werden, sondern einfach nur in oder aus der Mode kommen.[20]

Einer der eifrigsten und anerkanntesten Wissenschaftler, die den Ursprung des Lebens erforscht haben, ist Stanley Miller. Er hatte im Jahre 1953 als 23jähriger Student versucht, den Ursprung des Lebens im Labor nachzuvollziehen. Er füllte einige Liter Methan, Ammoniak und Wasserstoff (die die Atmosphäre simulieren sollten) und etwas Wasser (der Ur-Ozean) in einen luftdicht abgeschlossenen Glasapparat. Ein Funkenentladungsgerät verpaßte den Gasen simulierte Blitze, während eine Heizschlange das Wasser am Brodeln hielt. Innerhalb weniger Tage bildete sich eine zähe rötliche Masse. Als Miller diese Substanz analysierte, stellte er zu seiner großen Freude fest, daß sie einen hohen Gehalt an Aminosäuren aufwies. Diese organischen Verbindungen sind die Bausteine der Proteine, der Grundstoff des Lebens.

Millers Befunde schienen zweifelsfrei darauf hinzudeuten, daß Leben möglicherweise aus dem entstanden war, was der britische Chemiker J. B. S. Haldane die »Ursuppe« nannte. Große Gelehrte spekulierten darüber, daß Wissenschaftler, ähnlich wie die von Mary Shelley erfundene Gestalt des Dr. Frankenstein, schon bald in ihren Labors lebende Organismen hervorzaubern und so in allen Einzelheiten die Entstehung des Lebens rekonstruieren würden. Doch es kam ganz anders. Fast genau vierzig Jahre nach seinem Experiment sagte mir Miller, daß sich die Lösung des Rätsels vom Ursprung des Lebens als schwieriger erwiesen habe, als er oder irgendein anderer es sich vorgestellt habe. Er erinnerte sich an eine Vorhersage, die er kurz nach seinem Experiment gemacht hatte, wonach die Wissenschaftler binnen 25 Jahren »mit Sicherheit« wüßten, wie das Leben entstanden sei. »Nun, die 25 Jahre liegen hinter uns«, sagte Miller trocken.

Nach seinem Experiment im Jahre 1953 widmete sich Miller der Erforschung des Geheimnisses des Lebens. Er erwarb sich den Ruf eines äußerst exakten Experimentators, aber auch den eines Nörglers, der schnell mit Kritik bei der Hand ist, wenn jemand seiner Ansicht nach schludrig arbeitet. Als ich

Miller in seinem Büro an der University of California in San Diego traf, wo er als Professor für Biochemie lehrt, bekundete er seinen Ärger darüber, daß sein Gebiet noch immer als eine Randdisziplin gelte, die es nicht wert sei, ernsthaft betrieben zu werden. »Manche Arbeiten sind besser als andere. Das wertlose Zeug bringt das gesamte Gebiet in Verruf. Das ist ein echter Skandal. Manch einer leistet gute Arbeit, und dann muß man mit ansehen, wie dieser Schund die Aufmerksamkeit auf sich zieht.« Keine der gegenwärtigen Hypothesen über den Ursprung des Lebens schien Miller zu überzeugen; er bezeichnete sie als »Unsinn« bzw. als »chemische Kopfgeburten«. Er verachtete einige dieser Hypothesen so sehr, daß er, als ich ihn nach seiner Meinung dazu befragte, bloß den Kopf schüttelte, tief seufzte und zu kichern anfing – als ob ihn der Unverstand der gesamten Menschheit übermannt hätte. Stuart Kauffmans Theorie der Autokatalyse fiel in diese Kategorie. »Wer Gleichungen durch einen Computer jagt, stellt noch kein Experiment an«, meinte Miller naserümpfend.

Miller räumte ein, daß die Wissenschaftler vielleicht niemals genau wissen würden, wo und wie das Leben entstanden sei. »Wir versuchen, Aussagen über ein historisches Ereignis zu machen. Das unterscheidet sich stark von der gewöhnlichen wissenschaftlichen Arbeit, so daß auch die Kriterien und Methoden ganz andere sind«, bemerkte er. Doch als ich meinte, daß Miller die Aussichten, das Rätsel des Lebens zu lösen, offenbar skeptisch beurteile, schien er entsetzt zu sein. Skeptisch? Keineswegs! Er sei optimistisch!

Eines Tages, so gelobte er, würden die Wissenschaftler das selbstreplizierende Molekül entdecken, das die große Saga der Evolution in Gang gesetzt habe. So wie die Entdeckung der Mikrowellen-Nachstrahlung des Urknalls der Kosmologie ihre Daseinsberechtigung gegeben habe, so würde die Entdeckung des genetischen Urmaterials Millers Disziplin legitimieren. »Sie wird abheben wie eine Rakete«, murmelte Miller durch zusammengebissene Zähne. Wäre eine solche Entdekkung unmittelbar evident? Miller nickte. »Sie wird zu der Art von Dingen gehören, die einem den Kommentar entlocken: ›Mensch, wie konntest du das nur so lange übersehen?‹ Und alle werden restlos überzeugt sein.«

Als Miller im Jahre 1953 sein wegweisendes Experiment durchführte, teilten die meisten Wissenschaftler noch Darwins Überzeugung, daß es sich bei den selbstreproduktiven Molekülen höchstwahrscheinlich um Proteine gehandelt habe, weil man glaubte, Proteine könnten sich aus eigener Kraft reproduzieren und ordnen. Nach der Entdeckung, daß die DNS die Basis für die Übertragung genetischer Information und für die Proteinsynthese ist, neigten viele Forscher der Ansicht zu, nicht Proteine, sondern Nukleinsäuren seien die Urmoleküle gewesen. Doch dieses Szenario hatte einen großen Haken. Denn die DNS kann ohne Hilfe katalytischer Proteine, sogenannter Enzyme, weder Proteine noch Kopien von sich selbst herstellen. Diese Tatsache machte den Ursprung des Lebens zu einem klassischen Henne-oder-Ei-Problem: Was war zuerst da, Proteine oder DNS?

In *The Coming of the Golden Age* erklärte Gunther Stent, prophetisch wie immer, dieses Rätsel lasse sich lösen, wenn Forscher ein sich selbstreplizierendes Molekül fänden, das als sein eigener Katalysator wirken könne.[21] Zu Beginn der achtziger Jahre wurde ein ebensolches Molekül identifiziert: die Ribonukleinsäure oder kurz: RNS, ein einsträngiges Molekül, das der DNS bei der Herstellung von Proteinen hilft. Experimente zeigten, daß gewisse Typen von RNS als ihre eigenen Enzyme wirken können, indem sie sich selbst in zwei Teile zerschneiden und sich dann wieder selbst zusammenfügen. Wenn die RNS als Enzym wirken konnte, dann war sie möglicherweise auch in der Lage, sich ohne Hilfe von Proteinen zu replizieren. Die RNS könnte dann sowohl als Gen wie auch als Katalysator, als Ei und Henne, fungieren.

Doch die sogenannte »RNS-Welt-Hypothese« ist mit mehreren Problemen behaftet. Die RNS und ihre Bausteine lassen sich selbst unter optimalen Laborbedingungen, ganz zu schweigen von den wahrscheinlichen präbiotischen Bedingungen, nur schwer synthetisieren. Und sobald die RNS einmal synthetisiert ist, kann sie nur mit intensiver chemischer Geburtshilfe durch Wissenschaftler neue Kopien von sich selbst herstellen. Der Ursprung des Lebens »muß sich unter gewöhnlichen, nicht unter sehr speziellen Bedingungen ereignet haben«, sagte Miller. Er ist überzeugt davon, daß ein einfacheres – und sich möglicherweise stark von der RNS unterscheidendes – Molekül den Weg zur RNS geebnet hat.

Lynn Margulis etwa bezweifelt, daß die Erforschung des Ursprungs des Lebens die einfache, sich selbst bestätigende Antwort erbringen wird, von der Miller träumt. »Das gilt vielleicht für die Ursache von Krebs, nicht aber für den Ursprung des Lebens«, sagte Margulis. Das Leben, so betonte sie, sei unter komplexen Umweltbedingungen entstanden. »Es gibt Tag und Nacht, Winter und Sommer, Temperaturschwankungen, Änderungen des Trockenheitsgrades. Diese Dinge sind historische Anhäufungen. Biochemische Systeme sind im Grunde genommen historische Anhäufungen. Daher glaube ich nicht, daß es jemals ein ›Fertigrezept‹ für Leben geben wird, nach dem Motto: Man füge Wasser hinzu, mische alles gründlich und schon ist das Leben fertig. Es ist kein einstufiger, sondern ein kumulativer Prozeß, der zahlreiche Veränderungen umfaßt.« Das kleinste Bakterium, so Margulis, »steht uns Menschen unvergleichlich viel näher als Stanley Millers chemische Gemische, weil es bereits diese Systemeigenschaften aufweist. Der Schritt von einem Bakterium zum Menschen ist also ein viel kleinerer Schritt als der von einem Gemenge von Aminosäuren zu diesem Bakterium.«

Francis Crick schrieb in seinem Buch *Das Leben selbst*, daß »die Entstehung von Leben gegenwärtig fast wie ein Wunder erscheint, angesichts der zahlreichen Bedingungen, die erfüllt gewesen sein mußten, damit es in Gang kam«.[22] (Es sollte nicht unerwähnt bleiben, daß Crick ein Agnostiker ist, der zum Atheismus neigt.) Crick stellte die Hypothese auf, daß außerirdische Lebewesen, die vor Jahrmilliarden in einem Raumschiff die Erde besuchten, hier absichtlich Mikroben ausgesetzt hätten.

Vielleicht wird Stanley Millers Hoffnung in Erfüllung gehen: Wissenschaftler werden vielleicht ein intelligentes Molekül oder eine intelligente Molekülverbindung finden, das oder die sich unter wahrscheinlichen präbiotischen Bedingungen reproduzieren, mutieren und evolvieren kann. Die Entdeckung würde zweifellos eine neue Ära der angewandten Chemie einleiten. (Die große Mehrzahl der Forscher konzentriert sich auf dieses Ziel und nicht auf die Aufklärung des Ursprungs des Lebens.) Doch in Anbetracht unserer Unkenntnis über die Bedingungen, unter denen das Leben entstanden ist, würde jede Theorie über den Ursprung des Lebens, die auf einer solchen Entdeckung basiert, immer Zweifeln unterliegen. Miller ist zuversichtlich, daß die Biologen die Antwort auf das Rätsel des Ursprungs des Lebens erkennen werden, wenn sie sie erst einmal vor Augen haben. Doch diese Zuversicht fußt auf der Prämisse, daß die Antwort, wenn auch nur im Rückblick, plausibel sein wird. Wer aber sagt, daß die Entstehung des Lebens auf der Erde wahrscheinlich war? Vielleicht verdankt sie sich einer außergewöhnlichen Konvergenz von unwahrscheinlichen und sogar unvorstellbaren Ereignissen.

Zudem wird uns die Entdeckung eines plausiblen Urmoleküls – falls sie gelingen sollte – wahrscheinlich keinen Aufschluß über das geben, was uns eigentlich interessiert: War die Entstehung des Lebens auf der Erde unvermeidlich oder war sie ein einzigartiges und zufälliges Ereignis? Hat sie sich auch auf anderen Planeten zugetragen, oder vollzog sie sich nur an diesem einsamen, abgeschiedenen Ort? Diese Fragen lassen sich nur beantworten, wenn wir außerirdisches Leben finden. Doch die Öffentlichkeit scheint immer weniger bereit zu sein, entsprechende Forschungsvorhaben zu unterstützen. Im Jahre 1993 verfügte der US-Kongreß die Einstellung des

SETI (Search for Extraterrestrial Intelligence)-Programms der NASA, in dessen Rahmen der Weltraum nach Radiosignalen abgesucht wurde, die von anderen Zivilisationen stammen könnten. Und der Traum eines bemannten Raumflugs zum Mars, des Planeten im Sonnensystem, der noch am ehesten außerirdisches Leben aufweist, wurde auf unbestimmte Zeit verschoben.

Doch die Wissenschaftler können auch so bereits morgen auf Spuren außerirdischen Lebens stoßen. Eine solche Entdeckung würde die gesamte Wissenschaft und Philosophie und das menschliche Selbstverständnis von Grund auf verändern. Vielleicht könnten Stephen Jay Gould und Richard Dawkins dann ihre Kontroverse über die Frage beilegen, ob die natürliche Selektion ein kosmisches oder nur ein irdisches Phänomen ist (obgleich zweifellos beide eine Fülle von Belegen für ihren jeweiligen Standpunkt finden würden). Stuart Kauffman könnte vielleicht herausfinden, ob die Gesetzmäßigkeiten, die er in seinen Computersimulationen aufspürt, auch in der Wirklichkeit gelten. Wenn die außerirdischen Lebewesen so intelligent wären, daß sie ihre eigene Wissenschaft entwickelt hätten, dann könnte Edward Witten vielleicht überprüfen, ob die Superstringtheorie wirklich den zwangsläufigen Endpunkt jeder Suche nach den fundamentalen Naturgesetzen bildet. Science-fiction würde Wirklichkeit werden. Die *New York Times* würde der *Weekly World News* gleichen, einem jener Sensationsblätter, die »Fotografien« abdrucken, auf denen Präsidenten im vertrauten Gespräch mit außerirdischen Wesen zu sehen sind. Man kann immer hoffen.

6. DAS ENDE DER SOZIALWISSENSCHAFTEN

Der Soziobiologe Edward Wilson

Alles wäre für Edward O. Wilson so leicht gewesen, wenn er nur bei den Ameisen geblieben wäre. Ameisen weckten sein Interesse an der Biologie, als er als Junge in Alabama aufwuchs, und sie sind noch immer seine wichtigste Inspirationsquelle. Er hat eine Unzahl von Aufsätzen und mehrere Bücher über die winzigen Geschöpfe geschrieben. Ameisenkolonien säumen Wilsons Büro im Museum of Comparative Zoology der Harvard University. Er zeigte sie mir mit dem Stolz und der Freude eines zehnjährigen Kindes. Als ich Wilson fragte, ob er das Thema Ameisen noch nicht erschöpft habe, frohlockte er: »Wir fangen doch erst an!« Er hatte unlängst damit begonnen, einen Überblick über *Pheidole* zu erstellen, eine der artenreichsten Gattungen des gesamten Tierreichs. Es wird vermutet, daß *Pheidole* über 2000 Ameisenarten umfaßt, von denen die meisten noch nicht beschrieben, ja nicht einmal benannt sind. »Ich denke, ich habe mit dem gleichen inneren Drang, der Männer mittleren Alters dazu veranlaßt, in einem Ruderboot über den Atlantik zu rudern oder sich einer Gruppe anzuschließen, die den K2 besteigen will, beschlossen, es mit *Pheidole* aufzunehmen«, sagte Wilson.[1]

Wilson gehörte zu denjenigen, die sich am entschiedensten für die Erhaltung der biologischen Vielfalt der Erde einsetzen, und sein hochfliegendes Ziel bestand darin, *Pheidole* zu einer Art Referenzgröße für Biologen zu machen, die die Biodiversität verschiedener Regionen erfassen wollen. Er machte sich die Ameisensammlung von Harvard, eine der größten der Welt, zunutze, um eine Serie detailgenauer Zeichnungen jeder *Pheidole*-Art anzufertigen, denen er Beschreibungen ihres Verhaltens und ihrer ökologischen Merkmale beifügte. »Das kommt Ihnen vermutlich furchtbar langweilig vor«, entschuldigte er sich, während er seine Zeichnungen von *Pheidole*-Arten durchblätterte (die faszinierend monströs wirkten). »Für mich ist es eine der befriedigendsten Tätigkeiten, die ich mir vorstellen kann.« Er gestand mir, daß ihn, wenn er durch sein Mikroskop eine bis dahin unbekannte Spezies betrachtete, »das Gefühl überkam, gewissermaßen – ich möchte nicht allzu poetisch werden – das Antlitz der Schöpfung zu erblicken«. Ein einzige Ameise genügte, um Wilson mit scheuer Ehrfurcht vor dem Universum zu erfüllen.

Als wir zu der Ameisenfarm gingen, die in einem langgestreckten Terrarium in seinem Büro untergebracht war, spürte ich zum ersten Mal, daß durch Wilsons Fassade jungenhafter Überschwenglichkeit ein kämpferischer Geist durchschimmert. Es handele sich um Blattschneiderameisen, deren Verbreitungsgebiet von Südamerika bis nach Louisiana im Norden reiche, erklärte Wilson. Die dürren kleinen Exemplare, die über die Oberfläche des schwammartigen Nests huschten, seien die Arbeiter; die Soldaten dagegen lauerten im Innern. Wilson zog einen Stöpsel von der Nestspitze und blies in das Loch. Einen Augenblick später strömten mehrere große Ungetüme heraus, die drohend ihre übergroßen Köpfe mit weitgeöffneten Mandibeln schwenkten. »Sie können sogar Schuhleder durchschneiden«, bemerkte Wilson ein wenig zu bewundernd. »Wenn Sie versuchen würden, sich in ein Nest von Blattschneiderameisen einzugraben, würden die Ameisen Sie, wie bei einer chinesischen Folter, allmählich ins Jenseits befördern, durch Tausende von kleinen Schnitten.« Er lachte verstohlen in sich hinein.

Wilsons – angeborene oder erworbene? – Kampfeslust kam später deutlicher zum Vorschein, als er auf den tiefsitzenden Widerwillen der amerikanischen Gesellschaft, sich mit dem prägenden Einfluß der Gene auf das menschliche Verhalten zu befassen, zu sprechen kam. »Dieses Land wird so sehr von unserer säkularen Religion, dem Egalitarismus, beherrscht, daß es seinen Blick von allem abwendet, was es von seiner grundlegenden ethischen Überzeugung, wonach alle Menschen gleich sind und mit dem guten Willen aller eine vollkommene Gesellschaft errichtet werden kann, abbringen könnte.« Als Wilson seine Suada hielt, wirkte sein langgestrecktes, sympathisches Farmer-Gesicht so versteinert wie das eines puritanischen Predigers.

Es gibt zwei – wenigstens zwei – Edward Wilsons. Der eine ist der Poet der sozialen Insekten und der leidenschaftliche Anwalt der Vielfalt des Lebens auf der Erde. Der andere ist ein überaus ehrgeiziger, streitbarer Mann, der gegen das Gefühl ankämpft, zu spät gekommen zu sein, weil sein Gebiet bereits mehr oder minder vollendet ist. Wilson reagierte auf die »Einflußangst« ganz anders als Gould, Margulis, Kauffman und andere, die sich an Darwin abkämpfen. Ungeachtet ihrer Unterschiede versuchten sie doch alle die Dominanz Darwins dadurch zu untergraben, daß sie behaupteten, die Darwinsche Theorie sei nur von beschränktem Erklärungswert, da die Evolution sehr viel komplizierter verlaufen sei, als es Darwin und seine modernen Nachfolger dargestellt hätten. Wilson schlug den entgegengesetzten Weg ein. Er bemühte sich, den Geltungsbereich des Darwinismus zu erweitern, indem er nachwies, daß dieser mehr erklären könne, als irgend jemand – einschließlich Richard Dawkins – für möglich gehalten habe.

Wilsons Rolle als Prophet der Soziobiologie läßt sich auf eine Glaubenskrise zurückführen, die er Ende der fünfziger Jahre, kurz nach seiner Ankunft in Harvard, durchmachte. Obgleich er schon damals eine der weltweit führenden Kapazitäten auf dem Gebiet der sozialen Insekten war, begann er über die offensichtliche Bedeutungslosigkeit nachzugrübeln, die seinem Forschungsgebiet – zumindest in den Augen anderer Wissenschaftler – zukam. Die Molekularbiologen, hocherfreut über die Aufklärung der Struktur der DNS, die die Grundlage für die Übertragung genetischer Information bildete, hatten begonnen, den Nutzen der Erforschung ganzer Organismen, wie etwa Ameisen, in Frage zu stellen. Wilson erwähnte, daß James Watson, der damals in Harvard lehrte und noch immer überglücklich über die Entdeckung der Doppelhelix gewesen sei, sich abfällig über die Evolutionsbiologie geäußert habe, die er als eine bessere Form von Briefmarkensammeln, das durch die Molekularbiologie erledigt worden sei, betrachtet habe.[2]

Wilson reagierte auf diese Herausforderung, indem er seinen Blickwinkel erweiterte und nach Verhaltensregeln suchte, die nicht nur für Ameisen, sondern für alle sozialen Tiere gelten. Seine Bemühungen gipfelten in dem Buch *Sociobiology: the New Synthesis*. Dieses 1975 veröffentlichte Werk bestand größtenteils aus einem meisterhaften Überblick über soziale Tiere, von Ameisen und Termiten bis hin zu Antilopen und Pavianen. Sich auf Erkenntnisse der Verhaltensforschung, der Populationsgenetik und anderer Disziplinen stützend, zeigte Wilson, daß sich Paarungsverhalten und Arbeitsteilung als adaptive Antworten auf den Evolutionsdruck erklären lassen.

Erst im letzten Kapitel wandte sich Wilson dem Menschen zu. Er lenkte die Aufmerksamkeit auf die offenkundige Tatsache, daß die Soziologie, die Lehre vom menschlichen Sozialverhalten, dringend eine einheitliche Theorie brauchte. »Zwar gab es Versuche einer Systematisierung, doch... es kam nicht viel dabei heraus. Ein Großteil dessen, was heute in der Soziologie als Theorie firmiert, ist im Grunde genommen nichts anderes als ein Kategorisieren von Phänomenen und Begriffen nach Art der Naturgeschichte. Prozesse sind schwer zu analysieren, weil die grundlegenden Einheiten kaum zu definieren sind, vielleicht gar nicht existieren. Synthesen bestehen aus weitschweifigen Querverweisen zwischen unterschiedlichen Serien von Definitionen und Metaphern, die von den kreativeren Denkern erfunden wurden.«[3]

Die Soziologie würde nur dann zu einer echten Wissenschaft werden, behauptete Wilson, wenn sie sich dem Darwinschen Paradigma unterwerfe. So wies er darauf hin, daß beispielsweise Krieg, Fremdenfeindlichkeit, männliche Dominanz und selbst unsere gelegentlichen Anfälle von Altruismus als adaptive Verhaltensweisen gedeutet werden könnten, die von unserem Urtrieb nach Verbreitung unserer Gene herrührten. Wilson sagte voraus, daß weitere Fortschritte in der Evolutionstheorie, in der Genetik und in den Neurowissenschaften die Soziobiologie in Zukunft in die Lage versetzen würde, ein breites Spektrum menschlicher Verhaltensweisen zu erklären; die Soziobiologie würde schließlich nicht nur die Soziologie, sondern auch die Psychologie, die Anthropologie und andere »weiche« Sozialwissenschaften in sich integrieren.

Das Buch erhielt überwiegend positive Rezensionen. Einige Wissenschaftler jedoch, darunter auch Wilsons Kollege Stephen Jay Gould, rügten Wilson dafür, daß er die *conditio humana* als *unabänderlich* dargestellt habe. Wilsons Ansichten, monierten seine Kritiker, stellten eine moderne Version des Sozialdarwinismus dar; diese berüchtigte viktorianische Lehre lieferte eine pseudowissenschaftliche Rechtfertigung für Rassismus, Sexismus und Imperialismus, indem sie das Sein mit dem Sollen gleichsetzte. Die Angriffe auf Wilson erreichten im Jahre 1978, bei einem Treffen der American Association for the Advancement of Science, ihren Höhepunkt. Ein Mitglied einer politischen Gruppierung namens International Committee Against Racism entleerte unter dem Ruf »Du irrst dich gewaltig!« einen Krug Wasser auf Wilsons Kopf.[4]

Unbeeindruckt von diesen Anfeindungen, schrieb Wilson zusammen mit Charles Lumsden, einem Physiker von der Universität Toronto, zwei Bücher über die Soziobiologie des Menschen: *Genes, Mind, and Culture* (1981) und *Das Feuer des Prometheus. Wie das menschliche Denken entstand* (1984). Wilson und Lumsden räumten in letztgenanntem Buch »die enorme Schwierigkeit [ein], eine wirklichkeitsgetreue Beschreibung der Wechselwirkungen zwischen Genen und Kultur zu liefern«. Gleichzeitig aber erklärten sie, man könne diese Schwierigkeit nicht dadurch überwinden, daß man die »ehrwürdige Tradition der in der Form literarischer Kritik geschriebenen Gesellschaftstheorie« fortführe, sondern nur dadurch, daß man eine stringente mathematische Theorie der Wechselwirkung zwischen Genen und Kultur erarbeite. »Die Theorie, die wir entwickeln wollten«, schrieben Wilson und Lumsden, »sollte ein System miteinander verknüpfter abstrakter Vorgänge enthalten, die sich so weit wie möglich in der Form klarer mathematischer Strukturen ausdrücken müßten, welche diese Prozesse in die reale Welt der Sinneswahrnehmungen rückübersetzten«.[5]

Die Bücher, die Wilson zusammen mit Lumsden schrieb, wurden nicht so gut aufgenommen wie *Sociobiology*. Ein Kritiker nannte ihre Sicht der menschlichen Natur unlängst »verbissen mechanistisch« und »simplizistisch«.[6] Dennoch beurteilte Wilson während unseres Gesprächs die Zukunftsaussichten der Soziobiologie optimistischer denn je zuvor. Obgleich er einräumte, daß die empirische Absicherung seiner Hypothesen in den siebziger Jahren sehr dürftig gewesen sei, betonte er, daß »wir heute sehr viel mehr Beweise dafür besitzen«, daß viele menschliche Merkmale – von Homosexualität bis zu Schüchternheit – eine genetische Basis hätten; zudem hätten Fortschritte auf dem Gebiet der medizinischen Genetik die Akzeptanz genetischer Erklärungen menschlichen Verhaltens bei Wissenschaftlern und bei der Öffentlichkeit insgesamt erhöht. Die Soziobiologie habe nicht nur in Europa, wo eine Gesellschaft für Soziobiologie gegründet worden sei, sondern auch in den Vereinigten Staaten einen Aufschwung erlebt, so Wilson; obgleich viele Wissenschaftler in den Vereinigten Staaten den Begriff *Soziobiologie* aufgrund seiner politischen Konnotationen vermieden, seien Disziplinen mit Namen wie »Biokulturelle Studien«, »Evolutionspsychologie« und »Darwinistische Verhaltenslehre« allesamt Zweige der Soziobiologie.[7]

Wilson war nach wie vor davon überzeugt, daß die Soziobiologie eines Tages nicht nur die Sozialwissenschaften, sondern auch die Philosophie in sich integrieren würde. Er schrieb gerade an einem Buch, das den vorläufigen Arbeitstitel *Natural Philosophy* (Naturphilosophie) trug und das sich damit befaßte, wie soziobiologische Erkenntnisse zur Lösung politischer und ethischer Fragen beitragen könnten. Er vertrat darin die Auffassung, daß religiöse Dogmen »empirisch überprüft« werden könnten und verworfen werden sollten, wenn sie nicht mit wissenschaftlichen Wahrheiten vereinbar seien. So schlug er zum Beispiel vor, die katholische Kirche solle überprüfen, ob ihr Abtreibungsverbot – ein Dogma, das die Überbevölkerung fördert – dem höherrangigen ethischen Ziel der Erhaltung der Biodiversität der Erde widerstreite. Während Wilson sprach, erinnerte ich mich an die Bemerkung eines Kollegen, der gesagt hatte, daß Wilson paradoxerweise hohe Intelligenz und Gelehrsamkeit mit einer Art Einfalt, um nicht zu sagen Unschuld, verbinde.

Selbst jene Evolutionsbiologen, die Wilsons Bemühungen bewundern, die Grundlagen einer umfassenden Theorie der menschlichen Natur zu legen, bezweifeln, daß dieses Unterfangen gelingen kann. Dawkins beispielsweise verabscheute die »reflexhafte Feindseligkeit«, die Stephen Jay Gould und andere linksgerichtete Wissenschaftler gegen die Soziobiologie zur Schau trügen. »Wilson wurde meiner Ansicht nach schäbig behandelt, nicht zuletzt von seinen Kollegen in Harvard«, sagte Dawkins. »Sollte sich daher die Gelegenheit ergeben, Solidarität zu zeigen, dann würde ich aufstehen und mich auf die Seite Wilsons stellen.« Dennoch war Dawkins nicht so zuversichtlich, wie es Wilson zu sein schien, daß »die Komplexität des menschlichen Lebens« zur Gänze wissenschaftlich erklärt werden könne. Die Wissenschaft sei nicht geeignet, »hochkomplexe Systeme, die aus unzähligen Einzelheiten hervorgehen, zu erklären«, fuhr Dawkins fort. »Die naturwissenschaftliche Erklärung soziologischer Phänomene wäre ungefähr so, als wollte man den genauen Weg eines Wassermoleküls über die Niagara-Fälle mit Hilfe der Wissenschaft erklären bzw. vorhersagen. Das könnte man nicht, aber das bedeutet nicht, daß es *grundsätzlich* unmöglich wäre. Es ist nur sehr, sehr kompliziert.«

Ich vermute, daß Wilson mittlerweile selbst zweifelt, ob die Soziobiologie jemals so allmächtig werden wird, wie er es einst geglaubt hatte. Am Schluß von *Sociobiology* deutete er an, daß dieses Gebiet schließlich in einer vollständigen, endgültigen Theorie der menschlichen Natur gipfeln werde. »Um die Spezies auf unbegrenzte Zeit zu bewahren«, schrieb Wilson, »sind wir gezwungen, bis hinab zu den Ebenen des Neurons und des Gens nach vollständiger Erkenntnis zu streben. Wenn wir so große Fortschritte gemacht haben werden, daß wir uns in diesen mechanistischen Kategorien erklären können, und wenn die Sozialwissenschaften in höchster Blüte stehen werden, dann könnte es sein, daß wir uns mit dem Ergebnis nur schwer abfinden können.« Zum Schluß führte er ein Zitat von Camus an: »In einem Universum ohne Illusionen und ohne Hoffnungsschimmer fühlt sich der Mensch als ein Fremder, ein Obdachloser. Seine Verbannung ist unwiderruflich, da ihm die Erinnerung an ein verlorenes Zuhause bzw. die Hoffnung auf ein gelobtes Land genommen ist.«[8]

Als ich ihn an diesen düsteren Nachsatz erinnerte, gab Wilson zu, daß er *Sociobiology* in einem leicht depressiven Zustand beendet habe. »Ich glaubte, daß wir nach einem gewissen Zeitraum, sobald wir genaueren Aufschluß über unseren Ursprung und die Bestimmungsfaktoren unseres Verhaltens hätten, unser aufgeblasenes Selbstbild und unsere Hoffnung auf grenzenloses Wachstum in der Zukunft verlieren würden.« Wilson glaubte auch, daß eine solche Theorie das Ende der Biologie herbeiführen würde, der Disziplin, die sein eigenes Leben mit Sinn erfüllt hatte. »Doch dann redete ich mir das selbst aus«, sagte er. Wilson gelangte zu der Überzeugung, daß der menschliche Geist, der durch die komplexen Wechselwirkungen zwischen Kultur und Erbgut geprägt werde, für die Wissenschaft ein endloses Neuland sei. »Ich erkannte, daß es einen riesigen unerschlossenen Bereich der Wissenschaft und der menschlichen Geschichte gab, dessen Erkundung nie an ein Ende kommen würde«, erinnerte er sich. »Das stimmte mich wieder sehr viel zuversichtlicher.« Wilson überwand seine Depression, indem er sich eingestand, daß seine Kritiker recht hatten: Die Wissenschaft ist nicht in der Lage, alle Zufälligkeiten des menschlichen Denkens und der Kultur zu erklären. Es kann keine *vollständige* Theorie der menschlichen Natur geben, eine, die sämtliche Fragen, die wir über uns selbst haben, beantwortet.

Wie revolutionär ist die Soziobiologie? Nach Wilsons eigenem Bekunden nicht besonders. Bei aller Kreativität und allem Ehrgeiz ist Wilson doch ein eher konventioneller Darwinist. Das zeigte sich, als ich ihn nach dem Konzept der sogenannten »Biophilie« fragte, wonach die Affinität des Menschen zur Natur oder doch zumindest gewisser Aspekte davon angeboren und ein Produkt der natürlichen Selektion sei. Das Biophilie-Konzept verdankt sich Wilsons Bemühungen, ein gemeinsames Bindeglied zwischen seinen beiden großen Leidenschaften, Soziobiologie und Biodiversität, zu finden. Wilson schrieb eine Monographie über Biophilie, die im Jahre 1984 erschien, und er gab später eine Essaysammlung zu diesem Thema heraus. Bei dem Gespräch mit Wilson beging ich den Fehler anzumerken, daß mich das Biophilie-Konzept an die Gaia-Theorie erinnere, weil beide auf einen Altruismus abstellten, der die Gesamtheit des Lebendigen und nicht bloß die eigenen Verwandten bzw. die Angehörigen der eigenen Art einschließe.

»Im Grunde haben beide nichts miteinander gemein«, erwiderte Wilson in einem scharfen Ton, der mich völlig verblüffte. Das Biophilie-Konzept postuliere nicht die Existenz »eines phosphoreszierenden Altruismus, der in der Luft hängt«, spottete Wilson. »Ich vertrete eine entschieden mechanistische Auffassung von der Entstehung der menschlichen Natur«, sagte er. »Unsere Sorge um andere Organismen ist weitgehend ein Produkt der natürlichen Selektion.« Die Biophilie, so Wilson weiter, sei nicht zum Nutzen aller Lebensformen, sondern zum Nutzen einzelner Menschen entstanden. »Meine Sichtweise ist streng anthropozentrisch, weil alles, was ich von der Evolution weiß, und alles, was ich sehe und verstehe, für diese Sichtweise und nicht für die andere spricht.«

Ich fragte Wilson, ob er mit seinem Harvard-Kollegen Ernst Mayr darin übereinstimme, daß die moderne Biologie sich nur noch mit Detailfragen befasse, deren Lösungen das herrschende neodarwinistische Paradigma untermauerten.[9] Wilson grinste. »Die Konstanten bis zur nächsten Stelle hinter dem Komma bestimmen«, sagte er, auf das Zitat anspielend, das mit dazu beigetragen hatte, den Mythos der selbstzufriedenen Physiker am Ende des 19. Jahrhunderts zu schaffen. »Ich habe davon gehört.« Doch nachdem Wilson Mayrs Auffassung, die Biologie sei im wesentlichen vollendet, zunächst leicht ins Lächerliche gezogen hatte, stimmte er ihr im folgenden zu. »Wir sind nicht im Begriff, die Evolution durch natürliche Selektion zu entthronen oder unser Grundverständnis der Entstehung der Arten über Bord zu werfen«, sagte Wilson. »Daher bezweifle auch ich, daß mit irgendwelchen revolutionären Veränderungen an unseren gegenwärtigen Theorien über die Mechanismen der Evolution, der Diversifikation und die Entstehung von Biodiversität auf der Ebene von Spezies zu rechnen ist.« Es gebe noch eine Menge ungelöster Fragen in bezug auf die Embryonalentwicklung, auf die Wechselwirkungen zwischen biologischen und kulturellen Faktoren, auf Ökosysteme und andere komplexe Systeme. Doch die Grundregeln der Biologie, so Wilson, »erweisen sich meines Erachtens zunehmend als relativ endgültig. Wie die Evolution abläuft, der Algorithmus, die Mechanismen, die Triebfedern.«

Wilson hätte hinzufügen können, daß die bedrückenden ethischen und philosophischen Folgen der Darwinschen Theorie schon vor langer Zeit ausgesprochen wurden. In seinem

1871 erschienenen Buch *Die Abstammung des Menschen* wies Darwin darauf hin, daß, wenn der Mensch die gleiche Evolution durchlaufen hätte wie die Biene, »sich kaum daran zweifeln lasse, daß unsere unverheirateten Weibchen es ebenso wie die Arbeiterbienen für ihre heilige Pflicht halten würden, ihre Brüder zu töten, und die Mütter würden suchen, ihre fruchtbaren Töchter zu vertilgen; und niemand würde daran denken, dies zu verhindern«.[10] Anders gesagt: Wir Menschen sind Tiere, und die natürliche Selektion hat nicht nur unseren Körper, sondern auch unsere Überzeugungen, unser intuitives Verständnis von Gut und Böse geprägt. Ein entsetzter viktorianischer Rezensent von Darwins Buch wetterte in der *Edinburgh Review*: »Wenn diese Auffassung der Wahrheit entspricht, dann steht eine Revolution des Denkens bevor, welche die Gesellschaft bis in ihre Grundfesten erschüttern wird, indem sie die Heiligkeit des Gewissens und des religiösen Empfindens zerstört.«[11] Diese Revolution ereignete sich schon vor langer Zeit. Vor dem Ende des 19. Jahrhunderts hatte Nietzsche verkündet, daß die menschliche Sittlichkeit nicht auf göttlichem Grund stehe, denn Gott sei tot. Wir mußten nicht auf die Soziobiologie warten, um dies zu wissen.

Ein paar Worte von Noam Chomsky

Einer der interessantesten Kritiker der Soziobiologie und anderer darwinistischer Ansätze in den Sozialwissenschaften ist Noam Chomsky, der Linguist und einer der radikalsten Kritiker der US-amerikanischen Gesellschaft ist. Ich sah Chomsky erstmals persönlich, als er einen Vortrag über die Praktiken moderner Gewerkschaften hielt. Er besaß eine drahtige Figur und den leichten Buckel eines chronischen Lesers. Er trug eine Brille mit Drahtgestell, Turnschuhe, eine Freizeithose und ein Hemd mit offenem Kragen. Doch trotz der Falten im Gesicht und des Grautons in seinen länglichen Haaren hätte man ihn für einen College-Studenten halten können, freilich einen, der eher über Hegel diskutiert, als bei Studentenfeten Bier in sich hineinschüttet.

Chomskys Kernthese lautete, daß Gewerkschaftsführer stärker an der Erhaltung ihrer eigenen Macht als an der Vertretung der Interessen der Arbeiter interessiert seien. Sein Publikum? Gewerkschaftsführer. Während des Frage-und-Antwort-Teils der Veranstaltung reagierten sie, wie nicht anders zu erwarten, mit Abwehr und sogar Feindseligkeit. Doch Chomsky begegnete ihren Argumenten mit einer so gelassenen, unerschütterlichen Festigkeit – und einem nicht versiegen wollenden Schwall von *Fakten* –, daß die Zielscheiben seiner Kritik schon nach kurzer Zeit beifällig nickten: ja, vielleicht verkauften sie sich tatsächlich an ihre kapitalistischen Herren.

Als ich später gegenüber Chomsky meine Überraschung über die schroffen Worte seines Vortrags zum Ausdruck brachte, erklärte er mir, er sei nicht daran interessiert, »Leuten erstklassige Zeugnisse dafür auszustellen, daß sie recht haben«. Er bekämpfte sämtliche autoritären Systeme. Selbstverständlich ließ er seinen Zorn für gewöhnlich nicht an Gewerkschaften aus, die viel von ihrer Macht eingebüßt hatten, sondern an der US-Regierung, der Wirtschaft und den Medien. Er nannte die Vereinigten Staaten eine »terroristische Supermacht« und die Medien deren »Propagandabeauftragte«. Er sagte mir, daß es ein Alarmzeichen für ihn sei, daß er etwas falsch mache, wenn die *New York Times*, eine seiner bevorzugten Zielscheiben, seine politischen Werke zu rezensieren begänne. Er resümierte seine Weltanschauung mit der Formel: »Ich bin gegen jegliche Form von Establishment.«

Ich sagte, daß ich es für ironisch halte, daß seine politischen Ansichten so sehr gegen das Establishment gerichtet seien, während er in der Linguistik selbst das Establishment sei. »Nein, das bin ich nicht«, unterbrach er mich barsch. Seine Stimme, die normalerweise von geradezu hypnotischer Ruhe ist – selbst wenn er jemanden abfertigt –, klang plötzlich gereizt. »Meine Position in der Linguistik ist eine Minderheitsposition.« Er beteuerte, er sei »fast völlig unfähig, Sprachen zu erlernen« und er sei nicht einmal ein fachlich ausgebildeter Linguist. Das MIT habe ihn nur deshalb berufen, weil man dort im Grunde keine große Ahnung von bzw. kein Interesse an den Geisteswissenschaften gehabt habe; man mußte schlicht eine freie Stelle besetzen.[12]

Ich erwähne diese Hintergrundinformationen, weil sie bezeichnend für Chomskys Persönlichkeit sind. Chomsky ist einer der widersprüchlichsten Intellektuellen, denen ich begegnet bin (nur der anarchistische Philosoph Paul Feyerabend war ihm darin ebenbürtig). Geradezu zwanghaft weist er alle Autoritätspersonen – einschließlich seiner selbst – in ihre Schranken. Er ist ein Beispiel für die Angst vor dem eigenen Einfluß. Man sollte daher alle Äußerungen Chomskys mit Vorbehalt aufnehmen. Obwohl er es entschieden in Abrede stellte, ist Chomsky der bedeutendste Linguist, der je gelebt hat. »Es ist kaum übertrieben, zu behaupten, daß es heute kein grundlegendes theoretisches Problem in der Linguistik gibt, das in anderen Kategorien behandelt wird als denen, in denen er es definiert hat«, heißt es in der *Encyclopaedia Britannica*.[13] Chomskys Rang in der Geistesgeschichte wurde mit dem von Descartes und Darwin verglichen.[14] Als Chomsky in den fünfziger Jahren sein Studium absolvierte, wurde die Linguistik – wie alle übrigen Sozialwissenschaften auch – vom Behaviorismus dominiert, der sich an der Hypothese John Lockes orientierte, daß der Geist als *Tabula rasa* beginne, als eine unbeschriebene Tafel, die von der Erfahrung beschrieben werde. Chomsky stellte diese Auffassung in Frage. Er behauptete, Kinder könnten die Sprache keinesfalls allein durch Induktion, also durch Versuch und Irrtum, erlernen, wie die Behavioristen meinten. Vielmehr müßten einige fundamentale Prinzipien der Sprache – eine Art universeller Grammatik – dem menschlichen Geist apriorisch eingeschrieben sein.

Chomskys Theorien, die er erstmals in seinem 1957 erschienenen Buch *Strukturen der Syntax* darlegte, trugen dazu bei, den Behaviorismus ein für allemal zu überwinden und den Weg zu einer eher an Kant orientierten, genetisch fundierten Auffassung der menschlichen Sprache und des menschlichen Denkens zu ebnen.[15]

Edward Wilson und andere Wissenschaftler, die die menschliche Natur genetisch erklären wollen, sind in gewissem Sinne Chomsky zu Dank verpflichtet. Doch Chomsky hat sich nie mit darwinistischen Erklärungen des menschlichen Verhaltens anfreunden können. Er räumt ein, daß die natürliche Selektion möglicherweise bei der Evolution der Sprache und anderer Eigenschaften des Menschen *eine gewisse* Rolle gespielt haben mag. Doch in Anbetracht der gewaltigen Kluft zwischen der menschlichen Sprache und den relativ einfachen Kommunikationssystemen anderer Tiere sowie unseres fragmentarischen Wissens über die Vergangenheit könne uns die Wissenschaft nur wenig darüber sagen, wie die Evolution der Sprache verlaufen sei. Nur weil die Sprache heute ein adaptives Merkmal sei, so Chomsky weiter, bedeute dies nicht, daß sie als Antwort auf Selektionsdruck entstanden sei. Die Sprache könne auch ein zufälliges Nebenprodukt einer plötzlichen Zunahme der Intelligenz gewesen sein, die erst später für verschiedene Zwecke eingesetzt wurde. Das gleiche könne für andere Merkmale des menschlichen Geistes gelten. Die darwinistische Sozialwissenschaft sei überhaupt keine Wissenschaft, sondern nur »eine Philosophie des Geistes, die mit ein bißchen Wissenschaft gewürzt ist«, so Chomsky. Das Problem besteht nach Chomskys Ansicht darin, daß die »Darwinsche Theorie so vage ist, daß sie alles in sich aufnehmen kann, was neu entdeckt wird«.[16]

Chomskys evolutionäre Perspektive hat ihn allenfalls davon überzeugt, daß wir möglicherweise nur eine begrenzte Fähigkeit besitzen, die – menschliche und nichtmenschliche – Natur zu verstehen. Er widerspricht der – unter Wissenschaft-

Ein paar Worte von Noam Chomsky

lern weitverbreiteten – Auffassung, die Evolution habe das Gehirn zu einer universellen Lern- und Problemlösungsmaschine geformt. Er ist mit Gunther Stent und Colin McGinn der Meinung, daß die inhärente Struktur des menschlichen Geistes unserem Verständnis Grenzen auferlegt. (Stent und McGinn gelangten nicht zuletzt unter dem Einfluß von Chomskys Forschungen zu dieser Schlußfolgerung.) Chomsky teilt wissenschaftliche Fragen in Probleme ein, die zumindest potentiell gelöst werden können, und Rätsel, die grundsätzlich nicht lösbar sind. Vor dem 17. Jahrhundert, so erklärte mir Chomsky, als die Naturwissenschaft im neuzeitlichen Sinne praktisch noch nicht existierte, schienen fast alle Fragen Rätsel zu sein. Dann begannen Newton, Descartes und andere Fragen zu stellen und sie mit den Methoden zu lösen, aus denen die neuzeitliche Naturwissenschaft hervorging. Einige dieser Untersuchungen führten zu »spektakulären Fortschritten«, doch viele andere erwiesen sich als erfolglos. So haben die Wissenschaftler etwa keinerlei Fortschritte bei der Erforschung von Phänomenen wie dem Bewußtsein oder dem freien Willen gemacht. »Davon haben wir nicht einmal eine schlechte Ahnung«, sagte Chomsky.

Er behauptete, alle Tiere hätten kognitive Fähigkeiten, die durch ihre Evolution geformt worden seien. Eine Ratte beispielsweise könne zwar lernen, sich in einem Labyrinth zurechtzufinden, das von ihr verlange, bei jeder zweiten Gabelung den linken Weg einzuschlagen; sie finde sich aber nie in einem Labyrinth zurecht, das von ihr verlange, sich bei jeder Gabelung, die einer Primzahl entspricht, nach links zu wenden. Wenn man davon ausgehe, daß auch Menschen Tiere seien – und keine »Engel«, wie Chomsky sarkastisch hinzufügte –, dann unterliegen auch wir diesen biologischen Zwängen. Unsere Sprachfähigkeit erlaube uns zwar, Fragen auf eine Weise zu stellen und zu lösen, die Ratten vorenthalten bleibe, doch letztlich seien auch wir mit Rätseln konfrontiert, die für uns so undurchdringlich seien wie das Rätsel, dem sich eine

Ratte in einem Primzahlenlabyrinth gegenübersehe. Auch unsere Fähigkeit, Fragen zu stellen, sei begrenzt. So hielt Chomsky es für ausgeschlossen, daß die Physiker oder andere Wissenschaftler jemals eine allumfassende Theorie aufstellen würden; bestenfalls könnten die Physiker eine »Theorie dessen entwickeln, was sie zu formulieren verstehen«.

Auf seinem eigenen Fachgebiet, der Linguistik, »wissen wir heute schon sehr viel darüber, weshalb die menschlichen Sprachen alle mehr oder minder die gleiche Form besitzen, welche Prinzipien sie vereinheitlichen und so fort«. Doch viele der tiefgründigsten Fragen, die die Sprache aufwerfe, seien noch immer unergründlich. Descartes beispielsweise habe sich vergeblich bemüht, die menschliche Fähigkeit zu verstehen, die Sprache auf unerschöpflich kreative Weise einzusetzen. »Wir sehen uns [in dieser Frage] der gleichen unüberwindlichen Barriere gegenüber wie Descartes«, sagte Chomsky.

In seinem 1988 erschienenen Buch *Probleme sprachlichen Wissens* behauptete Chomsky, unsere sprachliche Kreativität sei möglicherweise im Hinblick auf die Beantwortung vieler Fragen über die menschliche Natur unseren wissenschaftlichen Fertigkeiten überlegen. »Es ist durchaus möglich – ja äußerst wahrscheinlich, könnte man vermuten –, daß wir aus Romanen stets mehr über das menschliche Leben und die menschliche Persönlichkeit lernen werden als aus der wissenschaftlichen Psychologie«, schrieb er. »Die wissenschaftliche Erkenntnisfähigkeit ist nur eine Facette unserer geistigen Begabung. Wir nutzen sie, wo wir können, aber zum Glück sind wir nicht darauf beschränkt.«[17]

Der Erfolg der Wissenschaft, so Chomsky, basiere auf »einer Art zufälliger Konvergenz zwischen der Wahrheit über die Welt und der Struktur unseres kognitiven Raums. Und es ist tatsächlich eine zufällige Konvergenz, denn die Evolution hat uns nicht dazu prädisponiert; es gibt keinen Selektionsdruck, der über den Mechanismus unterschiedlicher Fortpflanzungserfolge unsere Fähigkeit hervorgebracht hätte, quanten-

theoretische Probleme zu lösen. Wir besitzen diese Fähigkeit. Sie ist aus demselben Grund da, aus dem die meisten anderen Dinge da sind: aus einem Grund, den niemand versteht.«
Nach Chomskys Ansicht hat die moderne Wissenschaft die kognitive Fähigkeit des Menschen bis an die Zerreißgrenze gedehnt. Im 19. Jahrhundert habe jede gebildete Person die zeitgenössische Physik verstehen können, doch im 20. Jahrhundert »muß man dafür schon ein Spezialist sein«. Das war das Stichwort, auf das ich gewartet hatte. Ich fragte, ob die zunehmende Unverständlichkeit der Wissenschaft vielleicht darauf hindeute, daß die Wissenschaft an ihre Grenzen gelange. Könnte die Wissenschaft, definiert als die Suche nach *verständlichen* Regelmäßigkeiten bzw. Mustern in der Natur, ihrem Ende entgegengehen? Plötzlich nahm Chomsky alles zurück, was er gerade gesagt hatte. »Die Wissenschaft ist schwer verständlich, darin würde ich Ihnen zustimmen. Wenn man mit Kindern spricht, dann erkennt man, daß sie die Natur verstehen wollen. Aber diese Neugierde wird ihnen ausgetrieben. Sie wird ihnen ausgetrieben durch den langweiligen Unterricht und durch ein Bildungssystem, das ihnen sagt, sie seien zu dumm dafür.« Mit einem Male war es das Establishment, nicht unsere wesensimmanenten Beschränkungen, das die Wissenschaft in ihre gegenwärtige Sackgasse manövriert hatte.

Chomsky betonte, daß »es grundlegende Fragen in den Naturwissenschaften gibt, die wir formulieren und auch beantworten können, und das ist eine aufregende Perspektive«. So müßten die Wissenschaftler beispielsweise noch aufklären, wie sich befruchtete Eizellen zu komplexen Organismen entwickelten und wie das menschliche Gehirn Sprache erzeuge. Es gebe noch immer eine Menge ungelöster wissenschaftlicher Fragen, »in der Physik ebenso wie in der Biologie und der Chemie«.

In der Tatsache, daß Chomsky die Implikation seiner eigenen Ideen in Abrede stellte, spiegelte sich vielleicht nur ein weiterer sonderbarer Anfall von Mißtrauen gegen sich selbst wider. Doch ich vermute eher, daß er sich von Wünschen leiten ließ. Wie so viele andere Wissenschaftler kann er sich eine Welt ohne Wissenschaft einfach nicht vorstellen. Ich fragte Chomsky einmal, welche Tätigkeit ihm mehr Befriedigung verschaffe, sein politischer Aktivismus oder seine linguistische Forschung. Er schien überrascht zu sein, daß dies einer Frage bedurfte. Selbstverständlich, erwiderte er, protestiere er nur aus reinem Pflichtgefühl gegen Unrecht; das bereite ihm nicht das geringste intellektuelle Vergnügen. Wenn die Probleme der Welt plötzlich verschwinden würden, dann würde er sich voller Freude ganz dem Erkenntnisstreben um seiner selbst willen verschreiben.

Der Gegen-Fortschritt des Clifford Geertz

Ironische Wissenschaftler lassen sich in zwei Typen einteilen: naive Ironiker, die glauben oder zumindest hoffen, daß sie objektive Wahrheiten über die Natur in Erfahrung bringen (der Superstringtheoretiker Edward Witten ist ein prototypisches Beispiel dafür), und reflektierte Ironiker, die sich bewußt sind, daß ihre Tätigkeit im Grunde genommen mehr der eines Künstlers bzw. Literaturwissenschaftlers gleicht als der eines herkömmlichen Wissenschaftlers. Es gibt kein besseres Beispiel für einen reflektierten ironischen Wissenschaftler als den Anthropologen Clifford Geertz. Geertz ist zugleich Wissenschaftler und Wissenschaftstheoretiker; sein Werk ist ein einziger langer Kommentar über sich selbst. So wie Stephen Jay Gould der Evolutionsbiologie den Spiegel vorhält, so hält Geertz den Sozialwissenschaften den Spiegel vor. Geertz hat mit dazu beigetragen, daß sich die Prophezeiung bewahrheitete, die Gunther Stent in *The Coming of the Golden Age* abgegeben hat, wonach die Sozialwissenschaften »für lange Zeit die mehrdeutigen, impressionistischen Disziplinen bleiben werden, die sie gegenwärtig sind«.[18]

Der Gegen-Fortschritt des Clifford Geertz

Ich begegnete Geertz' Schriften erstmals im College, als ich einen Kurs über Literaturtheorie belegte und unser Dozent Geertz' 1973 erschienenen Essay »Dichte Beschreibung: Bemerkungen zu einer deutenden Theorie der Kultur« zur Pflichtlektüre erklärte.[19] Die Kernthese des Essays lautete, daß ein Anthropologe eine Kultur nicht dadurch beschreiben könne, daß er bloß »die Fakten aufzeichnet«. Er bzw. sie müsse die Phänomene interpretieren, ihre *Bedeutung* zu ergründen suchen. Geertz verwies auf das Beispiel des Zwinkerns mit den Augen (das er von dem britischen Philosophen Gilbert Ryle übernahm). Das Zwinkern kann ein unwillkürliches Zucken sein, das auf eine neurologische Erkrankung, auf Ermüdung oder auf Nervosität zurückzuführen ist. Vielleicht aber ist es auch ein Wink, ein intentionales Zeichen, das viele mögliche Bedeutungen hat. Eine Kultur besteht aus einer praktisch unendlichen Anzahl solcher Botschaften bzw. Zeichen, und die Aufgabe des Anthropologen besteht darin, diese zu deuten. Im Idealfall ist die anthropologische Deutung einer Kultur so komplex und vielfältig wie die Kultur selbst. Doch so wie die Literaturwissenschaftler nicht darauf hoffen dürfen, ein für allemal den Sinngehalt von *Hamlet* dingfest zu machen, so müssen die Anthropologen alle Hoffnung fahrenlassen, absolute Wahrheiten zu entdecken. »Die Ethnologie, zumindest die deutende Ethnologie, ist eine Wissenschaft, deren Fortschritt sich weniger in einem größeren Konsens als in immer ausgefeilteren Debatten zeigt«, schrieb Geertz. »Was sich entwickelt, ist die Präzision, mit der wir einander ärgern.«[20] Nach Ansicht von Geertz bestand das Ziel seiner Wissenschaft nicht darin, ihren Diskurs zum Abschluß zu bringen, sondern darin, ihn auf immer interessantere Weise fortzusetzen.

In späteren Schriften verglich Geertz die Anthropologie nicht nur mit der Literaturwissenschaft, sondern auch mit der Literatur selbst. Die Ethnographie umfasse, wie die Literatur, das »Erzählen von Geschichten, das Malen von Bildern, das Ausdenken von Symbolismen und das Entfalten von Tropen«, schrieb Geertz. Er definierte die Anthropologie als »Faction« [aus »fact« und »fiction«] und als »imaginatives Schreiben über reale Menschen an realen Orten zu realen Zeitpunkten«.[21] (Natürlich stellt die Ersetzung der Literaturwissenschaft durch die Kunst für jemanden wie Geertz keinen radikalen Schritt dar, da die meisten Postmodernen der Ansicht sind: ein Text ist ein Text ist ein Text.)

Geertz stellte seine eigene Begabung als Faction-Schriftsteller in dem Aufsatz »Deep Play: Bemerkungen zum balinesischen Hahnenkampf« unter Beweis. Schon der erste Satz dieses Essays aus dem Jahre 1972 verdeutlichte seinen eigentümlichen, alles andere als nüchtern-sachlichen Erzählstil: »Anfang April 1958 kamen meine Frau und ich, malariakrank und ohne großes Selbstvertrauen, in einem balinesischen Dorf an, wo wir eine ethnologische Untersuchung durchführen wollten.«[22] (Man hat Geertz' Erzählstil mit dem von Marcel Proust und Henry James verglichen. Geertz sagte mir, der erste Vergleich habe ihm geschmeichelt, doch der zweite sei der Wahrheit vermutlich näher.)

Der einleitende Abschnitt des Essays beschreibt, wie das junge Paar das Vertrauen der gewöhnlich reservierten Balinesen gewann. Geertz, seine Frau und eine Gruppe von Dorfbewohnern beobachteten gerade einen Hahnenkampf, als die Polizei eine Razzia durchführte. Das amerikanische Ehepaar floh zusammen mit seinen balinesischen Nachbarn. Beeindruckt davon, daß sich die Wissenschaftler nicht um eine Vorzugsbehandlung durch die Polizei bemüht hatten, faßten die Dorfbewohner Zutrauen zu ihnen.

Nachdem Geertz auf diese Weise in die Dorfgemeinschaft aufgenommen worden war, begann er, die Begeisterung der Balinesen für den Hahnenkampf zu schildern und zu analysieren. Er kam schließlich zu dem Ergebnis, daß der blutige Sport – bei dem Hähne, die mit rasiermesserscharfen Sporen bewaffnet sind, auf Leben und Tod kämpfen – die Angst der Balinesen vor den finsteren Mächten, die ihrer nach außen hin friedvollen Gesellschaft zugrunde liege, spiegele und so banne. Wie im *König Lear* oder in *Schuld und Sühne* greife der Hahnenkampf »deren Themen – Tod, Männlichkeit, Wut, Stolz, Verlust, Gnade und Glück – auf und ordne sie zu einer umfassenden Struktur«.[23]

Geertz ist ein Bär von einem Mann, mit struppigem, weiß werdendem Haar und Bart. Als ich ihn an einem verregneten Frühlingstag im Institute for Advanced Study in Princeton zum ersten Mal interviewte, zappelte er die ganze Zeit über nervös herum: Er zog sich an einem Ohr, betätschelte eine Wange, lümmelte sich in seinen Sessel und richtete sich plötzlich auf.[24] Ab und zu, während ich ihm eine Frage stellte, zog er das Oberteil seines Sweaters bis über die Nasenspitze, ähnlich einem Banditen, der seine Identität zu verbergen sucht. Seinen mündlichen Darlegungen ließ sich kaum ein klarer Sinn entnehmen. Sie waren das genaue Pendant seiner Schriften: ein ständiges abruptes Abbrechen und Neuansetzen, schnell fertige Behauptungen, durchsetzt von zahllosen Einschränkungen und durchdrungen von einem überschäumenden Selbstbewußtsein.

Geertz war entschlossen, dem seiner Ansicht nach weitverbreiteten Mißverständnis entgegenzutreten, er sei ein genereller Skeptiker, der nicht glaube, daß die Wissenschaft zu dauerhaften Wahrheiten gelangen könne. Einige Wissenschaften, so Geertz, insbesondere die Physik, seien offensichtlich in der Lage, wahre Erkenntnisse zu gewinnen. Er betonte auch, daß er, im Gegensatz zu anderslautenden Gerüchten, die Anthropologie nicht bloß für eine Kunst halte, die bar jeglichen empirischen Gehalts und daher auch keine ernstzunehmende wissenschaftliche Disziplin sei. Die Anthropologie sei »empirischen Beweisen zugänglich, und sie stellt Theorien auf«, sagte Geertz, und die anthropologische Feldforschung könne mitunter eine nichtabsolute Falsifikation von Hypothesen erreichen. Daher sei sie eine Wissenschaft, die zudem in gewissem Umfang Fortschritte machen könne.

Andererseits »gibt es in der Anthropologie nichts, dessen Status mit den unumstößlichen Erkenntnissen der exakten Wissenschaften vergleichbar wäre, und das wird meiner Meinung nach auch immer so bleiben«, sagte Geertz. »Einige der Annahmen, die [Anthropologen] darüber gemacht haben, wie leicht es ist, dies zu verstehen und was man tun muß, um jenes zu erreichen, sind nicht mehr... niemand glaubt mehr an sie.« Er lachte. »Das bedeutet nicht, daß es unmöglich wäre, irgend jemanden zu verstehen oder anthropologische Studien durchzuführen. Das glaube ich auf gar keinen Fall. Aber es ist nicht leicht.«

In der modernen Anthropologie seien eher Meinungsverschiedenheiten als Übereinstimmungen die Regel. »Die Dinge werden immer komplizierter, aber sie streben keinem gemeinsamen Punkt zu. Sie breiten sich aus und zerstreuen sich auf eine sehr komplexe Weise. Ich sehe daher nicht, daß alles auf eine große Integration zuliefe, vielmehr dürfte es immer pluralistischer und differenzierter zugehen.«

Je länger Geertz sprach, um so mehr verfestigte sich bei mir der Eindruck, daß der Fortschritt, der ihm vorschwebte, eine Art Gegen-Fortschritt ist, in dessen Verlauf die Anthropologen nacheinander sämtliche Annahmen aufheben würden, die einen Konsens ermöglichten; feste Überzeugungen würden schwinden, und die Zweifel würden sich mehren. Er wies darauf hin, daß nur noch wenige Anthropologen glaubten, sie könnten durch Erforschung sogenannter »primitiver« Stämme, die vermeintlich in einem ursprünglichen, nicht von der modernen Zivilisation verfälschten Zustand lebten, allgemeingültige Wahrheiten über die gesamte Menschheit in Erfahrung bringen; auch könnten die Anthropologen nicht von sich behaupten, sie seien streng objektive Datensammler, die keinerlei Vorurteile hegten.

Geertz fand die Vorhersage von Edward Wilson lächerlich, die Sozialwissenschaften könnten eines Tages die gleiche Exaktheit wie die Physik erreichen, indem sie in der Evolutionstheorie, der Genetik und den Neurowissenschaften verankert würden. Alle selbsternannten Revolutionäre seien mit einer grandiosen Idee hervorgetreten, die die Sozialwissenschaften vereinheitlichen sollte, so Geertz. Vor der Soziobiologie seien es die allgemeine Systemtheorie, die Kybernetik und der Marxismus gewesen.»Die Vorstellung, irgend jemand würde kommen und alles über Nacht revolutionieren, ist eine Art Akademikerkrankheit«, sagte Geertz.

Am Institute for Advanced Study traten gelegentlich Physiker bzw. Mathematiker, die hochkomplizierte mathematische Modelle der Rassenbeziehungen und anderer soziologischer Probleme entwickelt hatten, an Geertz heran.»Aber sie haben keine Ahnung von dem, was in den Innenstädten vor sich geht!« entfuhr es Geertz.»Sie haben nichts als ein mathematisches Modell!« Physiker, murrte er, würden niemals eine physikalische Theorie gelten lassen, die nicht auf einer empirischen Grundlage stehe.»Doch aus irgendeinem Grund scheinen die Sozialwissenschaften nicht zu zählen. Und wenn man eine allgemeine Theorie von Krieg und Frieden haben will, dann braucht man nichts weiter zu tun, als sich hinzusetzen und eine Gleichung auszuhecken, ohne daß man einen blassen Schimmer von der Geschichte oder den Menschen haben müßte.«

Geertz war sich der Tatsache schmerzlich bewußt, daß der introspektive, literarische Stil von wissenschaftlicher Prosa, den er eingeführt hatte, ebenfalls seine Gefahren hatte. Er konnte beim Autor zu einem Übermaß an Subjektivität bzw. zu »epistemologischer Hypochondrie« führen. Diese Richtung, die Geertz »Ich-Zeugenschaft« (I-witnessing) nannte, hatte einige interessante, aber auch einige bodenlos schlechte Arbeiten hervorgebracht. Einige Anthropologen, so Geertz, hätten all ihre potentiellen – ideologischen und anderweitigen – Vorurteile mit einer solchen Inbrunst ausgebreitet, daß ihre Schriften Bekenntnischarakter hätten und viel mehr über den Autor als über das mutmaßliche Thema aussagten.

Geertz hatte unlängst wieder zwei Regionen (eine in Marokko und die andere in Indonesien) besucht, in denen er zu Beginn seines akademischen Berufswegs Feldforschung betrieben hatte. Beide Orte hätten sich tiefgreifend gewandelt; doch auch er habe sich verändert. Aufgrund dessen sei ihm *noch* deutlicher bewußt geworden, wie schwer es für Anthropologen sei, Wahrheiten zu erkennen, die über ihre Zeit, ihren Ort und ihren Kontext hinausgingen.»Ich war schon immer der Ansicht, unsere Bemühungen könnten in einem völligen Mißerfolg enden«, sagte er.»Dennoch bin ich nach wie vor einigermaßen optimistisch, da ich es für machbar halte, solange man keine allzu hohen Ansprüche stellt. Bin ich pessimistisch? Nein, aber ich bin ernüchtert.« Geertz betonte, die Anthropologie sei nicht das einzige Gebiet, das sich mit Fragen nach seinen Grenzen herumschlage.»Die gleiche Stimmungslage ist auch in anderen Disziplinen anzutreffen« – sogar in der Elementarteilchenphysik, die die Grenzen der empirischen Überprüfbarkeit zu erreichen scheine, so Geertz.»Das einst blinde Vertrauen in die Wissenschaft ist meines Erachtens am Schwinden. Das bedeutet nicht, daß alle resignieren und ihre Hände verzweifelt ringen und so fort. Aber es ist außerordentlich schwierig geworden.«

Zu der Zeit unseres Treffens in Princeton schrieb Geertz an einem Buch über seine Streifzüge in die Vergangenheit. Der Titel des Buches, das 1995 erschien, brachte Geertz' skeptische Einstellung genau auf den Punkt: *After the Fact* (»Nach den Fakten« bzw.»Hinter den Fakten her«). Im letzten Absatz des Buches dröselte Geertz die Mehrdeutigkeit des Titels auf: Wissenschaftler wie er jagten selbstverständlich den Fakten nach, doch sie könnten die Fakten allenfalls nachträglich erfassen; zu dem Zeitpunkt, zu dem sie einen Sachverhalt zu verstehen begännen, habe sich die Welt bereits weiterentwickelt und sei so unergründlich wie je.

Der Titel verweise ferner auf die»post-positivistische Kritik des empirischen Realismus, die Abkehr von einfachen Entsprechungstheorien der Wahrheit und der Erkenntnis, die schon allein den Begriff ›Faktum‹ zu einer heiklen Angelegenheit macht. Es gibt nicht viel Zuversicht oder ein Gefühl der Abgeschlossenheit, noch nicht einmal viel von einem Gefühl, daß man weiß, worauf man wirklich aus *ist*, bei einer so unbestimmten Sache, unter so verschiedenartigen Menschen, über eine solche Vielzahl von Zeitabschnitten hinweg. Doch ist dies ein ausgezeichnetes Verfahren, interessant, erschreckend, nützlich und amüsant, um ein Leben darauf zu verwenden.«[25] Die ironischen Sozialwissenschaften mögen uns nicht weiterbringen, doch zumindest bieten sie uns eine Beschäftigung – für immer, wenn wir wollen.

7. DAS ENDE DER NEUROWISSENSCHAFTEN

Francis Crick, der Mephistopheles der Biologie

Der Geist, nicht der Weltraum, bildet heute die äußerste Grenze der Wissenschaft. Selbst diejenigen, die am entschiedensten an die Fähigkeit der Wissenschaft glauben, ihre Probleme zu lösen, betrachten den menschlichen Geist als eine potentiell unerschöpfliche Quelle von Fragen. Man kann sich dem Problem des Geistes aus vielen verschiedenen Perspektiven nähern. Da ist zum einen der historische Ansatz: Weshalb und auf welche Weise entwickelte der *Homo sapiens* eine so hohe Intelligenz? Darwin gab uns vor langer Zeit eine allgemeine Antwort: Die natürliche Selektion begünstigte jene Hominiden, die Werkzeuge benutzen, die Handlungen potentieller Konkurrenten voraussehen, sich zu Jagdverbänden zusammenschließen, mit Hilfe der Sprache Informationen austauschen und sich an veränderliche Umstände anpassen konnten. Zusammen mit der modernen Genetik liefert uns die Darwinsche Lehre wichtige Aufschlüsse über die Struktur des menschlichen Geistes und somit über unser Sexual- und Sozialverhalten (wenn auch nicht in dem Umfang, in dem es sich Edward Wilson und andere Soziobiologen wünschen).

Doch die modernen Neurowissenschaftler interessieren sich weniger für die historische Frage, weshalb und auf welche Weise die Evolution den menschlichen Geist hervorbrachte, als dafür, wie er heutzutage strukturiert ist und funktioniert. Diese Unterscheidung gleicht der zwischen der Kosmologie, die den Ursprung und die nachfolgende Evolution der Materie zu erklären sucht, und der Elementarteilchenphysik, die den Aufbau der Materie, wie wir sie hier und heute vorfinden, aufklären möchte. Die eine Disziplin ist historisch und somit notwendigerweise hypothetisch, spekulativ und unbegrenzt. Die andere ist im Vergleich dazu viel empirischer, exakter und grundsätzlich dazu in der Lage, ihre Fragen endgültig zu beantworten.

Doch selbst wenn die Neurowissenschaftler ihre Studien auf das vollentwickelte Gehirn beschränkten – und seine embryonale Entwicklung ausklammerten –, würden sie vor unzähligen Rätseln stehen. Wie lernen, sehen, riechen, schmecken und hören wir? Wie funktioniert das Gedächtnis? Die meisten Forscher würden sagen, daß diese Probleme zwar außerordentlich vertrackt, aber im Prinzip lösbar seien; die Wissenschaftler werden sie durch die »Re-Konstruktion« der neuronalen Verschaltung unseres Gehirns lösen. Das Bewußtsein, unsere subjektive Selbstwahrnehmung, dagegen schien uns immer vor ein Rätsel ganz anderer Art zu stellen, das nicht physikalischer, sondern metaphysischer Natur war. Den größten Teil dieses Jahrhunderts hindurch wurde das Bewußtsein nicht als geeigneter Gegenstand wissenschaftlicher Forschung betrachtet. Obgleich der Behaviorismus gestorben war, lebte dessen Vermächtnis in dem Widerwillen der Wissenschaftler fort, sich mit subjektiven Phänomenen, insbesondere dem Bewußtsein, zu befassen.

Diese Einstellung änderte sich, als Francis Crick dem Problem seine Aufmerksamkeit zuwandte. Crick ist einer der radikalsten Reduktionisten in der Geschichte der Wissenschaft. Nachdem er gemeinsam mit James Watson im Jahre 1953 die Doppelspiralstruktur der DNS entdeckt hatte, wies er nach, wie die genetische Information in der DNS codiert ist. Seine bahnbrechenden Leistungen gaben der Darwinschen Evolutionstheorie und der Mendelschen Theorie der Vererbung die harte empirische Grundlage, die ihnen bis dahin gefehlt hatte. Mitte der siebziger Jahre verließ Crick Cambridge, wo er den größten Teil seiner wissenschaftlichen Laufbahn verbracht hatte, um am Salk Institute for Biological Research, das in einem kubistischen Betonklotz untergebracht ist, der nördlich von San Diego den Pazifik überragt, seine Forschungen fortzusetzen. Er befaßte sich mit entwicklungsbiologischen Fragestellungen und dem Ursprung des Lebens, bevor er sich schließlich dem am schwersten faßbaren und unentrinnbarsten aller Phänomene, dem Bewußtsein, zuwandte. Nur Francis Crick hatte wohl das Zeug dazu, das Bewußtsein zu einem ernstzunehmenden Thema der Wissenschaft zu machen.[1]

Im Jahre 1990 verkündeten Crick und ein junger Mitarbeiter, Christoph Koch, ein deutschstämmiger Neurowissenschaftler vom California Institute of Technology, in *Seminars in Neurosciences*, es sei an der Zeit, das Bewußtsein zu einem Gegenstand empirischer Forschung zu machen. Sie behaupteten, wenn wir zu wahren Erkenntnissen über das Bewußtsein und andere mentale Phänomene gelangen wollten, müßten wir aufhören, das Gehirn als eine »Black Box« zu behandeln, das heißt als ein Objekt, dessen innere Struktur unbekannt und letztlich unerheblich ist. Nur durch Erforschung der Nervenzellen und der neuronalen Interaktionen könnten Wissenschaftler jene eindeutigen Erkenntnisse sammeln, die erforderlich seien, um wirklich wissenschaftliche Modelle des Bewußtseins zu erarbeiten, ähnlich den Modellen, die die Vererbung auf der Grundlage der DNS erklärten.[2]

Crick und Koch widersprachen der Ansicht zahlreicher ihrer Kollegen, das Bewußtsein könne nicht definiert, geschweige denn erforscht werden. Sie behaupteten, Bewußtsein sei gleichbedeutend mit Wahrnehmung. Sämtliche Formen der Wahrnehmung – gleich ob sie sich auf Objekte in der Außenwelt oder auf hochabstrakte innere Konzepte richteten – basierten offenbar auf dem gleichen grundlegenden Mechanismus, der die Aufmerksamkeit mit dem Kurzzeitgedächtnis verbinde. (Crick und Koch schrieben William James das Verdienst zu, als erster diese Definition aufgestellt zu haben.) Crick und Koch empfahlen den Forschern, sich auf die visuelle Wahrnehmung – als eines exemplarischen Teilbereichs des Bewußtseins – zu konzentrieren, da das visuelle System hervorragend beschrieben sei. Wenn die Forscher die neuronalen Mechanismen aufklären könnten, die dieser Funktion zugrunde lägen, dann könnten sie vielleicht komplexere und subtilere Phänomene, wie etwa Selbstbewußtsein, das möglicherweise dem Menschen vorbehalten sei (und daher auf neuronaler Ebene sehr viel schwerer zu erforschen sei), enträtseln. Crick und Koch hatten das scheinbar Unmögliche geleistet: Sie hatten aus dem philosophischen Rätsel Bewußtsein eine empirische Fragestellung gemacht. Eine Theorie des Bewußtseins würde den Gipfel – die Krönung – der Neurowissenschaften darstellen.

Angeblich sind einige Studenten des Erzbehavioristen B. F. Skinner, als dieser ihnen erstmals persönlich seine radikal mechanistische Auffassung der menschlichen Natur unterbreitete, in einen Zustand existentieller Verzweiflung geraten. Ich erinnerte mich an dieses Gerücht, als ich Crick in seinem riesigen, luftigen Büro im Salk Institute besuchte. Doch er war weder trübsinnig noch mürrisch. Ganz im Gegenteil. Gekleidet in Sandalen, maisgelbe Freizeithosen und ein grellbuntes Hawaii-Hemd, war er geradezu unnatürlich gut aufgelegt. Seine Augen und sein Mund kräuselten sich an den Winkeln zu einem schalkhaften Dauergrinsen. Seine buschigen weißen Augenbrauen ragten wie gekrümmte Fühler von seiner Stirn ab. Sein rötliches Gesicht wurde noch röter, wenn er lachte, was er oft und gerne tat. Mit besonderem Genuß schien er alles aufs Korn zu nehmen, was ihm als Ausfluß eines nebulösen Wunschdenkens vorkam, wie etwa meine eitle Hoffnung, der Mensch besitze eine freien Willen.[3]

Selbst ein scheinbar so einfacher Akt wie das Sehen, belehrte mich Crick in seinem forschen Britisch, erfordere einen gewaltigen Aufwand an neuronaler Aktivität. »Das gleiche gilt für Bewegungen, etwa das Aufheben eines Kugelschreibers«, fuhr er fort, während er einen Kugelschreiber von seinem Schreibtisch hob und vor mir hin- und herschwenkte. »Eine Menge Rechenarbeit ist erforderlich, bevor Sie diese Bewegung ausführen können. Der Entschluß ist Ihnen bewußt, nicht bewußt dagegen ist Ihnen die Art und Weise, wie dieser

Entschluß zustande kommt. Was Ihnen als ein freier Willensentschluß erscheint, ist in Wirklichkeit das Ergebnis von Vorgängen, die Ihnen nicht bewußt sind.« Ich runzelte die Stirn, und Crick lachte verstohlen.

Bei dem Versuch, mir zu erklären, was er und Koch unter Aufmerksamkeit verstehen – der entscheidenden Komponente ihrer Definition von Bewußtsein –, betonte Crick, daß damit mehr gemeint sei als bloße Informationsverarbeitung. Um dies zu veranschaulichen, überreichte er mir ein Blatt Papier, das mit einem bekannten Schwarzweißmuster bedruckt war: Ich sah zunächst eine weiße Vase auf schwarzem Hintergrund und einen Moment später die Seitenansichten zweier einander zugewandter Menschenköpfe. Obgleich die visuellen Signale, die mein Gehirn erreichten, gleich blieben, so Crick, verändere sich der Fokus meiner Aufmerksamkeit. Welche Veränderung ging mit diesem Wechsel der Aufmerksamkeit im Gehirn einher? Crick meinte, sobald die Neurowissenschaftler diese Frage beantworten könnten, würden sie vielleicht einen großen Schritt in Richtung auf die Lösung des Bewußtseinsproblems machen.

Crick und Koch hatten in ihrem 1990 erschienenen Aufsatz über das Bewußtsein eine vorläufige Antwort auf diese Frage gegeben. Ihre Hypothese basierte auf dem Befund, daß sich bei Stimulation des visuellen Kortex gewisse Gruppen von Nervenzellen in äußerst rascher Folge synchron entladen. Diese oszillierenden Neuronen, erklärte mir Crick, könnten den Gestalten des Bildes entsprechen, auf die ich meine Aufmerksamkeit richte. Wenn man sich das Gehirn als eine riesige, murmelnde Masse von Neuronen vorstelle, dann glichen die oszillierenden Neurone einer Gruppe von Menschen, die plötzlich das gleiche Lied zu singen beginnen. Bezogen auf die Vase-Profil-Figur bedeute dies, daß eine Gruppe von Neuronen »Vase« singe, während die andere »Gesichter« anstimme.

Die Oszillationstheorie (die – unabhängig von Crick und Koch – auch von anderen Neurowissenschaftlern vertreten wird) habe ihre Schwächen, wie Crick bereitwillig einräumte. »Ich halte sie für einen guten, mutigen ersten Versuch«, sagte er, »aber ich bezweifle, daß sie sich als richtig erweisen wird.« Er wies darauf hin, daß er und Watson die Doppelhelix erst nach vielen fehlgeschlagenen Anläufen entdeckt hätten. »Der Vorstoß in wissenschaftliches Neuland gleicht einem Sichvorarbeiten in dichtem Nebel. Man weiß nicht, wohin man geht. Man tastet sich langsam vorwärts. Hinterher, wenn man den Weg kennt, faßt man sich an den Kopf und denkt: ›Wieso bin ich nicht eher darauf gekommen?‹« Crick war dennoch fest davon überzeugt, daß das Problem nicht durch die Diskussion psychologischer Begriffe und Definitionen gelöst würde, sondern durch »eine Vielzahl von Experimenten, denn sie sind der eigentliche Motor der Wissenschaft«.

Die Neuronen müßten den Ausgangspunkt für jedes Modell des Bewußtseins bilden, so Crick. Die Psychologen hätten das Gehirn als eine »Black Box« behandelt, für deren Verständnis es genüge, die Inputs und Outputs zu erfassen, wohingegen die Erforschung der internen Abläufe überflüssig sei. »Das funktioniert, wenn die Black Box sehr einfach ist, doch wenn sie kompliziert ist, sind die Chancen recht gering, daß man die richtige Antwort erhält«, sagte Crick. »Es ist das gleiche wie in der Genetik. Wir mußten die Gene und deren Funktion kennen. Doch um zu einem grundlegenden Verständnis zu gelangen, mußten wir die Vorgänge auf molekularer Ebene aufklären.«

Crick genoß die völlige Freiheit, die es ihm erlaubt, die naturwissenschaftliche Erforschung des Bewußtseins voranzutreiben. »Ich muß keine Fördermittel auftreiben«, sagte er, da er einen mit Stiftungsgeldern finanzierten Lehrstuhl am Salk Institute innehabe. »Ich befasse mich vor allem deshalb mit diesem Problem, weil ich es faszinierend finde, und ich meine, ich habe mir das Recht verdient, zu tun, was mir Spaß macht.« Crick erwartete nicht, daß die Forscher diese Probleme über Nacht lösen würden. »Ich möchte lediglich darauf aufmerksam machen, daß das Problem wichtig ist und zu lange vernachlässigt wurde.« Während des Gesprächs mit Crick mußte ich unwillkürlich an die berühmte erste Zeile des Buches *Die Doppelhelix* denken, in dem James Watson beschrieb, wie er und Crick die Struktur der DNS entzifferten: »Ich habe Francis Crick nie bescheiden gesehen.«[4] Hier ist eine historische Richtigstellung angebracht. Crick ist häufig bescheiden. Während unseres Gesprächs machte er keinen Hehl daraus, daß er Zweifel an der Richtigkeit seiner Oszillationstheorie des Bewußtseins hegte; er sagte, einzelne Abschnitte eines Buches, das er über das Gehirn schreibe, seien »gräßlich« und müßten umgearbeitet werden. Als ich Crick fragte, wie er Watsons Seitenhieb deute, lachte er. Watson habe nicht sagen wollen, daß er, Crick, unbescheiden sei, sondern daß er »voller Selbstvertrauen und Enthusiasmus und dergleichen« sei. Wenn er mitunter ein wenig arrogant wirke und andere kritisiere, dann liege dies daran, daß er unbedingt den Dingen auf den Grund gehen wolle. »Ich kann zwanzig Minuten lang geduldig sein«, sagte er, »doch dann platzt mir der Kragen.«

Cricks Selbstanalyse schien zutreffend zu sein. Er besitzt die ideale Persönlichkeit für einen Wissenschaftler, einen empirischen Wissenschaftler, der Fragen beantwortet und der uns weiterbringt. Selbstzweifel, Wunschdenken und Stolz auf die eigenen Theorien sind ihm eigenartigerweise völlig fremd, oder scheinen es doch zumindest zu sein. Seine Unbescheidenheit rührt einfach daher, daß er – ohne Rücksicht auf die Folgen – wissen will, wie die Dinge funktionieren. Unklarheit, Wunschdenken oder nicht überprüfbare Spekulationen, die Kennzeichen ironischer Wissenschaft, sind ihm unerträglich. Außerdem ist er bestrebt, sein Wissen zu teilen und sich so verständlich wie möglich auszudrücken – ein Charakterzug, der unter prominenten Wissenschaftlern nicht so weit verbreitet ist, wie man erwarten könnte.

In seiner Autobiographie enthüllte Crick, daß er als Jugendlicher und Hobby-Wissenschaftler die Sorge gehabt habe, daß alles bereits entdeckt sei, wenn er das Erwachsenenalter erreiche. »Ich vertraute diese Befürchtungen meiner Mutter an, die mich tröstete. ›Keine Sorge, Ducky‹, sagte sie. ›Es wird noch jede Menge an Entdeckungen für dich übrigbleiben.‹«[5] In Anspielung auf diese Stelle fragte ich Crick, ob er glaube, daß für die Wissenschaftler *auf unbegrenzte Zeit* jede Menge ungelöster Fragen übrigblieben. Er erwiderte, dies hänge allein davon ab, wie man Wissenschaft definiere. Selbst wenn die Physiker – vielleicht schon bald – die fundamentalen Naturgesetze aufgeklärt hätten, seien der praktischen Umsetzung dieser Erkenntnisse in immer neue Erfindungen doch keine zeitlichen Grenzen gesetzt. Der Biologie stehe sogar eine noch längere Zukunft bevor. Einige biologische Strukturen – wie etwa das Gehirn – seien so komplex, daß sie noch eine geraume Zeit jedem Erklärungsversuch widerstehen dürften. Andere ungelöste Fragen, vor allem historischer Natur, wie etwa der Ursprung des Lebens, würden sich vielleicht niemals restlos aufklären lassen, einfach weil die verfügbaren Daten unzureichend seien. »Es gibt eine riesige Zahl interessanter Probleme in der Biologie«, sagte Crick, »genügend jedenfalls, um zumindest noch unsere Enkel bis zu ihrem Tod zu beschäftigen.« Andererseits war Crick wie Richard Dawkins der Ansicht, daß die Biologen die der Evolution zugrundeliegenden Prozesse in ihren Grundzügen bereits recht gut verstanden.

Als mich Crick aus seinem Büro hinausgeleitete, kamen wir an einem Tisch vorbei, auf dem ein dicker Stapel Papier lag. Es war die Rohfassung von Cricks Buch über das Gehirn, die den Titel *The Astonishing Hypothesis* trug. Ob ich gern den ersten Absatz der Einleitung lesen würde? Natürlich, antwortete ich. »Die erstaunliche Hypothese«, so begann das Buch, »besagt folgendes: ›Sie‹, Ihre Freuden und Leiden, Ihre Erinnerungen, Ihre Ziele, Ihr Sinn für Ihre eigene Identität und Willensfreiheit – bei alledem handelt es sich in Wirklichkeit nur um das Verhalten einer riesigen Ansammlung von Nervenzellen und dazugehörigen Molekülen. Lewis Carolls Alice aus dem Wunderland hätte es vielleicht so gesagt: ›Sie sind nichts weiter als ein Haufen Neurone.‹«[6] Ich blickte Crick an. Er grinste über beide Ohren.

Als ich einige Wochen später mit Crick telefonierte, um die Angaben in einem Artikel, den ich über ihn geschrieben hatte, zu überprüfen, bat er mich um Rat. Er gestand, daß seine Lektorin von dem Titel *Die erstaunliche Hypothese* nicht begeistert sei; ihrer Meinung nach sei die Hypothese, daß »wir nichts weiter als ein Haufen Neurone sind«, nicht sonderlich neu. Was ich dazu meinte? Ich sagte Crick, ich müsse ihr beipflichten; seine Theorie des Bewußtseins basiere letztlich auf einem recht altmodischen Reduktionismus und Materialismus. Der Titel *Die deprimierende Hypothese* passe viel besser, doch könnte er potentielle Leser abschrecken. Allerdings, so fügte ich hinzu, spiele der Titel sowieso keine so große Rolle, da sich das Buch vor allem über seinen »Markennamen« verkaufen werde.

Crick nahm dies alles mit seinem gewohnten Humor auf. Als sein Buch im Jahre 1994 erschien, trug es zwar noch immer den Titel *The Astonishing Hypothesis*, doch Crick oder wohl eher seine Lektorin hatte den Untertitel: *The Scientific Search for the Soul* (Die wissenschaftliche Suche nach der Seele) hinzugefügt. Als ich das sah, mußte ich lächeln; Crick bemühte sich ganz offenkundig nicht darum, die Seele zu finden – also eine spirituelle Substanz, die unabhängig von unserem Leib existiert –, sondern darum, die Möglichkeit ihrer Existenz auszuschließen. Seine Entdeckung der DNS-Doppelhelix hatte dem Vitalismus bereits einen schweren Schlag versetzt, und nun hoffte er, die letzten Überreste dieser romantischen Weltanschauung durch seine Arbeiten über das Bewußtsein auszumerzen.

Gerald Edelmans Begriffs-Pirouetten

Eine der Prämissen von Cricks Modell des Bewußtseins lautet, daß keine der bis heute vorgelegten Theorien des Geistes einen großen Erklärungswert besitzt. Doch zumindest ein prominenter Wissenschaftler, ein Nobelpreisträger obendrein, behauptet, der Lösung des Bewußtseinsproblems sehr nahe gekommen zu sein: Gerald Edelman. Seine wissenschaftliche Karriere war, wie die von Crick, durch einen Eklektizismus gekennzeichent, der sich als äußerst fruchtbar erwies. Noch als Student hatte Edelman an der Aufklärung der Struktur der Immunglobuline (Proteine, die bei der Immunreaktion des Körpers eine entscheidende Rolle spielen) mitgewirkt. Im Jahre 1972 wurde er für diese Arbeit mit dem Nobelpreis ausgezeichnet. Edelman wandte sich daraufhin der Entwicklungsbiologie zu, die sich mit der Frage beschäftigt, wie aus einer einzigen befruchteten Zelle ein vollentwickelter Organismus entsteht. Er entdeckte eine Klasse von Proteinen, die sogenannten Zelladhäsionsmoleküle, die vermutlich eine wichtige Rolle bei der Embryonalentwicklung spielen.

Doch all dies bildete nur den Auftakt zu Edelmans hochfliegendem Projekt: der Erarbeitung einer Theorie des Bewußtseins. Edelman hat diese Theorie in bislang vier Büchern dargelegt: *Unser Gehirn – Ein dynamisches System, Topobiology, The Remembered Present* und *Göttliche Luft, vernichtendes Feuer.*[7] Die Kernthese seiner Theorie besagt, daß, so wie der Selektionsdruck der Umwelt die bestangepaßten Individuen einer Spezies aussondert, Inputs, die ans Gehirn geleitet werden, bestimmte Gruppen von Neuronen – beispielsweise solche, die überlebensrelevante Erinnerungen gespeichert haben – selektieren, indem sie die zwischen ihnen bestehenden Verbindungen verstärken.

Edelmans titanischer Ehrgeiz und seine selbstherrliche Persönlichkeit haben ihn zu einem beliebten Gegenstand journalistischer Berichterstattung gemacht. In einem Kurzporträt, das im *New Yorker* erschien, wurde er »ein Derwisch an Wendigkeit, Tatkraft und rohem Intellekt« genannt; es wurde auch erwähnt, daß seine Kritiker ihn für einen »Egomanen mit dem Hang, einen Kreis von ergebenen Jüngern um sich zu scharen«, hielten.[8] In einer Titelgeschichte, die 1988 im *New York Times Magazine* erschien, schrieb sich Edelman selbst göttliche Kräfte zu. Er sagte über seine immunologischen Forschungen: »Bevor ich kam, herrschte Finsternis – mit mir kam das Licht.« Er nannte einen Roboter, der nach seinem neuronalen Modell konstruiert worden war, sein »Geschöpf« und sagte darüber: »Ich beobachte ihn aus einer gottgleichen Perspektive. Ich schaue auf seine Welt hinab.«[9]

Ich konnte mir einen eigenen Eindruck von Edelmans Selbstwertgefühl verschaffen, als ich ihn im Juni 1992 an der Rockefeller University besuchte. (Kurze Zeit darauf verließ Edelman diese Hochschule, um am Scripps Institute im kalifornischen La Jolla sein eigenes Labor zu leiten.) Edelman ist ein großer breitschultriger Mann. In seinen dunklen Anzug strömte er eine fast bedrohliche Eleganz und Freundlichkeit aus. Wie in seinen Büchern unterbrach er auch in seiner mündlichen Rede immer wieder den wissenschaftlichen Diskurs, um Anekdoten, Witze oder Aphorismen einzuflechten, deren Bedeutung mir oftmals schleierhaft blieb. Diese Abschweifungen sollten vermutlich beweisen, daß Edelman der perfekte Intellektuelle war – vergeistigt und zugleich erdverbunden, gelehrt und doch weltklug –; viel mehr als bloß ein abgehobener Experimentator.

Edelman erzählte mir, wie sein Interesse an der Erforschung des Bewußtseins geweckt worden sei: »Ich bin fasziniert von dunklen, rätselhaften und offenen wissenschaftlichen Problemen. Ich habe nichts dagegen, Detailfragen zu bearbeiten, sofern dies dazu dient, eine Sache zum Abschluß zu bringen.« Edelman wollte die Antwort auf grundlegende Fragen finden. Seine mit dem Nobelpreis ausgezeichneten Forschungsarbeiten über die Struktur von Antikörpern hätten die Immunologie in eine »mehr oder minder vollendete Wissenschaft« verwandelt; die zentrale Frage, wie das Immunsystem auf eindringende Fremdkörper reagiere, sei damit beantwortet. Er und andere Wissenschaftler hätten gezeigt, daß die immunologische Selbsterkennung über einen Prozeß der Selektion erfolge: Das Immunsystem verfügt über unzählige verschiedene Antikörper, und die Anwesenheit körperfremder Antigene veranlaßt den Körper dazu, die Produktion von Antikörpern, die spezifisch gegen dieses Antigen gerichtet sind, hochzufahren (bzw. diese zu selektieren) und die Produktion der übrigen Antikörper zu drosseln.

Edelmans Suche nach offenen Fragen führte ihn unweigerlich zur Entstehung und Funktionsweise des Gehirns. Er erkannte, daß eine Theorie des menschlichen Bewußtseins die Wissenschaft endgültig zum Abschluß bringen würde, denn dann könnte die Wissenschaft ihren eigenen Ursprung erklären. Nehmen wir die Superstringtheorie, sagte Edelman. Könne sie die Existenz von Edward Witten erklären? Offenkundig nicht. Die meisten physikalischen Theorien verbannten Bewußtseinsfragen in den Bereich der »Philosophie bzw. der reinen Spekulation«, so Edelman. »Haben Sie den Abschnitt meines Buches gelesen, wo ich Max Planck zitiere, der gesagt hat, daß wir niemals das Rätsel des Universums lösen könnten, weil wir selbst dieses Rätsel seien? Und hat Woody Allen nicht gesagt: ›Wenn ich mein Leben noch einmal leben müßte, dann würde ich es in einem Delikatessenladen verbringen.‹?«

Als Edelman seine Methode zur Erforschung des Bewußtseins beschrieb, klang er zunächst so durch und durch empiristisch wie Crick. Er beteuerte, das Bewußtsein könne nur von einem biologischen Standpunkt aus erklärt werden, nicht mit Hilfe der Physik, der Informatik oder anderer Ansätze, die die Struktur des Gehirns außer Betracht ließen. »Wir werden erst dann eine wirklich befriedigende Theorie des Gehirns aufstellen können, wenn wir eine wirklich befriedigende Theorie der Anatomie des Nervensystems besitzen. So einfach ist das.«

Gewiß, »Funktionalisten«, wie etwa der KI-Experte Marvin Minsky, behaupteten, sie könnten eine intelligente Maschine konstruieren, ohne die Anatomie zu berücksichtigen. »Meine Antwort lautet: ›Ich glaub's, wenn ich's gesehen habe.‹« Doch je länger Edelman sprach, um so deutlicher zeigte sich, daß er, anders als Crick, das Gehirn durch den Filter seiner idiosynkratischen Obsessionen und Ambitionen betrachtete. Offenbar glaubte er, daß all seine Erkenntnisse von unüberbietbarer Originalität waren; niemand hatte das Gehirn richtig gesehen, bevor er ihm seine Aufmerksamkeit zuwandte. Als er mit seinen Forschungsarbeiten über das Gehirn, bzw. genauer gesagt Gehirne, begann, erstaunte ihn die Variabilität dieses Organs. »Es kam mir sehr seltsam vor, daß die Forscher, die auf dem Gebiet der Neurowissenschaften arbeiteten, immer so getan hatten, als seien alle Gehirne identisch«, sagte er. »In allen einschlägigen Veröffentlichungen wurde das Gehirn so beschrieben, als sei es eine replizierbare Maschine. Doch wenn man der Sache wirklich auf den Grund geht, dann ist es verblüffend zu sehen, welche Vielfalt auf jeder Ebene – und es gibt erstaunlich viele Ebenen – anzutreffen ist.« Er wies darauf hin, daß sogar eineiige Zwillinge große Unterschiede in der Organisation ihrer Neurone aufwiesen. Diese Unterschiede seien keineswegs belangloses Rauschen, sondern von grundlegender Bedeutung. »Es ist ziemlich erschreckend«, sagte Edelman. »Man kann das nicht einfach ignorieren.«

Die enorme Variabilität und Komplexität des Gehirns könnte mit einem Problem zusammenhängen, mit dem die Philosophen von Kant bis Wittgenstein gerungen hätten: Wie kategorisieren wir Gegenstände? Wittgenstein habe, so Edelman, die problematische Natur von Kategorien hervorgehoben, indem er darauf hingewiesen habe, daß verschiedene Spiele oftmals keinerlei Gemeinsamkeiten hätten, außer der Tatsache, daß sie Spiele seien. »Typisch Wittgenstein«, sagte Edelman nachdenklich. »Seine Bescheidenheit hat etwas Prahlerisches. Ich weiß nicht, was das ist. Er provoziert einen, und zwar auf eine sehr eindringliche Weise. Es ist manchmal mehrdeutig, und das ist nicht angenehm. Es ist rätselhaft, es sind gleichsam Begriffs-Pirouetten.«

Ein kleines Mädchen, das das Himmel-und-Hölle-Spiel spielt, Schachspieler und schwedische Matrosen, die sich an einem Flottenmanöver beteiligen: Sie alle spielten Spiele, fuhr Edelman fort. Für die meisten Beobachter scheinen diese Phänomene kaum oder gar nichts miteinander gemein zu haben, und doch sind sie alle Elemente der Menge möglicher Spiele. »Das nennt man im Fachjargon eine ›polymorphe Menge‹. Es ist eine sehr schwierige Sache. So heißt eine Menge, die weder durch notwendige noch durch hinreichende Bedingungen definiert ist. Ich kann Ihnen in meinem Buch *Unser Gehirn – Ein dynamisches System* Bilder davon zeigen.« Edelman ergriff das Buch, das auf seinem Schreibtisch lag, und blätterte es durch, bis er eine Abbildung zweier Mengen geometrischer Gebilde fand, die polymorphe Mengen darstellten. Dann legte er das Buch beiseite und durchbohrte mich erneut mit seinem Blick. »Ich bin *erstaunt*, daß die Wissenschaftler diese Dinge nicht zueinander in Beziehung setzen«, sagte Edelman.

Natürlich stellte Edelman die Verbindung her: Dank seiner polymorphen Mannigfaltigkeit könne das Gehirn auf die polymorphe Mannigfaltigkeit der Natur reagieren. Die Mannigfaltigkeit des Gehirns sei kein belangloses Rauschen, sondern »die Grundlage für die Selektion, sobald das Gehirn mit einer unbekannten Menge physikalischer Entsprechungen in der Welt konfrontiert ist. Ist das klar? Das ist sehr vielversprechend. Gehen wir einen Schritt weiter. Könnte das Neuron die *Einheit* der Selektion sein? Nein, denn das Neuron ist zu binär, zu inflexibel; es ist entweder eingeschaltet – erregt – oder ausgeschaltet – ruhend. Doch *Gruppen* miteinander verknüpfter, wechselwirkender Neuronen könnten dafür in Frage kommen. Diese Gruppen konkurrieren miteinander in dem Bemühen, effektive Repräsentationen bzw. Karten der unendlichen Vielfalt von Reizen aus der Außenwelt hervorzubringen. Gruppen, die erfolgreiche Karten anlegen, vergrößern sich, während die übrigen Gruppen verkümmern.« Edelman stellte und beantwortete auch weiterhin seine eigenen Fragen. Er sprach langsam, mit prophetischer Eindringlichkeit, als ob er seine Worte physisch in mein Gehirn einstanzen wollte. Wie lösen diese Gruppen verknüpfter Neurone das Problem polymorpher Mengen, das Wittgenstein so großen Verdruß bereitet hatte? Durch »reziproke Kopplung«. Was versteht man unter »reziproker Kopplung«? »Reziproke Kopplung ist der fortlaufende rekursive Signalaustausch zwischen Kartengebieten«, sagte Edelman, »so daß die Karten durch massiv reziproke Parallelschaltungen abgebildet werden. Dieser Mechanismus ist nicht zu verwechseln mit Rückkopplung, die zwischen Drähten stattfindet, bei denen ich eine definite Funktion, Anweisung habe – Sinuswelle trifft ein, verstärkte Sinuswelle geht hinaus.« Er war mit einem Male unwirsch, fast zornig, so als wäre ich plötzlich zum Stellvertreter all seiner kleingeistigen, neidischen Kritiker geworden, die behaupteten, die »reziproke Kopplung« sei im Grunde nichts anderes als eine Form der Rückkopplung.

Er hielt einen Augenblick lang inne, so als wollte er sich sammeln, und begann dann erneut zu sprechen – laut, langsam und mit Pausen zwischen den Worten –, wie ein Tourist, der sich einem vermeintlich begriffsstutzigen Eingeborenen verständlich zu machen sucht. Anders als seine Kritiker behaupteten, so Edelman, sei sein Modell einzigartig; es habe nichts mit den neuronalen Netzen gemein, sagte er, wobei er den Ausdruck *neuronale Netze* mit betonter Geringschätzung aussprach. Um sein Vertrauen zu gewinnen – und weil es der Wahrheit entsprach –, gestand ich ihm, daß es mir von jeher schwergefallen sei, das Konzept der neuronalen Netze zu verstehen. (Neuronale Netze bestehen aus künstlichen Neuronen bzw. Schaltern, die durch Verbindungen unterschiedlicher Stärke miteinander verknüpft sind.) Edelman lachte triumphierend. »Der Begriff *neuronale Netze* basiert auf einer überstrapazierten Metapher«, sagte er. »Es besteht eine gewaltige Diskrepanz, und man fragt sich: ›Liegt es an mir, oder entgeht mir etwas?‹« *Sein* Modell, so versicherte er mir, leide nicht an diesem Problem.

Ich begann eine weitere Frage zu dem Begriff der »reziproken Kopplung« zu stellen, doch Edelman hob seine Hand. Es sei Zeit, sagte er, mir von seinem jüngsten Geschöpf, *Darwin 4*, zu erzählen. Der beste Weg, seine Theorie zu überprüfen, bestehe darin, das Verhalten von Neuronen in einem lebenden Tier zu beobachten, was natürlich unmöglich sei. Die einzige Alternative, so Edelman, sei die Konstruktion eines Roboters auf der Grundlage der Prinzipien des neuronalen Darwinismus. Edelman und seine Mitarbeiter hatten vier Roboter gebaut, die alle den Namen *Darwin* trugen und von denen jeder technisch ausgereifter war als sein jeweiliger Vorgänger. Tatsächlich sei *Darwin 4* eigentlich kein Roboter mehr, sondern eine »echte Kreatur«, versicherte mir Edelman. Er sei »das erste nichtlebende Geschöpf, das echt lernfähig ist, okay?«

Wieder hielt er inne, und ich spürte, wie ich von seinem Erweckungseifer mitgerissen wurde. Er schien eine Atmosphäre dramatischer Spannung erzeugen zu wollen, so als ziehe er nacheinander eine Reihe von Schleiern zur Seite, hinter denen sich jeweils ein noch tieferes Geheimnis verbarg. »Lassen Sie uns einen Blick drauf werfen«, sagte er. Wir verließen sein Büro und gingen den Flur hinunter. Er öffnete die Tür zu einem Raum, in dem ein riesiger brummender Großrechner stand. Dies sei, so versicherte mir Edelman, das »Gehirn« von *Darwin 4*. Dann gingen wir in einen anderen Raum, wo uns das Geschöpf selbst erwartete. Es war ein komplexer Apparat auf Rädern, der auf einem Podest aus Sperrholz stand, auf dem blaue und rote Klötze herumlagen. Vielleicht, weil Edelman meine Enttäuschung spürte – echte Roboter enttäuschen jeden, der den Film *Krieg der Sterne* gesehen hat –, wiederholte er, daß *Darwin 4* zwar »wie ein Roboter aussieht, aber keiner ist«.

Edelman zeigte auf die »Schnauze«, eine Stange, an deren Ende sich ein lichtempfindlicher Sensor und ein magnetischer Greifer befanden. Auf einem Fernsehmonitor, der an einer Wand befestigt war, waren mehrere Muster zu sehen, die den Zustand von *Darwins* Gehirn repräsentierten, wie mir Edelman mitteilte. »Wenn er einen Gegenstand findet, tastet er ihn ab und ergreift ihn, worauf er gute oder schlechte Bewertungen erhält... Dies verändert die diffusen Beziehungen und die synaptische Vernetzung dieser Dinge, die Gehirnkarten darstellen« – er wies auf den Fernsehmonitor – »das heißt, daß Synapsen geschwächt oder verstärkt werden, wodurch sich wiederum die Beweglichkeit der Muskeln verändert.«

Edelman starrte *Darwin 4* an, der hartnäckig an seinem Platz verharrte. »Es dauert eine ganze Weile«, sagte er, »der erforderliche Rechenaufwand ist gigantisch.« Zu Edelmans sichtbarer Erleichterung rührte sich der Roboter schließlich, und er begann langsam um die Plattform herumzufahren, wobei er Klötze anstieß, die blauen liegen ließ und die roten mit seiner magnetischen Schnauze aufgriff und zu einer großen Kiste trug, die Edelman »Zuhause« nannte.

Edelman gab mir einen laufenden Kommentar: »Oh, jetzt hat er gerade sein Auge bewegt. Jetzt hat er einen Gegenstand gefunden. Er hat einen Gegenstand aufgehoben. Jetzt sucht er seinen Weg nach Hause.«

»Was ist sein Endziel?« fragte ich. »Er hat keine Endziele«, erinnerte mich Edelman mit einem Stirnrunzeln. »Wir haben ihm *Werte* gegeben. Blau ist schlecht, Rot ist gut.« Werte seien allgemein und daher besser geeignet, uns bei der Bewältigung der polymorphen Wirklichkeit zu helfen, als Ziele, die sehr viel spezifischer seien. Als er ein Teenager gewesen sei, fuhr Edelman fort, habe er Marilyn Monroe begehrt, doch Marilyn Monroe sei nicht sein *Ziel* gewesen. Er habe bestimmte *Werte* besessen, die ihn dazu veranlaßt hätten, gewisse weibliche Merkmale zu begehren, die zufälligerweise Marilyn Monroe verkörpert habe.

Mit brutaler Gewalt ein sich mir aufdrängendes Bild von Edelman und Marilyn Monroe unterdrückend, fragte ich Edelman, inwieweit sich dieser Roboter von all den anderen Robotern unterscheide, die Wissenschaftler im Verlauf der letzten Jahrzehnte gebaut hätten und von denen viele mindestens ebenso beeindruckende Kunststücke vollbracht hätten wie *Darwin 4*. Der Unterschied, erwiderte Edelman mit zusammengebissenen Zähnen, bestehe darin, daß *Darwin 4* Werte bzw. Instinkte besitze, während andere Roboter präzise Anweisungen bräuchten, damit sie eine Aufgabe erledigten. Aber würden nicht alle neuronalen Netzwerke statt präziser Anweisungen allgemeine Lernprogramme umsetzen, fragte ich. Edelman runzelte die Stirn. »Doch bei all diesen muß man den Input und den Output im einzelnen definieren. Das ist der entscheidende Unterschied. Nicht wahr, Julio?« Er wandte sich einem verdrießlich dreinblickenden jungen Postdoc zu, der sich zu uns gesellt hatte und schweigend unser Gespräch verfolgte.

Nach kurzem Zögern nickte Julio. Mit einem breiten Lächeln wies Edelman darauf hin, daß die meisten KI-Konstrukteure versuchten, Wissen nach der Top-Down-Methode in Form von expliziten Anweisungen für jede Situation in die Roboter einzuprogrammieren, statt sie das Wissen auf der Basis von Werten selbst erwerben zu lassen. Nehmen wir einen Hund, sagte er. Jagdhunde erwerben ihr Wissen mit Hilfe einiger Grundinstinkte. »Das ist effektiver, als wenn ein Haufen von Harvard-Jungs ein Programm für Sümpfe schreibt!« Edelman lachte schallend und warf einen schnellen Blick auf Julio, der verlegen mitlachte.

Doch ich wandte ein, *Darwin 4* sei dennoch ein Computer, ein Roboter mit einem begrenzten Repertoire möglicher Reaktionen auf die Welt; Edelman benutze Metaphern, wenn er ihn ein »Geschöpf« mit einem »Gehirn« nenne. Noch während ich sprach, brummte Edelman: »Schon gut, schon gut«, wobei er mit dem Kopf nickte. Wenn man einen Computer als einen Apparat definiere, der von Algorithmen bzw. effektiven

Prozeduren gesteuert werde, dann sei *Darwin 4* kein Computer. Zwar könnten Informatiker Roboter so programmieren, daß sie sich wie *Darwin 4* verhielten. Doch sie würden dann biologisches Verhalten nur simulieren, während das Verhalten von *Darwin 4* echt biologisch sei. Wenn ein zufälliger elektronischer Defekt eine Programmzeile in seinem Geschöpf durcheinanderbringe, erklärte mir Edelman, »wird es diesen beheben wie ein Organismus, der aus eigener Kraft eine Verletzung heilt, und anschließend wieder unbeeinträchtigt umherlaufen. Geschieht dies dagegen bei einem programmierten Computer, dann bleibt er liegen und rührt sich nicht mehr.«

Statt darauf hinzuweisen, daß alle neuronalen Netze und viele herkömmliche Rechnerprogramme diese Fähigkeit besitzen, fragte ich Edelman, was er von der Kritik mancher Wissenschaftskollegen halte, die erklärten, seine Theorien schlichtweg nicht zu verstehen. Er antwortete, die meisten wirklich neuen wissenschaftlichen Konzepte müßten derartige Widerstände überwinden. Er habe diejenigen, die ihn der Unverständlichkeit geziehen hätten – namentlich Gunther Stent, dessen Klagen über Edelmans obskure Ausdrucksweise im *New York Times Magazine* zitiert worden waren –, eingeladen, ihn zu besuchen, damit er ihnen seine Arbeit persönlich erklären könne. (Stent fällte dieses Verdikt über Edelmans Arbeiten, nachdem er auf einem Transatlantikflug neben ihm gesessen hatte.) Niemand hatte Edelmans Einladung angenommen. »Die Unverständlichkeit ist meines Erachtens ein Problem der Rezipienten, nicht des Senders«, sagte Edelman.

Zu diesem Zeitpunkt gab sich Edelman keinerlei Mühe mehr, seinen Ärger zu verbergen. Als ich ihn nach seinem Verhältnis zu Francis Crick fragte, verkündete Edelman plötzlich, er müsse an einer wichtigen Sitzung teilnehmen. Er werde mich in der fachkundigen Obhut von Julio zurücklassen. »Ich habe eine sehr lange Beziehung zu Francis, und im übrigen kann man eine solche Frage nicht – fix, fix – zwischen Tür und Angel beantworten.« Mit diesen Worten verschwand er.

Edelman hat Bewunderer, doch die meisten von ihnen sind am Rande der Neurowissenschaften angesiedelt. Sein prominentester Fan ist der Neurologe Oliver Sacks, dessen ergreifende Berichte über seine Arbeit mit hirngeschädigten Patienten mustergültige Beispiele für die literarischen – das heißt ironischen – Neurowissenschaften geworden sind. Francis Crick sprach für viele andere Neurowissenschaftler, als er Edelman beschuldigte, »vorzeigbare«, aber nicht sonderlich originelle Ideen hinter einem »Schleier hochtrabender Begriffe« zu verbergen. Edelmans darwinistische Terminologie, so Crick, habe weniger mit echten Analogien zur Darwinschen Evolution als mit rhetorischem Pomp zu tun. Crick schlug vor, Edelmans Theorie in »neuronalen Edelmanismus« umzutaufen. »Das Problem mit Jerry besteht darin, daß er dazu neigt, Schlagworte zu produzieren, mit denen er dann herumjongliert, ohne sich darum zu kümmern, was andere dazu sagen. Es ist zu viel Effekthascherei dabei, das ist das Ärgerliche.«[10]

Der Philosoph Daniel Dennett von der Tufts University zeigte sich unbeeindruckt, nachdem er Edelmans Labor besucht hatte. In einer Rezension von Edelmans *Göttliche Luft, vernichtendes Feuer* behauptete Dennett, Edelman gieße alten Wein in neue Schläuche. Obgleich Edelman es abstreite, sei sein Modell ein neuronales Netz und die »reziproke Kopplung« sei nichts anderes als eine Rückkopplung. Dennett behauptete ferner, daß Edelman »die philosophischen Probleme, die er behandelt, schon im Ansatz mißversteht«. Obgleich Edelman seine Geringschätzung über diejenigen zum Ausdruck bringe, die das Gehirn für einen Computer hielten, zeige die Tatsache, daß er einen Roboter benutze, um seine Theorie »zu beweisen«, daß er der gleichen Auffassung sei, so Dennett.[11]

Einige Kritiker warfen Edelman sogar vor, er gebe die Ideen von anderen als seine eigenen aus, indem er sie in seiner eigentümlichen Begrifflichkeit verpacke. Meine eigene, wohlwollendere Deutung lautet, daß Edelman das Gehirn eines Empirikers und das Herz eines Romantikers hat. Er schien dies auch in der für ihn typischen indirekten Weise zuzugeben, als ich ihn fragte, ob er die Wissenschaft prinzipiell für endlich oder unendlich halte. »Mir ist nicht klar, was das *bedeuten* soll«, antwortete er. »Ich verstehe, was es bedeutet, wenn ich sage, eine mathematische Reihe ist endlich oder unendlich. Aber mir ist nicht klar, was die Aussage, die Wissenschaft sei unendlich, bedeuten soll. Ein Beispiel? Ich zitiere aus dem *Opus Posthumus* von Wallace Stevens: ›Letzten Endes spielt auch die Wahrheit keine Rolle. Das Risiko ist eingegangen.‹« Die *Suche* nach der Wahrheit sei das, was zähle, schien Edelman sagen zu wollen, nicht die Wahrheit selbst.

Edelman fügte hinzu, daß Einstein auf die Frage, ob die Wissenschaft vollendet sei, angeblich gesagt habe: »Möglicherweise, doch was bringt es, eine Beethoven-Symphonie in Luftdruckwellen zu beschreiben?« Einstein habe damit auf die Tatsache hingewiesen, daß die Physik Fragen, die sich auf Werte, Bedeutungen und andere subjektive Phänomene bezögen, nicht beantworten könne, so Edelman. Darauf könnte man wiederum mit der Frage antworten: Was bringt es, eine Beethoven-Symphonie in Form von reziprok gekoppelten neuronalen Schleifen zu beschreiben? Inwiefern wird die Ersetzung von Luftdruckwellen, Atomen oder irgendeinem anderen physikalischen Phänomen durch Neuronen dem Wunder und dem Geheimnis des Bewußtseins gerecht? Im Gegensatz zu Francis Crick kann sich Edelman nicht damit abfinden, daß wir »nichts anderes als ein Haufen Neuronen« sind. Aus diesem Grund verunklart Edelman seine grundlegende Theorie des Nervensystems – indem er sie mit Begriffen und Konzepten aus der Evolutionsbiologie, der Immunologie und der Philosophie anreichert –, um ihr einen Nimbus der Tiefgründigkeit zu geben. Er gleicht dem Romancier, der das Risiko der Unverständlichkeit eingeht – ja sogar danach strebt –, in der Hoffnung, so zu einer tieferen Wahrheit zu gelangen. Edelman ist ein ironischer Neurowissenschaftler, dem es jedoch leider an rhetorischer Finesse fehlt.

Der Quantendualismus von John Eccles

Es gibt einen Punkt, in dem sich Crick, Edelman und fast alle Neurowissenschaftler einig sind: Die Quantenmechanik übt keinen relevanten Einfluß auf die Eigenschaften des Bewußtseins aus. Spätestens seit den dreißiger Jahren, als einige philosophisch beschlagene Physiker die Behauptung aufstellten, der Akt der Messung – und folglich das Bewußtsein selbst – spiele eine entscheidende Rolle bei der Feststellung des Ergebnisses von Experimenten, bei denen Quanteneffekte zum Tragen kämen, haben Physiker, Philosophen und andere über Zusammenhänge zwischen der Quantenmechanik und dem Bewußtsein zu spekulieren begonnen. Diese Theorien blieben sehr grobschlächtig, und ihre Verfechter hatten durchgehend verborgene philosophische oder auch religiöse Motive. Cricks Partner, Christoph Koch, faßte die Quantentheorie des Bewußtseins polemisch in folgendem Syllogismus zusammen: Die Quantenmechanik ist rätselhaft, und das Bewußtsein ist ebenfalls rätselhaft, also müssen Quantenmechanik und Bewußtsein etwas miteinander zu tun haben.

Ein entschiedener Befürworter der Quantentheorie des Bewußtseins ist John Eccles, ein britischer Neurowissenschaftler, der im Jahre 1963 für seine Studien über die Signalfortleitung in Nervenzellen mit dem Nobelpreis ausgezeichnet wurde. Eccles ist vielleicht der berühmteste moderne Wissenschaftler, der den Dualismus vertritt, wonach das Bewußtsein unabhängig von seinem materiellen Substrat existiert. Er schrieb zusammen mit Karl Popper ein Buch, das im Jahre 1977 unter dem Titel *Das Ich und sein Gehirn* erschien und das ein Plädoyer für den Dualismus darstellt. Eccles und Popper verwarfen den physikalischen Determinismus zugunsten des Postulats der Willensfreiheit: der Geist könne zwischen verschiedenen Gedanken und Handlungsweisen wählen, die von Gehirn und Körper umgesetzt würden.[13]

Am häufigsten wird gegen den Dualismus der Einwand

vorgebracht, er verletze den Energieerhaltungssatz: Wie könne der Geist, wenn er keine materielle Existenz habe, physikalische Veränderungen im Gehirn auslösen? Zusammen mit dem deutschen Physiker Friedrich Beck lieferte Eccles die folgende Antwort: Die Nervenzellen des Gehirns entladen sich, wenn sich geladene Moleküle, sogenannte Ionen, in einer Synapse anreichern und diese schließlich dazu veranlassen, Neurotransmitter freizusetzen. Doch die Anwesenheit einer bestimmten Anzahl von Ionen in einer Synapse löst nicht immer die Entladung eines Neurons aus. Dies ist, laut Eccles, darauf zurückzuführen, daß sich die Ionen, wenigstens einen Augenblick lang, in übereinandergelagerten quantenmechanischen Zuständen befinden; in einigen Zuständen entlädt sich das Neuron, in anderen nicht.

Das Bewußtsein übt seine Herrschaft über das Gehirn dadurch aus, daß es »entscheidet«, welche Neurone sich entladen. Solange die Auswahlwahrscheinlichkeit für die Neuronen im gesamten Gehirn gleich groß ist, verletzt die Ausübung des freien Willens nicht den Energieerhaltungssatz.

»Wir haben keinerlei Beweise für all dies«, gab er unumwunden zu, nachdem er mir seine Theorie während eines telefonischen Interviews dargelegt hatte. Dennoch nannte er diese Hypothese »einen gewaltigen Fortschritt«, der zu einem Wiederaufleben des Dualismus führen würde. Der Materialismus und seine ganze schändliche Nachkommenschaft – logischer Positivismus, Behaviorismus, Identitätstheorie (die Bewußtseinszustände mit physikalischen Zuständen des Gehirns gleichsetzt) – »sind erledigt«, erklärte Eccles.

Eccles sprach offen – zu seinem eigenen Nachteil allzu offen – über die Motive, die ihn dazu bewegt hatten, die Eigenschaften des Bewußtseins mit Hilfe der Quantenmechanik zu lösen. Er sagte mir, er sei ein »religiöser Mensch«, der den »billigen Materialismus« ablehne. Er sei überzeugt davon, daß das »Bewußtsein gleichen Ursprungs ist wie das Leben. Beides ist eine göttliche Schöpfung.« Eccles beteuerte auch, daß »wir das Rätsel des Daseins gerade erst zu lüften beginnen«. Ich fragte, ob wir dieses Rätsel jemals völlig ergründen und so die Wissenschaft zum Abschluß bringen könnten. »Ich glaube nicht«, erwiderte er. Er hielt einen Augenblick lang inne und fuhr dann mit erregter Stimme fort: »Ich *möchte* nicht, daß sie zu Ende geht. Das einzige, worauf es wirklich ankommt, ist weiterzumachen.« Er stimmte mit dem Begründer des Falsifikationsprinzips, Karl Popper, der wie er dem Dualismus anhing, darin überein, daß wir »immer neue Entdeckungen machen müssen und werden. Und daß wir auch in unseren theoretischen Überlegungen nicht nachlassen dürfen. Und wir dürfen auch nicht behaupten, wir hätten in irgendeiner Sache das letzte Wort gesprochen.«

Roger Penrose und das Quasiquantenbewußtsein

Roger Penrose gelingt es besser, seine tieferen Beweggründe zu verbergen – vielleicht weil er sie selbst nur dunkel erahnt. Penrose machte sich zunächst einen Namen als Kapazität auf dem Gebiet der Schwarzen Löcher und anderer Exotika der Physik. Er erfand auch die sogenannten »Penrose-Fliesen«, einfache geometrische Formen, die unendlich mannigfaltige, quasiperiodische Muster erzeugen, wenn man sie ineinanderfügt. 1989 erregte er mit den Argumenten, die er in seinem Buch *Computerdenken* darlegte, allgemeines Aufsehen. Der Hauptzweck des Buches bestand darin, den Anspruch der Anhänger der Künstlichen Intelligenz zu widerlegen, Computer könnten sämtliche Merkmale des Menschen, auch das Bewußtsein, reproduzieren.

Ausgangspunkt von Penrose' Argumentation ist der Gödelsche Unvollständigkeitssatz. Dieser Satz besagt, daß jedes in sich widerspruchsfreie Axiomensystem von einer gewissen elementaren Komplexitätsstufe an Aussagen hervorbringt, die mit Hilfe dieser Axiome weder bewiesen noch widerlegt werden können; folglich sind solche Systeme immer unvollständig. Nach Penrose' Auffassung folgt nun aus diesem Theorem, daß kein »berechenbares« Modell – also weder die klassische Physik noch die Informatik, noch die Neurowissenschaften, so wie sie gegenwärtig konzipiert sind – die kreativen bzw. intuitiven Fähigkeiten des Bewußtseins reproduzieren kann. Das Bewußtsein müsse seine Fähigkeiten von einem subtileren Phänomen herleiten, das vermutlich mit der Quantenmechanik zusammenhänge.

Drei Jahre nach meinem ersten Treffen mit Penrose in Syracuse – das mein Interesse an den Grenzen der Wissenschaft geweckt hatte – besuchte ich ihn an der Universität Oxford, an der er einen Lehrstuhl innehat. Penrose sagte, er arbeite an einer Fortsetzung von *Computerdenken*, in der er seine Theorie ausführlicher darlegen wolle. Er sei mehr denn je davon überzeugt, daß er mit seiner Theorie des Quasiquantenbewußtseins auf der richtigen Spur sei. »Auch wenn ich ganz allein dastehe, bin ich nachdrücklich von der Richtigkeit meiner Ideen überzeugt. Ich vermag keine andere Lösung zu erkennen.«[14]

Ich wies darauf hin, daß einige Physiker mittlerweile darüber nachdachten, wie man exotische Quanteneffekte, etwa die Superposition, dazu nutzen könnte, Berechnungen auszuführen, die klassische Computer nicht leisten könnten. Wenn sich diese Quantencomputer als machbar erweisen sollten, würde Penrose dann einräumen, daß sie möglicherweise denken könnten? Penrose schüttelte den Kopf. Ein denkfähiger Computer, so sagte er, müsse sich auf Mechanismen stützen, die nicht auf Quantenmechanik in ihrer gegenwärtigen Form, sondern auf einer noch nicht entdeckten fundamentaleren Theorie basierten. Penrose vertraute mir an, daß er in *Computerdenken* eigentlich die Annahme widerlegen wollte, das Rätsel des Bewußtseins bzw. die Wirklichkeit im allgemeinen ließen sich mit den gegenwärtigen physikalischen Gesetzen erklären.« »Ich behaupte, daß dies falsch ist«, verkündete er.

»Die Gesetze, die das Verhalten der Natur steuern, sind sehr viel subtiler.«
Die zeitgenössische Physik sei schlichtweg inkonsistent, fuhr er fort. Insbesondere die Quantenmechanik *müsse* Fehler enthalten, weil sie in eklatantem Widerspruch zur alltäglichen, makroskopischen Realität stehe. Wieso könnten sich Elektronen in einem Experiment wie Teilchen und in einem anderen wie Wellen verhalten? Wieso könnten sie sich gleichzeitig an zwei verschiedenen Orten aufhalten? Es müsse eine fundamentalere Theorie geben, die die Paradoxe der Quantenmechanik und ihre verwirrend subjektiven Elemente beseitige. »Letztlich muß unsere Theorie das Phänomen der Subjektivität erklären, aber ich möchte nicht, daß die Theorie selbst eine subjektive Theorie ist.« Mit anderen Worten, die Theorie sollte die Existenz von Bewußtsein erlauben, aber nicht *voraussetzen*.

Weder die Superstringtheorie – die letztlich eine Quantentheorie ist –, noch irgendein anderer Kandidat für eine einheitliche Theorie weist die Eigenschaften auf, die Penrose für notwendig erachtet. »Sollte es jemals so etwas wie eine allumfassende physikalische Theorie geben, dann wird sie vermutlich keiner Theorie gleichen, die ich kenne«, sagte er. Eine solche Theorie würde »eine Art zwingenden Naturalismus« erfordern. Anders gesagt, die Theorie müßte plausibel sein.

Doch beantwortete Penrose die Frage, ob die Physik eine wirklich vollständige Theorie aufstellen könne, genauso ambivalent wie zuvor in Syracuse. Er sagte, aus dem Gödelschen Satz folge, daß es in der Physik, wie in der Mathematik, immer offene Fragen geben werde. »Selbst wenn man die Frage, welche mathematische Struktur der physikalischen Wirklichkeit zugrunde liegt, endgültig beantworten könnte«, so Penrose, »wäre damit das Thema lange noch nicht erledigt, denn die Mathematik selbst entwickelt sich ständig weiter.« Seine Worte waren wohlerwogen, viel reflektierter jedenfalls als bei unserer ersten Diskussion über das Thema im Jahre 1989.

Er hatte das Problem seither zweifellos gründlicher durchdacht.

Ich erinnerte daran, daß Richard Feynman die Physik mit dem Schachspiel verglichen hatte: Wenn wir die Grundregeln kennen, können wir endlos die daraus ableitbaren Folgen erkunden. »Ja, das entspricht auch mehr oder minder meiner Ansicht«, sagte Penrose. Halte er es demnach für möglich, daß man die fundamentalen Regeln, wenn auch nicht alle Folgen dieser Regeln, aufklären könne? »Vermutlich bin ich in meinen optimistischen Augenblicken dieser Meinung.« Er fügte erregt hinzu: »Ich gehöre sicher nicht zu den Leuten, die glauben, unsere physikalische Erklärung der Welt komme nie zum Abschluß.« In Syracuse hatte Penrose noch gesagt, es sei pessimistisch, an *Die Antwort* zu glauben; jetzt war er der Ansicht, diese Auffassung sei optimistisch.

Penrose sagte, die Aufnahme seiner Ideen hätte ihn überwiegend gefreut; die meisten seiner Kritiker seien zumindest höflich gewesen. Eine Ausnahme sei Marvin Minsky gewesen. Penrose hatte auf einer Konferenz in Kanada, bei der beide Wissenschaftler Vorträge hielten, eine unangenehme Begegnung mit Minsky gehabt. Auf Minskys Drängen hin habe Penrose als erster gesprochen. Anschließend sei Minsky aufgestanden, um Penrose' Thesen zu widerlegen. Nachdem er verkündet hatte, daß das Tragen eines Jacketts bedeute, daß man ein Gentleman sei, habe er sein Jackett mit den Worten ausgezogen: »Nun, ich habe keine Lust, ein Gentleman zu sein!« Worauf er *Computerdenken* mit Argumenten angegriffen habe, die Penrose zufolge dumm gewesen seien. Diese Szene schien Penrose noch immer zu verwirren und schmerzlich zu berühren. Wie bei meiner ersten Begegnung mit Penrose staunte ich erneut über den Gegensatz zwischen Penrose' sanfter Wesensart und der Kühnheit seiner intellektuellen Ansichten.

Im Jahre 1994, zwei Jahre nach meinem Treffen mit Penrose in Oxford, erschien sein Buch *Schatten des Geistes*. In

Computerdenken hatte sich Penrose noch recht vage zu der Frage geäußert, wo die Quasiquanteneffekte ihre Wunder wirken könnten. In *Schatten des Geistes* wagte er eine Vermutung: Mikrotubuli, winzige Proteintunnel, die bei den meisten Zellen einschließlich der Nervenzellen als eine Art Skelett dienen. Penrose' Hypothese fußte auf einer Annahme von Stuart Hameroff, einem Anästhesisten von der University of Arizona, wonach eine Anästhesie die Bewegung von Elektronen in Mikrotubuli hemme. Penrose, der auf diesem schwachen Fundament ein gewaltiges Theoriegebäude errichtete, vermutete, daß die Mikrotubuli nichtdeterministische Quasiquantenberechnungen ausführten, aus denen auf irgendeine Weise Bewußtsein hervorgehe. Jedes Neuron sei daher nicht bloß ein Schalter, sondern ein komplexer Computer für sich.

Penrose' Mikrotubuli-Theorie mußte zwangsläufig Enttäuschung auslösen. In seinem ersten Buch hatte er wie der Regisseur eines Horrorfilms, der dem Zuschauer nur flüchtige, die Neugier anstachelnde Blicke auf das Monster gewährte, eine Atmosphäre spannungsvoller Erwartung aufgebaut. Als Penrose sein Monster dann schließlich enthüllte, glich es einem übergewichtigen Schauspieler, der einen schäbigen Gummianzug mit flatternden Flossen anhat. Einige Skeptiker haben, nicht unerwartet, mit Spott statt mit ehrfürchtigem Respekt reagiert. Sie wiesen darauf hin, daß Mikrotubuli in fast allen Zellen, nicht nur in Nervenzellen, anzutreffen seien. Bedeute dies, daß unsere Leber Bewußtsein besitze? Und wie stehe es mit unseren großen Zehen? Wie mit Pantoffeltierchen? (Als ich diese Frage im April 1994 Penrose' Partner, Stuart Hameroff, stellte, antwortete er: »Ich behaupte nicht, daß ein Pantoffeltierchen Bewußtsein besitzt, aber es zeigt recht intelligentes Verhalten.«)

Man kann Penrose ferner Cricks Argument gegen die Willensfreiheit entgegenhalten. Weil Penrose durch reine Introspektion die rechnerische Logik seiner Erkenntnis einer mathematischen Wahrheit nicht rekonstruieren kann, beteuert er, die Erkenntnisse müßten aus einer geheimnisvollen, nichtrechnerischen Quelle stammen. Doch nur weil wir uns der neuronalen Prozesse, die zu einem Entschluß führen, nicht bewußt sind, bedeutet dies nicht, daß diese Prozesse nicht stattfinden, wie Crick betonte. Anhänger der Künstlichen Intelligenz entkräften das Gödelsche Argument von Penrose mit dem Hinweis, man könne ohne weiteres einen Computer entwerfen, der seine Axiomenbasis selbsttätig erweitere, um ein neues Problem zu lösen; solche Lernalgorithmen seien sogar recht weit verbreitet (auch wenn sie im Vergleich zum menschlichen Bewußtsein noch immer recht primitiv seien).[15]

Einige Kritiker warfen Penrose vor, er sei ein Vitalist, der insgeheim hoffe, das Rätsel des Bewußtseins lasse sich wissenschaftlich nicht ergründen. Doch wenn Penrose wirklich ein Vitalist wäre, dann hätte er seine Ideen bewußt vage formuliert, damit sie nicht empirisch überprüft werden könnten. Er hätte niemals sein Mikrotubuli-Monster enthüllt. Penrose ist ein Wissenschaftler par excellence, dem es um *Erkenntnisgewinne* geht. Er glaubt ernsthaft, daß unser *gegenwärtiges* Verständnis der Wirklichkeit unvollständig, logisch fehlerhaft und, in der Tat, rätselhaft ist. Er sucht nach einem Schlüssel, einer Einsicht, einem raffinierten Quasiquantentrick, der mit einem Male alle Unklarheiten beseitigt. Er sucht nach *Der Antwort*. Er begeht den großen Fehler, zu glauben, die Physik müsse die Welt völlig transparent und verständlich machen. Steven Weinberg hätte ihm sagen können, daß die Physik dazu nicht in der Lage ist.

Die Mysteriker schlagen zurück

Obgleich Penrose eine Theorie des Bewußtseins aufgestellt hat, die weit über den gegenwärtigen Horizont der Wissenschaft hinausgeht, so hat er doch immerhin die Hoffnung bewahrt, die Theorie könnte eines Tages bestätigt werden.

Einige Philosophen bezweifeln aber, daß *irgendein* rein materialistisches Modell – gleich ob es sich auf gewöhnliche neuronale Prozesse stützt oder auf die exotischen nichtdeterministischen Mechanismen, wie Penrose vermutet – das Bewußtsein *wirklich* erklären kann. Der Philosoph Owen Flanagan nannte diese Zweifler »die neuen Mysteriker«. (Flanagan selbst ist kein Mysteriker, sondern ein nüchterner Materialist.)[16]

Der Philosoph Thomas Nagel hat in seinem berühmten Aufsatz aus dem Jahre 1974 »What Is It Like to Be a Bat?« (Wie ist es, eine Fledermaus zu sein?) eine der klarsten Beschreibungen des mysterischen Standpunkts geliefert (ein paradoxes Unterfangen?). Nagel ging von der Annahme aus, daß subjektive Erfahrung eine fundamentale Eigenschaft des Menschen und vieler höherer Tiere wie etwa Fledermäuse sei. »Zweifellos existiert sie [i.e. die Subjektivität] in zahllosen, für uns völlig unvorstellbaren Formen auf anderen Planeten in anderen Sonnensystemen überall im Universum«, schrieb Nagel. »Doch wenngleich sich die Formen unterscheiden mögen, bedeutet die Tatsache, daß ein Organismus *überhaupt* Bewußtsein hat, doch im wesentlichen, daß es etwas ganz Spezifisches ist, dieser Organismus zu *sein*.«[17] Nagel behauptete, daß wir niemals *genau* wissen könnten, wie es ist, eine Fledermaus zu sein, auch wenn wir die Physiologie der Fledermäuse noch so gründlich erforschen mochten, weil die Wissenschaft nicht in den Bereich subjektiver Erfahrung eindringen könne.

Nagel ist das, was man einen »schwachen Mysteriker« nennen könnte: Er behauptet, daß die Philosophie und/oder die Wissenschaft möglicherweise eines Tages einen natürlichen Weg finden werde, um die Kluft zwischen unseren materialistischen Theorien und der subjektiven Erfahrung zu überwinden. Colin McGinn dagegen ist ein »starker Mysteriker«. McGinn ist der Philosoph, der glaubt, daß die meisten philosophischen Grundfragen unlösbar sind, weil sie unsere kognitiven Fähigkeiten übersteigen (siehe Kapitel 2). Wie den kognitiven Fähigkeiten von Ratten sind auch denen des Menschen Schranken gesetzt; und eine dieser Schranken besteht darin, daß wir das »Leib-Seele-Problem« nicht lösen können. McGinn hält seine Sicht des »Leib-Seele-Problems« – nämlich daß es unlösbar ist – für eine logische Folgerung aus Nagels Analyse in »What Is It Like to Be a Bat?«. McGinn behauptet, sein Standpunkt sei dem sogenannten »Eliminativismus« überlegen, der nachzuweisen versucht, daß das Leib-Seele-Problem im Grunde genommen gar kein Problem sei.

Es sei durchaus möglich, so McGinn, daß die Wissenschaftler eine Theorie des Bewußtseins erfinden würden, die das Ergebnis von Experimenten mit hoher Genauigkeit vorhersage und die eine Fülle medizinischer Anwendungen eröffne. Doch eine gültige Theorie sei nicht unbedingt auch eine verständliche Theorie. »Es gibt keinen Grund, weshalb unser Geist nicht in der Lage sein sollte, ein formales Modell mit diesen bemerkenswerten prognostischen Eigenschaften zu entwikkeln, aber wir können dann die Bedeutung dieses formalen Modells vermutlich nicht verstehen. So könnten wir durchaus eine Theorie des Bewußtseins aufstellen, die in dieser Hinsicht der Quantentheorie entspricht, die also eine gültige Theorie wäre, obgleich wir sie nicht interpretieren oder verstehen könnten.«[18]

Solche Aussagen bringen Daniel Dennett auf die Palme. Der Philosoph, der an der Tufts University lehrt, ist ein großer, graubärtiger Mann, der ständig verschmitzt mit den Augen blinzelt – der heilige Nikolaus auf Diät. Dennett ist ein Verfechter der Position, die McGinn »Eliminativismus« nennt. In seinem 1992 erschienenen Buch *Philosophie des menschlichen Bewußtseins* behauptete Dennett, daß das Bewußtsein – und unser Gefühl, daß wir ein einheitliches Selbst besitzen – eine Illusion sei, die durch die Wechselwirkung zwischen vielen verschiedenen »Unterprogrammen«, die auf der Hardware unseres Gehirns abliefen, entstehe.[19] Als ich Dennett nach seiner Meinung zu McGinns Mysteriker-Argument fragte, nannte er es lächerlich. Er kritisierte McGinns

Vergleich zwischen Menschen und Ratten. Im Unterschied zu Menschen könnten sich Ratten keine wissenschaftlichen Fragen ausdenken, daher könnten sie sie *selbstverständlich* auch nicht lösen. Dennett argwöhnte, daß McGinn und andere Skeptiker »nicht wollen, daß das Phänomen Bewußtsein wissenschaftlich erforscht wird. Sie wollen, daß es der wissenschaftlichen Untersuchung entzogen bleibt. Es gibt keine andere Erklärung dafür, daß sie mit solchen schlampigen Argumenten arbeiten.«

Dennett versuchte es mit einer anderen Strategie, die mir bei einem erklärten Materialisten wie ihm seltsam platonisch und für einen Schriftsteller gefährlich vorkam. Er erinnerte daran, daß Borges in seiner Erzählung »Die Bibliothek von Babel« eine unendlich große Bibliothek aller möglichen Aussagen – der Vergangenheit, der Gegenwart und der Zukunft – geschildert hatte, von den unsinnigsten bis zu den erhabensten. Irgendwo in der Bibliothek von Babel sei zweifellos eine vollkommene Lösung des Leib-Seele-Problems zu finden, sagte Dennett. Er trug dieses Argument mit einer so festen Überzeugung vor, daß ich den Eindruck hatte, er glaube, die Bibliothek von Babel gebe es wirklich.

Dennett räumte ein, daß die Neurowissenschaften möglicherweise nie eine Theorie des Bewußtseins hervorbringen würden, die alle zufriedenstelle. »Es gibt *nichts*, was wir zu jedermanns Zufriedenheit erklären könnten«, sagte er. So seien viele Menschen mit den wissenschaftlichen Erklärungen etwa der Photosynthese oder der biologischen Fortpflanzung unzufrieden. Doch »die Photosynthese und die Fortpflanzung haben ihre Rätselhaftigkeit verloren«, sagte Dennett, »und meiner Meinung nach werden wir irgendwann eine ähnliche Erklärung für das Bewußtsein haben«.

Völlig unvermittelt wandte sich Dennett in eine ganz andere Richtung. »Die moderne Wissenschaft ist durch ein seltsames Paradox gekennzeichnet«, sagte er. »Einer der Trends, die für den zügigen Fortschritt der Wissenschaft in unseren

Tagen verantwortlich sind, ist zugleich ein Trend, der die Wissenschaft für den Menschen immer unverständlicher macht. Wenn man die Wirklichkeit nicht mehr mit eleganten Gleichungen zu modellieren sucht, sondern gewaltige Computersimulationen durchführt... dann wird man vielleicht eines Tages ein Modell erhalten, das zwar eine hervorragende Beschreibung der Natur bzw. der Phänomene, die einen interessieren, liefert, aber man versteht das Modell selbst nicht mehr. Das heißt, man versteht es nicht mehr auf die gleiche Weise, wie man Modelle in früheren Zeiten verstanden hat.«

Dennett wies darauf hin, daß ein Computerprogramm, das ein wirklichkeitsgetreues Modell des menschlichen Gehirns lieferte, unter Umständen genauso unverständlich wäre wie das Gehirn selbst. »Softwaresysteme haben bereits den äußersten Rand des menschlichen Begriffsvermögens erreicht«, bemerkte er. »Selbst ein System wie das Internet ist vollkommen trivial im Vergleich zu einem Gehirn, und dennoch ist es aus so vielen Einzelteilen zusammengestückelt und aufgebaut, daß im Grunde genommen niemand versteht, wie es funktioniert und wie es weiterhin funktionieren wird. Sobald man daher Software-Schreibprogramme und Software-Diagnoseprogramme und selbstkorrigierende Codes zu benutzen beginnt, erschafft man neue Artefakte, die ein Eigenleben entfalten. Und sie werden zu Objekten, die nicht länger der epistemologischen Herrschaft ihrer Schöpfer unterliegen. Es wird uns damit ähnlich gehen wie mit der Lichtgeschwindigkeit. Es handelt sich um eine Schranke, gegen die die Wissenschaft immer wieder vergeblich anrennt.«

Erstaunlicherweise gab Dennett damit zu erkennen, daß auch er »mysterische« Gedanken hatte. Seiner Meinung nach wäre eine Theorie des Bewußtseins, auch wenn sie vielleicht sehr leistungsfähig wäre und präzise Vorhersagen erlaubte, wahrscheinlich für den Menschen unverständlich. Die einzige Hoffnung des Menschen, seine eigene Komplexität zu verstehen, bestünde möglicherweise darin, daß er aufhört, Mensch zu sein. »Jeder, der die Motivation oder die Begabung besitzt«, sagte er, »wird in der Lage sein, mit diesen großen Softwaresystemen zu verschmelzen.« Dennett spielte auf die von einigen KI-Enthusiasten geäußerte Möglichkeit an, daß wir Menschen eines Tages unser sterbliches, körperliches Selbst verlassen und Maschinen werden könnten. »Ich denke, das ist logisch möglich«, fügte Dennett hinzu. »Ich bin mir nicht sicher, wie plausibel es ist. Es ist eine kohärente, in sich widerspruchsfreie Zukunftsvision.« Doch Dennett schien zu bezweifeln, daß sich Maschinen, mochten sie auch superintelligent sein, jemals völlig selbst verstehen könnten. Um sich selbst zu erkennen, müßten die Maschinen noch komplexer werden; auf diese Weise wären sie in einer Spirale ständig zunehmender Komplexität gefangen und würden bis in alle Ewigkeit sich selbst hinterherjagen.

Woher weiß ich, ob Sie Bewußtsein besitzen?

Im Frühjahr 1994 wurde ich bei einem Symposion mit dem Titel »Toward a Scientific Basis for Consciousness«, das an der University of Arizona abgehalten wurde, Zeuge eines bemerkenswerten Zusammenpralls philosophischer und wissenschaftlicher Weltanschauungen.[20] Am ersten Tag legte David Chalmers, ein langhaariger australischer Philosoph, der eine unheimliche Ähnlichkeit mit der Figur aufwies, die Thomas Gainsborough in seinem berühmten Gemälde *Blue Boy* geschaffen hat, den mysteriösen Standpunkt mit zwingenden Argumenten dar. Die Erforschung von Neuronen, so verkündete er, könne nicht erklären, weshalb das Auftreffen von Schallwellen auf unsere Ohren die subjektive *Erfahrung* von Beethovens Fünfter Symphonie hervorbringe. Alle physikalischen Theorien, sagte Chalmers, beschrieben lediglich Funktionen – wie etwa Gedächtnis, Aufmerksamkeit, Absicht, Introspektion –, die mit spezifischen physikalischen Prozessen im Gehirn korreliert seien. Doch keine dieser Theorien könne erklären, weshalb die Ausführung dieser Funktionen mit subjektiven Erfahrungen einhergehe. So könne man sich durchaus eine Welt voller Androiden vorstellen, die in jeder Hinsicht Menschen glichen – außer, daß sie keine subjektive Erfahrung der Wirklichkeit besäßen. Chalmers zufolge können die Neurowissenschaftler, ganz gleich wie genau sie das Gehirn erforschen, niemals die »Erklärungslücke« zwischen dem physikalischen und dem subjektiven Bereich mit einer rein physikalischen Theorie schließen.

Bis zu diesem Punkt hatte Chalmers lediglich die Grundzüge der mysteriösen Sichtweise dargelegt, wie sie auch von Thomas Nagel und Colin McGinn vertreten wurde. Doch dann verkündete Chalmers, daß die Philosophie im Unterschied zur Wissenschaft das Leib-Seele-Problem möglicherweise lösen könne. Chalmers glaubte sogar eine mögliche Lösung gefunden zu haben: Die Wissenschaftler sollten annehmen, daß Information ein genauso grundlegender Bestandteil der Wirklichkeit sei wie Materie und Energie. Chalmers Theorie glich dem »It from Bit«-Konzept Wheelers – Chalmers räumte sogar ein, daß er Wheeler Dank schulde –, und es basierte auf dem gleichen verhängnisvollen Denkfehler. Der Begriff der Information läßt sich erst dann sinnvoll verwenden, wenn es eine informationsverarbeitende Maschine gibt – gleich ob eine Amöbe oder ein Elementarteilchenphysiker –, die Information sammelt und bearbeitet. Materie und Energie waren von Anfang an im Universum vorhanden, Leben dagegen, soweit wir wissen, nicht. Wieso kann Information dann genauso fundamental sein wie Materie und Energie? Dennoch machten Chalmers Ausführungen einen starken Eindruck auf seine Zuhörer. Nach seiner Rede umdrängten sie ihn, um ihm mitzuteilen, daß sein Vortrag ihnen sehr gut gefallen habe.[21]

Doch bei wenigstens einem Zuhörer hatte sie Mißfallen erregt: bei Cristoph Koch, dem Mitarbeiter von Francis Crick. Am Abend spürte Koch – ein großer, schlanker Mann, der rote

Cowboystiefel trug – Chalmers bei einem Cocktailempfang für die Konferenzteilnehmer auf und tadelte ihn für seinen Vortrag. Eben weil alle philosophischen Ansätze zur Erklärung des Bewußtseins gescheitert seien, müßten sich nun die Wissenschaftler des Gehirns annehmen, sprudelte es aus dem mit deutschem Akzent sprechenden Koch hervor, während sich Neugierige um ihn scharten. Chalmers informationsgestützte Theorie des Bewußtseins, fuhr Koch fort, sei wie alle philosophischen Ideen nicht überprüfbar und daher wertlos. »Weshalb behaupten sie nicht einfach, der Heilige Geist fahre in das Gehirn herab und erwecke es zum Bewußtsein!« entfuhr es Koch. Eine solche Theorie sei unnötig kompliziert, erwiderte Chalmers ungerührt, und sie würde nicht mit seiner eigenen subjektiven Erfahrung übereinstimmen.»Woher weiß ich denn, ob Sie die gleiche subjektive Erfahrung haben wie ich?« zischte Koch. »Ja woher weiß ich, ob Sie überhaupt Bewußtsein besitzen?«

Koch hatte das heikle Problem des Solipsismus aufgeworfen, das den Kern des mysteriösen Standpunkts ausmacht. Keine Person *weiß* wirklich, ob ein anderes Lebewesen, gleich ob Mensch oder Tier, eine subjektive Erfahrung der Wirklichkeit besitzt. Indem Koch dieses alte philosophische Problem zur Sprache brachte, gab er sich selbst als Mystiker zu erkennen. Das räumte Koch mir gegenüber später auch unumwunden ein. Er behauptete, die Wissenschaft könne lediglich eine detaillierte Beschreibung der physikalischen Prozesse liefern, die mit verschiedenen Bewußtseinszuständen korrelierten. Sie könne das Leib-Seele-Problem jedoch nicht wirklich»lösen«. Keine empirische, neurologische Theorie könne erklären, weshalb mentale Funktionen mit spezifischen Bewußtseinszuständen verbunden seien.»Ich glaube nicht, daß eine wissenschaftliche Theorie dies zu erklären vermag«, sagte Koch. Aus demselben Grund bezweifelte Koch, daß die Wissenschaft jemals eine endgültige Antwort auf die Frage finden könnte, ob Maschinen Bewußtsein entwickeln und subjektive Erfahrungen machen können.« Diese Streitfrage wird vielleicht nie beantwortet werden«, sagte er mir, wobei er unaufgefordert hinzufügte: »Woher weiß ich überhaupt, ob Sie Bewußtsein besitzen?«

Selbst Francis Crick, der optimistischer war als Koch, mußte zugeben, daß die Lösung des Bewußtseinsproblems möglicherweise nicht unmittelbar verständlich wäre. »Meines Erachtens wird die Antwort, die wir erhalten, wenn wir das Rätsel des Gehirns gelöst haben, nicht dem gesunden Menschenverstand entsprechen«, sagte Crick. Schließlich schustere die natürliche Selektion die Organismen nicht nach irgendeinem logischen Plan, sondern mit Hilfe zahlloser Improvisationen und Kunstgriffe zusammen, die ad hoc paßten. Crick behauptete ferner, die Rätsel des Bewußtseins würden sich vielleicht nicht so leicht lösen lassen wie die der Vererbung. Das Bewußtsein »ist ein sehr viel komplizierteres System« als das Genom, so Crick, und Theorien des Bewußtseins würden vermutlich einen beschränkteren Erklärungswert besitzen.

Seinen Kugelschreiber hochhaltend, erklärte Crick, die Wissenschaftler sollten in der Lage sein, herauszufinden, welche neuronale Aktivität mit meiner Wahrnehmung des Kugelschreibers verbunden sei. »Doch wenn Sie mich fragen würden: ›Sehen Sie Rot und Blau auf die gleiche Weise, wie ich Rot und Blau sehe?‹, dann bezöge sich dies auf eine Erfahrung, über die Sie mir nichts mitteilen könnten. Daher glaube ich nicht, daß wir jemals all unsere Bewußtseinsinhalte erklären können.«

Nur weil das Bewußtsein das Resultat deterministischer Prozesse sei, fuhr Crick fort, bedeute dies nicht, daß die Wissenschaftler eines Tages all seine Verwicklungen vorhersagen könnten; diese seien vielleicht chaotisch und daher nicht vorhersagbar. »Vielleicht gibt es im Gehirn weitere Beschränkungen. Wer weiß? Ich glaube nicht, daß man allzuweit in die Zukunft sehen kann.« Crick bezweifelte, daß Quantenphänomene eine wesentliche Rolle bei der Entstehung des Bewußtseins gespielt hatten, wie dies von Roger Penrose behauptet wurde. Andererseits werde unsere Fähigkeit, die Aktivität des Gehirns bis in die kleinsten Einzelheiten zu erforschen, möglicherweise von einem neuronalen Äquivalent des Heisenbergschen Unbestimmtheitsprinzips begrenzt, und die Prozesse, die dem Bewußtsein zugrunde liegen, seien vielleicht so paradox und schwer verständlich wie die Quantenmechanik. »Bedenken Sie«, ergänzte Crick, »daß die Evolution unser Gehirn für die Bewältigung der Alltagsprobleme ausgelegt hat, die sich uns auf der Entwicklungsstufe der Jäger und Sammler stellten.« Dieses Argument hatten schon Colin McGinn, Chomsky und Stent vorgebracht.

Die vielen Gesichter des Marvin Minsky

Der schillerndste Mysteriker von allen ist Marvin Minsky. Minsky gehörte zu den Begründern des Gebiets der »Künstlichen Intelligenz« (KI), dessen Kernthese lautet, das Gehirn sei nichts weiter als eine äußerst komplizierte Maschine, deren Merkmale sich mit Hilfe von Computern kopieren ließen. Bevor ich ihn am Massachusetts Institute of Technology besuchte, warnten mich Kollegen, daß er mürrisch, ja sogar feindselig sein konnte. Wenn ich vermeiden wolle, daß das Interview vorzeitig abgebrochen werde, sollte ich ihn nicht allzu direkt nach dem sinkenden Stern der Künstlichen Intelligenz oder nach seinen eigenen eigentümlichen Theorien des Bewußtseins fragen. Ein ehemaliger Mitarbeiter Minskys bat mich inständig, seine Neigung zu krassen Äußerungen nicht auszunutzen. »Fragen Sie ihn, ob er wirklich meint, was er sagt, und wenn er es nicht dreimal wiederholt, sollten Sie es nicht verwerten.«

Bei unserem Gespräch wirkte Minsky recht gereizt, doch schien es sich dabei eher um einen angeborenen als um einen erworbenen Wesenszug zu handeln. Er konnte nicht stillsitzen: Er zwinkerte mit den Augen, wippte mit einem Fuß und schubste Gegenstände auf seinem Schreibtisch herum. Anders als die meisten berühmten Wissenschaftler vermittelte er den Eindruck, Ideen und Bilder spontan zu ersinnen, statt sie aus dem Gedächtnis abzurufen. Seine Äußerungen waren häufig, wenn auch nicht immer, äußerst scharfsinnig. »Ich schweife hier vom Thema ab«, murrte er, nachdem seine Suada über die Frage, wie man Modelle des Bewußtseins überprüfen könne, in einem Knäuel von Satzfetzen untergegangen war.[22]

Selbst sein äußeres Erscheinungsbild hatte etwas Improvisiertes. Sein großer runder Kopf schien auf den ersten Blick völlig kahl zu sein, doch wurde er in Wirklichkeit von Haaren gesäumt, die so durchscheinend waren wie Glasfasern. Er trug einen geflochtenen Gürtel, der nicht nur seine Hose, sondern auch eine Bauchtasche und ein winziges Halfter hielt, in dem Zangen mit einziehbaren Backen steckten. Mit seinem dicken Bauch und seinen leicht asiatischen Gesichtszügen ähnelte er Buddha – freilich einem als hyperaktiven Hacker wiedergeborenen Buddha.

Minsky schien nicht in der Lage bzw. nicht willens zu sein, längere Zeit bei einer Emotion zu verweilen. Von Anfang an wurde er seinem Ruf als ein mürrischer, erzreduktionistischer Wissenschaftler gerecht. Er brachte seine Geringschätzung für all diejenigen zum Ausdruck, die bezweifelten, daß Computer Bewußtsein besitzen können. Bewußtsein sei ein triviales Problem, sagte er. »Ich habe es gelöst, und ich begreife nicht, wieso mir die Leute nicht zuhören.« Bewußtsein sei lediglich eine Art von Kurzzeitgedächtnis, ein »minderwertiges Buchführungssystem«. Computerprogramme wie etwa LISP, die Merkmale aufwiesen, anhand derer sich ihre Verarbeitungsschritte rekonstruieren ließen, besäßen ein »außerordentlich hochentwickeltes Bewußtsein«, das dem menschlichen Bewußtsein mit seinen erbärmlich kleinen Datenspeichern weit überlegen sei.

Minsky nannte Roger Penrose einen »Feigling«, der sich mit seiner eigenen Leiblichkeit nicht abfinden könne, und er verspottete Gerald Edelmans Hypothese von den »reziprok gekoppelten Schleifen« als eine wiederaufgewärmte Rückkopplungstheorie. Minsky äußerte sich sogar abfällig über das Artificial Intelligence Laboratory des MIT, das er gegründet hatte und in dem unser Gespräch stattfand. »Ich glaube nicht, daß dies im Augenblick eine ernstzunehmende Forschungsanstalt ist«, verkündete er.

Als wir dann jedoch auf der Suche nach dem Raum, in dem ein Vortrag über Schachcomputer gehalten werden sollte, durch das Labor schlenderten, machte er eine Verwandlung durch. »Soll der Vortrag über Schach denn nicht hier stattfinden?« fragte Minsky eine Gruppe von Forschern, die in einem Foyer miteinander plauderten. »Der fand schon gestern statt«, erwiderte einer der Angesprochenen. Nachdem Minsky einige Fragen zu dem Vortrag gestellt hatte, gab er einen kurzen Abriß über die Geschichte der Schachprogramme. Dieser Kurzvortrag wurde zu einem Nachruf auf Minskys Freund Isaac Asimov, der vor kurzem gestorben war. Minsky erzählte, daß Asimov – der den Begriff *Roboter* populär gemacht habe und dessen metaphysischen Implikationen in seinen Sciencefiction-Romanen nachgegangen sei – Minskys Einladungen, sich die am MIT gebauten Roboter anzusehen, standhaft ausgeschlagen habe, aus Angst, seine Einbildungskraft »würde durch diesen langweiligen Realismus beeinträchtigt«.

Als einer der im Foyer versammelten Wissenschaftler bemerkte, daß er und Minsky die gleichen Zangen bei sich trugen, zog er sein Werkzeug aus dem Halfter und brachte mit einer ruckartigen Bewegung seines Handgelenks die rückziehbaren Backen in Position. »En garde«, sagte er. Minsky zog grinsend seine Waffe, und er und sein Herausforderer schlugen mehrfach ihre Zangen gegeneinander, wie Ganoven, die sich im Messerstechen übten. Minsky erläuterte die vielseitige Verwendbarkeit und – ein wichtiger Punkt für ihn – die

Begrenzungen der Zangen; bei einigen Manövern zwickten sie einen.»Kann man die Zangen mit sich selbst auseinandernehmen?« fragte jemand. Minsky und seine Kollegen brachen bei dieser Anspielung auf ein fundamentales Problem der Robotik in ein Insiderlachen aus.

Als wir später in Minskys Büro zurückkehrten, begegneten wir einer hochschwangeren jungen koreanischen Frau. Es war eine Doktorandin, die am nächsten Tag ihre mündliche Prüfung ablegen sollte.»Sind Sie nervös?« fragte Minsky.»Ein wenig«, antwortete sie.»Das sollten Sie nicht sein«, sagte er, worauf er seine Stirn sanft gegen die ihre drückte, so als wollte er ihr seine Stärke einflößen. Als ich diesen Vorfall beobachtete, begriff ich, daß Minsky viele Gesichter hatte.

Das war auch nicht anders zu erwarten. Denn Vielfalt ist ein zentrales Konzept in Minskys Theorie des Bewußtseins. In seinem Buch *Mentopolis* behauptete er, das Gehirn enthalte viele verschiedene, hochspezialisierte Strukturen, die die Evolution hervorgebracht habe, um verschiedene Probleme zu lösen.[23] »Wir haben viele Schichten von Netzwerken aus Lernautomaten«, erläuterte er mir,»die durch die Evolution in die Lage versetzt wurden, Fehler zu korrigieren bzw. die übrigen Bereiche an die Probleme des Denkens anzupassen.« Daher sei es unwahrscheinlich, daß sich das Gehirn auf eine bestimmte Menge von Prinzipien oder Axiomen zurückführen lasse,»denn wir haben es mit einer realen Welt und nicht mit einer mathematischen Welt zu tun, die durch Axiome definiert wird«.

Die KI habe nur deshalb die ursprünglich in sie gesetzten Erwartungen nicht erfüllt, so Minsky, weil moderne Forscher dem »Physik-Neid« erlegen seien – dem Wunsch, die komplizierten Probleme des Gehirns auf einfache Formeln zu reduzieren. Zu Minskys Verdruß hätten diese Forscher seine Botschaft ignoriert, daß das Bewußtsein viele verschiedene Methoden habe, um nur ein einziges, relativ einfaches Problem zu bewältigen. So werde beispielsweise jemand, dessen

Fernsehapparat nicht mehr funktioniert, das Problem vermutlich zunächst rein physikalisch zu beheben suchen. Er oder sie werde überprüfen, ob das Fernsehen richtig programmiert bzw. ob das Kabel eingesteckt sei. Wenn dies nicht zum gewünschten Erfolg führe, werde die Person das Gerät möglicherweise in Reparatur geben und das Problem so von einem physikalischen in ein soziales verwandeln – wie finde ich jemanden, der den Fernsehapparat schnell und billig reparieren kann?

»Das ist eine Lehre, die ich diesen Leuten einfach nicht klarmachen kann«, sagte Minsky über seine KI-Kollegen. »Meines Erachtens hat das Gehirn mehr oder minder das Problem gelöst, wie man viele verschiedene Methoden so koordiniert, daß sie funktionieren, während die einzelnen Methoden für sich ziemlich häufig versagen.« Der einzige Theoretiker, der, außer ihm, die Komplexität des Bewußtseins wirklich erkannt habe, sei tot. »Freud hat, neben mir, die bislang beste Theorie des Bewußtseins aufgestellt.«

Im weiteren Verlauf seiner Darlegungen nahm seine Betonung der Vielfalt einen metaphysischen und sogar ethischen Beiklang an. Er führte die Probleme seines Fachs – und der Wissenschaft im allgemeinen – auf das von ihm so genannte »Investitionsprinzip« zurück, das er als Neigung des Menschen definierte, bei einer Tätigkeit zu bleiben, auf die er sich verstehe, statt sich neuen Problemen zuzuwenden. Wiederholung oder vielmehr Einseitigkeit schien Minsky eine Art Schrecken einzujagen. »Wenn es etwas gibt, das Ihnen sehr viel Spaß macht«, so beteuerte er, »dann sollten Sie das nicht als etwas Positives, sondern als eine Art Gehirntumor betrachten, denn es bedeutet, daß ein kleiner Teil Ihres Bewußtseins herausgefunden hat, wie er Ihnen die Lust an allen anderen Dingen nehmen kann.«

Der Grund dafür, daß sich Minsky im Verlauf seiner wissenschaftlichen Karriere so umfassende Kenntnisse angeeignet hat – er ist ein Experte in Mathematik, Philosophie, Physik, Neurowissenschaften, Robotik und Informatik, und er hat außerdem mehrere Science-fiction-Romane geschrieben –, liegt darin, daß er es gelernt hat, »das Gefühl der Unbeholfenheit« zu genießen, das man empfindet, wenn man gezwungen ist, etwas Neues zu lernen. »Es ist so aufregend, etwas nicht zu können. Es ist eine Erfahrung, die wegen ihrer Seltenheit sehr kostbar ist. Sie ist nicht von Dauer.«

Minsky war auch ein musikalisches Wunderkind, doch er kam schließlich zu der Überzeugung, daß Musik eine einlullende Wirkung hat. »Ich glaube, die Leute mögen Musik, weil sie das Denken – die falsche Art des Denkens – *unterdrückt*, nicht weil sie es fördert.« Minsky ertappte sich noch immer gelegentlich dabei, »Zeug im Stil von Bach« zu komponieren – in seinem Büro stand ein elektrisches Klavier –, aber er versuchte, der Regung zu widerstehen. »Ich mußte den Musiker irgendwann töten«, sagte er. »Doch von Zeit zu Zeit kehrt er zurück, und ich schlage ihn.«

Minsky hatte kein Verständnis für diejenigen, die behaupteten, das Bewußtsein sei so kompliziert, daß man es nie verstehen werde. »Schauen Sie, vor Pasteur hieß es: ›Das Leben ist etwas Besonderes. Man kann es nicht mechanistisch erklären.‹ Das ist genau das gleiche.« Doch eine endgültige Theorie des Bewußtseins, so betonte Minsky, wäre sehr viel komplexer als eine endgültige Theorie der Physik – die nach Minskys Überzeugung ebenfalls erreichbar war. Die gesamte Elementarteilchenphysik könnte vielleicht eines Tages auf einem mit Gleichungen beschriebenen Blatt Papier zusammengefaßt werden, sagte Minsky, dagegen würde die Beschreibung sämtlicher Komponenten des Bewußtseins sehr viel mehr Platz erfordern. Man bedenke nur, wie lange es dauern würde, um ein Auto oder auch nur eine einzelne Zündkerze genau zu beschreiben. »Um zu erklären, wie der Splint geschweißt und mit der Keramik gesintert wird, damit sie beim Zünden nicht leckt, wäre ein recht umfangreiches Buch nötig.«

Minsky sagte, ein Modell des Bewußtseins könne auf unterschiedliche Weise überprüft werden. Erstens sollte eine

Maschine, die auf den Prinzipien des Modells basiere, die menschliche Individualentwicklung nachahmen können.»Die Maschine sollte als ›Baby‹ beginnen und durch das Betrachten von Filmen und das Spielen mit Gegenständen allmählich ›erwachsen werden‹.« Ferner sollten die Wissenschaftler mit Fortschritten bei den bildgebenden Verfahren in der Lage sein, herauszufinden, ob die neuronalen Prozesse im lebenden Menschen das Modell bestätigen.»Ich bin fest davon überzeugt, daß man mit einem [Gehirn]-Scanner, der über eine Auflösung von einem Angström [einem Zehnmilliardstel Meter] verfügt, jedes einzelne Neuron im menschlichen Gehirn sichtbar machen kann. Man beobachtet dies tausend Jahre lang und sagt dann: ›Wir wissen genau, was geschieht, wenn ein Mensch blau sagt.‹ Und dies wird von mehreren Generationen von Wissenschaftlern überprüft, so daß die Theorie schließlich gut fundiert ist. Wenn nichts schiefgeht, ist die Sache damit erledigt.«

Ich fragte Minsky, welches wissenschaftliche Neuland noch zu erkunden bleibe, wenn der Mensch eine endgültige Theorie des Bewußtseins aufgestellt habe.»Weshalb stellen Sie mir diese Frage?« entgegnete Minsky. Die Sorge, den Wissenschaftlern könnte die Arbeit ausgehen, sei völlig unbegründet, sagte er.»Es bleibt *eine Menge* zu tun.« Auch wenn wir Menschen durchaus unsere Grenzen als Wissenschaftler erreichen mochten, würden wir eines Tages Maschinen erschaffen, die viel intelligenter wären als wir und die weiterhin Forschung betreiben könnten. Doch das wäre eine maschinelle Wissenschaft, keine menschliche Wissenschaft mehr, sagte ich.

»Mit anderen Worten: Sie sind ein Rassist«, sagte Minsky, wobei sich seine mächtige, gewölbte Stirn purpurrot verfärbte. Vergeblich suchte ich in seinem Gesicht nach Anzeichen von Ironie.»Meines Erachtens kommt es darauf an, daß wir uns weiterentwickeln«, fuhr Minsky fort,»daß wir nicht in unserem gegenwärtigen Zustand der Unwissenheit verharren.« Wir Menschen, fügte er hinzu, seien lediglich »aufgetakelte Schimpansen«. Unsere Aufgabe bestehe nicht darin, den gegenwärtigen Zustand zu bewahren, sondern uns weiterzuentwickeln, bessere, intelligentere Geschöpfe als uns hervorzubringen.

Doch überraschenderweise ließ sich Minsky kaum etwas darüber entlocken, an welchen Fragen diese brillanten Maschinen möglicherweise interessiert wären. Ähnlich wie Daniel Dennett meinte Minsky eher halbherzig, Maschinen könnten versuchen, sich selbst zu verstehen, während sie zu immer komplexeren Gebilden evolvierten. Mit scheinbar größerem Enthusiasmus erörterte er die Möglichkeiten, menschliche Persönlichkeiten in Softwareprogramme zu konvertieren, die dann auf Computer geladen werden könnten. Minsky sah in der Datenübertragung auf Computer einen Weg, Dingen zu frönen, die er normalerweise als zu gefährlich betrachten würde, wie etwa die Einnahme von LSD oder die Hingabe an einen religiösen Glauben. »Ich halte religiöse Erfahrungen für etwas sehr Riskantes, denn sie können das Gehirn auf eine rasche Weise zerstören, doch wenn ich eine Sicherungskopie hätte...«

Minsky gestand, daß er gerne wissen würde, was in dem großen Cellisten Yo-Yo Ma vorgehe, wenn er ein Konzert gebe, aber Minsky bezweifelte, daß eine solche Erfahrung möglich sei. Um Yo-Yo Mas Erfahrung nachzuvollziehen, so Minsky, müßte er alle Erinnerungen von Yo-Yo Ma besitzen, müßte er Yo-Yo Ma *werden*. Doch, Yo-Yo Ma geworden, würde er vermutlich aufhören, Minsky zu sein.

Dies war für Minsky ein außergewöhnliches Eingeständnis. Wie Literaturtheoretiker, die behaupten, die einzige wahre Interpretation eines Textes sei der Text selbst, deutete Minsky an, daß unsere menschliche Natur irreduzibel sei; jeder Versuch, ein Individuum in ein abstraktes mathematisches Programm – eine Folge von Einsen und Nullen, die auf eine Diskette geladen werden oder von einer Maschine auf eine andere übertragen oder mit einem anderen Programm, das eine andere Person repräsentiert, kombiniert werden könnte – zu konvertieren, würde möglicherweise das Wesen dieses Individuums zerstören. In seiner verblümten Ausdrucksweise räumte Minsky ein, daß das Problem »Woher weiß ich, daß mein Gegenüber Bewußtsein besitzt?« unlösbar war. Wenn zwei Persönlichkeiten niemals vollständig miteinander verschmolzen werden konnten, dann wäre möglicherweise auch die Ladung auf Computer unmöglich. Tatsächlich ist vielleicht die ganze Prämisse der Künstlichen Intelligenz – sofern Intelligenz in menschlichen Kategorien definiert wird – fehlerhaft.

Obgleich Minsky im Ruf eines fanatischen Reduktionisten steht, ist er in Wirklichkeit ein *Antireduktionist*. Er ist auf seine Weise sogar noch ein größerer Romantiker als Roger Penrose. Penrose hat die Hoffnung, daß das Bewußtsein auf einen einzigen Quasiquantentrick zurückgeführt werden kann. Minsky behauptet, daß eine solche Reduktion unmöglich sei, weil die Vielfalt das Wesen des Bewußtseins ausmache, und zwar sämtlicher Formen von Bewußtsein, menschlicher ebenso wie maschineller. In Minskys Abneigung gegen Eindimensionalität und Einfachheit spiegelt sich meiner Ansicht nach nicht nur eine wissenschaftliche Überzeugung, sondern etwas Tiefgreifenderes wider. Wie Paul Feyerabend, David Bohm und andere große Romantiker scheint sich Minsky vor *Der Antwort*, der Enthüllung, die das Ende aller Enthüllungen bedeutet, zu fürchten. Zu Minskys Glück werden die Neurowissenschaften wahrscheinlich keine derartige Enthüllung bewerkstelligen, da jede brauchbare Theorie des Bewußtseins vermutlich schrecklich komplex sein werde, wie er einräumt. Zu Minskys Unglück werden er oder auch seine Enkel aufgrund dieser Komplexität wahrscheinlich nicht die Geburt von Maschinen mit menschlichen Eigenschaften erleben. Sollten wir einmal intelligente, autonome Maschinen bauen, dann wird es sich zweifellos um fremdartige Gebilde handeln, die sich so stark von uns unterscheiden wie eine Boeing 747 von einem Sperling. Und zudem könnten wir niemals *sicher* sein, daß sie Bewußtsein besitzen, ebensowenig wie irgend jemand von uns sicher weiß, ob irgendein anderer über Bewußtsein verfügt.

Hat Bacon das Bewußtseinsproblem gelöst?

Die Eroberung des Bewußtseins wird lange dauern. Das Gehirn ist ein Wunder an Komplexität. Aber ist es unendlich komplex? In Anbetracht der Geschwindigkeit, mit der Neurowissenschaftler neue Erkenntnisse über das Gehirn gewinnen, werden sie vielleicht schon in wenigen Jahrzehnten über ein äußerst leistungsfähiges Modell des Gehirns verfügen, das spezifischen neuronalen Prozessen spezifische mentale Funktionen zuordnet – auch dem Bewußtsein, wie es von Crick und Koch definiert wird. Diese Erkenntnisse mögen zu zahlreichen praktischen Nutzanwendungen führen, wie etwa Therapien für Geisteskrankheiten und Formen der Informationsverarbeitung, die sich auf Computer übertragen lassen. In *The Coming of the Golden Age* äußerte Gunther Stent die Vermutung, daß Fortschritte in den Neurowissenschaften uns eines Tages möglicherweise eine große Macht über unser eigenes Selbst verleihen würden. Vielleicht könnten wir »spezifische elektrische Inputs ins Gehirn einspeisen. Diese Eingaben könnten dann auf künstliche Weise Empfindungen, Gefühle und Emotionen erzeugen... Die sterblichen Menschen werden bald wie Götter ein Leben ohne Kummer und Schmerz führen, solange ihre Lustzentren entsprechend verschaltet sind.«[24]

Im Vorgriff auf die mysteriösen Argumente von Nagel, McGinn und anderen schrieb Stent jedoch auch, daß »das Gehirn letzten Endes möglicherweise nicht in der Lage ist, eine Erklärung seiner selbst zu liefern«.[25] Wissenschaftler und Philosophen werden weiterhin danach streben, das Unmögliche zu erreichen. Sie werden dafür sorgen, daß die Neurowissenschaften auf eine postempirische, ironische Weise fortgeführt werden, wobei die Praktiker über die Bedeutung ihrer physikalischen Modelle streiten werden, so wie die Physiker über die Bedeutung der Quantenmechanik streiten. Von Zeit zu Zeit wird eine besonders sinnträchtige Interpretation, die von einem modernen Freud, der über hervorragende neurowissenschaftliche und kybernetische Kenntnisse verfügt, vorgelegt wird, großen Zuspruch finden und für kurze Zeit in den Rang einer endgültigen Theorie des Bewußtseins erhoben werden. Doch dann werden sich die Neomysteriker zu Wort melden und auf die unvermeidlichen Schwachstellen der Theorie hinweisen. Kann sie eine vollbefriedigende Erklärung für Träume oder für mystische Erlebnisse liefern? Kann sie uns Aufschluß darüber geben, ob Amöben oder Computer Bewußtsein besitzen?

Man könnte die Behauptung aufstellen, das Bewußtseinsproblem sei bereits in dem Moment »gelöst« worden, als jemand zu dem Schluß gelangt sei, es sei ein Epiphänomen der materiellen Wirklichkeit. Cricks unverblümter Materialismus entspricht dem des britischen Philosophen Gilbert Ryle, der in den dreißiger Jahren das Schlagwort vom »Geist in der Maschine« prägte, um den Dualismus lächerlich zu machen.[26] Ryle verwies darauf, daß der Dualismus – demzufolge das Bewußtsein ein eigenständiges Phänomen ist, das unabhängig von seinem materiellen Substrat existiert und dieses beeinflussen kann – dem Energieerhaltungssatz und damit sämtlichen physikalischen Gesetzen widerspreche. Bewußtsein ist nach Ryles Auffassung eine Eigenschaft der Materie und nur durch Rekonstruktion des komplexen Gefüges materieller Prozesse im Gehirn könne man »Bewußtsein« erklären.

Ryle war nicht der erste, der dieses materialistische Paradigma vertrat, das gleichzeitig so verheißungsvoll und so ernüchternd ist. Vor vierhundert Jahren forderte Francis Bacon die Philosophen seiner Zeit auf, sie sollten sich nicht länger damit abmühen, nachzuweisen, wie der Geist die Welt aus sich erzeugt habe, und sich statt dessen der Frage zuwenden, wie die Welt den Geist hervorgebracht habe.[27] Mit dieser Hypothese hat Bacon moderne Erklärungen des Bewußtseins vorweggenommen, die auf der Evolutionstheorie und, allgemeiner, dem materialistischen Paradigma fußen. Die wissenschaftliche Eroberung des Bewußtseins wird die endgültige Entzauberung sein, ein weiterer Beweis für Niels Bohrs Diktum, daß die Aufgabe der Wissenschaft darin bestehe, Geheimnisse in Trivialitäten zu verwandeln. Doch die Wissenschaft wird das Problem, woher ich weiß, daß ein anderer Mensch Bewußtsein besitzt, nicht lösen können. Vielleicht gibt es dafür nur eine Lösung: alle individuellen Bewußtseine zu einem Bewußtsein zu vereinigen.

8. DAS ENDE DER CHAOPLEXITÄT

Ich vermisse die Reagan-Ära. Ronald Reagan machte einem ethische und politische Entscheidungen so leicht. Was er befürwortete, lehnte ich ab. »Star Wars« zum Beispiel. Ziel dieses offiziell als »Strategische Verteidigungsinitiative« bezeichneten Plans war die Errichtung eines weltraumgestützten Schutzschilds, der die Vereinigten Staaten gegen sowjetische Atomraketen abschirmen sollte. Von den vielen Artikeln, die ich über »Star Wars« schrieb, bringt mich heute derjenige, der Gottfried Mayer-Kress behandelte, einen Physiker am Los Alamos National Laboratory, der Wiege der Atombombe, am meisten in Verlegenheit. Mayer-Kress hatte ein computergestütztes Simulationsmodell des Wettrüstens zwischen der Sowjetunion und den Vereinigten Staaten entwickelt, das auf »chaotischen« Berechnungen basierte. Seine Simulation ergab, daß »Star Wars« die Beziehungen zwischen den Supermächten destabilisieren und vermutlich in einer Katastrophe, das heißt einem Atomkrieg, enden würde. Weil ich Mayer-Kress' Schlußfolgerungen guthieß – und weil sein Arbeitsplatz dem Ganzen eine hübsche ironische Note gab –, schrieb ich einen bewundernden Bericht über seine Arbeit. Hätte Mayer-Kress' Simulation ergeben, daß »Star Wars« eine gute Idee sei, dann hätte ich seine Arbeit natürlich als den Unsinn abgetan, den sie offensichtlich darstellte. »Star Wars« hätte durchaus die Beziehungen zwischen den Supermächten destabilisieren können, aber brauchten wir ein Computermodell, um dies zu erkennen?

Ich will Mayer-Kress nicht schlechtmachen. Er hat es gut gemeint. (Im Jahre 1993, mehrere Jahre, nachdem ich den Artikel über Mayer-Kress' Star-Wars-Simulation geschrieben hatte, stieß ich zufällig auf ein Pressekommuniqué der University of Illinois, seines damaligen Arbeitgebers, in dem mitgeteilt wurde, daß seine Computersimulationen Lösungen für die Konflikte in Bosnien und Somalia aufgezeigt hätten.)[1] Er ist lediglich ein besonders eklatantes Beispiel für jemanden, der mit seiner Arbeit auf dem Gebiet der Chaoplexität weit über das Ziel hinausschießt. Unter dem Begriff *Chaoplexität* fasse ich die Chaosforschung und das eng damit verwandte Gebiet der Komplexitätsforschung zusammen. Beide Begriffe, insbesondere aber Chaos, wurden von verschiedenen Personen auf spezifische, je unterschiedliche Weise definiert. Aber beide wurden auch von so vielen verschiedenen Wissenschaftlern und Journalisten auf so viele sich überschneidende Weisen definiert, daß die Begriffe praktisch synonym und zugleich inhaltsleer geworden sind.

Das Gebiet der Chaoplexität wurde im Jahre 1987 mit der Veröffentlichung des Buches *Chaos – Die Ordnung des Universums* von James Gleick, einem früheren Reporter der *New York Times*, ins Bewußtsein der breiten Öffentlichkeit gerückt. Nachdem Gleicks meisterhaft geschriebenes Buch zu einem Bestseller geworden war, versuchten viele Wissenschaftler und Journalisten seinem Erfolg nachzueifern, indem sie ähnliche Bücher über ähnliche Themen schrieben.[2] Das Konzept der Chaoplexität umfaßt zwei leicht gegensätzliche Aspekte. So besagt es zum einen, daß viele Phänomene nichtlinear und daher prinzipiell nicht vorhersagbar sind, weil beliebig kleine Einflüsse gewaltige, unvorhersehbare Folgen zeitigen können. Edward Lorenz, ein Meteorologe am MIT und ein Wegbereiter der Chaoplexität, nannte dieses Phänomen den »Schmetterlingseffekt«, weil es bedeute, daß der Flügelschlag eines Schmetterlings in Iowa grundsätzlich eine Kaskade von Folgen auslösen könne, die in einem Monsun in Indonesien gipfelten. Da wir das Wettersystem immer nur näherungsweise erkennen könnten, sei unsere Fähigkeit, dessen Verhalten vorherzusagen, stark eingeschränkt.

Diese Erkenntnis ist eigentlich nicht neu. So wies Henri Poincaré um die Jahrhundertwende darauf hin, daß »geringfügige Unterschiede in den Anfangsbedingungen gewaltige Abweichungen bei den endgültigen Phänomenen hervorbringen können. Ein geringfügiger Fehler in ersteren wird einen gewaltigen Fehler in letzteren erzeugen. Eine Vorhersage wird unmöglich.«[3] Forscher auf dem Gebiet der Chaoplexität – die ich Chaoplexologen nennen werde – heben zudem immer wieder hervor, daß zahlreiche Phänomene in der Natur »emergent« seien, das heißt, sie wiesen Eigenschaften auf, die sich nicht aus den Teilen des Systems vorhersagen oder erklären ließen. Auch die Idee der Emergenz ist nicht neu; sie ist mit dem Holismus, dem Vitalismus und anderen antireduktionistischen Weltanschauungen verwandt, die mindestens bis ins letzte Jahrhundert zurückreichen. Darwin glaubte bestimmt nicht, daß sich die natürliche Selektion aus der Newtonschen Mechanik ableiten lasse.

Soviel zur negativen Botschaft der Chaoplexitätsidee. Ihr positiver Aspekt lautet folgendermaßen: Computer und komplizierte nichtlineare Rechenverfahren werden modernen Wissenschaftlern helfen, chaotische, komplexe, emergente Phänomene zu verstehen, die der Analyse mit Hilfe der früheren reduktionistischen Methoden widerstanden haben. Der Rückentext der amerikanischen Ausgabe von Heinz Pagels *The Dreams of Reason*, einem der besten Bücher über die »neuen Komplexitätswissenschaften«, formulierte es auf folgende Weise: »So wie uns das Teleskop das Universum erschlossen und das Mikroskop die Geheimnisse des Mikrokosmos enthüllt hat, so eröffnet uns der Computer heute einen aufregenden neuen Blick auf das Wesen der Wirklichkeit. Durch seine Fähigkeit, Dinge zu verarbeiten, die für den menschlichen Geist allein zu komplex sind, ermöglicht uns der Computer erstmals, die Wirklichkeit zu simulieren, Modelle komplexer Systeme, wie etwa großer Moleküle, chaotischer Systeme, neuronaler Netze, des menschlichen Körpers und Gehirns sowie Muster der Evolution und des Bevölkerungswachstums zu entwerfen.«[4]

Diese Hoffnung gründet sich weitgehend auf die Beobachtung, daß einfache mathematische Anweisungen, die von einem Computer ausgeführt werden, unglaublich komplizierte und doch seltsam geordnete Effekte hervorbringen können. John von Neumann war vermutlich der erste Wissenschaftler, der diese Fähigkeit von Computern erkannte. In den fünfziger Jahren erfand er den zellularen Automaten, der in seiner einfachsten Form aus einem Bildschirm besteht, der in ein Gitter aus Zellen bzw. Quadraten unterteilt ist. Eine Reihe von Regeln legt fest, wie sich die Farbe bzw. der Zustand jeder Zelle auf den Zustand ihrer unmittelbar benachbarten Zellen auswirkt. Eine Veränderung des Zustands einer einzelnen Zelle kann eine Kaskade von Veränderungen im gesamten System auslösen. »Life«, der zu Beginn der siebziger Jahre von dem britischen Mathematiker John Conway erschaffen wurde, ist einer der bekanntesten zellularen Automaten. Während die meisten zellularen Automaten schließlich in ein vorhersagbares, periodisches Verhalten übergehen, erzeugt »Life« eine unendliche Vielfalt von Mustern – einschließlich cartoonartiger Figuren, die geheimnisvolle Aufträge auszuführen scheinen. Beflügelt von Conways seltsamer Computerwelt begannen mehrere Wissenschaftler zellulare Automaten dazu einzusetzen, verschiedene physikalische und biologische Prozesse zu modellieren.

Ein weiteres Produkt der Informatik, das die Phantasie der Wissenschaftsgemeinde in seinen Bann zog, war die Mandelbrot-Menge. Diese Menge ist nach Benoit Mandelbrot, einem angewandten Mathematiker bei IBM, benannt, der einer der Protagonisten von Gleicks Buch *Chaos* ist (und dessen Arbeiten über nichtdeterministische Phänomene Gunther Stent zu der Schlußfolgerung brachten, daß die Sozialwissenschaften es niemals weit bringen würden). Mandelbrot erfand Fraktale, also mathematische Objekte, die eine sogenannte fraktionäre (nichtganzzahlige) Dimension aufweisen: Sie sind unschärfer als eine Gerade, füllen aber niemals eine Ebene aus. Fraktale weisen zudem Muster auf, die sich auf immer kleineren Maßstäben kontinuierlich wiederholen. Nachdem Mandelbrot den Begriff *Fraktal* geprägt hatte, wies er darauf hin, daß zahlreiche Phänomene der Wirklichkeit – insbesondere Wolken, Schneeflocken, Küstenlinien, Schwankungen von Aktienkursen und Bäume – fraktalartige Merkmale besitzen.

Auch die Mandelbrot-Menge ist ein Fraktal. Die Menge entspricht einer einfachen mathematischen Funktion, die mehrfach iteriert wird; man löst die Funktion und bringt die Antwort in die Funktion ein, die man daraufhin erneut löst, und so endlos weiter. Werden die von der Funktion erzeugten Zahlen von einem Computer graphisch dargestellt, dann verdichten sie sich zu einer mittlerweile bekannten Figur, die mit einem tumorkranken Herzen, einem schwerverbrannten Huhn und einer liegenden warzigen Acht verglichen worden ist. Vergrößert man die Menge mit einem Computer, stellt man fest, daß ihre Grenzen keine klaren Linien bilden, sondern flammenartig changieren. Wiederholte Vergrößerungen der Grenzen ziehen den Betrachter in eine endlose Phantasmagorie aus verschnörkelten Bildern hinein. Bestimmte Muster wie etwa die herzartige Grundfigur kehren regelmäßig wieder, wenn auch jeweils mit geringfügigen Änderungen.

Die Mandelbrot-Menge, die als »das komplexeste mathematische Objekt« bezeichnet wurde, ist zu einer Art Labor geworden, in dem Mathematiker Hypothesen über das Verhalten nichtlinearer (d.h. chaotischer bzw. komplexer) Systeme überprüfen können. Aber welche Relevanz haben diese Erkenntnisse für die Wirklichkeit? In seinem 1977 erschienenen Hauptwerk *Die fraktale Geometrie der Natur* wies Mandelbrot darauf hin, es sei eine Sache, ein fraktales Muster in der Natur zu beobachten, und eine ganz andere, die *Ursache* dieses Musters zu bestimmen. Obgleich die Erforschung der Folgen der Selbstähnlichkeit »außerordentliche Überraschungen bereithält, die mir dabei helfen, das Strukturgefüge der Natur zu verstehen«, sagte Mandelbrot, daß seine Versuche, die Ursachen der Selbstähnlichkeit zu enthüllen, nicht »sehr fruchtbar gewesen« seien.[5]

Mandelbrot schien auf den verlockenden Syllogismus anzuspielen, der der Chaoplexität zugrunde liegt. Dieser Syllogismus lautet folgendermaßen: Es gibt einfache Sätze mathematischer Regeln, die, wenn sie von einem Computer ausgeführt werden, hochkomplexe Muster hervorbringen, die sich niemals völlig identisch wiederholen. Die Natur enthält ebenfalls viele hochkomplexe Muster, die sich niemals völlig identisch wiederholen. Daraus folgt: Vielen hochkomplexen Phänomenen in der Natur liegen einfache Regeln zugrunde. Mit Hilfe leistungsfähiger Computer können Chaoplexologen diese Regeln aufspüren.

Selbstverständlich liegen der Natur einfache Regeln zugrunde, die in der Quantenmechanik, der allgemeinen Relativitätstheorie, der Theorie der natürlichen Selektion und der Mendelschen Genetik niedergelegt sind. Doch die Chaoplexologen behaupten, daß noch allgemeingültigere Gesetzmäßigkeiten ihrer Entdeckung harren.

31 Sorten von Komplexität

Blaue und rote Punkte huschten über einen Computerbildschirm. Doch dies waren nicht bloß farbige Punkte. Es waren Agenten, simulierte Personen, die den gleichen Aktivitäten nachgingen wie wirkliche Menschen: Sie kauften Lebensmittel ein, suchten Geschlechtspartner, konkurrierten und kooperierten miteinander. Zumindest behauptete dies Joshua Epstein, der Schöpfer dieser Computersimulation. Epstein, ein Soziologe, der für die Brookings Institution arbeitet, zeigte mir und zwei anderen Journalisten diese Simulation am Santa Fe Institute, wo sich Epstein als Gastwissenschaftler aufhielt. Das Mitte der achtziger Jahre gegründete Institut wurde rasch zum Zentrum der Komplexitätsforschung, der selbsternannten Nachfolgerin der Chaosforschung, als der neuen Wissenschaft, die den langweiligen Reduktionismus von Newton, Darwin und Einstein überwinden sollte.

Als meine Kollegen und ich Epsteins farbige Punkte beobachteten und seiner noch farbigeren Interpretation ihrer Bewegungen lauschten, raunten wir höflich Interesse. Doch hinter seinem Rücken blickten wir uns müde lächelnd an. Keiner von uns nahm diese Dinge sonderlich ernst. Wir alle waren uns stillschweigend darin einig, daß dies ironische Wissenschaft war. Epstein selbst räumte auf Nachfrage schließlich ein, daß sein Modell keinerlei Vorhersagen erlaube; er nannte es ein »Labor«, ein »Werkzeug«, eine »neuronale Prothese« zur Überprüfung von Hypothesen über die Evolution von Gesellschaften. (Dies alles waren Lieblingsausdrücke von Mitarbeitern des Santa Fe Institute.) Doch in öffentlichen Vorträgen über seine Arbeit hatte Epstein auch die Behauptung aufgestellt, daß Simulationen wie die seinen die Sozialwissenschaften revolutionieren und ihnen bei der Lösung ihrer hartnäckigsten Probleme helfen könnten.[6]

Ein anderer Wissenschaftler, der fest an die Macht der Computer glaubt, ist John Holland, ein Informatiker, der sowohl an der University of Michigan als auch am Santa Fe Institute tätig ist. Holland hat genetische Algorithmen erfunden; das sind Abschnitte von Computercodes, die sich von selbst umordnen und auf diese Weise ein neues Programm erzeugen, das ein Problem effizienter lösen kann. Holland zufolge evolvieren diese Algorithmen tatsächlich genau so, wie sich die Gene lebender Organismen in Reaktion auf den Druck der natürlichen Selektion entwickeln.

Holland ist der Ansicht, daß sich möglicherweise auf der Grundlage von Rechenverfahren nach dem Muster seiner genetischen Algorithmen eine »einheitliche Theorie komplexer adaptiver Systeme« erstellen lasse. Er legte seine Auffassung 1993 in einem Vortrag dar:

DAS ENDE DER CHAOPLEXITÄT

Viele unserer schwierigsten langfristigen Probleme – Außenhandelsdefizite, Nachhaltigkeit, AIDS, genetische Defekte, psychische Gesundheit, Computerviren – beziehen sich auf bestimmte Systeme von außerordentlich hoher Komplexität. Die Systeme, die mit diesen Problemen behaftet sind – Volkswirtschaften, ökologische Systeme, Immunsysteme, Embryonen, Nervensysteme, Computernetze –, scheinen so mannigfaltig wie die Probleme zu sein. Doch der Schein trügt: All diese Systeme weisen weitgehend die gleichen Grundmerkmale auf, so daß wir sie am Santa Fe Institute unter dem einheitlichen Oberbegriff der *komplexen adaptiven Systeme* zusammenfassen. Das ist mehr als nur ein terminologischer Kunstgriff. Es bringt unsere Intuition zum Ausdruck, daß es allgemeingültige Prinzipien gibt, die das Verhalten aller komplexen adaptiven Systeme steuern – Prinzipien, die Lösungswege für die damit verbundenen Probleme aufzeigen. Ein Großteil unserer Arbeiten zielt darauf ab, diese Intuition in gesicherte Erkenntnis zu überführen.[7]

In dieser Stellungnahme kommt ein geradezu atemberaubender Ehrgeiz zum Ausdruck. Die Chaoplexologen verspotten oftmals den Hochmut der Elementarteilchenphysiker, deren Glauben, sie könnten eine Allumfassende Theorie aufstellen. Doch in Wirklichkeit haben sich die Elementarteilchenphysiker vergleichsweise bescheidene Ziele gesetzt: Sie hoffen lediglich, daß sie die Naturkräfte zu einem hübschen Paket zusammenschnüren und vielleicht den Ursprung des Universums erhellen können. Nur wenige sind so kühn, zu behaupten, ihre einheitliche Theorie werde uns sowohl Wahrheit (das heißt Einblick in das Wesen der Natur) als auch *Glück* (Lösungen unserer irdischen Probleme) verschaffen, wie es Holland und andere verkündet haben. Und Holland gilt noch als einer der Bescheideneren unten den Wissenschaftlern, die sich mit der Komplexitätstheorie befassen.

Aber können die Wissenschaftler zu einer einheitlichen Komplexitätstheorie gelangen, wenn sie sich nicht einmal darüber einigen können, was Komplexität genau ist? Komplexitätsforscher haben sich – mit geringem Erfolg – darum bemüht, sich von den Chaosforschern abzugrenzen. Nach Aussage von James Yorke, einem Physiker von der University of Maryland, bezeichnet Chaos eine begrenzte Menge von Phänomenen, die sich auf vorhersagbar unvorhersagbare Weise entwickeln – indem sie eine empfindliche Abhängigkeit von den Anfangsbedingungen, aperiodisches Verhalten, wiederkehrende Muster auf verschiedenen räumlichen und zeitlichen Größenmaßstäben und so fort zeigen. (Yorke sollte es wissen, denn er prägte den Begriff *Chaos* in einem Aufsatz aus dem Jahre 1975.) Komplexität hingegen ist Yorke zufolge ein Begriff, mit dem man »alles Beliebige« bezeichnen kann.[8]

Eine gängige Definition von *Komplexität* stellt auf den »Rand des Chaos« ab. Dieses anschauliche Schlagwort ging in die Untertitel zweier Bücher ein, die im Jahre 1992 von Journalisten veröffentlicht wurden: *Die Komplexitätstheorie* von Roger Lewin und *Inseln im Chaos* von M. Mitchell Waldrop.[9] (Die Autoren wollten zweifellos, daß dieses Schlagwort sowohl den Stil als auch die Substanz des Gebiets verdeutlicht.) Die »Chaosrand«-Hypothese besagt im wesentlichen, daß Systeme, die sich durch einen hohen Grad an Ordnung und Stabilität auszeichnen, wie etwa Kristalle, nichts Neues hervorbringen können; andererseits sind völlig chaotische bzw. aperiodische Systeme, wie etwa turbulente Strömungen oder erwärmte Gase, *allzu* formlos. Wirklich komplexe Dinge – Amöben, Aktienhändler und ähnliches – halten sich an der Grenze zwischen starrer Ordnung und reiner Zufälligkeit auf.

In den meisten populärwissenschaftlichen Darstellungen werden die Santa-Fe-Forscher Norman Packard und Christopher Langton als die eigentlichen Urheber dieser Idee genannt. Packard, der aufgrund seiner Erfahrung als Vorkämpfer der Chaostheorie wußte, wie wichtig es ist, Ideen ansprechend zu verpacken, prägte Ende der achtziger Jahre das wirkungsmächtige Schlagwort »Rand des Chaos«. Bei Experimenten mit zellularen Automaten hatten er und Langton herausgefunden, daß die Rechenkapazität eines Systems – das heißt seine

Fähigkeit, Information zu speichern und zu verarbeiten – in einem Regime zwischen hochperiodischem und chaotischem Verhalten ihr Maximum erreicht. Doch zwei andere Forscher am Santa Fe Institute, Melanie Mitchell und James Crutchfield, berichteten, daß ihre Computerexperimente die Schlußfolgerungen von Packard und Langton nicht stützen. Sie bezweifelten auch, daß »so etwas wie eine Tendenz zu universeller Rechenkapazität eine wichtige Triebkraft in der Evolution biologischer Organismen darstellt«.[10] Obgleich einige Forscher am Santa Fe Institute noch immer das Schlagwort vom »Chaosrand« benutzen (vor allem Stuart Kauffman, dessen Forschungsarbeiten in Kapitel 5 beschrieben wurden), wird es mittlerweile von den meisten abgelehnt.

Viele weitere Definitionen von Komplexität wurden vorgeschlagen – mindestens 31, nach einer Liste, die zu Beginn der neunziger Jahre von dem Physiker Seth Lloyd vom Massachusetts Institute of Technology zusammengestellt wurde, der ebenfalls mit dem Santa Fe Institute assoziiert ist.[11] Diese Definitionen basieren auf der Thermodynamik, der Informationstheorie und der Informatik und verwenden Begriffe wie Entropie, Zufälligkeit und Information, die ihrerseits bekannt sind für ihre Vagheit. Sämtliche Definitionen von Komplexität weisen Unzulänglichkeiten auf. So läßt sich beispielsweise gemäß der algorithmischen Informationstheorie, die (unter anderem) von dem IBM-Mathematiker Gregory Chaitin entwickelt wurde, die Komplexität eines Systems durch das kürzeste Computerprogramm darstellen, das dieses System beschreibt. Doch diesem Kriterium zufolge ist ein Text, der von einer Gruppe maschineschreibender Affen verfaßt wird, komplexer als *Finnegans Wake* von James Joyce, weil er regelloser ist und sich daher nicht so stark komprimieren läßt.

Diese Probleme verdeutlichen die mißliche Tatsache, daß Komplexität von der subjektiven Rezeption des Betrachters abhängig ist.[12] Forscher haben sogar wiederholt über die Frage diskutiert, ob der Begriff *Komplexität* mittlerweile so inhaltsleer geworden sei, daß man ihn besser aufgebe; doch sie sind immer wieder zu dem Schluß gekommen, daß er bereits zu tief im öffentlichen Bewußtsein verankert sei. Forscher am Santa Fe Institute benutzen häufig »interessant« als Synonym für »komplex«. Doch welches Ministerium würde schon Mittel für Forschungen über eine »einheitliche Theorie interessanter Dinge« bereitstellen?

Christopher Langton und die Poesie des Künstlichen Lebens

Auch wenn sich die Mitglieder des Santa Fe Institute nicht darüber einig sein mögen, was sie studieren, so stimmen sie doch immerhin in der Frage überein, wie sie es studieren sollten: mit Computern. Christopher Langton verkörpert jenen Glauben an Computer, der die Chaos- und Komplexitätsbewegung hervorbrachte. Er hat die These verfochten, daß computergestützte Simulationen von Lebewesen lebendig sind – nicht irgendwie, nicht in gewissem Sinne, nicht im metaphorischen Sprachgebrauch, sondern im eigentlichen Sinne des Wortes. Langton ist der Gründungsvater des Künstlichen Lebens, eines Teilgebiets der Chaoplexität, das große Beachtung gefunden hat. Langton hat an der Organisation mehrerer Konferenzen über Künstliches Leben mitgewirkt – die erste fand im Jahre 1987 in Los Alamos statt –, an der Biologen, Informatiker und Mathematiker teilnahmen, die seine Neigung zu Computeranimationen teilten.[13]

Das Künstliche Leben ist aus der Künstlichen Intelligenz hervorgegangen, einem Gebiet, das ihm um mehrere Jahrzehnte vorausging. Während die Forscher auf dem Feld der Künstlichen Intelligenz danach trachten, das Bewußtsein besser zu verstehen, indem sie es auf einem Computer simulieren, hoffen die Anhänger des Künstlichen Lebens, durch ihre Simulationen Einblicke in ein breites Spektrum biologischer

Phänomene zu gewinnen. Und das Künstliche Leben hat genauso wie die Künstliche Intelligenz mehr verheißungsvolle Rhetorik denn greifbare Ergebnisse gezeitigt. So erklärte Langton in einem Aufsatz, der die erste Nummer der Vierteljahresschrift *Artificial Life* im Jahre 1994 einleitete:

> Das Künstliche Leben wird uns viele neue Erkenntnisse auf dem Gebiet der Biologie verschaffen – die uns die Erforschung der natürlichen Produkte der Biologie allein nicht verschaffen würden –, doch das Künstliche Leben wird letzten Endes über die Biologie hinaus in ein Gebiet vorstoßen, für das wir heute noch keinen Namen besitzen, das aber unsere Kultur und Technologie in einer erweiterten Sicht der Natur einschließen muß. Ich will kein rosarotes Bild der Zukunft des Künstlichen Lebens malen. Es wird nicht all unsere Probleme lösen. Es mag sogar durchaus neue Probleme schaffen. […] Vielleicht läßt sich dieser Punkt am einfachsten mit dem Hinweis verdeutlichen, daß Mary Shelleys prophetischer Roman *Frankenstein* nicht länger als Science-fiction betrachtet werden kann.[14]

Schon vor meinem Treffen mit Langton hatte ich das Gefühl, ihn zu kennen. Er spielte eine herausragende Rolle in mehreren populärwissenschaftlichen Darstellungen der Chaoplexität. Und das nicht von ungefähr. Er ist der Inbegriff des modernen jungen Wissenschaftlers: zielstrebig und gleichzeitig abgeklärt, trägt er mit Vorliebe Jeans, Lederwesten, Wanderstiefel und Indianerschmuck. Außerdem hat er eine außergewöhnliche Biographie, in deren Zentrum ein Unfall beim Drachenfliegen steht, der zu einem Koma und einer Art Erweckungserlebnis für ihn führte. (Wer sich für diese Geschichte interessiert, kann sie in Waldrops *Inseln im Chaos*, Lewins *Komplexitätstheorie* oder Steven Levys *Künstliches Leben* nachlesen.)[15]

Als ich Langton schließlich im Mai 1994 persönlich in Santa Fe traf, beschlossen wir, uns beim Mittagessen in einem seiner Lieblingsrestaurants zu unterhalten. Langtons Auto – hatte ich nicht in einem der Bücher über ihn eine Beschreibung davon gelesen? – war ein zerbeulter alter Kompaktwagen, der mit einem bunten Sammelsurium von Gegenständen vollgestopft war, angefangen von Tonbändern und Zangen bis hin zu Plastikbehältern mit Pfeffersoße, alles überzogen mit einer Schicht beigen Wüstenstaubs. Während der Fahrt zum Restaurant sang Langton pflichtgemäß das Hohelied der Chaoplexität. Die meisten Wissenschaftler seit Newton hätten Systeme erforscht, die sich durch Stabilität, Periodizität und Gleichgewicht ausgezeichnet hätten, doch er und andere Forscher am Santa Fe Institute wollten die »Übergangsregime« erkunden, die zahlreichen biologischen Erscheinungen zugrunde lägen. Denn, so sagte er, »sobald ein lebender Organismus den Gleichgewichtspunkt erreicht, ist er tot«.

Er grinste. Es hatte zu regnen begonnen, und er schaltete die Scheibenwischer an. Sie verschmierten den Schmutz über das Glas, so daß die Windschutzscheibe in kürzester Zeit trüb wurde. Langton, der durch eine nicht verschmierte Ecke der Glasscheibe spähte, sprach weiter, scheinbar ungerührt von der metaphorischen Botschaft der Windschutzscheibe. Er sagte, die Wissenschaft habe offenkundig gewaltige Fortschritte gemacht, indem sie Gegenstände in Teile zerlegt und diese Teile erforscht habe. Doch diese Methode habe lediglich ein begrenztes Verständnis von komplexeren Erscheinungen erlaubt, die weitgehend durch historische Zufallsereignisse entstanden seien. Diese Begrenzungen ließen sich jedoch durch eine synthetische Methode überwinden, bei der die Grundkomponenten des Lebens in Computern auf neue Weise zusammengesetzt würden, um den möglichen oder tatsächlichen Ablauf der Geschehnisse nachzuvollziehen.

»Auf diese Weise erhält man eine viel größere Menge von Möglichkeiten«, sagte Langton. »Anschließend kann man diese Menge nicht nur auf bestehende chemische Verbindungen, sondern auch auf mögliche chemische Verbindungen untersuchen. Und nur innerhalb dieser Menge möglicher chemischer Verbindungen kann man überhaupt irgendeine Regelmäßigkeit entdecken. Die Regelmäßigkeit ist zwar vorhanden, aber man kann sie in der sehr kleinen Menge von Dingen, mit denen die Natur uns ursprünglich ausgestattet hat, nicht aufspüren.« Mit Hilfe von Computern können Biologen die Rolle des Zufalls erforschen, indem sie den Ursprung des Lebens auf der Erde simulieren, wobei sie die Bedingungen variieren und die Folgen beobachten. »So zielen die Forschungen zum Künstlichen Leben und das umfassendere Projekt, das ich einfach synthetische Biologie nenne, darauf ab, über die Sphäre dessen, was von selbst in der Natur geschah, hinauszugehen.« Langton behauptete, auf diese Weise könne das Künstliche Leben vielleicht enthüllen, welche Aspekte unserer Geschichte zwangsläufig eingetreten und welche Aspekte bloß kontingent gewesen seien.

Im Restaurant bestätigte Langton, während er genüßlich auf Huhn-Fajitas herumkaute, daß er tatsächlich ein Verfechter der sogenannten »starken K-Leben«-Hypothese war, wonach Computersimulationen von Lebewesen selbst lebendig sind. Er bezeichnete sich selbst als einen Funktionalisten, der der Ansicht sei, das Leben sei eher durch sein Verhalten als durch seine Zusammensetzung zu begreifen. Wenn ein Programmierer molekülartige Strukturen erzeuge, die sich, bestimmten Gesetzmäßigkeiten folgend, spontan zu Gebilden vereinigten, die scheinbar essen, sich fortpflanzen und entwickeln könnten, dann würde Langton diese Gebilde als lebendig betrachten – »selbst wenn sie nur in einem Computer existieren«.

Langton sagte, seine Überzeugung habe ethische Konsequenzen. »Wenn ich sehen würde, wie jemand, der neben mir an einem Computerterminal sitzt, diese Geschöpfe *quält*, sie in eine digitale ›Hölle‹ schickt oder nur einige Auserwählte, die seinen Namen auf dem Bildschirm richtig schreiben, belohnt, dann würde ich versuchen, diesem Kerl psychologische Hilfe zukommen zu lassen!«

Ich sagte Langton, daß er offenbar Metaphern bzw. Analogien mit der Wirklichkeit verwechsle. »Das, worum es mir geht, ist tatsächlich ein wenig revolutionärer«, antwortete Langton lächelnd. Er wolle, daß die Leute begriffen, daß Leben möglicherweise ein Prozeß sei, der durch eine Vielzahl materieller Vorgänge einschließlich der Fluktuationen von Elektronen in einem Computer implementiert werden könne. »Auf einer Ebene ist die physikalische Realisierung für die funktionalen Eigenschaften unerheblich«, sagte er. »Natürlich gibt es Unterschiede«, fügte er hinzu. »Solche Unterschiede treten auf, wenn sich die materielle Grundlage verändert. Doch sind diese Unterschiede für die Eigenschaft ›lebendig‹ wirklich von grundlegender Bedeutung?«

Langton schloß sich nicht der – von vielen KI-Enthusiasten vertretenen – Auffassung an, Computersimulationen könnten auch subjektive Erfahrungen machen. »Aus diesem Grund ist mir Künstliches Leben lieber als KI«, sagte er. Anders als die meisten biologischen Phänomene ließen sich Bewußtseinszustände nicht auf mechanische Funktionen zurückführen. »Eine mechanische Erklärung kann niemals eine hinreichende Erklärung für dieses Gefühl der subjektiven Selbstwahrnehmung, des Ichseins, des Hier-und-Jetzt-Seins liefern.« Anders gesagt: Langton war ein Skeptiker, jemand, der glaubte, die Wissenschaft könne keine Erklärung des Bewußtseins liefern. Er räumte schließlich ein, daß die Frage, ob Computersimulationen *wirklich* lebendig seien, letztlich eine philosophische und folglich unlösbare Frage sei. »Doch damit die KL-Forschungen ihren Zweck erfüllen und dazu beitragen, die empirische Datenbasis für die Biowissenschaften und für eine Theorie der Biologie zu erweitern, muß dieses Problem nicht gelöst werden. Die Biologen haben das eigentlich nie lösen müssen.«

Je länger Langton sprach, um so unmißverständlicher schien er die Tatsache zuzugeben – ja sogar zu begrüßen –, daß Künstliches Leben niemals die Grundlage einer wirklich empirischen Wissenschaft bilden würde. Er sagte, KL-Simulationen »zwingen mich dazu, über meine Schulter zu blicken und mir die Annahmen, die ich über die Wirklichkeit mache, vor Augen zu führen«. Anders gesagt: Simulationen können als eine Art »negativer Spiegel« fungieren; sie können dazu dienen, Theorien über die Wirklichkeit in Frage zu stellen. Zudem müssen sich die Wissenschaftler, die auf dem Gebiet des Künstlichen Lebens forschen, möglicherweise mit weniger als dem »umfassenden Verständnis« zufriedengeben, das sie mit den alten, reduktionistischen Methoden anstrebten. »Für gewisse Kategorien natürlicher Phänomene können wir bestenfalls eine Erklärung in Form einer historischen Rekonstruktion erreichen.«

Anschließend gestand er, daß ihm ein solches Resultat gut gefallen würde; er hoffe, das Universum sei in einem fundamentalen Sinne »irrational«. »Die Rationalität ist aufs engste mit der wissenschaftlichen Tradition in den letzten dreihundert Jahren verbunden, als man letzten Endes zu einer irgendwie verstehbaren Erklärung eines Phänomens gelangen wollte. Ich wäre enttäuscht, wenn dies der Fall wäre.«

Langton erklärte, ihn frustriere die Linearität der wissenschaftlichen Sprache. »Wir hätten allen Grund, uns einer poetischeren Sprache zu befleißigen«, sagte er. »Die Dichtkunst basiert auf einer dezidiert nichtlinearen Verwendung der Sprache, wobei die Bedeutung des Ganzen mehr ist als die Summe seiner Teile. Dagegen fordert die Wissenschaft, daß es nichts gibt, das mehr als die Summe der Teile ist. Und die bloße Tatsache, daß es in der Natur Dinge gibt, die mehr sind als die Summe ihrer Teile, bedeutet, daß der traditionelle Ansatz, die Teile und die Beziehungen zwischen diesen zu beschreiben, nicht genügt, um das Wesen zahlreicher Systeme zu erfassen, die man gern analysieren würde. Das soll nicht heißen, daß es keine Möglichkeit gäbe, dies auf eine wissenschaftlichere Weise zu tun als in der Dichtung, aber ich habe einfach den Eindruck, daß es in kultureller Hinsicht in der Zukunft der Wissenschaft mehr Poesie geben wird.«

Die Grenzen der Simulation

Im Februar 1994 veröffentlichte das Wissenschaftsmagazin *Science* einen Aufsatz mit dem Titel »Verification, Validation, and Confirmation of Numerical Models in the Earth Sciences«, in dem die Probleme von Computersimulationen behandelt wurden. Die Autoren dieses bemerkenswert postmodernen Artikels waren Naomi Oreskes, eine Historikerin und Geophysikerin vom Dartmouth College; Kenneth Belitz, ebenfalls Geophysiker vom Dartmouth College, und Kristin Shrader Frechette, eine Philosophin von der University of South Florida. Obgleich sie sich auf geophysikalische Modelle konzentrierten, galten ihre Warnungen doch im Grunde genommen für alle Arten numerischer Modelle (wie sie selbst in einem Brief einräumten, der einige Wochen später in *Science* veröffentlicht wurde).[16]

Die Autoren wiesen darauf hin, daß numerische Modelle in Diskussionen über die globale Erwärmung, die Erschöpfung von Erdölvorkommen, die Eignung von Atommülllagerstätten und andere Probleme eine immer größere Rolle spielten. Ihr Aufsatz sollte daran erinnern, daß »die Verifikation und Validierung numerischer Modelle natürlicher Systeme unmöglich ist«. Die einzigen Aussagen, die sich verifizieren – bestätigen – ließen, seien Aussagen der reinen Logik bzw. Mathematik. Logische bzw. mathematische Systeme seien in sich geschlossen, da all ihre Komponenten auf Axiomen basierten, die definitionsgemäß wahr seien. Daß zwei plus zwei gleich vier sei, beruhe auf allgemeiner Konvention und nicht darauf, daß die Gleichung einem äußeren Sachverhalt entspreche. Natürliche Systeme hingegen seien immer offen, wie Oreskes und Kollegen betonten; unser Wissen über sie sei immer unvollständig, bestenfalls näherungsweise richtig, und wir könnten niemals sicher sein, ob wir nicht irgendwelche relevanten Faktoren übersähen.

»Was wir Daten nennen«, erläuterten sie, »sind inferenzlastige Symbole natürlicher Phänomene, die sich uns nur unvollständig erschließen. Viele Inferenzen und Annahmen lassen sich auf der Grundlage von Erfahrungen rechtfertigen (und einige Ungenauigkeiten lassen sich abschätzen), doch das Ausmaß, in dem sich unsere Annahmen in jeder neuen Studie bestätigen, läßt sich niemals a priori bestimmen. Die impliziten Annahmen sorgen so dafür, daß das System offen bleibt.« Anders ausgedrückt: Unsere Modelle sind immer Idealisierungen, Näherungen, Vermutungen.

Die Autoren betonten, daß ein Simulationsmodell auch dann noch nicht bestätigt sei, wenn es das Verhalten eines realen Phänomens exakt reproduziere bzw. vorhersage. Man könne niemals sicher sein, ob eine Übereinstimmung auf einer tatsächlichen Entsprechung zwischen Modell und Wirklichkeit beruhe oder rein zufällig sei. Außerdem sei es immer möglich, daß andere Modelle, die auf anderen Annahmen fußten, zu den gleichen Ergebnissen führten.

Oreskes und ihre Mitautoren merkten an, daß die Philosophin Nancy Cartwright numerische Modelle »fiktionale Werke« nenne:

> Obgleich wir diese Auffassung nicht unbedingt teilen, so könnte man doch die folgende Überlegung anstellen: Ein Modell kann, wie ein Roman, die Wirklichkeit nachahmen, aber es ist selbst kein ›Teil‹ der Wirklichkeit. Wie ein Roman kann ein Modell plausibel sein – ›wahr klingen‹ –, wenn es mit unserer Erfahrung der Natur in Einklang steht. Doch so wie wir uns fragen können, wie weit die Figuren eines Romans der Wirklichkeit nachgebildet sind und in welchem Ausmaß sie das Produkt der künstlerischen Einbildungskraft sind, so können wir uns auch bei einem Modell fragen: In welchem Ausmaß basiert es auf Beobachtung und Messung zugänglicher Phänomene, inwieweit auf sachkundigem Urteil und inwieweit auf Bequemlichkeit?… [Wir] müssen zugeben, daß ein Modell unsere Vorurteile bestätigen und falsche Intuitionen unterstützen kann. Aus diesem Grund eignen sich Modelle vor allem dazu, bestehende Theorien zu hinterfragen, und nicht dazu, sie zu validieren bzw. zu verifizieren.

Numerische Modelle bewähren sich in einigen Fällen besser als in anderen. So eignen sie sich insbesondere für die Astronomie und die Elementarteilchenphysik, weil die relevanten Objekte und Kräfte exakt mit ihren mathematischen Definitionen übereinstimmen. Zudem hilft die Mathematik den Physikern, zu definieren, was andernfalls undefinierbar wäre. Ein Quark ist ein rein mathematisches Konstrukt. Abgesehen von seiner mathematischen Definition hat es keinerlei Bedeutung. Die Eigenschaften von Quarks – *charm, color, strangeness* – sind mathematische Eigenschaften, die in der makroskopischen Welt, in der wir leben, keine Entsprechungen haben. Mathematische Theorien sind weniger zwingend, wenn sie auf konkretere, komplexere Phänomene angewandt werden, mit denen sich etwa die Biologie befaßt. So hat der Evolutionsbiologe Ernst Mayr darauf hingewiesen, daß jeder Organismus einzigartig ist und sich zudem kontinuierlich verändert.[17] Aus diesem Grund haben mathematische Modelle biologischer Systeme im allgemeinen eine geringere prognostische Zuverlässigkeit als solche physikalischer Systeme. Ihre Fähigkeit, wahre Erkenntnisse über die Natur zu erlangen, sollten wir ebenso vorsichtig beurteilen.

Die selbstorganisierte Kritizität von Per Bak

Diese Art »diffuser« philosophischer Skepsis ärgert Per Bak. Bak, ein dänischer Physiker, der in den siebziger Jahren in die Vereinigten Staaten kam, gleicht einer Parodie des »starken Dichters« im Sinne Harold Blooms. Er ist ein großgewachsener, stämmiger Mann von zugleich ernstem und kämpferischem Naturell, der über einen reichen Vorrat an dezidierten Meinungen verfügt. In dem Bemühen, mich von der Überlegenheit der Komplexitätsforschung über andere wissenschaftliche Ansätze zu überzeugen, spottete er über die Vorstellung, Elementarteilchenphysiker könnten das Geheimnis der Natur enthüllen, indem sie in immer elementarere Stufen des Mikrokosmos vorstießen. »Der Schlüssel zur Lösung liegt nicht darin, immer tiefer in das System einzudringen«, beteuerte Bak mit einem ausgeprägten dänischen Akzent, »sondern darin, die *umgekehrte* Richtung einzuschlagen.«[18]

Bak verkündete den Tod der Elementarteilchenphysik, die an ihrem eigenen Erfolg zugrunde gegangen sei. Die meisten Elementarteilchenphysiker »glauben, sie betrieben noch immer wissenschaftliche Forschung, während sie in Wirklichkeit nur die Überreste nach der großen Party einsammeln«. Das gleiche gelte für die Festkörperphysik, das Gebiet, auf dem Bak seine wissenschaftliche Laufbahn begonnen hatte. Die Tatsache, daß Tausende von Physikern – weitgehend erfolglos – an der Hochtemperatur-Supraleitung arbeiteten, zeige, wie ausgewrungen das Gebiet mittlerweile sei: »Es gibt sehr wenig Fleisch und viele Tiere, die sich davon ernähren wollen.« Was Chaos betreffe (das Bak im gleichen engen Sinn definierte wie James Yorke), so hätten Physiker bereits im Jahre 1985, zwei Jahre vor der Veröffentlichung von Gleicks Buch *Chaos*, die Prozesse, die chaotischem Verhalten zugrunde lägen, in ihren Grundzügen aufgeklärt. »So läuft das!« versetzte Bak. »Sobald etwas die breite Öffentlichkeit erreicht, ist es bereits abgehakt.« (Die Komplexitätsforschung bildet natürlich die Ausnahme von Baks Regel.)

Bak hatte nichts als Verachtung übrig für jene Wissenschaftler, die sich damit begnügten, die Arbeit der Pioniere zu verfeinern und weiterzuentwickeln. »Das ist nicht nötig! Wir brauchen keinen Reinigungstrupp!« Zum Glück, sagte Bak, widersetzten sich zahlreiche rätselhafte Phänomene weiterhin einer wissenschaftlichen Erklärung: die Evolution der Arten, der menschliche Geist, das Wirtschaftssystem. »Bei all diesen Phänomenen handelt es sich um sehr große Gebilde mit zahlreichen Freiheitsgraden. Es sind sogenannte komplexe Systeme. Uns steht eine wissenschaftliche Revolution bevor. Denn diese Gebiete werden in den nächsten Jahren auf die gleiche

Weise zu exakten Wissenschaften werden, wie die [Elementarteilchen-]Physik und die Festkörperphysik in den letzten zwanzig Jahren zu exakten Wissenschaften wurden.« Bak verwarf die »pseudophilosophische, pessimistische, seichte« Auffassung, wonach diese Probleme für unser kümmerliches Gehirn einfach zu vertrackt seien. »Wenn ich dieser Ansicht wäre, dann würde ich mich nicht mit diesen Dingen beschäftigen!« versetzte Bak. »Wir sollten optimistisch und konkret sein, dann können wir Fortschritte machen. Und ich bin sicher, daß die Wissenschaft in fünfzig Jahren ganz anders aussehen wird als heute.«

Ende der achtziger Jahre entwickelte Bak mit zwei Kollegen ein Konzept, das schon bald zu einem führenden Kandidaten für eine einheitliche Theorie der Komplexität wurde: die selbstorganisierte Kritizität. Das Referenzsystem für dieses Konzept ist ein Sandhaufen. Je länger man Sand auf die Spitze eines Sandhaufens rieseln läßt, um so mehr nähert sich dieser dem kritischen Zustand, in dem bereits ein einziges zusätzliches Sandkorn, das auf die Spitze des Haufens fällt, eine Lawine auslösen kann, die an den Flanken des Haufens abgeht. Trägt man die Größe und die Häufigkeit der Lawinen, die in diesem kritischen Zustand ausgelöst werden, in einem Diagramm gegeneinander auf, dann erhält man eine sogenannte Potenzverteilung: Die Häufigkeit der Lawinen ist umgekehrt proportional zur Potenz ihrer Größe.

Bak schrieb dem Pionier der Chaosforschung, Benoit Mandelbrot, das Verdienst zu, als erster erkannt zu haben, daß Erdbeben, Schwankungen von Aktienkursen, das Aussterben von Arten und viele andere Phänomene das gleiche potenzgesetzliche Verhaltensmuster zeigen. (Anders gesagt, die Phänomene, die Bak als komplex definierte, waren zugleich alle chaotisch.) »Da Erscheinungen, mit denen sich die Volkswirtschaftslehre, die Geophysik, die Astronomie und die Biologie befassen, diese singulären Merkmale aufweisen, *muß* es eine gemeinsame Theorie geben«, sagte Bak. Er hoffte, diese Theorie könne erklären, weshalb schwache Erdbeben häufig und starke selten seien, weshalb Arten Millionen von Jahren überdauerten und dann auf einmal verschwänden, weshalb es zu Börsenkrächen komme.»Wir können all dies zwar nicht vollständig, aber doch zum Teil erklären.«

Nach Baks Ansicht würden Modelle wie seines über kurz oder lang die Volkswirtschaftslehre revolutionieren.»Die herkömmliche Volkswirtschaftslehre ist keine echte Wissenschaft. Es ist eine mathematische Disziplin, die sich mit vollkommenen Märkten und vollkommener Rationalität und einem vollkommenen Gleichgewicht befaßt.« Dieser Ansatz beruhe auf einer »grotesken Näherung«, die das reale ökonomische Verhalten nicht erklären könne.»Jede reale Person, die an der Wall Street arbeitet und die beobachtet, was geschieht, weiß, daß Kursschwankungen auf Kettenreaktionen innerhalb des Systems zurückzuführen sind. Sie basieren auf der Verzahnung des Verhaltens unterschiedlicher Akteure wie etwa Banken, Kunden, Diebe, Räuber, Regierungen, Volkswirtschaften und so fort. Die traditionelle Volkswirtschaftslehre verfügt über keine Beschreibung dieses Phänomens.«

Können mathematische Theorien bedeutungsvolle Erkenntnisse über kulturelle Erscheinungen liefern? Bak brachte seinen Unmut über diese Frage zum Ausdruck.»Ich weiß nicht, was ›Bedeutung‹ heißen soll«, sagte er.»In der Wissenschaft ist für Bedeutung kein Platz. Sie beobachtet und beschreibt. Sie fragt das Atom nicht, weshalb es nach links abbiegt, wenn es einem Magnetfeld ausgesetzt wird. Daher sollten die Sozialwissenschaftler nach draußen gehen und das Verhalten von Menschen beobachten und sich dann überlegen, welche Folgen dies für die Gesellschaft hat.«

Bak räumte ein, daß derartige Theorien eher statistische Beschreibungen als präzise Vorhersagen lieferten.»Sie basieren auf der Annahme, daß wir keine Vorhersagen machen können. Dennoch können wir die Systeme verstehen, deren Verhalten wir nicht vorhersagen können. Wir können verstehen, *weshalb* sich ihr Verhalten nicht vorhersagen läßt.« Schließlich bestehe genau darin die Errungenschaft der Thermodynamik und der Quantenmechanik, die ebenfalls Wahrscheinlichkeitstheorien seien. Die Modelle sollten so präzise sein, daß sie falsifizierbar seien, aber wiederum nicht zu präzise, sagte Bak. »Ich halte es für vergebliche Mühe, sehr präzise und detailgenaue Modelle aufzustellen. Sie liefern keinerlei Erkenntnisse.« Das wäre bloße Technik, sagte Bak naserümpfend.

Als ich ihn fragte, ob sich die Forscher eines Tages einer einzigen, wahren Theorie komplexer Systeme nähern würden, schien Bak ein wenig die Nerven zu verlieren. »Die Dinge sind viel stärker im Fluß«, sagte er. Er bezweifelte, daß die Wissenschaftler zum Beispiel jemals eine einfache, einheitliche Theorie des Gehirns aufstellen würden. Doch sie könnten »einige – hoffentlich nicht zu viele – Prinzipien finden, die das Verhalten des Gehirns bestimmen«. Er sann einen Augenblick lang nach, worauf er hinzufügte: »Meines Erachtens ist es eine sehr viel langfristigere Sache als etwa die Chaostheorie.«

Bak befürchtete auch, daß die wachsende Abneigung der US-Regierung gegen die Grundlagenforschung und die schwerpunktmäßige Förderung der anwendungsbezogenen Forschung Fortschritte auf dem Gebiet der Komplexitätswissenschaft behindern könnte. Es werde immer schwieriger, Wissenschaft um ihrer selbst willen zu betreiben; die Wissenschaft müsse verwertbare Ergebnisse vorweisen. Die meisten Wissenschaftler seien gezwungen, »sich mit tödlich langweiligen Sachen zu beschäftigen, die eigentlich völlig belanglos sind«. Sein eigener erster Arbeitgeber, das Brookhaven National Laboratory, zwinge seine Mitarbeiter dazu, »*gräßliche Dinge, unglaublichen* Schund zu tun«. Selbst Bak mußte trotz seines überschäumenden Optimismus die Misere der modernen Wissenschaft zugeben.

Neben anderen hat auch Al Gore das Konzept der selbstorganisierten Kritizität hochgelobt. In seinem 1992 erschienenen Bestseller *Wege zum Gleichgewicht* erklärte er, die selbstorganisierte Kritizität habe ihm geholfen, die Empfindlichkeit der Umwelt gegenüber potentiellen Störungen, aber auch »Veränderungen in meinem eigenen Leben« zu verstehen.[19] Stuart Kauffman hat Ähnlichkeiten zwischen der selbstorganisierten Kritizität, dem Rand des Chaos und den Komplexitätsgesetzen entdeckt, auf die er in seinen Computersimulationen der biologischen Evolution einen flüchtigen Blick werfen konnte. Andere Forscher hingegen haben an Baks Modell kritisiert, daß es nicht einmal eine besonders gute Beschreibung seines Referenzsystems, eines Sandhaufens, liefere. Experimente von Physikern der University of Chicago haben gezeigt, daß sich Sandhaufen je nach Größe und Form der Sandkörner auf sehr unterschiedliche Weise verhalten; nur wenige Sandhaufen zeigen das von Bak vorhergesagte potenzgesetzliche Verhalten.[20] Zudem ist Baks Modell möglicherweise zu allgemein und zu statistisch, um eines der von ihm beschriebenen Systeme erklären zu können. Schließlich lassen sich viele Phänomene durch eine sogenannte Gauß-Kurve beschreiben, die auch als Glockenkurve bezeichnet wird. Doch nur wenige Wissenschaftler würden beispielsweise behaupten, daß der Verteilung des menschlichen Intelligenzquotienten und der Helligkeit von Galaxien die gleichen Mechanismen zugrunde liegen.

Die selbstorganisierte Kritizität ist im Grunde genommen gar keine Theorie. Wie das evolutionsbiologische »Modell vom durchbrochenen Gleichgewicht« ist das Konzept der selbstorganisierten Kritizität lediglich eine Beschreibung – eine von vielen – der Zufallsschwankungen, des Rauschens, das die Natur durchdringt. Wie Bak selbst einräumt, kann sein Modell weder exakte Vorhersagen noch bedeutungsvolle Erkenntnisse über die Natur liefern. Doch was hat es dann für einen Wert?

Kybernetik und andere Katastrophen

Die Geschichte ist reich an gescheiterten Versuchen, eine mathematische Theorie zu entwickeln, die ein breites Spektrum von Phänomenen – einschließlich gesellschaftlicher – erklärt und vorhersagt. Im 17. Jahrhundert phantasierte Leibniz über ein System der Logik, das von so umfassender Gültigkeit sein sollte, daß es nicht nur sämtliche mathematischen Fragen, sondern auch philosophische, moralische und politische Fragen lösen könnte.[21] Leibniz' Traum hat sogar im Jahrhundert des Zweifels überdauert. Seit dem Zweiten Weltkrieg haben mindestens drei derartige Theorien die Wissenschaftler in ihren Bann geschlagen: die Kybernetik, die Informationstheorie und die Katastrophentheorie.

Die Kybernetik wurde im wesentlichen von einer einzigen Person, Norbert Wiener, einem Mathematiker am Massachusetts Institute of Technology, begründet. Der Untertitel seines 1948 erschienenen Buches *Cybernetics* enthüllte sein ehrgeiziges Ziel: *Control and Communication in the Animal and the Machine* (Steuerung und Kommunikation in Tier und Maschine).[22] Wiener bildete diesen neuen Begriff in bewußter Anlehnung an das griechische Wort *kybernetes*, Steuermann. Er erklärte, es müsse möglich sein, eine umfassende Theorie zu erstellen, die die Funktionsweise nicht nur von Maschinen, sondern von sämtlichen biologischen Phänomenen – angefangen von Einzellern bis hin zu Volkswirtschaften – erklären sollte. All diese Gebilde verarbeiten und orientieren sich an Informationen; sie alle benutzen Mechanismen wie positive und negative Rückkopplung und Filter, um Signale von Rauschen zu unterscheiden.

In den sechziger Jahren verlor die Kybernetik ihren Glanz. Der bedeutende Elektrotechniker John R. Pierce kam im Jahre 1961 zu dem ernüchternden Fazit, daß »in diesem Land [den Vereinigten Staaten] das Wort ›Kybernetik‹ am häufigsten in der Presse und in populärwissenschaftlichen und halbliterarischen Magazinen verwendet wird«.[23] Die Kybernetik hat in gewissen Enklaven, vor allem in Rußland (wo man während der Sowjetherrschaft der trügerischen Vorstellung erlag, die Gesellschaft sei eine Maschine, die sich mit Hilfe der Regeln der Kybernetik feinsteuern lasse), noch immer eine beachtliche Gefolgschaft. Wieners Einfluß in der US-amerikanischen Populärkultur, wenn auch nicht in der Wissenschaft selbst, besteht ebenfalls fort: Wir verdanken Wiener Begriffe wie *Cyberspace, Cyberpunk* und *Cyborg*.

Eng verwandt mit der Kybernetik ist die Informationstheorie, die Claude Shannon, ein Mathematiker der Bell Laboratories, im Jahre 1948 mit einem zweiteiligen Aufsatz unter dem Titel »A Mathematical Theory of Communication« begründete.[24] Shannons große Leistung bestand darin, daß er eine auf dem thermodynamischen Entropiebegriff fußende mathematische Definition von Information einführte. Anders als die Kybernetik floriert die Informationstheorie weiterhin – innerhalb der Nische, für die sie bestimmt war. Shannon wollte mit seiner Theorie dazu beitragen, die Übertragung von Information über eine Telefon- bzw. Fernschreibleitung, die elektrischer Interferenz bzw. Rauschen unterliegt, zu verbessern. Die Theorie dient noch immer als theoretische Grundlage für die Datencodierung, -verdichtung und -verschlüsselung sowie für weitere Aspekte der Datenverarbeitung.

In den sechziger Jahren drang die Informationstheorie in andere Disziplinen außerhalb der Nachrichtentechnik ein, darunter die Linguistik, die Psychologie, die Volkswirtschaftslehre, die Biologie, und sogar in die Geisteswissenschaften. (So versuchten beispielsweise mehrere kluge Köpfe, Formeln auszuhecken, die die Qualität von Musikstücken zu deren Informationsgehalt in Beziehung setzen.) Obgleich die Informationstheorie infolge des Einflusses von John Wheeler (»It from bit«) in der Physik eine Renaissance erlebt, hat sie auf diesem Gebiet bislang noch keine konkreten Ergebnisse hervorgebracht. Shannon selbst zweifelte, ob gewisse Anwendungen seiner Theorie zu greifbaren Ergebnissen führen würden. »Aus irgendeinem Grund glauben gewisse Leute, sie [die Informationstheorie] könne etwas über Bedeutungen aussagen«, sagte er einmal zu mir, »doch das kann sie nicht und dazu war sie auch nicht gedacht.«[25]

Die Metatheorie, die am stärksten überschätzt worden sein dürfte, war die sogenannte Katastrophentheorie, die in den sechziger Jahren von dem französischen Mathematiker René Thom erfunden wurde. Obgleich es sich Thoms ursprünglicher Intention nach um eine rein formale mathematische Theorie handelte, erhoben er und andere schon bald den Anspruch, sie könne uns wichtige Aufschlüsse über ein breites Spektrum von Phänomenen verschaffen, die diskontinuierliches Verhalten aufwiesen. Thoms Hauptwerk war das 1972 erschienene Buch *Stabilité structurelle et morphogenèse*, das in Europa und in den Vereinigten Staaten geradezu euphorische Rezensionen erhielt. Ein Rezensent in der Londoner *Times* erklärte: »Es ist unmöglich, die Tragweite dieses Buches in kurzen Worten zu beschreiben. In gewisser Hinsicht ist Newtons *Principia* das einzige Buch, mit dem man es vergleichen kann. Beide entwerfen ein neues begriffliches Rahmenmodell für das Verständnis der Natur und beide münden in grenzenlose Spekulationen.«[26]

Thoms Gleichungen beschrieben, wie ein scheinbar geordnetes System jähe, »katastrophale« Wechsel von einem Zustand in den nächsten durchlaufen kann. Thom und seine Anhänger behaupteten, diese Gleichungen könnten helfen, nicht nur rein physikalische Ereignisse wie Erdbeben, sondern auch biologische und gesellschaftliche Phänomene wie etwa die Entstehung des Lebens, die Metamorphose einer Raupe zu einem Schmetterling und den Niedergang von Kulturen zu erklären. Ende der siebziger Jahre begann der Gegenangriff. Zwei Mathematiker erklärten im Wissenschaftsmagazin *Nature*, die Katastrophentheorie sei »einer von zahlreichen Versuchen, die Welt allein gedanklich zu deduzieren«. Sie nannten das »einen verlockenden Traum, der jedoch nicht in Erfüllung gehen kann«. Andere Kritiker monierten, daß Thoms Werk »keinerlei neue Informationen über irgendeinen Sachverhalt liefert« sowie »übertrieben und nicht ganz aufrichtig sei«.[27]

Chaos, wie es von James Yorke definiert wurde, durchlief den gleichen Zyklus von aufsteigendem und abflauendem Interesse. Im Jahre 1991 begann sich zumindest ein Pionier der Chaostheorie, der französische Mathematiker David Ruelle, zu fragen, ob sein Gebiet seinen Höhepunkt bereits hinter sich hatte. Ruelle erfand das Konzept der »seltsamen Attraktoren«, mathematische Objekte mit fraktalen Eigenschaften, mit denen sich das Verhalten von Systemen beschreiben läßt, die nie in ein periodisches Muster übergehen. In seinem Buch *Zufall und Chaos* wies Ruelle darauf hin, daß sich in der Chaosforschung »eine Vielzahl von Personen tummeln, die mehr vom Erfolg als von den Ideen, um die es geht, angezogen werden. Und dies wirkt sich nachteilig auf die intellektuelle Atmosphäre aus ... Die Chaosphysik weist ungeachtet der häufigen triumphierenden Ankündigungen ›neuer‹ Durchbrüche einen Rückgang an interessanten Entdeckungen auf. Wenn die Euphorie vorüber ist, wird hoffentlich eine nüchterne Bestandsaufnahme der einschlägigen Probleme eine neue Welle qualitativ hochwertiger Ergebnisse hervorbringen.«[28]

»More Is Different«, meint Philip Anderson

Sogar einige Forscher, die dem Santa Fe Institute nahestehen, scheinen zu bezweifeln, daß die Wissenschaft jene Art von transzendenter, einheitlicher Theorie komplexer Phänomene erreichen kann, von der John Holland, Per Bak und Stuart Kauffman träumen. Einer der Skeptiker ist Philip Anderson, ein für seine Dickköpfigkeit bekannter Physiker, der im Jahre 1977 für seine Arbeiten über die Supraleitfähigkeit und andere Exotika der Physik der kondensierten Materie mit dem Nobelpreis ausgezeichnet wurde und der zu den Gründern des Santa Fe Institute gehörte. Anderson war ein Vorreiter des Antireduktionismus. In »More Is Different«, einem 1972 in *Science* veröffentlichten Aufsatz, behauptete Anderson, die Elementarteilchenphysik, ja im Grunde genommen alle reduktionistischen Ansätze, hätten nur eine begrenzte Fähigkeit, die Natur zu erklären. Die Wirklichkeit sei hierarchisch strukturiert, so Anderson, wobei jede Ebene bis zu einem gewissen Grad unabhängig von den ihr über- und untergeordneten Ebenen sei. »Auf jeder Stufe sind völlig neue Gesetze, Begriffe und Verallgemeinerungen erforderlich, die genausoviel Inspiration und Kreativität erfordern wie auf der vorangehenden Stufe«, bemerkte Anderson. »Die Psychologie ist keine angewandte Biologie, und die Biologie ist keine angewandte Chemie.«[29]

»More Is Different« wurde zum Schlagwort für die Chaos- und Komplexitätsbewegung. Ironischerweise folgt aus diesem Prinzip, daß die sogenannten antireduktionistischen Bemühungen möglicherweise niemals in einer einheitlichen Theorie komplexer, chaotischer Systeme gipfeln werden, deren Gültigkeitsbereich sich von Immunsystemen bis zu Volkswirtschaften erstreckt, wie dies Chaoplexologen vom Schlage Baks erhoffen. (Diesem Prinzip zufolge ist auch der Versuch von Roger Penrose, das Bewußtsein in quasiquantenmechanischen Kategorien zu erklären, zum Scheitern verurteilt.) Anderson räumte dies ein, als ich ihn an der Princeton University besuchte. »Ich glaube nicht, daß es jemals eine allumfassende Theorie geben wird«, sagte er. »Ich glaube, daß es fundamentale Prinzipien gibt, die eine sehr weitgehende Allgemeingültigkeit besitzen«, wie etwa die Quantenmechanik, die statistische Mechanik, die Thermodynamik und die Symmetriebrechung. »Aber man darf der Versuchung nicht nachgeben, zu glauben, daß ein bewährtes allgemeingültiges Prinzip auf einer Ebene auch für alle anderen Ebenen gilt.« (Über die Quantenmechanik sagte Anderson: »In absehbarer Zeit ist meines Erachtens mit keiner Modifikation dieser Theorie zu rechnen.«) Anderson stimmte mit dem Evolutionsbiologen Stephen Jay Gould darin überein, daß das Leben weniger von deterministischen Gesetzen als vielmehr von kontingenten, unvorhersehbaren Umständen gestaltet wird. »Ich vermute, daß die Voreingenommenheit, die ich zum Ausdruck bringen will, eine Voreingenommenheit zugunsten der Naturgeschichte ist«, führte Anderson weiter aus.

Anderson teilte nicht die Zuversicht einiger seiner Kollegen am Santa Fe Institute, Computermodelle könnten uns helfen, komplexe Systeme zu erklären. »Da ich ein bißchen was von globalen Wirtschaftsmodellen verstehe«, erläuterte er, »weiß ich, daß sie nicht viel taugen! Ich frage mich immer wieder, ob Modelle des globalen Klimas bzw. der globalen Meeresströmungen und dergleichen mehr genauso viele falsche statistische Angaben und falsche Messungen enthalten.« Die Simulationen detailgenauer und realitätsnäher zu machen, sei nicht unbedingt die Lösung, meinte Anderson. Ein Computer könne beispielsweise den Phasenübergang einer Schmelze in den Glaszustand simulieren, »aber haben wir daraus irgend etwas gelernt? Verstehen wir den Vorgang jetzt auch nur einen Deut besser als zuvor? Weshalb nehmen wir nicht einfach ein Stück Glas und sagen: Es geht in den Glaszustand über? Weshalb müssen wir die Verglasung im Computer nachvollziehen? Das ist eine *reductio ad absurdum*. Der Computer gibt uns ab einem gewissen Punkt keinen Aufschluß mehr über das, was das System selbst tut.«

Und dennoch, so sagte ich, schienen einige seiner Kollegen von dem unerschütterlichen Glauben beseelt zu sein, daß sie eines Tages eine Theorie finden würden, die alle Rätsel endgültig lösen werde. »Yeah«, sagte Anderson, den Kopf schüttelnd. Unvermittelt warf er seine Arme in die Luft und rief wie ein wiedergeborener Gläubiger aus: »Endlich habe ich das Licht gesehen! Jetzt verstehe ich alles!« Er ließ seine Arme sinken und lächelte traurig. »Wir werden *niemals* alles verstehen«, sagte er. »Wenn man alles versteht, ist man verrückt geworden.«

Der Quark-Meister Murray Gell-Mann

Ein besonders schillernder Spitzenforscher am Santa Fe Institute ist Murray Gell-Mann. Gell-Mann ist ein meisterhafter Reduktionist. Er wurde 1969 für die Entwicklung eines einheitlichen Ordnungsmodells für die beunruhigende Fülle von Teilchen, die sich aus den Beschleunigern ergoß, mit dem Nobelpreis ausgezeichnet. Er nannte sein Klassifikationssystem der Teilchen den »Achtfachen Weg« in Anlehnung an den buddhistischen Pfad zur Weisheit. (Der Name war, wie Gell-Mann wiederholt betonte, als Scherz gemeint und nicht als Hinweis darauf, daß er einer dieser verrückten New-Age-Typen war, die glaubten, Physik und östliche Mystik hätten etwas miteinander gemein.) Er zeigte das gleiche Gespür für die Einheit in der Vielfalt – und für eigentümliche Begriffe –, als er die Hypothese aufstellte, daß sich Neutronen, Protonen und eine Fülle anderer kurzlebiger Teilchen aus Dreiergruppen noch fundamentalerer Teilchen zusammensetzen, die er Quarks nannte. Gell-Manns Quarktheorie ist durch Experimente in Beschleunigern umfassend bestätigt worden, und sie bleibt ein Grundstein des Standardmodells der Elementarteilchenphysik.

Gell-Mann erzählt immer wieder gerne, daß er bei der Lektüre von James Joyce' *Finnegans Wake* auf den Ausdruck *Quark* gestoßen sei. (Die Stelle lautet: »Three quarks for Muster Mark!«) Diese Anekdote verdeutlicht, daß Gell-Manns Intellekt viel zu breit gespannt und rastlos ist, als daß er allein durch die Elementarteilchenphysik befriedigt werden könnte. Laut einer »persönlichen Erklärung«, die er an Reporter verteilt, erstrecken sich seine Interessen nicht nur auf die Elementarteilchenphysik und die moderne Literatur, sondern auch auf die Kosmologie, die Kernwaffenkontrollpolitik, die Naturgeschichte, die Menschheitsgeschichte, Bevölkerungswachstum, nachhaltige Entwicklung, Archäologie und die Evolution der Sprache. Gell-Mann scheint zumindest eine gewisse Vertrautheit mit den meisten großen Weltsprachen und mit zahlreichen Dialekten zu besitzen; er verblüfft Leute gern damit, daß er ihnen die Etymologie und die richtige muttersprachliche Aussprache ihrer Namen darlegt. Er war einer der ersten bedeutenden Wissenschaftler, die auf den Komplexitätszug aufsprangen; er gehörte zu den Mitbegründern des Santa Fe Institute und wurde im Jahre 1993 dessen erster hauptberuflicher Professor. (Zuvor hatte er fast vierzig Jahre lang am California Institute of Technology gelehrt.)

Gell-Mann ist fraglos einer der brillantesten Naturwissenschaftler des 20. Jahrhunderts. (Sein Agent, John Brockman, sagte mir: »Gell-Mann besitzt fünf Gehirne, und jedes einzelne davon ist intelligenter als Ihres.«)[30] Vielleicht ist er auch einer der unangenehmsten. Praktisch jeder, der Gell-Mann kennt, weiß ein Lied zu singen von seiner zwanghaften Neigung, seine eigenen Begabungen hervorzukehren und die anderer zu schmälern. Er stellte diesen Wesenszug gleich zu Anfang unseres erstes Treffens zur Schau, das 1991 in einem New Yorker Restaurant stattfand, einige Stunden vor seinem Abflug nach Kalifornien. Gell-Mann ist ein kleiner Mann mit einer großen schwarzgeränderten Brille, kurzem weißem Haar und einem skeptischen Blick. Kaum daß ich Platz genommen und mein Tonbandgerät neben meinem gelben Notizblock bereitgelegt hatte, begann er mir auch schon zu sagen, Wissenschaftsjournalisten seien »Ignoranten« und eine »schreckliche Brut«, die durchweg alles falsch verständen; im Grunde seien nur Wissenschaftler befähigt, ihre Arbeiten der breiten Öffentlichkeit darzulegen. Mit der Zeit ließ mein Gefühl, beleidigt worden zu sein, jedoch nach, da sich zeigte, daß Gell-Mann auch die meisten seiner Kollegen verachtete. Nach einer Reihe besonders abfälliger Bemerkungen über einige andere Physiker fügte Gell-Mann hinzu: »Ich möchte nicht, daß Sie diese Beleidigungen zitieren. Das ist nicht nett. Einige dieser Personen sind meine Freunde.«

Um mehr Zeit für das Interview zu haben, hatte ich eine Limousine bestellt, die uns gemeinsam zum Flughafen bringen sollte. Nach der Ankunft begleitete ich Gell-Mann zum Abfertigungsschalter und anschließend zur First-Class-Lounge. Er begann sich Sorgen darüber zu machen, daß er nach seiner Ankunft in Kalifornien nicht genügend Geld haben würde, um ein Taxi nach Hause zu nehmen. (Gell-Mann hatte zu diesem Zeitpunkt seinen ständigen Wohnsitz noch nicht nach Santa Fe verlegt.) Wenn ich ihm etwas Geld leihen könnte, würde er mir einen Scheck schreiben. Ich gab ihm vierzig Dollar. Als Gell-Mann mir den Scheck überreichte, riet er mir, ihn nicht einzulösen, da seine Unterschrift eines Tages vermutlich recht wertvoll sein würde. (Ich löste den Scheck zwar ein, behielt aber eine Fotokopie.)[31]

Ich habe den Eindruck, daß Gell-Mann bezweifelt, daß seine Kollegen in Santa Fe etwas wirklich Profundes entdecken werden, das in seiner Bedeutung etwa an Gell-Manns Quarktheorie heranreichen würde. Wenn jedoch ein Wunder geschehen und die Chaoplexologen es doch irgendwie schaffen sollten, etwas Bedeutendes zustande zu bringen, dann will Gell-Mann einen Teil des Ruhms für sich beanspruchen können. Aus diesem Grund sollte sein Berufsweg das gesamte Spektrum der modernen Naturwissenschaft, angefangen von der Elementarteilchenphysik bis hin zu Chaos und Komplexität, abdecken.

Für einen vermeintlichen Vorkämpfer der Chaoplexität vertritt Gell-Mann eine Weltanschauung, die der des Erzreduktionisten Steven Weinberg bemerkenswert ähnlich ist – auch wenn Gell-Mann dies natürlich nicht offen ausspricht. »Ich habe keine Ahnung, was Weinberg in seinem Buch geschrieben hat«, sagte Gell-Mann, als ich ihn 1995 bei einem

Interview in Santa Fe fragte, ob er dem beipflichte, was Weinberg in *Der Traum von der Einheit des Universums* über den Reduktionismus gesagt habe. »Aber wenn Sie *mein* Buch gelesen hätten, dann wüßten Sie, was *ich* dazu gesagt habe.« Anschließend wiederholte Gell-Mann einige der wichtigsten Thesen seines 1994 erschienenen Buches *Das Quark und der Jaguar*.[32] Nach Gell-Manns Auffassung bilden die Wissenschaften eine Hierarchie. Auf der obersten Ebene stehen jene Theorien, die im gesamten bekannten Universum gelten, wie etwa der zweite Hauptsatz der Thermodynamik und Gell-Manns eigene Quarktheorie. Andere Gesetze wie etwa jene, die sich auf die Übertragung genetischer Information beziehen, sind nur hier auf der Erde gültig, und die Phänomene, die sie beschreiben, sind weitgehend das Resultat von Zufällen und historischen Umständen.

»Mit dem Beginn der biologischen Evolution sehen wir, daß die Geschichte plötzlich eine gewaltige Rolle spielt: Die unzähligen Zufallsereignisse hätten – selbstverständlich im Rahmen der Selektionsdrücke – andere Bahnen einschlagen und andere Lebensformen hervorbringen können. Dann tritt der Mensch auf, dessen Merkmale ebenfalls in hohem Maße historisch determiniert sind. Die Determination ist das Ergebnis der fundamentalen Gesetze und der Geschichte bzw., anders ausgedrückt, der fundamentalen Gesetze und der konkreten Umstände.«

Gell-Manns reduktionistische Bestrebungen bekunden sich in seinen Bemühungen, seine Kollegen am Santa Fe Institute dazu zu bringen, den Begriff *Komplexität* durch den von ihm geprägten Begriff *Plektik* zu ersetzen. »Das Wort leitet sich von dem indoeuropäischen Wort *plec* her, das die Wurzel der englischen Begriffe *simplicity* (Einfachheit) und *complexity* (Komplexität) ist. Dementsprechend versuchen wir in der Plektik den Zusammenhang zwischen dem Einfachen und dem Komplexen zu verstehen, vor allem, auf welche Weise aus den einfachen fundamentalen Gesetzen, die das Verhalten der gesamten Materie steuern, das komplexe Gefüge unserer Umwelt hervorgeht«, sagte er. »Wir versuchen Theorien darüber aufzustellen, wie dieser Prozeß im allgemeinen, aber auch in Sonderfällen funktioniert, und in welcher Beziehung diese Sonderfälle zur allgemeinen Regel stehen.« (Anders als *Quark* hat sich der Begriff *Plektik* nicht durchgesetzt. Ich habe niemals jemand anders als Gell-Mann diesen Begriff benutzen gehört – es sei denn, um Gell-Manns Vorliebe dafür zu ironisieren.)

Gell-Mann hielt es für ausgeschlossen, daß seine Kollegen jemals eine einheitliche Theorie aller komplexen adaptiven Systeme entdecken. »Es gibt gewaltige Unterschiede zwischen diesen Systemen: Manche basieren auf Silicium, andere auf Protoplasma und so weiter. Es ist nicht das gleiche.« Ich fragte Gell-Mann, ob er mit dem »More Is Different«-Prinzip seines Kollegen Philip Anderson übereinstimme. »Ich weiß nicht, was er darüber geschrieben hat«, antwortete Gell-Mann geringschätzig. Ich erläuterte ihm Andersons Auffassung, wonach reduktionistische Theorien nur einen begrenzten Erklärungswert besäßen; man könne die einzelnen Erklärungsebenen, angefangen von der Elementarteilchenphysik bis zur Biologie, nicht aufeinander zurückführen. »Doch! Doch!« versetzte Gell-Mann. »Haben Sie gelesen, was ich darüber geschrieben habe? Ich habe dieser Frage zwei oder drei Kapitel gewidmet!«

Gell-Mann sagte, daß die einzelnen Erklärungsebenen grundsätzlich aufeinander zurückführbar seien, daß man aber in der Praxis diesen Weg häufig nicht gehen könne, weil biologische Phänomene auf sehr vielen kontingenten historischen Umständen basierten. Das heiße aber nicht, daß biologische Phänomene von geheimnisvollen Gesetzen gesteuert würden, die unabhängig von den Gesetzen der Physik wären. Der springende Punkt der Emergenztheorie bestehe vielmehr gerade darin, daß »wir *nichts anderes* brauchen, um *etwas anderes* zu bekommen«, sagte Gell-Mann. »Und wenn man die

Natur unter diesem Gesichtswinkel betrachtet, dann fällt es einem plötzlich wie Schuppen von den Augen! Diese seltsamen Fragen quälen einen nicht mehr!«

Gell-Mann schloß damit die Möglichkeit aus – auf die Stuart Kauffman und andere hinwiesen –, daß es ein noch nicht entdecktes Naturgesetz geben könnte, das erklärt, weshalb das Universum trotz der angeblich universellen Tendenz zu wachsender Unordnung, wie es der zweite Hauptsatz der Thermodynamik verfügt, ein so hohes Maß an Ordnung hervorbrachte. Auch dieses Problem war nach Gell-Manns Ansicht gelöst. Das Universum befand sich ursprünglich in einem »aufgewickelten« Zustand, fernab vom thermischen Gleichgewicht. In dem Maße, wie sich das Universum »entwickelt«, nimmt die Entropie im Schnitt im gesamten System zu, doch kann es zu vielen lokalen Verletzungen dieser Tendenz kommen. »Es ist eine allgemeine Entwicklungsrichtung, und es gibt jede Menge gegenläufiger Ereignisse«, sagte er. »Das ist etwas *ganz* anderes, als zu behaupten, die Komplexität nehme zu! Die Zone der Komplexität nimmt zu, expandiert. Das ergibt sich jedoch aus diesen anderen Überlegungen, dazu ist kein weiteres neues Gesetz erforderlich!«

Das Universum erzeugt das, was Gell-Mann »eingefrorene Zufallsereignisse« nennt – Galaxien, Sterne, Planeten, Steine, Bäume – komplexe Gebilde, die als Basis für die Entstehung noch komplexerer Gebilde dienen. »Allgemein gilt, daß immer komplexere Lebensformen, immer komplexere Computerprogramme und immer komplexere astronomische Objekte im Verlauf der nichtadaptiven Evolution der Sterne und Galaxien entstehen. Aber: Wenn wir sehr, sehr weit in die Zukunft blikken, wird dies vielleicht nicht mehr der Fall sein!« Äonen von der Gegenwart entfernt könnte die Ära der Komplexität zu Ende gehen, und das Universum könnte sich in »Photonen und Neutrinos und dergleichen Plunder auflösen, und es bliebe nicht viel Individualität übrig.« Der zweite Hauptsatz würde uns schließlich einholen.

»Ich widersetze mich einer gewissen Tendenz zum Obskurantismus und zur Mystifikation«, fuhr Gell-Mann fort. Er betonte, daß unser Wissen über komplexe Systeme noch immer sehr begrenzt sei; aus diesem Grund habe er an der Gründung des Santa Fe Institute mitgewirkt. »Es gibt eine Vielzahl faszinierender Forschungsarbeiten. Was ich sagen will, ist, daß nichts darauf hindeutet, daß wir – mir fällt kein besserer Ausdruck ein – *etwas anderes* brauchen!« Bei diesen Worten verzog Gell-Mann das Gesicht zu einem hämischen Grinsen, so als ob er seine Belustigung über die Torheit derer, die vielleicht anderer Ansicht waren als er, nicht unterdrücken konnte.

Gell-Mann meinte, daß »das Selbstbewußtsein der letzte Schlupfwinkel der Obskurantisten und Mystifikatoren ist«. Der Mensch sei den Tieren hinsichtlich Intelligenz und Selbstbewußtsein zwar überlegen, doch handele es sich nicht um einen qualitativen Unterschied. »*Auch dies* ist ein Phänomen, das auf einer gewissen Komplexitätsebene auftaucht und das vermutlich aus den fundamentalen Gesetzen und einer riesigen Menge historischer Umstände hervorgeht. Roger Penrose hat zwei alberne Bücher geschrieben, die auf dem lange diskreditierten Trugschluß basieren, aus dem Gödelschen Unvollständigkeitssatz folge, daß das Phänomen Bewußtsein« – Pause – »*etwas anderes* erfordere.«

Wenn Wissenschaftler ein neues, fundamentales Gesetz entdecken sollten, so Gell-Mann, dann gewiß, indem sie sich weiter in den Mikrokosmos vorkämpften, in Richtung der Superstringtheorie. Gell-Mann war überzeugt davon, daß die Superstringtheorie vermutlich zu Beginn des nächsten Jahrtausends als die endgültige, fundamentale Theorie bestätigt werden würde. Doch würde eine solche weitergeholte Theorie mit allen ihren zusätzlichen Dimensionen wirklich jemals allgemein anerkannt werden, fragte ich. Gell-Mann starrte mich an, als ob ich ihm eröffnet hätte, ich glaube an die Reinkarnation. »Sie haben einen sonderbaren Begriff von Wissenschaft! Als ob es sich dabei um eine Art Meinungsumfrage handelte!« sagte er. »Die Natur ist eine vorgegebene Tatsache, und Meinungen haben nichts damit zu tun! Diese üben zwar einen gewissen Druck auf die Wissenschaft aus, aber der entscheidende Selektionsdruck ergibt sich aus dem Vergleich mit der Natur.« Wie stehe es mit der Quantenmechanik? Müßten wir uns mit ihrer befremdlichen Logik abfinden? »Die Quantenmechanik hat meines Erachtens nichts Befremdliches an sich! Die Quantenmechanik ist, wie sie ist! Sie ist eine bloße Beschreibung, mehr nicht!« Für Gell-Mann war die Wirklichkeit völlig durchschaubar. Er besaß bereits *Die Antwort*.

Ist der Prozeß der wissenschaftlichen Erkenntnis endlich oder unendlich? Dieses eine Mal hatte Gell-Mann keine fertige Antwort parat. »Das ist eine sehr schwierige Frage«, erwiderte er in nüchternem Ton. »Das kann ich nicht sagen.« Seine Ansicht darüber, wie Komplexität aus den fundamentalen Gesetzen hervorgehe, sagte er, lasse »die Frage offen, ob das gesamte wissenschaftliche Unternehmen zeitlich unbegrenzt sei. Schließlich kann sich die Wissenschaft auch mit allen möglichen Details befassen.« Details.

Einer der Gründe, weshalb Gell-Mann so schwer erträglich ist, liegt darin, daß er fast immer recht hat. Seine Prognose, daß es Kauffman, Bak, Penrose und anderen nicht gelingen wird, *etwas anderes* jenseits des Horizonts der zeitgenössischen Wissenschaft zu finden – etwas, das das Rätsel des Lebens, des menschlichen Bewußtseins und des Daseins selbst besser erklären kann als die zeitgenössische Wissenschaft –, wird sich vermutlich bewahrheiten. Gell-Mann mag sich lediglich in dem Glauben irren – traut man sich, es zu sagen? –, daß die Superstringtheorie mit all ihren Zusatzdimensionen und ihren infinitesimalen Schleifen jemals als fundamentale Theorie der Physik anerkannt wird.

Ilya Prigogine und das Ende der Gewißheit

Im Jahre 1994 erschien in der Zeitschrift *Current Anthropology* ein Aufsatz des Anthropologen Arturo Escobar über einige der neuen Begriffe und Metaphern, die die moderne Wissenschaft und Technologie hervorgebracht hatte. Er wies darauf hin, daß die Chaos- und die Komplexitätsforschung andere Weltsichten eröffneten als die herkömmliche Wissenschaft; sie betonten »Wandelbarkeit, Mannigfaltigkeit, Pluralität, Verbundenheit, Segmentarität, Heterogenität, Elastizität; nicht ›Wissenschaft‹, sondern Erkenntnis des Konkreten und Lokalen, keine Gesetze, sondern Erkenntnis der Probleme und der Dynamik der Selbstorganisation von anorganischen, organischen und sozialen Phänomenen«. Man beachte, daß das Wort *Wissenschaft* in Anführungszeichen gesetzt ist.[33]

Nicht nur Postmodernisten wie Escobar betrachten die Chaos- und Komplexitätsforschung als das, was ich ironische Wissenschaften genannt habe. Der Pionier der Artificial Life-Forschung, Christopher Langton, vertrat die gleiche Auffassung, als er prophezeite, die »Poesie« werde in Zukunft in der Wissenschaft eine größere Rolle spielen. Langtons Ideen wiederum basierten auf Überlegungen, die bereits viel früher von dem Chemiker Ilya Prigogine angestellt worden waren. Im Jahre 1977 wurde Prigogine für seine Studien über sogenannte dissipative Systeme, das sind ungewöhnliche chemische Gemische, die niemals den Gleichgewichtszustand erreichen, sondern unentwegt zwischen vielen Zuständen pendeln, mit dem Nobelpreis ausgezeichnet. Auf der Grundlage dieser Experimente errichtete Prigogine, der seinerseits zwischen den Instituten pendelt, die er an der Freien Universität in Belgien und der University of Texas in Austin gründete, ein Gebäude von Ideen über Selbstorganisation, Emergenz und die Verknüpfung zwischen Ordnung und Unordnung – kurz, über Chaoplexität.

Prigogines Hauptinteresse gilt der Zeit. Jahrzehntelang beklagte er, daß die Physik der offenkundigen Tatsache, daß die Zeit nur in einer Richtung verläuft, nicht genügend Beachtung schenke. Zu Beginn der neunziger Jahre verkündete Prigogine, er habe eine neue physikalische Theorie aufgestellt, die endlich der irreversiblen Natur der Wirklichkeit gerecht werde. Angeblich behob diese probabilistische Theorie die philosophischen Paradoxien, die die Quantenmechanik belastet hatten, und brachte diese mit der klassischen Mechanik, der nichtlinearen Dynamik und der Thermodynamik in Einklang. Zudem, so erklärte Prigogine, trage seine Theorie dazu bei, die Kluft zwischen den Natur- und Geisteswissenschaften zu schließen, und außerdem bewirke sie eine erneute »Verzauberung« der Natur.

Prigogine hat seine Fans, zumindest unter naturwissenschaftlichen Laien. Der Zukunftsforscher Alvin Toffler verglich Prigogine im Vorwort (der englischen Ausgabe) von dessen 1981 erschienenem Buch *Dialog mit der Natur* mit Newton und prophezeite, daß die künftige Wissenschaft der Dritten Welle auf dem Prigogineschen Paradigma aufbauen werde.[34] Doch Naturwissenschaftler, die mit Prigogines Arbeiten vertraut sind – einschließlich der vielen jungen Praktiker der Chaos- und Komplexitätsforschung, die Ideen und Begriffe von ihm entlehnt haben –, haben wenig oder gar nichts Gutes über ihn zu sagen. Sie werfen ihm vor, arrogant und selbstherrlich zu sein. Und sie behaupten, er habe keine nennenswerten bzw. gar keine neuen wissenschaftlichen Erkenntnisse beigesteuert; er habe lediglich Experimente von anderen nachgemacht und ihre Ergebnisse philosophisch verbrämt; und er habe den Nobelpreis mit weniger Berechtigung erhalten als alle anderen Träger.

Diese Vorwürfe mögen durchaus zutreffen. Doch Prigogine mag sich die Feindschaft seiner Kollegen auch dadurch zugezogen haben, daß er das schmutzige kleine Geheimnis der Wissenschaft des ausgehenden 20. Jahrhunderts offen ausgesprochen hat: daß sie sich nämlich in gewissem Sinne ihr eigenes Grab schaufelt. In *Dialog mit der Natur*, das Prigogine gemeinsam mit Isabelle Stengers geschrieben hat, wies er darauf hin, daß die bedeutendsten wissenschaftlichen Entdeckungen des 20. Jahrhunderts die Grenzen der Wissenschaft aufgezeigt haben. »Unmöglichkeitsbeweise, ob in der Relativitätstheorie, der Quantenmechanik oder der Thermodynamik, haben uns gezeigt, daß die Natur nicht ›von außen‹, wie von einem Beobachter, beschrieben werden kann«, so Prigogine und Stengers. Die moderne Wissenschaft mit ihren Wahrscheinlichkeitsaussagen führe zudem zu »einer Art ›Undurchsichtigkeit‹, die im Gegensatz steht zur Transparenz des klassischen Denkens«.[35]

Ich traf im März 1995 in Austin mit Prigogine zusammen, einen Tag nach seiner Rückkehr von einem Forschungsaufenthalt in Belgien. Er zeigte nicht die geringste Spur eines »Jetlag«. Trotz seines Alters von 78 Jahren machte er einen äußerst frischen und dynamischen Eindruck. Obgleich von kleiner, gedrungener Statur, strahlte er eine vornehme Würde aus; er schien nicht arrogant zu sein, sondern sich vielmehr gelassen mit seiner eigenen Bedeutung abzufinden. Als ich die Themen durchging, die ich gern mit ihm besprechen wollte, nickte er und murmelte mit einer gewissen Ungeduld: »Yays, Yays.« Wie ich bald erkannte, konnte er es nicht erwarten, mich über die Natur der Dinge zu belehren.

Kurz nachdem wir Platz genommen hatten, gesellten sich zwei Forscher des Instituts zu uns. Eine Sekretärin sagte mir später, sie hätten den Auftrag gehabt, Prigogine zu unterbrechen, wenn er mich nicht zu Wort kommen lasse. Sie erfüllten diesen Auftrag nicht. Erst einmal in Fahrt gekommen, ließ sich Prigogine nicht mehr bremsen. Wörter, Sätze, Absätze sprudelten in einem unaufhaltsamen Schwall aus ihm hervor. Er sprach mit einem fast parodistisch anmutenden starken Akzent – der mich an die Aussprache von Inspektor Clouseau in dem Film *Der rosarote Panther* erinnerte –, und doch fiel es mir nicht schwer, ihn zu verstehen.

Er schilderte in kurzen Worten seine Jugend. Er war im Jahre

1917, während der Revolution, in Rußland geboren worden, und seine Familie, die dem Bürgertum angehörte, floh bald darauf nach Belgien. Seine Interessen waren breit gefächert: Er spielte Klavier, studierte Literaturwissenschaft, Kunstgeschichte, Philosophie – und selbstverständlich auch Naturwissenschaften. Er vermutete, daß die Turbulenzen in seiner Jugend seine lebenslange Faszination mit der Zeit erklärten. »Vielleicht beeindruckte mich die Tatsache, daß die Wissenschaft so wenig über Zeit, Geschichte und Evolution zu sagen hatte, und vielleicht brachte mich dies zum Problem der Thermodynamik. Denn in der Thermodynamik ist die wichtigste Größe die Entropie, und Entropie bedeutet nichts anderes als Evolution.«

In den vierziger Jahren stellte Prigogine die These auf, daß das vom zweiten Hauptsatz der Thermodynamik postulierte Anwachsen der Entropie nicht immer zu Unordnung führen müsse; in einigen Systemen, wie etwa den schäumenden chemischen Zellen, die er in seinem Labor erforschte, konnte die Entropiezunahme frappierende Ordnungsmuster erzeugen. Er erkannte auch, daß »Struktur in der Gerichtetheit der Zeit, der Nichtumkehrbarkeit der Zeit, wurzelt und daß der Pfeil der Zeit ein sehr wichtiges Element in der Struktur des Universums darstellt. Dies brachte mich bereits in gewissem Sinne in Gegensatz zu bedeutenden Physikern wie Einstein, der behauptete, Zeit sei eine Illusion.«

Prigogine zufolge hielten die meisten Physiker die Nichtumkehrbarkeit für eine Illusion, die von der Beschränktheit unserer Beobachtungen herrühre. »Das konnte ich nie glauben, weil dies in gewissem Sinne bedeutet hätte, daß erst unsere Messungen bzw. unsere Näherungen die Irreversibilität in ein Universum einführen, das die Zeitumkehr erlaube!« versetzte Prigogine. »Wir sind nicht der Vater der Zeit, sondern deren Kinder. Wir sind ein Produkt der Evolution. Wir müssen evolutionäre Muster in unsere Beschreibungen einbeziehen. Wir brauchen eine darwinistische, evolutionäre, biologische Physik.«

Prigogine und seine Mitarbeiter hatten eine ebensolche Physik ausgearbeitet. Dieses neue Modell werde entgegen den pessimistischen Vorhersagen von Reduktionisten wie Steven Weinberg (der im gleichen Gebäude wie Prigogine arbeitete) zu einer Wiedergeburt der Physik führen, sagte mir Prigogine. Die neue Physik werde möglicherweise auch die tiefe Kluft zwischen den Naturwissenschaften, die die Natur immer als das Produkt deterministischer Gesetze dargestellt hätten, und den Geisteswissenschaften, die die menschliche Freiheit und Verantwortlichkeit betonten, überwinden. »Man kann nicht einerseits glauben, daß man wie ein Automat funktioniert, und andererseits den Humanismus hochhalten«, erklärte Prigogine.

Er betonte, daß es sich dabei selbstverständlich eher um eine Vereinheitlichung im metaphorischen als im tatsächlichen Sinne handele; diese werde der Wissenschaft auch in keiner Weise helfen, all ihre Probleme zu lösen. »Man sollte nicht übertreiben und von einer Allumfassenden Theorie träumen, die die Politik und die Volkswirtschaftslehre und das Immunsystem und die Physik und die Chemie abdeckt«, sagte Prigogine mit einem versteckten Seitenhieb auf Forscher am Santa Fe Institute und an anderen Orten, die genau von einer solchen Theorie träumten. »Man sollte nicht glauben, daß Fortschritte bei der Aufklärung gleichgewichtsferner chemischer Reaktionen den Schlüssel zum Verständnis der Politik liefern werden. Natürlich nicht! Natürlich nicht! Dennoch bringen sie ein Element der Vereinheitlichung ein. Sie bringen das Element der Verzweigung, die Idee der Geschichtlichkeit und die Idee evolutionärer Muster ins Spiel, die man tatsächlich auf sämtlichen Ebenen antrifft. Und in diesem Sinne ist es ein vereinheitlichendes Element unserer Sicht des Universums.«

Prigogines Sekretärin streckte ihren Kopf durch die Tür, um ihn daran zu erinnern, daß sie im Fakultätsklub für 12 Uhr einen Tisch zum Mittagessen reserviert hatte. Nachdem sie ihn – um fünf nach 12 Uhr – zum dritten Mal ermahnt hatte, beendete er seine Rede mit einer schwungvollen Gebärde und verkündete, es sei Zeit, sich zu Tisch zu begeben. Im Fakultätsklub gesellten sich etwa ein Dutzend Forscher, die an Prigogines Zentrum arbeiteten, zu uns: Jünger Prigogines. Wir nahmen an einem langen rechteckigen Tisch Platz. Prigogine saß in der Mitte an einer Längsseite, wie Jesus beim Letzten Abendmahl, und ich saß neben ihm, wie Judas, und lauschte, gemeinsam mit den anderen Jüngern, gespannt seinen Worten.

Gelegentlich forderte Prigogine einen seiner Jünger auf, ein oder zwei Worte zu sagen – genug, um die gewaltige Kluft zwischen seinen und ihren rhetorischen Fertigkeiten zu verdeutlichen. Einmal bat er einen großen, spindeldürren Mann, der mir gegenübersaß (und dessen ebenso spindeldürrer eineiiger Zwillingsbruder unheimlicherweise ebenfalls am Tisch saß), seine nichtlineare, probabilistische kosmologische Theorie darzulegen. Worauf der Mann mit klagendem Tonfall in einen unergründlichen Monolog über Blasen und Instabilitäten und Quantenfluktuationen verfiel. Prigogine unterbrach ihn schon nach kurzer Zeit. Die Kernaussage der Arbeit seines Kollegen, so erklärte er, bestehe darin, daß es keinen stabilen Grundzustand, keinen Gleichgewichtszustand der Raumzeit gebe; folglich habe der Kosmos keinen Anfang und auch kein Ende. Puh!

Während Prigogine den angerichteten Fisch in kleinen Bissen verzehrte, wiederholte er seine Einwände gegen den Determinismus. (Zuvor hatte Prigogine zugegeben, daß Karl Popper ihn nachhaltig beeinflußt hat.) Descartes, Einstein und die anderen großen Deterministen seien »Pessimisten gewesen, die sich eine andere Welt, eine Welt immerwährender Glückseligkeit, erhofften«. Doch eine deterministische Welt sei keine Utopie, sondern eine *Dys*topie, so Prigogine. Dies sei die Botschaft von Aldous Huxley in *Schöne neue Welt*, von George Orwell in *1984* und von Milan Kundera in *Die unerträgliche Leichtigkeit des Seins*. Wenn ein Staat Evolution,

Wandel und Fluß mit Zwang und brutaler Gewalt zu unterdrücken trachte, so erklärte Prigogine, dann vernichte er den Sinn des Lebens und erzeuge eine Gesellschaft »zeitloser Roboter«.

Andererseits wäre auch eine völlig irrationale, unvorhersagbare Welt schrecklich. »Wir müssen einen Mittelweg finden, eine probabilistische Beschreibung, die etwas – weder alles und noch nichts – erklärt.« Seine Konzeption könne ein philosophisches Rahmenmodell für die Erklärung sozialer Phänomene liefern, meinte Prigogine. Doch das menschliche Verhalten, so betonte er, lasse sich nicht mit einem wissenschaftlichen, mathematischen Modell definieren. »Im menschlichen Leben gibt es keine einfache Grundgleichung! Bereits die Entscheidung, Kaffee zu trinken oder nicht, ist kompliziert. Sie wird davon beeinflußt, was für ein Tag es ist, ob man Kaffee mag und so weiter.«

Prigogine hatte auf eine große Offenbarung hingearbeitet, und jetzt endlich enthüllte er sie. Chaos, Instabilität, nichtlineare Dynamik und verwandte Konzepte waren nicht nur bei Wissenschaftlern, sondern auch bei der breiten Öffentlichkeit auf große Resonanz gestoßen, weil die Gesellschaft selbst in einem Zustand beständigen Wandels war. Der Glaube der Öffentlichkeit an große vereinheitlichende Ideen – gleich ob auf religiösem, politischem, künstlerischem oder wissenschaftlichem Gebiet – schwand dahin.

»Sogar Menschen, die tief im katholischen Glauben verwurzelt sind, sind vermutlich nicht mehr so katholisch wie ihre Eltern oder Großeltern. Wir glauben nicht mehr in klassischer Weise an den Marxismus bzw. Liberalismus. Wir glauben nicht mehr an die klassische Naturwissenschaft.« Das gleiche gelte für die Geisteswissenschaften, die Musik, die Literatur; die Gesellschaft habe gelernt, eine Vielfalt von Stilen und Weltanschauungen hinzunehmen. Die Menschheit sei, so resümierte Prigogine, »am Ende der Gewißheiten« angelangt.

Prigogine hielt inne, um uns Gelegenheit zu geben, die Tragweite seines Diktums zu ermessen. Ich unterbrach das andächtige Schweigen mit der Bemerkung, daß einige Leute, wie etwa religiöse Fundamentalisten, sich fester als je zuvor an vermeintliche Gewißheiten zu klammern schienen. Prigogine hörte mir höflich zu und entgegnete dann, Fundamentalisten seien lediglich Ausnahmen, die die Regel bestätigten. Plötzlich starrte er eine affektierte blondhaarige Frau an, die stellvertretende Direktorin seines Instituts, die uns gegenübersaß. »Was meinen Sie?« fragte er. »Ich bin ganz Ihrer Meinung«, antwortete sie. Und sie fügte, vielleicht in Reaktion auf das unterdrückte Kichern ihrer Kollegen, eilig hinzu, daß der Fundamentalismus »eine Reaktion auf eine aus den Fugen geratene Welt zu sein scheint«.

Prigogine nickte väterlich. Er gestand, daß seine Äußerungen über das Ende der Gewißheiten »heftige Reaktionen« im intellektuellen Establishment ausgelöst hätten. Die *New York Times* habe es abgelehnt, *Dialog mit der Natur* zu rezensieren, weil, wie ihm zu Ohren gekommen sei, die Herausgeber seine Diskussion über das Ende der Gewißheiten für »zu gefährlich« gehalten hätten. Prigogine hatte Verständnis für solche Befürchtungen. »Wenn die Wissenschaft keine Gewißheiten mehr anbieten kann, was soll man dann noch glauben? Früher war es sehr leicht. Entweder man glaubte an Jesus Christus oder an Newton. Das war sehr einfach. Doch wenn die Wissenschaft heutzutage, wie ich behaupte, keine Gewißheiten, sondern nur noch Wahrscheinlichkeiten aufstellt, dann ist es tatsächlich ein gefährliches Buch!«

Dennoch war Prigogine der Ansicht, daß seine Sichtweise dem unermeßlichen Geheimnis der Welt und unseres eigenen Daseins gerecht würde. Das meinte er mit dem Schlagwort von »der Wiederverzauberung der Natur«. Man brauche nur das Mittagessen, das wir gerade einnähmen, zu betrachten. Welche Theorie könne dies vorhersagen! »Das Universum ist ein sonderbares Gebilde«, sagte Prigogine mit eindringlicher

Stimme. »Darin sind wir uns wohl alle einig.« Während er seinen ruhigen und doch wilden Blick durch den Raum schweifen ließ, nickten seine Kollegen kurz und glucksten nervös. Ihr Unbehagen war wohlbegründet. Sie hatten ihre Karrieren an einen Mann gebunden, der anscheinend glaubte, daß die Wissenschaft – die empirische, strenge Wissenschaft, die ihre Probleme löst und die Welt erklärt und die uns weiterbringt – zu Ende war.

Als Ausgleich für die verlorene Gewißheit versprach Prigogine – wie Christopher Langton, Stuart Kauffman und andere Chaoplexologen, die eindeutig von seinen Ideen beeinflußt waren – die »Wiederverzauberung der Natur«. (Trotz seiner Überheblichkeit meidet Per Bak zumindest diese pseudospirituelle Rhetorik.) Prigogine will mit diesem Slogan offensichtlich sagen, daß vage, unscharfe, schwache Theorien in gewisser Hinsicht bedeutungsvoller und tröstlicher sind als die exakten, präzisen und starken Theorien von Newton oder Einstein oder modernen Elementarteilchenphysikern. Doch man fragt sich: Wieso ist ein nichtdeterministisches, undurchschaubares Universum weniger kalt, grausam und erschreckend als ein deterministisches, durchschaubares Universum? Konkreter gefaßt: Welchen Trost soll eine bosnische Frau, die mit angesehen hat, wie ihre einzige Tochter vergewaltigt und abgeschlachtet wurde, aus der Tatsache ziehen, daß sich die Welt gemäß einer nichtlinearen, probabilistischen Dynamik entfaltet?

Mitchell Feigenbaum und der Chaos-Kollaps

Es war die Begegnung mit Mitchell Feigenbaum, die mich schließlich davon überzeugte, daß die Chaoplexität ein zum Scheitern verurteiltes Unternehmen ist. Feigenbaum war vielleicht die faszinierendste Gestalt in Gleicks Buch *Chaos* – und auf dem Feld der Chaosforschung insgesamt. Feigenbaum, ein gelernter Elementarteilchenphysiker, begann sich für Fragen zu interessieren, die den Rahmen nicht nur dieser, sondern auch aller anderen Einzeldisziplinen sprengten – Fragen über Turbulenzen, Chaos und den Zusammenhang zwischen Ordnung und Unordnung. Mitte der siebziger Jahre, als er als junger Postdoc am Los Alamos National Laboratory arbeitete, entdeckte er ein verborgenes Ordnungsmuster, die sogenannte Periodenverdopplung, die dem Verhalten eines breiten Spektrums nichtlinearer mathematischer Systeme zugrunde liegt. Die Periode eines Systems ist die Zeit, die es braucht, um in seinen ursprünglichen Zustand zurückzukehren. Feigenbaum fand heraus, daß sich die Periode einiger nichtlinearer Systeme im Laufe ihrer Evolution stetig verdoppelt und daher rasch gegen unendlich strebt, also einen unendlich langen Zeitraum umfaßt. Experimente bestätigten, daß einige einfache Systeme in der Wirklichkeit Periodenverdopplung zeigen (wenn auch nicht so viele wie ursprünglich erhofft). Öffnet man beispielsweise ganz langsam einen Wasserhahn, dann zeigt das Wasser eine Periodenverdopplung, indem es von einem stetigen Tropfen in eine turbulente Strömung übergeht. Der Mathematiker David Ruelle nannte die Periodenverdopplung ein Muster »von großer Schönheit und Bedeutung«, das in »in der Chaostheorie einen herausragenden Platz einnimmt«.[36]

Als ich Feigenbaum im März 1994 an der Rockefeller University in Manhattan besuchte, wo er über ein geräumiges Büro mit Aussicht auf den East River verfügt, war ich verblüfft, daß er genauso aussah, wie es seinem Ruf als Genie entsprach. Mit seinem prächtigen, übergroßen Kopf und seinem zurückgestrichenen Haar glich er Beethoven, auch wenn seine Gesichtszüge weniger grobschlächtig waren. Feigenbaum sprach klar und deutlich, ohne Akzent, aber mit einer sonderbaren Umständlichkeit, so als sei Englisch eine Zweitsprache, die er allein aufgrund seiner außergewöhnlichen Geistesgaben gemeistert hatte. (Die Stimme des Superstringtheoretikers

Edward Witten wies die gleiche Eigentümlichkeit auf.) Wenn Feigenbaum sich über etwas amüsierte, lachte er weniger, als daß er grimassierte: Seine schon von Natur aus vorstehenden Augen traten dann noch weiter aus ihren Höhlen heraus, und seine Lippen zogen sich zurück, um eine Doppelreihe bräunlicher, stiftartiger Zähne freizulegen, die von unzähligen filterlosen Zigaretten und Espressos verfärbt worden waren (beides konsumierte er auch während unseres Treffens). Seine Stimmbänder, gehärtet durch die jahrzehntelange Einwirkung dieser Gifte, erzeugten eine Stimme, die so klangvoll und tönend war wie die eines tiefen Basses, und ein tiefes, boshaftes Kichern.

Wie viele andere Chaoplexologen konnte es sich auch Feigenbaum nicht verkneifen, die Elementarteilchenphysiker ob ihres anmaßenden Glaubens zu verspotten, sie könnten eine Allumfassende Theorie aufstellen. Es sei durchaus möglich, so sagte er, daß die Elementarteilchenphysiker eines Tages eine Theorie entwickelten, die sämtliche fundamentalen Naturkräfte einschließlich der Gravitation angemessen beschreibe. Doch eine solche Theorie könne keineswegs als »endgültig« bezeichnet werden. »Viele meiner Kollegen liebäugeln mit der Idee endgültiger Theorien, weil sie religiös sind. Sie benutzen sie als einen Ersatz für Gott, an den sie nicht glauben. Aber sie haben bloß ein Surrogat erzeugt.«

Eine einheitliche Theorie der Physik würde offensichtlich nicht alle Fragen beantworten, sagte Feigenbaum. »Wenn Sie wirklich glauben, daß dies ein Weg ist, um die Welt zu verstehen, dann kann ich sofort fragen: Wie schreibe ich in dieses formalistische Modell Ihr Aussehen ein, mit all den Haaren auf Ihrem Kopf?« Er starrte mich an, bis meine Kopfhaut zu kribbeln anfing. »Eine mögliche Antwort lautet: ›Das ist kein interessantes Problem.‹« Gegen meinen Willen fühlte ich mich leicht gekränkt. »Eine andere Antwort lautet: ›Schön, aber wir können das nicht leisten.‹ Die richtige Antwort ist offenbar eine Mischung aus diesen beiden sich ergänzenden

Antworten. Wir verfügen über sehr wenige Werkzeuge. Wir können Probleme wie dieses nicht lösen.«

Zudem hätten es die Elementarteilchenphysiker allzusehr auf Theorien abgesehen, die lediglich insoweit wahr seien, als sie die verfügbaren Daten erklärten; Ziel der Wissenschaft aber sei es, »Gedanken in den Köpfen« zu erzeugen, die »mit hoher Wahrscheinlichkeit neu oder aufregend sind«, erklärte Feigenbaum. »*Das* ist es, was wir brauchen.« Und er fügte hinzu: »Zu wissen, daß etwas wahr ist, verschafft einem keinerlei Gewißheit, zumindest was mich betrifft. Das ist mir völlig gleichgültig. Es gefällt mir, zu wissen, daß ich auf eine gewisse Weise über Dinge nachdenken kann.« Mir kam der Verdacht, daß Feigenbaum, wie David Bohm, die Seele eines Künstlers, eines Dichters, vielleicht sogar eines Mystikers hat: Er suchte nicht nach der Wahrheit, sondern nach einer Offenbarung.

Feigenbaum wies darauf hin, daß die Methodik der Elementarteilchenphysik – und der Physik im allgemeinen – darin bestanden habe, die einfachsten möglichen Bausteine der Wirklichkeit zu betrachten, »das, was sich nicht weiter zerlegen läßt«. Die radikalsten Reduktionisten hätten behauptet, daß die Erforschung komplexerer Phänomene bloße »Technik« sei. Doch aufgrund der Fortschritte in der Chaos- und Komplexitätsforschung würden »einige der Dinge, die in den Bereich der Technik verwiesen wurden, mittlerweile als Fragen betrachtet, die man vernünftigerweise aus einer theoretischeren Perspektive behandeln sollte. Nicht bloß, um die richtige Antwort zu erhalten, sondern um ihre Funktionsweise besser zu verstehen. Und die Tatsache, daß man sogar noch der letzten Bemerkung einen Sinn abgewinnen kann, ist unvereinbar mit der Vorstellung, eine Theorie könnte jemals vollendet sein.«

Andererseits habe auch die Chaosforschung eine allzu große Euphorie ausgelöst. »Die Bezeichnung ›Chaosforschung‹ ist eigentlich eine Art Etikettenschwindel«, sagte er.

»Stellen Sie sich vor, einer meiner Kollegen [unter den Elementarteilchenphysikern] geht zu einer Party und macht dort die Bekanntschaft einer Person, die in höchsten Tönen über die Chaosforschung spricht und ihm sagt, das ganze reduktionistische Zeug sei Mist. Das ist äußerst ärgerlich, weil das, was man dieser Person erzählt hat, völliger Blödsinn ist«, sagte Feigenbaum. »Meines Erachtens ist es bedauerlich, daß die Leute schlampig sind und zu guter Letzt auch noch als Repräsentanten einer Disziplin erscheinen.«

Feigenbaum fügte hinzu, einige seiner Kollegen am Santa Fe Institute vertrauten auch allzu leichtfertig auf die Fähigkeiten von Computern. »Probieren geht über Studieren«, sagte er und hielt einen Augenblick lang inne, als ob er überlegte, wie er am diplomatischsten fortfahren solle. »Es ist sehr schwierig, in numerischen Experimenten etwas zu erkennen. Die Leute wollen immer ausgeklügeltere Computer, um etwa das Verhalten von Flüssigkeiten zu simulieren. Durch die Simulation von Flüssigkeiten kann man etwas lernen. Doch nur dann, wenn man weiß, wonach man Ausschau hält, kann man auch etwas sehen. Denn schließlich brauche ich nur aus dem Fenster zu schauen, um eine sehr viel bessere Simulation zu erhalten, als ich sie jemals auf einem Computer zustande bringen könnte.«

Er wies mit dem Kopf zum Fenster, hinter dem der bleigraue East River strömte. »Ich kann ihn nicht genauso eindringlich befragen, aber in eine numerische Simulation geht so viel ein, daß ich keine neuen Erkenntnisse gewinnen werde, wenn ich nicht weiß, welche konkrete Frage sie mir beantworten soll.« Aus diesen Gründen habe ein Großteil der gegenwärtigen Arbeiten über nichtlineare Phänomene »keine Antworten gebracht. Das liegt daran, daß es sich um wirklich vertrackte Probleme handelt und daß wir über keine Instrumente verfügen. Dabei sollte unsere Aufgabe eigentlich darin bestehen, jene aufschlußreichen Berechnungen durchzuführen, die ein gewisses Maß an Glauben und auch Glück erfordern. Die Leute wissen nicht, wie sie diese Probleme in Angriff nehmen sollen.«

Ich gestand, daß mich die Rhetorik der Chaos- und Komplexitätsforscher oftmals verwirre. Manchmal schienen sie die Grenzen der Wissenschaft aufzuzeigen, etwa mit dem sogenannten Schmetterlingseffekt, dann wiederum deuteten sie an, daß sie diese Grenzen überwinden könnten. »Wir stellen Werkzeuge her!« entfuhr es Feigenbaum. »Wir wissen nicht, wie wir diese überaus schwierigen Probleme lösen können. Ab und an bietet sich uns eine winzige Nische, in der wir wissen, wie wir vorgehen müssen, und dann versuchen wir sie so weit auszudehnen, wie es geht. Und wenn sie dann die äußerste Grenze erreicht, suhlt man sich eine Zeitlang darin und hört dann damit auf. Und dann wartet man auf einen neuen Geistesblitz. Doch eigentlich geht es darum, die Grenzen dessen zu erweitern, was in den Hoheitsbereich der Wissenschaft fällt. Das gelingt *nicht* mit einer technischen Sichtweise. Es geht nicht darum, eine bloß näherungsweise Antwort zu erhalten.«

»Ich möchte *die Ursache* wissen«, fuhr er fort, mich weiterhin streng musternd. »*Weshalb* verhält sich etwas so?« War es auch möglich, daß dieses Unternehmen scheiterte? »Selbstverständlich!« versetzte Feigenbaum, worauf er in ein irres Gelächter ausbrach. Er gestand, daß er selbst in letzter Zeit nicht weitergekommen sei. Bis Ende der achtziger Jahre habe er sich bemüht, eine Methode zu verfeinern, die beschrieb, wie sich ein fraktales Objekt, etwa eine Wolke, entwickelt, wenn es durch verschiedene Kräfte gestört wird. Er schrieb zwei lange Aufsätze zu diesem Thema, die 1988 und 1989 in einer relativ unbekannten physikalischen Fachzeitschrift erschienen.[37]

»Ich habe keine Ahnung, wie verständlich sie waren«, sagte Feigenbaum trotzig. »Ich konnte nicht einmal einen Vortrag darüber halten.« Das Problem, so Feigenbaum, bestehe vielleicht darin, daß niemand verstehe, worauf er hinauswolle. (Feigenbaum war für seine unklare Ausdrucksweise genauso bekannt wie für seine brillanten Ideen.) Seitdem, so fügte er hinzu, »ist mir keine neue Idee eingefallen, die mich in dieser Sache weitergebracht hätte«.

Unterdessen hatte sich Feigenbaum der angewandten Wissenschaft zugewandt, der Technik. Er hatte einem Unternehmen, das Landkarten herstellt, geholfen, Software für den automatischen Entwurf von Landkarten mit minimaler räumlicher Verzerrung und maximalem ästhetischem Reiz zu entwickeln. Er gehörte einem Ausschuß an, der einen neuen Entwurf für US-Dollarscheine ausarbeitete, um diese fälschungssicherer zu machen. (Feigenbaum präsentierte den Vorschlag, fraktale Muster zu benutzen, die beim Kopieren verschwimmen.) Ich erklärte, dies alles seien Projekte, die die meisten Wissenschaftler als faszinierend und sinnvoll betrachten würden. Doch Personen, die mit Feigenbaums früherer Rolle als Pionier der Chaostheorie vertraut waren und denen jetzt zu Ohren kam, daß er sich mit Landkarten und Geldscheinen beschäftigte, könnten denken ...

»Er beschäftigt sich nicht mehr mit ernsthaften Dingen«, sagte Feigenbaum leise wie zu sich selbst. Nicht nur das, fügte ich hinzu. Man könnte auf den Gedanken kommen, daß das ganze Gebiet seinen Höhepunkt überschritten habe, wenn selbst der zweifellos begabteste Chaosforscher nicht weiterwisse. »Da ist *etwas* Wahres dran«, antwortete er. Er räumte ein, daß er seit 1989 keine guten Ideen mehr gehabt habe, wie man die Chaostheorie erweitern könne. »Man hält nach substantiellen Dingen Ausschau, doch im Augenblick...« Er hielt inne. »Ich habe keine Idee. Ich weiß nicht...« Ein weiteres Mal wandte er seine großen leuchtenden Augen dem Fluß hinter seinem Fenster zu, so als suche er nach einem Zeichen.

Von leichten Gewissensbissen geplagt, sagte ich Feigenbaum, daß ich gern seine letzten Aufsätze über die Chaostheorie lesen würde. Besaß er irgendwelche Nachdrucke? Worauf sich Feigenbaum mit einem Ruck von seinem Sessel erhob und blindlings zu einer Reihe von Aktenschränken torkelte, die an der gegenüberliegenden Wand seines Büros standen. Unterwegs stieß er mit einem Schienbein gegen einen niedrigen Couchtisch. Er zuckte zusammen und humpelte dann mit zusammengebissenen Zähnen weiter, verletzt durch seinen Zusammenstoß mit der Welt. Der plötzlich feindselig aussehende Couchtisch schien voller Häme zu sagen: »Derart widerlege ich Feigenbaum.«

Metaphern bilden

Die Forschungen auf den Gebieten Chaos, Komplexität und Künstliches Leben werden weitergehen. Einige ihrer Anhänger werden sich damit begnügen, auf dem Feld der reinen Mathematik und der theoretischen Informatik zu spielen. Andere, die Mehrzahl, werden neue mathematische und rechnerische Verfahren für technische Zwecke entwickeln. Sie werden allmähliche Fortschritte machen, etwa den Zeithorizont von Wettervorhersagen ausdehnen oder die Fähigkeit von Ingenieuren verbessern, die Leistung von Düsenflugzeugen oder anderen komplexen Technologien zu simulieren. Aber sie werden keine bedeutenden neuen Erkenntnisse über die Natur gewinnen – jedenfalls nichts, was mit der Darwinschen Evolutionslehre oder der Quantenmechanik vergleichbar wäre. Sie werden keine größeren Korrekturen an unserem Modell der Wirklichkeit bzw. unserer Geschichte der Schöpfung erzwingen. Sie werden nicht das finden, was Murray Gell-Mann »etwas anderes« genannt hat.

Bislang haben die Chaoplexologen einige eindrucksvolle Metaphern produziert: Schmetterlingseffekt, Fraktale, Künstliches Leben, der Rand des Chaos, selbstorganisierte Kritizität. Aber sie haben uns nichts über die Welt gesagt, das zugleich konkret und wirklich überraschend – im positiven oder negativen Sinne – wäre. Sie haben die Grenzen der Erkenntnis in gewissen Bereichen geringfügig vorgeschoben, und sie haben die Schranken des Wissens in anderen Bereichen präziser bestimmt.

Computersimulationen stellen eine Art Metawirklichkeit dar, innerhalb der man mit wissenschaftlichen Theorien spielen und sie sogar – in begrenztem Umfang – überprüfen kann, aber sie sind nicht die Wirklichkeit selbst (auch wenn viele ihrer Anhänger diesen Unterschied aus dem Blick verloren haben). Zudem mögen Computer, indem sie die Fähigkeit der Wissenschaftler verbessern, verschiedene Symbole auf unterschiedliche Weise zu manipulieren, um ein natürliches Phänomen zu simulieren, den Glauben der Wissenschaftler untergraben, daß ihre Theorien nicht nur wahr, sondern *Wahr*, ausschließlich und schlechthin wahr, sind. So werden die Computer möglicherweise das Ende der empirischen Wissenschaft beschleunigen. Christopher Langton hatte recht: Die Wissenschaft der Zukunft wird »poetischer« sein.

9. DAS ENDE DER LIMITOLOGIE

Die Grenzen des Wissens in Santa Fe

So wie Liebende erst dann über ihre Beziehung sprechen, wenn es zu kriseln beginnt, so nehmen unter Wissenschaftlern die Selbstzweifel und Unsicherheiten erst dann zu, wenn ihre Bemühungen immer geringere Erträge abwerfen. Die Wissenschaft folgt dann dem Weg, den schon die Literatur, die Kunst, die Musik und die Philosophie eingeschlagen haben: Sie wird introspektiver, subjektiver und diffuser werden, und sie wird sich verstärkt mit ihren eigenen Methoden befassen. Im Frühjahr 1994 konnte ich – im kleinen Rahmen – einen Blick in die Zukunft der Wissenschaft werfen, als ich am Santa Fe Institute an einem Workshop über »Die Grenzen der wissenschaftlichen Erkenntnis« teilnahm. Auf dieser dreitägigen Veranstaltung gingen zahlreiche Denker, darunter Mathematiker, Physiker, Biologen und Wirtschaftswissenschaftler, der Frage nach, ob die Wissenschaft an Grenzen stoßen werde und, falls ja, ob diese Grenzen wissenschaftlich erkannt werden könnten. Die Tagung wurde von zwei Wissenschaftlern organisiert, die mit dem Santa Fe Institute zusammenarbeiten: John Casti, einem Mathematiker, der zahlreiche populärwissenschaftliche Bücher über Naturwissenschaften und Mathematik geschrieben hat, und Joseph Traub, einem theoretischen Informatiker von der Columbia University.[1]

Ich nahm hauptsächlich deshalb an diesem Workshop teil, weil ich Gregory Chaitin treffen wollte, einen Mathematiker und Informatiker von IBM, der sich seit Anfang der sechziger Jahre darum bemüht, den Gödelschen Unvollständigkeitssatz mit Hilfe der von ihm begründeten algorithmischen Informationstheorie zu erforschen und zu erweitern. Soweit ich es beurteilen konnte, stand Chaitin dicht davor, zu beweisen, daß eine mathematische Theorie der Komplexität unmöglich ist.

Bevor ich Chaitin begegnete, hatte ich ihn mir als einen griesgrämigen, verdrießlich dreinblickenden Mann mit behaarten Ohren und osteuropäischem Akzent vorgestellt; schließlich waren seine Forschungen über die Grenzen der Mathematik von einer alteuropäischen philosophischen Angst durchdrungen. Aber Chaitin ähnelte nicht im entferntesten dem Bild, das ich mir von ihm gemacht hatte. Er war stämmig, glatzköpfig und dennoch jungenhaft, und er war gekleidet wie ein Neobeatnik: Er trug eine ausgebeulte weiße Hose mit elastischem Bund, ein schwarzes T-Shirt, das mit einer Zeichnung von Matisse bedruckt war, und Sandalen. Er war jünger, als ich es erwartet hatte; später erfuhr ich, daß er seinen ersten Aufsatz im Jahre 1965, im Alter von erst achtzehn Jahren, veröffentlicht hatte. Seine Hyperaktivität ließ ihn noch jünger erscheinen. Die Geschwindigkeit seiner Rede nahm entweder stetig zu, wenn er vom Schwall seiner Worte fortgetragen wurde, oder kontinuierlich ab, vielleicht, weil ihm bewußt wurde, daß er sich den Grenzen des menschlichen Begriffsvermögens näherte und er daher langsamer sprechen sollte. Würde man die Geschwindigkeit und die Lautstärke seiner Rede graphisch darstellen, erhielte man sich überlappende Sinuswellen. Um den klaren Ausdruck einer Idee ringend, preßte er die Lider zusammen und beugte seinen Kopf mit schmerzverzerrtem Gesicht nach vorn, so als versuche er, die Worte aus seinem Hirn zu schütteln.[2]

Die Teilnehmer der Konferenz saßen an einem langen rechteckigen Tisch in einem langen rechteckigen Raum, an dessen einem Ende eine Tafel stand. Casti eröffnete das Treffen mit der Frage: »Ist die Wirklichkeit so komplex, daß wir sie nicht verstehen können?« Aus dem Unvollständigkeitssatz von Kurt Gödel folge, daß einige mathematische Beschreibungen immer unvollständig sein würden, so Casti; gewisse Aspekte der Welt würden sich immer einer Beschreibung entziehen. In ähnlicher Weise habe Alan Turing bewiesen, daß zahlreiche mathematische Aussagen »unentscheidbar« seien; das heißt, man kann in einem endlichen Zeitraum nicht entscheiden, ob die Aussagen wahr oder falsch sind. Traub versuchte Castis Frage auf eine positivere Weise zu formulieren: Können wir erkennen, was wir nicht erkennen können? Können wir *beweisen*, daß es Grenzen der Wissenschaft gibt, so wie Gödel und Turing bewiesen haben, daß es Grenzen der Mathematik und der Berechnung gibt?

E. Atlee Jackson, ein Physiker von der University of Illinois, erklärte, der einzige Weg, einen solchen Beweis zu führen, bestehe darin, ein formales Modell der Wissenschaft zu entwerfen. Um zu verdeutlichen, wie schwierig diese Aufgabe sei, eilte er zur Tafel und kritzelte ein äußerst kompliziertes Flußdiagramm darauf, das angeblich die Wissenschaft darstellte. Als seine Zuhörer ihn verständnislos anstarrten, nahm Jackson Zuflucht zu Aphorismen. Um herauszufinden, ob die Wissenschaft Grenzen habe, müsse man die Wissenschaft zuerst einmal definieren, und sobald man sie definiere, setze man ihr notgedrungen eine Grenze. Andererseits, so fügte er hinzu, »kann ich meine Frau zwar nicht definieren, aber ich kann sie erkennen«. Belohnt mit höflichem Lachen, kehrte Jackson zu seinem Stuhl zurück.

Der Antichaos-Theoretiker Stuart Kauffman schlüpfte mehrfach in den Sitzungssaal hinein, um zenartige Kurzvorlesungen zu halten und gleich darauf wieder zu verschwinden. Während einem seiner Auftritte erinnerte er uns daran, daß unser schieres Überleben von unserer Fähigkeit abhänge, die Welt zu klassifizieren. Doch die Welt sei nicht von sich aus in vorgefertigten Kategorien verpackt. Wir könnten sie auf vielfältigste Weise »zerlegen« bzw. klassifizieren. Zudem müßten wir, um Phänomene klassifizieren zu können, einen Teil der Informationen verwerfen. Kauffman schloß mit folgenden salbungsvollen Worten: »Zu sein heißt zu klassifizieren und zu handeln, und dies alles wiederum bedeutet, Informationen auszuklammern. Folglich erfordert der Akt der Erkenntnis selbst teilweise Unkenntnis.« Seine Zuhörer schienen zugleich beeindruckt und verärgert zu sein.

Anschließend sagte Ralph Gomory einige Worte. Dieser ehemalige Vice President des Forschungsbereichs von IBM leitet jetzt die Sloan Foundation, eine philanthropische Organisation, die wissenschaftsbezogene Projekte fördert, darunter auch den Workshop am Santa Fe Institute. Wenn Gomory den Ausführungen einer anderen Person lauschte, aber auch wenn er selbst sprach, stand auf seinem Gesicht ein Ausdruck tiefer Skepsis. Er neigte den Kopf nach vorn, so als spähe er über eine Lesebrille, während er seine dicken schwarzen Augenbrauen zusammenzog und die Stirn runzelte.

Gomory erklärte, er habe sich entschlossen, den Workshop zu unterstützen, weil er schon seit langem der Ansicht sei, das Bildungssystem lege allzu großen Wert auf das, was bekannt sei, und zu wenig auf das Unbekannte oder auch Unerkennbare. Die meisten Menschen seien sich nicht einmal der Tatsache bewußt, wie wenig wir wüßten, sagte Gomory, weil das Bildungssystem eine völlig in sich geschlossene, widerspruchsfreie Sicht der Wirklichkeit vermittle. So stamme etwa alles, was wir über die altpersischen Kriege wüßten, aus einer einzige Quelle: Herodot. Woher aber wüßten wir, ob Herodot ein zuverlässiger Berichterstatter gewesen sei? Vielleicht habe er nur über unvollständige oder ungenaue Informationen verfügt! Vielleicht sei er voreingenommen gewesen, vielleicht habe er manches ausgeschmückt! Wir würden es niemals wissen!

Anschließend bemerkte Gomory, daß ein Marsbewohner, der die Menschen beim Schachspiel beobachte, dessen Regeln möglicherweise richtig ableiten könne. Aber könne der Marsbewohner jemals sicher sein, daß es sich um die richtigen oder die einzigen Regeln handele? Alle sannen einen Augenblick lang über das von Gomory aufgeworfene knifflige Problem nach. Dann stellte Kauffman Mutmaßungen darüber an, wie Wittgenstein diese Frage beantwortet hätte. Wittgenstein hätte, so Kauffman, unter der Möglichkeit »schrecklich gelitten«, daß die Schachspieler – absichtlich oder unabsichtlich – einen Zug machen, der gegen die Regeln verstieß. Denn woher könne der Marsbewohner denn wissen, ob der Zug ein bloßer Fehler oder das Resultat einer weiteren Regel war?»Haben Sie das kapiert?« fragte Kauffman Gomory.

»Zunächst einmal: Ich weiß nicht, wer Wittgenstein ist«, erwiderte Gomory gereizt.

Kauffman runzelte die Stirn: »Er ist ein *sehr* berühmter Philosoph.«

Er und Gomory starrten sich an, bis jemand sagte: »Halten wir doch Wittgenstein da heraus.«

Patrick Suppes, ein Philosoph von der Stanford University, unterbrach die Diskussion mehrfach, um darauf hinzuweisen, daß Kant in seiner Behandlung der Antinomien praktisch alle Probleme vorweggenommen habe, mit denen sie sich auf dem Workshop abmühten. Als Suppes schließlich eine weitere Antinomie zur Sprache brachte, rief jemand: »Schluß mit Kant!« Suppes protestierte mit dem Hinweis, er wolle nur noch eine Antinomie erwähnen, die wirklich von großer Bedeutung sei, doch seine Kollegen brüllten ihn nieder. (Zweifellos wollten sie nicht daran erinnert werden, daß sie lediglich mit neumodischen Begriffen und Metaphern Argumente wiederholten, die nicht nur von Kant, sondern sogar schon von den alten Griechen vorgebracht worden waren.)

Chaitin, der wie aus der Pistole geschossen sprach, brachte das Gespräch zurück auf Gödel. Der Unvollständigkeitssatz, so Chaitin, sei keineswegs ein paradoxes Kuriosum, das für den Fortschritt der Mathematik bzw. Wissenschaft weitgehend ohne Belang sei, wie dies einige Mathematiker gern glauben würden, sondern eines von einer Reihe tiefgreifender Probleme, die die Mathematik aufwerfe. »Manche tun Gödels Befunde als bizarr und pathologisch ab, und sie führen sie auf ein Paradox der Selbstreferentialität zurück«, sagte Chaitin. »Gödel selbst befürchtete manchmal, daß es sich lediglich um ein Paradox handele, das dadurch entstehe, daß wir Wörter benutzten. Aber die Unvollständigkeit scheint naturgegeben zu sein, so daß man sich fragen kann, wieso wir Mathematiker überhaupt irgend etwas zustande bringen können!«

Chaitins eigene Arbeiten zur algorithmischen Informationstheorie deuten darauf hin, daß die Mathematiker ihr Axiomensystem in dem Maße erweitern müssen, wie die Probleme, mit denen sie sich befassen, an Komplexität zunehmen; anders gesagt: Um mehr zu wissen, muß man mehr voraussetzen. Infolgedessen, so behauptete Chaitin, werde die Mathematik zwangsläufig immer mehr zu einer experimentellen Wissenschaft, die ihren Anspruch auf absolute Wahrheit immer mehr einbüße. Chaitin hat außerdem nachgewiesen, daß die Mathematik genauso wie die Natur durch eine fundamentale Unbestimmtheit und Zufälligkeit geprägt zu sein scheint. Er hatte vor kurzem eine algebraische Gleichung entdeckt, die je nach dem Wert der Variablen in der Gleichung eine unendliche oder endliche Anzahl von Lösungen zu haben schien.

»Normalerweise geht man davon aus, daß es immer einen Grund dafür gibt, daß jemand etwas für wahr hält. In der Mathematik nennt man einen Grund einen Beweis, und die Aufgabe eines Mathematikers besteht darin, den Beweis, die Gründe, die Deduktionen aus Axiomen bzw. anerkannten Prinzipien zu finden. Nun habe ich jedoch mathematische Wahrheiten gefunden, die völlig grundlos wahr sind. Sie sind zufälligerweise wahr. Und aus diesem Grund werden wir niemals die Wahrheit finden: Weil es keine Wahrheit gibt, gibt es keinen Grund, weshalb diese wahr sein sollten.«

Chaitin hat ferner bewiesen, daß man niemals herausfinden kann, ob ein bestimmtes Computerprogramm der kürzestmögliche Weg ist, um ein Problem zu lösen; denn es ist immer möglich, daß es ein noch kürzeres Programm gibt. (Aus dieser Erkenntnis folgt, wie andere Wissenschaftler gezeigt haben, daß die Physiker niemals sicher sein können, daß sie eine wirklich endgültige Theorie gefunden haben, eine, die die kompakteste Beschreibung der Natur darstellt.) Chaitin gefiel sich augenscheinlich in der Rolle eines Überbringers solch unheilvoller Kunde. Der Gedanke, daß er den Tempel der Mathematik und der Wissenschaft niederriß, schien ihn zu berauschen. Casti erwiderte, die Mathematiker könnten dem Gödelschen Verdikt möglicherweise dadurch entgehen, daß sie einfache formale Systeme benutzten – wie etwa eine Arithmetik, die nur aus Addition und Subtraktion (nicht aber Multiplikation und Division) bestehe. Nichtdeduktive Systeme der Beweisführung könnten das Problem möglicherweise ebenfalls umgehen, so Casti; das Gödelsche Theorem werde sich vielleicht in den Naturwissenschaften als ein Scheinhindernis erweisen.

Auch Francisco Antonio »Chico« Doria, ein brasilianischer Mathematiker, fand Chaitins Analyse allzu pessimistisch. Er behauptete, die mathematischen Hürden, die Gödel erkannt habe, würden keineswegs das Ende der Mathematik bedeuten, sondern könnten diese sogar bereichern. So könnten die Mathematiker beispielsweise dann, wenn sie auf eine scheinbar unentscheidbare Aussage stießen, zwei neue Zweige der Mathematik gründen: einen, der unterstelle, daß der Satz wahr sei, und einen anderen, der voraussetze, daß er unwahr sei. »Statt an eine Grenze des Wissens zu gelangen«, folgerte Doria, »hätten wir möglicherweise eine Fülle neuer Erkenntnisse.«

Chaitin verdrehte die Augen, als er Dorias Worten lauschte. Auch Suppes schien Zweifel zu hegen. Er meinte, willkürlich zu unterstellen, unentscheidbare mathematische Aussagen seien wahr oder falsch, weise »all die Vorteile auf, die Diebstahl gegenüber ehrlicher Arbeit hat«. Er schrieb diese geistreiche Bemerkung irgendeiner Berühmtheit zu.

Das Gespräch kam immer wieder auf eines der – einem seltsamen Attraktor gleichenden – Lieblingsthemen philosophisch interessierter Mathematiker und Physiker zurück: das Kontinuumproblem. Ist die Wirklichkeit kontinuierlich oder diskontinuierlich? Analog oder digital? Läßt sich die Welt am besten mit Hilfe sogenannter reeller Zahlen, die sich in unendlich feine Abstufungen zerteilen lassen, oder mit ganzen Zahlen beschreiben? Die Physiker von Newton bis Einstein haben sich auf reelle Zahlen gestützt. Doch der Quantenmechanik zufolge setzen sich Materie und Energie und vielleicht sogar Zeit und Raum (auf äußerst kleinen Skalen) aus diskreten, unteilbaren Einheiten zusammen. Auch Computer stellen alles in ganzen Zahlen dar: als Nullen und Einsen.

Chaitin erklärte, reelle Zahlen seien »Unsinn«. Ihre Exaktheit sei angesichts des Rauschens, der Unschärfe der Welt eine Fiktion. »Die Physiker wissen, daß jede Gleichung eine Lüge ist«, erklärte er.

Jemand parierte diese Aussage mit einem Zitat von Picasso: »Kunst ist eine Lüge, die uns hilft, die Wahrheit zu erkennen.«

Natürlich seien reelle Zahlen Abstraktionen, mischte sich Traub ein, aber sehr leistungsfähige, effektive Abstraktionen. *Natürlich* gebe es immer ein Rauschen, aber es gebe Möglichkeiten, in einem System reeller Zahlen mit dem Rauschen fertig zu werden. Ein mathematisches Modell erfasse das Wesentliche an einem Phänomen. Niemand behaupte, es erfasse das *gesamte* Phänomen.

Suppes schritt zur Tafel und kritzelte einige Gleichungen darauf, die, wie er behauptete, das Kontinuumproblem ein für allemal lösten. Seine Zuhörer schienen wenig beeindruckt zu sein. (Dies ist meines Erachtens das Hauptproblem der Philosophie: Eigentlich *möchte* niemand, daß philosophische Probleme gelöst werden, weil man dann keinen Diskussionsstoff mehr hätte.)

Andere Teilnehmer wandten ein, daß sich die Wissenschaftler viel weniger abstrakten Schranken der Erkenntnis gegenübersähen als den Problemen der Unvollständigkeit, der Unentscheidbarkeit, der Kontinuität und so weiter. Einer davon war Piet Hut, ein niederländischer Astrophysiker vom Institute for Advanced Study. Er sagte, daß er und seine Kollegen mit Hilfe leistungsfähiger statistischer Verfahren und Computer einen Weg gefunden hätten, das berüchtigte n-Körper-Problem zu überwinden, wonach es unmöglich sei, die Bahnen von drei oder mehr gravitativ wechselwirkenden Körpern vorherzusagen. Computer könnten mittlerweile die Entwicklung von ganzen Galaxien, die aus Milliarden von Sternen beständen, und sogar Nebelhaufen simulieren.

Doch, so fügte Hut hinzu, die Astronomen seien jetzt mit anderen scheinbar unüberwindlichen Hindernissen konfrontiert. Sie könnten nur ein Universum erforschen, so daß sie keine kontrollierten Experimente durchführen könnten. Die Kosmologen könnten die Geschichte des Universums nur bis zu dessen Anfang zurückverfolgen, und sie könnten niemals wissen, was vor dem Urknall gewesen sei oder was, möglicherweise, jenseits der Grenzen unseres Universums existierte. Zudem würde es den Elementarteilchenphysikern vielleicht sehr schwerfallen, Theorien (wie etwa die Superstringtheorie) zu überprüfen, die die Gravitation und alle übrigen Naturkräfte vereinheitlichten, weil die Wirkungen erst bei Entfernungen und Energien sichtbar würden, die für alle denkbaren Teilchenbeschleuniger völlig unerreichbar seien.

Eine ähnliche pessimistische Einschätzung ließ Rolf Landauer anklingen, ein Physiker bei IBM, der wegbereitende Studien über die physikalischen Grenzen der Berechnung vorgelegt hat. Landauer sprach mit einem brummenden deutschen Akzent, der die Schärfe seines bissigen Humors noch verstärkte. Als ein Redner ihm die Sicht auf seine Diagramme versperrte, herrschte Landauer ihn an: »Ihre Worte mögen transparent sein, Sie aber sind es nicht!«

Nach Landauers Ansicht könnten die Wissenschaftler nicht damit rechnen, daß die Leistungsfähigkeit von Computern unbegrenzt zunehme. Er räumte ein, daß sich viele der vermeintlichen physikalischen Grenzen, die der Berechnung angeblich durch den zweiten Hauptsatz der Thermodynamik bzw. durch die Quantenmechanik gesetzt seien, als fadenscheinig erwiesen hätten. Andererseits stiegen die Kosten von Computerfabriken so schnell, daß der jahrzehntelange Verfall von Computerpreisen zum Stillstand zu kommen drohe. Landauer bezweifelte auch, daß die Computerentwickler sich schon bald exotische Quanteneffekte wie etwa die Überlagerung – die Fähigkeit eines Quants, sich gleichzeitig in mehr als einem Zustand aufzuhalten – zunutze machen und dadurch die Leistungsfähigkeit gegenwärtiger Computer übertreffen könnten, wie dies einige Theoretiker vorhersagten. Derartige Systeme würden auf die geringfügigsten Störungen auf Quantenniveau so empfindlich reagieren, daß sie praktisch nutzlos wären, behauptete Landauer.

Brian Arthur, ein rotgesichtiger Wirtschaftswissenschaftler am Santa Fe Institute, der mit einem schwungvollen irischen Akzent sprach, lenkte das Gespräch auf die Grenzen der Volkswirtschaftslehre. Bei dem Versuch, die Kursentwicklung von Aktien vorherzusagen, so Arthur, müsse der Anleger Mutmaßungen darüber anstellen, auf welche Weise andere Akteure Mutmaßungen darüber anstellen, auf welche Weise andere Akteure Mutmaßungen anstellten – und so endlos weiter. Die wirtschaftliche Sphäre sei ihrem Wesen nach subjektiv, psychologisch und daher nicht vorhersagbar; Unbestimmtheit »sickert durch das gesamte System«. Sobald die Wirtschaftswissenschaftler versuchten, ihre Modelle zu vereinfachen – indem sie etwa annähmen, die Anleger könnten ein vollkommenes Wissen über den Markt erlangen oder die Preise verkörperten einen wahren Wert –, würden die Modelle unrealistisch; zwei Wirtschaftswissenschaftler, die über die gleiche unermeßliche Intelligenz verfügten, kämen zu unterschiedlichen Schlußfolgerungen über dasselbe System. Die Wirtschaftswissenschaftler könnten im Grunde genommen nur sagen: »Es könnte so sein, es könnte aber auch so sein.« Andererseits, fügte Arthur hinzu, »wenn man auf den Märkten Geld verdient hat, dann hören einem alle Wirtschaftswissenschaftler zu«.

Daraufhin wiederholte Kauffman – auf abstrakterer Ebene – genau das, was Arthur gerade gesagt hatte. Menschen seien »Agenten«, die ihre »inneren Modelle« in Reaktion auf die wahrgenommenen Korrekturen der inneren Modelle anderer Agenten kontinuierlich anpassen müßten und so eine »komplexe koadaptive Landschaft« erzeugten.

Mit finsterem Blick warf Landauer ein, daß ökonomische Phänomene aus sehr viel naheliegenderen Gründen als diesen subjektiven Faktoren nicht vorhersagbar seien. AIDS, Kriege in der Dritten Welt, ja der Durchfall des Chefanalysten eines großen Investmentfonds könnten sich nachhaltig auf eine Volkswirtschaft auswirken. Welches Modell könne jemals derartige Ereignisse vorhersagen?

Roger Shepard, ein Psychologe von Stanford, der bislang schweigend zugehört hatte, meldete sich nun endlich zu Wort. Shepard machte einen leicht melancholischen Eindruck. Seine scheinbare Stimmung mochte auf einem falschen Eindruck beruhen, der von seinem schlaff herabhängenden elfenbeinfarbenen Schnurrbart hervorgerufen wurde – oder ein sehr reales Nebenprodukt seines obsessiven Interesses an unbeantwortbaren Fragen sein. Shepard räumte ein, er sei nicht zuletzt deshalb hierhergekommen, um Aufschluß darüber zu erhalten, ob wissenschaftliche bzw. mathematische Wahrheiten entdeckt oder erfunden würden. Er habe sich in letzter Zeit auch intensiv mit der Frage auseinandergesetzt, ob wissenschaftliche Erkenntnisse objektiv existierten, und sei zu der Schlußfolgerung gelangt, daß sie nicht unabhängig vom menschlichen Geist bestehen könnten. Ein Lehrbuch der Physik sei ohne einen Menschen, der es lese, lediglich ein Stapel mit Tintenflecken übersäter Seiten Papier. Doch das warf eine nach Shepards Ansicht beunruhigende Frage auf. Die Wissenschaft werde offenbar immer komplexer und sei daher immer schwerer zu verstehen. Daher erscheine es durchaus möglich, daß in der Zukunft einige wissenschaftliche Theorien, wie etwa die Theorie des menschlichen Bewußtseins, so komplex würden, daß sie selbst die Auffassungsgabe des brillantesten Wissenschaftlers überstiegen. »Vielleicht bin ich altmodisch«, sagte Shepard, doch wenn eine Theorie so kompliziert sei, daß sie ein einzelner Mensch nicht mehr verstehen könne, stelle sich die Frage, welchen Nutzen wir daraus ziehen könnten.

Auch Traub bekundete seine Besorgnis über dieses Problem. Wir Menschen mochten an das Ockhamsche Rasiermesser-Prinzip glauben – wonach die einfachsten Theorien die besten sind –, weil dies die einzigen Theorien seien, die unsere kümmerlichen Gehirne verstehen könnten. Doch vielleicht würden Computer nicht dieser Beschränkung unterliegen, fügte Traub hinzu. Vielleicht seien Computer die Wissenschaftler der Zukunft.

In der Biologie »schneidet einem das Ockhamsche Rasiermesser die Kehle durch«, bemerkte jemand mit schwarzem Humor.

Gomory behauptete, die Aufgabe der Wissenschaft bestehe darin, in einer Welt, die im Grunde genommen unverständlich sei, solche Nischen der Realität auszumachen, die einer Erklärung zugänglich seien. Man könne die Erklärbarkeit der Welt unter anderem dadurch verbessern, daß man sie künstlicher mache, denn künstliche Systeme seien in der Regel leichter zu verstehen und ihr Verhalten besser vorhersagbar als natürliche Systeme. So könne man die Wettervorhersage beispielsweise dadurch verbessern, daß man die Erde mit einem transparenten Kuppeldach umhülle.

Alle starrten Gomory einen Augenblick lang an. Dann sagte Traub: »Ich glaube, Ralph will sagen, daß es leichter ist, die Zukunft zu erschaffen, als sie vorherzusagen.«

Je länger die Sitzung dauerte, um so plausibler erschienen mir die Ausführungen von Otto Rössler. Lag es vielleicht nur daran, daß alle anderen Teilnehmer immer unverständlicher klangen? Rössler, ein theoretischer Biochemiker und Chaostheoretiker von der Universität Tübingen, hatte Mitte der siebziger Jahre ein mathematisches Monstrum namens »Rössler-Attraktor« entdeckt. Sein zerzaustes weißes Haar gab ihm das Aussehen von jemandem, der gerade aus einem Trancezustand erwacht war. Er besaß die überbetonten Gesichtszüge einer Marionette: staunende Augen, eine vorstehende Unterlippe und ein wulstiges Kinn, das von tiefen vertikalen Hautfalten eingerahmt wurde. Weder ich noch, so vermute ich, irgendein anderer Sitzungsteilnehmer konnte ihm so recht folgen, doch alle neigten sich in seine Richtung, wenn er im Flüsterton seine orakelhaften Einlassungen vortrug.

Rössler verwies auf zwei grundlegende Grenzen der Erkenntnis. Die eine sei die Unzugänglichkeit. So könnten wir beispielsweise niemals sichere Erkenntnisse über den Ursprung des Universums erlangen, weil dieses Ereignis räumlich und zeitlich zu weit von uns entfernt sei. Noch viel schwerwiegender sei die zweite Grenze, die Verzerrung. Die Welt könne uns zu der Annahme verleiten, wir würden etwas verstehen, während wir es in Wirklichkeit nicht täten. Wenn wir außerhalb des Universums stünden, so Rössler, dann würden wir die Grenzen unseres Wissens erkennen; aber wir seien im Universum gefangen, so daß wir unsere Grenzen nur unvollständig erkennen könnten.

Rössler stellte einige Fragen zur Diskussion, die erstmals im 18. Jahrhundert von einem Physiker namens Roger Boscovich aufgeworfen worden seien. Könne man, wenn man sich auf einem Planeten mit einem völlig dunklen Himmel befinde, feststellen, ob sich der Planet drehe? Wenn die Erde atme und wenn wir synchron mit ihr ebenfalls atmeten, könnten wir dann erkennen, daß die Erde atme? Vermutlich nicht, meinte Rössler. »Es gibt Situationen, in denen es unmöglich ist, die Wahrheit herauszufinden, wenn man selbst Teil des Systems ist«, sagte er. Andererseits, so fügte er hinzu, könnten wir durch bloßes Durchspielen von Gedankenexperimenten wie diesen vielleicht einen Weg finden, um die Grenzen der Erkenntnis zu überwinden.

Je länger Rössler sprach, um so größer wurde die Sympathie, die ich für seine Ideen empfand. In einer der Pausen fragte ich ihn, ob er glaube, daß intelligente Computer möglicherweise die Grenzen der menschlichen Erkenntnis überwinden könnten. Er schüttelte energisch den Kopf. »Nein, das ist unmöglich«, erwiderte er in eindringlichem Flüsterton. »Ich würde auf Delphine oder Pottwale setzen. Es sind die irdischen Lebewesen mit den größten Gehirnen.« Rössler enthüllte mir, daß sich die Rudelgenossen eines harpunierten Pottwals manchmal sternförmig um diesen versammelten, so daß sie ihrerseits zu einem leichten Ziel der Walfänger würden. »Meistens wird dieses Verhalten auf einen bloßen Instinkt zurückgeführt«, sagte Rössler. »In Wirklichkeit ist es ihre Weise, der Menschheit zu zeigen, daß sie viel höher entwickelt sind als der Mensch.« Ich nickte nur.

Gegen Ende des Treffens schlug Traub vor, alle Teilnehmer sollten sich in Arbeitsgruppen aufteilen, die die Grenzen einzelner Fachgebiete erörtern sollten: Physik, Mathematik, Biologie, Sozialwissenschaften. Ein Sozialwissenschaftler erklärte, er wolle sich nicht der sozialwissenschaftlichen Arbeitsgruppe anschließen, denn er sei ausschließlich deshalb zu dem Seminar gekommen, um mit Wissenschaftlern anderer Disziplinen zu diskutieren und von ihnen zu lernen. Daraufhin äußerten sich einige andere im gleichen Sinne. Einer meinte, wenn alle die Ansicht des Sozialwissenschaftlers teilten, dann gäbe es in der sozialwissenschaftlichen Arbeitsgruppe keine Sozialwissenschaftler, in der biologischen Arbeitsgruppe keine Biologen und so fort. Traub sagte, seine Kollegen könnten sich nach eigenem Gutdünken aufteilen; er habe lediglich einen Vorschlag gemacht. Die nächste Frage war, wo die einzelnen Arbeitsgruppen zusammentreten sollten. Jemand schlug vor, sie sollten sich auf verschiedene Räume verteilen, damit gewisse laute Redner die anderen Gruppen nicht störten. Alle blickten auf Chaitin. Sein Versprechen, leise zu sein, löste Hohngelächter aus. Die Diskussion ging weiter. Landauer meinte, hier werde zuviel Intelligenz auf ein triviales Problem verwandt. Ausgerechnet als alles ziemlich festgefahren zu sein schien, schlossen sich die Teilnehmer – mehr oder minder entsprechend Traubs ursprünglichem Vorschlag – spontan zu

Gruppen zusammen und zogen sich in verschiedene Räumlichkeiten zurück. Dies war meines Erachtens ein eindrucksvolles Beispiel für das, was man am Santa Fe Institute Selbstorganisation bzw. Ordnung aus Chaos nannte; vielleicht war auch das Leben auf diese Weise entstanden.

Ich schloß mich der Mathematik-Gruppe an, zu der Chaitin, Landauer, Shepard, Doria und Rössler gehörten. Wir fanden einen leeren Raum mit einer Tafel. Einige Minuten lang wurde darüber diskutiert, worüber diskutiert werden sollte. Dann ging Rössler zur Tafel und schrieb eine jüngst von ihm entdeckte Formel nieder, die ein unvorstellbar kompliziertes mathematisches Objekt beschrieb, »die Mutter aller Fraktale«. Landauer fragte Rössler höflich, was es mit diesem Fraktal für eine Bewandtnis habe. Es »tröstet den Geist«, antwortete Rössler. Es bestärke ihn zudem in der Hoffnung, daß die Physiker die Wirklichkeit mit diesen chaotischen, aber klassischen Formeln beschreiben und sich so von den schrecklichen Unbestimmtheiten der Quantenmechanik befreien könnten.

Shepard warf ein, daß er sich der Mathematik-Gruppe angeschlossen habe, weil er von den Mathematikern wissen wolle, ob mathematische Wahrheiten erfunden oder entdeckt würden. Es wurde eine Zeitlang darüber diskutiert, ohne daß man zu einem Konsens gelangte. Chaitin sagte, die meisten Mathematiker neigten der Entdeckungstheorie zu, doch Einstein sei offenbar ein Anhänger der Erfindungstheorie gewesen.

Während einer kurzen Gesprächsflaute erklärte Chaitin die Mathematik erneut für tot. In Zukunft könnten Mathematiker Probleme nur noch mit Hilfe extrem aufwendiger Computerberechnungen lösen, die so komplex seien, daß sie niemand mehr verstehen könne.

Alle schienen genug von Chaitin zu haben. Die Mathematik *funktioniere*, entgegnete Landauer wütend. Sie helfe Wissenschaftlern, Probleme zu lösen. Sie sei *offensichtlich* nicht tot. Andere schlugen in die gleiche Kerbe und warfen Chaitin vor, er übertreibe.

Chaitin schien zum ersten Mal nachdenklich geworden zu sein. Sein Pessimismus, so mutmaßte er, hänge möglicherweise damit zusammen, daß er am Morgen zu viele Hörnchen gegessen hatte. Er fügte hinzu, daß der Pessimismus des deutschen Philosophen Schopenhauer, der den Selbstmord als höchsten Ausdruck existentieller Freiheit befürwortet habe, auf dessen kranke Leber zurückgeführt worden sei.

Steen Rasmussen, ein Physiker und Stammgast am Santa Fe Institute, wiederholte das altbekannte Argument der Chaoplexologen, wonach herkömmliche reduktionistische Methoden komplexe Probleme nicht lösen könnten. Die Wissenschaft brauche einen »neuen Newton«, der ein völlig neues begriffliches und mathematisches Modell der Komplexität erfinde.

Landauer monierte, daß Rasmussen der »Krankheit« vieler Forscher am Santa Fe Institute erlegen sei, nämlich zu glauben, daß »eine große religiöse Erleuchtung« auf der Stelle all ihre Probleme lösen würde. Die Wissenschaft funktioniere nicht auf diese Weise; unterschiedliche Probleme erforderten unterschiedliche Werkzeuge und Techniken.

Rössler verfiel in einen langen, verworrenen Monolog, dessen Kernaussage offensichtlich lautete, daß unser Gehirn lediglich eine Lösung für die vielfältigen Probleme der Welt darstelle. Die Evolution hätte ebensogut andere Gehirne erzeugen können, die andere Lösungen dargestellt hätten.

Landauer, der sich gegenüber Rössler seltsam fürsorglich verhielt, fragte diesen freundlich, ob er glaube, wir könnten unser Gehirn verändern, um mehr Erkenntnisse zu gewinnen. »Es gibt eine Möglichkeit«, erwiderte Rössler, während er auf einen unsichtbaren Gegenstand auf dem Tisch vor ihm starrte: »Verrückt werden.«

Einen Augenblick lang herrschte verlegenes Schweigen. Dann entbrannte eine Kontroverse darüber, ob Komplexität ein nützlicher Begriff sei oder ob er so vage definiert sei, daß er völlig inhaltsleer sei und aufgegeben werden sollte. Selbst wenn Begriffe wie *Chaos* und *Komplexität* keine exakte wissenschaftliche Bedeutung hätten, so Chaitin, seien sie dennoch nützlich, aus Public-Relations-Gründen. Traub wies darauf hin, daß der Physiker Seth Lloyd mindestens 31 verschiedene Definitionen von Komplexität gezählt habe.

»Wir gelangen von der Komplexität zur Perplexität«, verkündete Doria. Alle nickten und beglückwünschten ihn zu diesem Aphorismus.

Als die Arbeitsgruppen wieder zusammenkamen, bat Traub jeden einzelnen, folgende zwei Fragen zu beantworten: Was habe ich dazugelernt? Welche Fragen bleiben ungelöst?

Aus Chaitin sprudelten die Fragen nur so hervor: Wo liegen die Grenzen der Metamathematik und der Metametamathematik? Wo liegen die Grenzen unserer Fähigkeit, Grenzen zu erkennen? Sind diesem Wissen Grenzen gesetzt? Können wir das gesamte Universum simulieren, und, falls ja, können wir ein besseres Universum erschaffen als Gott?

»Und können wir dorthin umziehen?« spöttelte einer.

Lee Segel, ein israelischer Biologe, ermahnte sie, bei der öffentlichen Diskussion dieser Fragen vorsichtig zu sein, wenn sie nicht zu der wachsenden wissenschaftsfeindlichen Stimmung in der Gesellschaft beitragen wollten. Schließlich, so fuhr er fort, dächten zu viele Menschen, Einstein habe gezeigt, daß alles relativ sei, und Gödel habe bewiesen, daß nichts bewiesen werden könne. Alle nickten feierlich. Die Wissenschaft weise eine fraktale Struktur auf, ergänzte Segel selbstbewußt, und es gebe offensichtlich keine Grenzen der Erforschbarkeit. Wieder allgemeines Nicken.

Rössler schlug für das, was er und seine Kollegen taten, einen neuen Begriff vor: Limitologie. Die Limitologie, so Rössler, sei ein postmodernes Unternehmen, eine Folge des das gesamte 20. Jahrhundert durchziehenden Bemühens, die Wirklichkeit in ihre Bestandteile zu zerlegen. Selbstverständlich habe sich schon Kant Gedanken über die Grenzen der Erkenntnis gemacht. Ebenso Maxwell, der große schottische Physiker.

Maxwell ersann einen mikroskopisch kleinen Homunkulus bzw. Dämon, der uns dabei helfen sollte, den zweiten Hauptsatz der Thermodynamik zu umgehen. Doch die eigentliche Lehre des Maxwellschen Dämons besteht nach Rössler darin, daß wir uns in einem thermodynamischen Gefängnis befinden, aus dem wir nie entkommen können. Wenn wir Informationen über die Welt sammeln, tragen wir zu ihrer Entropie und damit zu ihrer Unerkennbarkeit bei. Wir steuern unentrinnbar auf den Wärmetod zu. »Das ganze Thema der Grenzen der Wissenschaft ist ein Thema von Dämonen«, zischelte Rössler. »Wir kämpfen gegen Dämonen.«

Ein Treffen mit Gregory Chaitin

Alle Teilnehmer waren sich darin einig, daß der Workshop produktiv gewesen war; einige von ihnen sagten Joseph Traub, der zu den Organisatoren gehörte, es sei die beste Tagung gewesen, an der sie jemals teilgenommen hätten. Über ein Jahr später erklärte sich Ralph Gomory bereit, Mittel der Sloan Foundation für weitere Treffen am Santa Fe Institute und an anderen Orten zur Verfügung zu stellen. Piet Hut, Otto Rössler, Roger Shepard und Robert Rosen, ein kanadischer Biologe, der ebenfalls an dem Workshop teilgenommen hatte, taten sich zusammen, um ein Buch über die Grenzen der Wissenschaft zu schreiben. Ich war nicht sonderlich überrascht, als ich erfuhr, daß sie darin die These vertreten wollten, der Wissenschaft stehe eine ruhmreiche Zukunft bevor. »Mit Schwarzseherei kommen wir nicht weit«, sagte mir Shepard mit fester Stimme.

In meinen Augen waren bei dem Treffen in Santa Fe lediglich die Argumente wiederaufgewärmt worden, die Gunther Stent fünfundzwanzig Jahre zuvor so elegant dargelegt hatte. Die Teilnehmer des Workshops hatten, wie Stent vor ihnen, erkannt, daß die Wissenschaft an physikalische, gesellschaftliche und kognitive Grenzen stößt. Doch diese Wahrheitssucher waren, anders als Stent, offenkundig nicht in der Lage, den logischen Schluß aus ihren eigenen Argumenten zu ziehen. Niemand wollte sich damit abfinden, daß die Wissenschaft – definiert als die Suche nach intelligiblen, empirisch bewiesenen Wahrheiten über die Natur – vielleicht bald zu Ende gehen würde oder bereits zu Ende gegangen war. Niemand, außer Gregory Chaitin. Unter allen Teilnehmern des Treffens hatte er die größte Bereitschaft gezeigt, zuzugeben, daß die Naturwissenschaft und die Mathematik möglicherweise an unüberwindliche kognitive Schranken stoßen.

Aus diesem Grund vereinbarte ich mit Chaitin mehrere Monate nach dem Workshop in Santa Fe ein weiteres Treffen in Cold Spring im US-Bundesstaat New York, einem Dorf am Hudson River, in dessen Nähe wir beide wohnen. In einem Café an der winzigen Hauptstraße des Ortes verzehrten wir Kaffee und Gebäck und machten anschließend einen Spaziergang zu einem Pier am Fluß. Storm King Mountain und die imposante Festung West Point ragten auf der anderen Seite des Flusses empor. Möwen kreisten über unseren Köpfen.[3]

Als ich Chaitin sagte, daß ich an einem Buch über die Möglichkeit schrieb, daß die Wissenschaft in eine Phase rückläufiger Erträge eintritt, erwartete ich, daß er mich in meinem Vorhaben bestärken würde, doch er schnaubte ungläubig. »Stimmt das? Ich hoffe, daß es nicht stimmt, weil es ziemlich langweilig wäre, wenn es stimmte. Doch dies scheint sich in jedem Jahrhundert zu wiederholen. Wer hat noch schnell gesagt – war es vielleicht Lord Kelvin? –, daß wir nur noch ein paar weitere Stellen hinter dem Komma bestimmen müßten?« Als ich einwarf, daß Historiker keine Anhaltspunkte dafür finden konnten, daß Kelvin jemals eine solche Äußerung gemacht habe, zuckte Chaitin die Achseln. »Schauen Sie sich all die Dinge an, die wir nicht wissen! Wir wissen nicht, wie das Gehirn arbeitet. Wir wissen nicht, wie das Gedächtnis funktioniert. Wir wissen nicht, was Altern ist.« Wenn wir herausfinden könnten, weshalb wir altern, dann könnten wir vielleicht auch einen Weg finden, den Alterungsprozeß aufzuhalten, sagte Chaitin.

Ich erinnerte Chaitin daran, daß er in Santa Fe behauptet habe, die Mathematik und die Wissenschaft insgesamt würden sich ihren endgültigen Grenzen nähern. »Ich habe lediglich versucht, die anderen wachzurütteln«, antwortete er. »Die Teilnehmer waren ziemlich abgeschlafft.« Er betonte, seine eigenen Arbeiten stellten einen Anfang und kein Ende dar. »Vielleicht werde ich zu einem negativen Ergebnis kommen, doch ich verstehe es als Anleitung für die Erkenntnis neuer mathematischer Wahrheiten: Verhalte dich mehr wie ein Physiker. Gehe empirischer vor. Füge neue Axiome hinzu.«

Chaitin sagte, er könnte seine Arbeiten über die Grenzen der Mathematik nicht fortsetzen, wenn er kein Optimist wäre. »Pessimisten würden es mit Gödel halten, und sie würden anfangen, Scotch zu trinken, bis sie an Leberzirrhose sterben würden.« Obgleich die *conditio humana* noch genauso »vertrackt« sein mochte wie vor Tausenden von Jahren, konnte man die gewaltigen Fortschritte, die wir in Wissenschaft und Technologie gemacht hatten, nicht leugnen. »In meiner Jugend sprachen alle mit einer geheimnisvollen Hochachtung über Gödel. Und ich wollte verstehen, was zum Teufel er meinte und weshalb es wahr war. Und es gelang mir! Das stimmt mich optimistisch. Ich glaube, ja ich hoffe, daß wir sehr wenig wissen, denn dann macht das Leben viel mehr Spaß.«

Chaitin erinnerte sich daran, daß er einmal mit dem Physiker Richard Feynman in einen Streit über die Grenzen der Wissenschaft geraten war. Der Zwischenfall ereignete sich auf einer Konferenz über Berechnung Ende der achtziger Jahre, kurz vor Feynmans Tod. Als Chaitin meinte, die Wissenschaft stehe erst an ihrem Anfang, wurde Feynman wütend. »Er sagte, wir hätten für praktisch alle Phänomene des Alltagslebens bereits physikalische Erklärungen, und alles, was noch ausstehe, sei nicht von Belang.«

Feynmans Einstellung hatte Chaitin zunächst verwundert, bis er erfuhr, daß Feynman an Krebs litt. »Feynman hätte all seine großartigen Leistungen auf dem Gebiet der Physik nicht mit einer so pessimistischen Einstellung vollbringen können. Doch am Ende seines Lebens, als der arme Kerl wußte, daß er nicht mehr lange leben würde, ist eine solche Einstellung verständlich«, sagte Chaitin. »Wenn jemand stirbt, dann will er nicht den ganzen Spaß verpaßt haben. Er will nicht den Eindruck haben, daß es irgendeine wundervolle Theorie, irgendeine wundervolle Erkenntnis der materiellen Welt gibt, von der er keine Ahnung hat und die er nie kennenlernen wird.«

Ich fragte Chaitin, ob er von dem Buch *The Coming of the Golden Age* gehört habe. Als Chaitin den Kopf schüttelte, resümierte ich Stents Argument über das Ende der Wissenschaft. Chaitin verdrehte die Augen und fragte, wie alt Stent gewesen sei, als er das Buch geschrieben habe. Mitte Dreißig, antwortete ich. »Vielleicht hatte er ein Leberleiden«, antwortete Chaitin. »Vielleicht hatte seine Freundin ihm den Laufpaß gegeben. Meistens beginnen Männer dergleichen zu schreiben, wenn sie feststellen, daß ihre Potenz nachläßt.« Ich sagte, Stent habe das Buch in den sechziger Jahren in Berkeley geschrieben. »Ach so! Dann verstehe ich!« frohlockte Chaitin.

Chaitin war unbeeindruckt von Stents Argument, daß die große Mehrzahl der Menschen sich nichts aus der reinen Wissenschaft mache. »Das war schon immer so«, entgegnete Chaitin. »Die Leute, die gute wissenschaftliche Arbeit leisten, bildeten schon immer eine kleine Gruppe von Verrückten. Alle anderen Menschen sorgen sich um die Sicherung ihres Auskommens, die Rückzahlung ihrer Hypothek. Die Kinder sind krank, die Frau braucht Geld, oder sie brennt mit einem anderen durch.« Er lachte glucksend. »Bedenken Sie, daß die Quantenmechanik, die ein echtes Meisterwerk ist, in den zwanziger Jahren, als es noch keine Forschungsförderung gab, von ihren Begründern als Hobby betrieben wurde. Die Quantenmechanik und die Kernphysik glichen der griechischen Dichtkunst.«

Glücklicherweise, so Chaitin, würden nur wenige Menschen nach Antworten auf bedeutende Fragen suchen. »Es wäre eine Katastrophe, wenn alle versuchen würden, die Grenzen der Mathematik zu verstehen oder große Gemälde zu malen! Die Klospülung würde nicht funktionieren! Der Strom würde nicht fließen! Gebäude würden einstürzen! Wenn jeder bedeutende Kunst schaffen oder tiefschürfende wissenschaftliche Erkenntnisse gewinnen wollte, dann würde die Welt stillstehen! Es ist gut, daß wir so wenige sind!«

Chaitin räumte ein, daß die Teilchenphysik aufgrund der gigantischen Kosten von Beschleunigern offenbar zum Stillstand gekommen sei. Doch er sei zuversichtlich, daß Teleskope in den kommenden Jahren weitere bahnbrechende Entdeckungen in der Physik ermöglichen würden, indem sie die gewalttätigen Prozesse, die in Neutronensternen, Schwarzen Löchern und anderen Exotika ablaufen, enthüllen würden. Aber sei es nicht möglich, fragte ich, daß all diese neuen Beobachtungen, statt zu exakteren und konsistenteren physikalischen und kosmologischen Theorien zu führen, alle Versuche, derartige Theorien aufzustellen, aussichtslos machen würden? Seine eigenen mathematischen Arbeiten – die zeigten, daß man mit wachsender Komplexität der Phänomene, mit denen man sich befaßt, seine Axiomenbasis stetig erweitern muß – schienen darauf hinzudeuten. »Sie werden also eher den biologischen Theorien gleichen? Vielleicht haben Sie recht, aber wir werden mehr über die Welt wissen«, erwiderte Chaitin.

Wissenschaftliche und technische Fortschritte hätten auch die Kosten von Apparaten in vielen Bereichen gesenkt, versicherte Chaitin. »Die Zahl der Geräte, die man jetzt in vielen Bereichen für sehr wenig Geld erwerben kann, ist erstaunlich.« Computer seien für seine eigene Arbeit unverzichtbar gewesen. Chaitin hatte kürzlich eine neue Programmier-

Ein Treffen mit Gregory Chaitin

sprache erfunden, die seine Vorstellungen über die Grenzen der Mathematik sehr viel konkreter machte. Er hatte sein Buch *The Limits of Mathematics* über das Internet verbreitet. »Das Internet verbindet Menschen miteinander und ermöglicht Dinge, die zuvor nicht möglich waren.«

Chaitin prophezeite, daß der Mensch in Zukunft seine Intelligenz durch gentechnische Manipulation oder dadurch, daß er sie auf Computer lade, vielleicht steigern könne. »Unsere Nachfahren werden möglicherweise im Vergleich zu uns so intelligent sein, wie wir es im Vergleich zu Ameisen sind.« Andererseits: »Wenn alle Heroin nehmen und depressiv werden und die ganze Zeit fernsehen, dann werden wir nicht weit kommen.« Chaitin hielt inne. »Die Menschen haben eine Zukunft, wenn sie es verdienen, eine Zukunft zu haben!« platzte es aus ihm heraus. »Wenn sie depressiv werden, dann haben sie keine Zukunft!«

Selbstverständlich sei es immer möglich, daß die Wissenschaft zu Ende gehe, weil die Zivilisation zu Ende gehe. Während er mit einer Hand auf die felsigen Hügel auf der anderen Seite des Flusses deutete, erklärte er, daß das Flußbett während der letzten Eiszeit von Gletschern ausgegraben worden sei. Vor nur 10 000 Jahren habe Eis die gesamte Region eingehüllt. Die nächste Eiszeit könnte die menschliche Zivilisation zerstören. Doch selbst dann würden möglicherweise andere Lebewesen im Universum das Streben nach Erkenntnis fortsetzen. »Ich weiß nicht, ob andere Lebewesen existieren. Ich hoffe es, weil sie wahrscheinlich nicht alles verpfuschen würden.«

Ich öffnete den Mund, bereit, die Möglichkeit einzuräumen, daß die Wissenschaft in Zukunft von intelligenten Maschinen fortgeführt werde. Doch Chaitin, der sich in eine Art Rausch hineingesteigert hatte und immer schneller sprach, schnitt mir das Wort ab. »Sie sind ein Pessimist! Sie sind ein Pessimist!« schrie er. Er erinnerte mich an etwas, das ich ihm im Verlauf des Gesprächs mitgeteilt hatte, nämlich daß meine Frau mit unserem zweiten Kind schwanger war. »Sie haben ein Kind gezeugt! Sie müssen ganz schön optimistisch sein! Sie *sollten* optimistisch sein! *Ich* sollte pessimistisch sein! Ich bin älter als sie! Ich habe keine Kinder! IBM geht es schlecht!« Ein Flugzeug brummte, Möwen schrien, und Chaitins brüllendes Gelächter verklang ohne Widerhall über dem mächtigen Hudson.

Fukuyamas Ende der Geschichte

Chaitins eigener Berufsweg fügt sich eigentlich recht gut in Gunther Stents Szenario von den abnehmenden Erträgen. Die algorithmische Informationstheorie stellt keine echte Innovation dar, sondern lediglich eine Erweiterung von Gödels Erkenntnissen. Zudem erhärten Chaitins Arbeiten die These von Stent, daß die Wissenschaft in ihrem Bestreben, immer komplexere Phänomene zu erforschen, über die uns immanenten Axiome hinausgeht. Stent ließ in seiner düsteren Prophezeiung mehrere Schlupflöcher offen. Die Gesellschaft könnte so reich werden, daß sie selbst die ausgefallensten wissenschaftlichen Experimente – Teilchenbeschleuniger, die den gesamten Globus umringen – ohne Rücksicht auf die Kosten bezahlen würde. Ferner mag den Wissenschaftlern eine bahnbrechende Neuerung von großer Tragweite gelingen, etwa ein Transportsystem mit Überlichtgeschwindigkeit oder die Steigerung der Intelligenz mit Hilfe gentechnischer Verfahren, die uns ermöglichen würde, unsere physikalischen und kognitiven Grenzen zu überwinden. Ich würde diese Liste um eine weitere Möglichkeit ergänzen. Vielleicht entdecken Wissenschaftler außerirdisches Leben, was eine glorreiche neue Epoche der vergleichenden Biologie einleiten würde. Andernfalls wird die Wissenschaft vermutlich stetig rückläufige Erträge abwerfen und allmählich zum Stillstand kommen.

Was wird dann aus der Menschheit werden? In *Golden Age* sagte Stent vorher, daß die Wissenschaft, bevor sie zu Ende gehe, uns vermutlich zumindest von unseren bedrückendsten sozialen Problemen, wie Armut, Krankheit und auch zwischenstaatlichen Konflikten, befreien werde. Die Zukunft werde friedlich und behaglich, wenn auch langweilig sein. Die meisten Menschen würden sich Zerstreuungen hingeben. Im Jahre 1992 entwickelte Francis Fukuyama in *Das Ende der Geschichte* eine ganz andere Sicht der Zukunft.[4] Fukuyama, ein Politikwissenschaftler, der während der Regierungszeit von US-Präsident Bush im Außenministerium arbeitete, definierte Geschichte als das menschliche Ringen um das vernünftigste – bzw. unschädlichste – politische System. Im 20. Jahrhundert hatte die liberale marktwirtschaftliche Demokratie, die nach Fukuyamas Ansicht immer die beste Option war, nur einen ernstzunehmenden Konkurrent gehabt: den marxistischen Sozialismus. Nach dem Zusammenbruch der Sowjetunion Ende der achtziger Jahre stand die liberale marktwirtschaftliche Demokratie – übel zugerichtet, aber siegreich – allein im Ring. Die Geschichte war zu Ende.

Fukuyama erörterte auch die tiefgreifenden Konsequenzen, die von seiner These impliziert wurden. Nun, da das Zeitalter des Kampfes der politischen Systeme zu Ende sei, stelle sich die Frage, was wir als nächstes tun werden. Wozu sind wir da? Was ist der Zweck des menschlichen Daseins? Fukuyama lieferte keine Antwort, sondern eher eine Art rhetorisches Achselzucken. Freiheit und Wohlstand, so erklärte er, genügten möglicherweise nicht, um unseren Nietzscheanischen Willen zur Macht und unser Bedürfnis nach beständiger »Selbstüberwindung« zu befriedigen. Wenn wir nicht länger von großen ideologischen Kämpfen in Anspruch genommen seien, würden wir vielleicht zum bloßen Zeitvertreib Kriege anzetteln.

Fukuyama übersah nicht die Rolle, die die Wissenschaft in der Geschichte des Menschen spielt. Ganz und gar nicht. Seine These setzt voraus, daß die Geschichte in einer Richtung verläuft, daß sie voranschreitet, und die Wissenschaft, so behauptete er, liefere diese Richtung. Die Wissenschaft sei von entscheidender Bedeutung für das Wachstum der modernen Nationalstaaten gewesen, für die die Wissenschaft als ein Mittel zu militärischer und wirtschaftlicher Machtentfaltung gedient habe. Doch Fukuyama erwog nicht einmal die Möglichkeit, daß die Wissenschaft auch der posthistorischen Menschheit ein gemeinsames Ziel setzen könnte, das Kooperation statt Konflikt fördern würde.

In der Hoffnung, die Gründe für Fukuyamas Auslassung zu erfahren, rief ich ihn im Januar 1994 bei der Rand Corporation an, wo man ihm eine Stelle angeboten hatte, nachdem *Das Ende der Geschichte* zu einem Bestseller geworden war. Er antwortete mit der Vorsicht von einem, der inzwischen an Spinner gewöhnt, aber wenig erfreut über sie war. Zunächst mißverstand er meine Frage; er dachte, ich wollte wissen, ob die Wissenschaft uns in der posthistorischen Ära dabei helfen könne, ethische und politische Entscheidungen zu treffen, und nicht länger als ein Zweck an sich diene. Die zeitgenössische Philosophie, so belehrte mich Fukuyama mit strenger Stimme, habe gezeigt, daß die Wissenschaft bestenfalls ethisch neutral sei. Tatsächlich könnten wir mit dem wissenschaftlichen Fortschritt, falls dieser nicht von einem moralischen Fortschritt bei Gesellschaften oder Individuen flankiert werde, »schlechter dran sein als ohne«.

Als Fukuyama schließlich verstand, was ich fragen wollte – ob die Wissenschaft möglicherweise eine Art einheitsstiftendes Thema oder einen übergeordneten Zweck für die Menschheit bereitstellen könne –, wurde sein Tonfall noch herablassender. Ja, einige Leute hätten ihm Briefe geschrieben, in denen sie dieses Thema angesprochen hätten. »Ich glaube, das waren Raumfahrtfans«, sagte er spöttisch. »Sie sagten: ›Wenn wir keine ideologischen Kriege mehr führen können, dann können wir doch immer noch in gewissem Sinne gegen die Natur kämpfen, indem wir die Grenzen der Erkenntnis immer weiter hinausschieben und das Sonnensystem erobern.‹«

Er stieß erneut ein kurzes verächtliches Lachen aus. »Dann nehmen Sie also diese Vorhersagen nicht ernst?« fragte ich. »Nein, eigentlich nicht«, sagte er gelangweilt. In dem Bemühen, noch etwas mehr aus ihm herauszubekommen, wies ich darauf hin, daß viele prominente Wissenschaftler und Philosophen – nicht nur die Fans von *Star Trek* – glaubten, daß die Wissenschaft, das Streben nach Erkenntnis um seiner selbst willen, das Schicksal der Menschheit darstelle. »Hmmh«, antwortete Fukuyama, so als höre er mir nicht länger zu, sondern habe sich schon wieder in den herrlichen Traktat von Hegel vertieft, in dem er vor meinem Anruf gelesen hatte. Ich beendete das Telefonat.

Ohne gründlicher darüber nachzudenken, war Fukuyama zur gleichen Schlußfolgerung gelangt, die Stent in *The Coming of the Golden Age* dargelegt hatte. Von sehr verschiedenen Perspektiven ausgehend, erkannten beide, daß die Wissenschaft weniger ein Nebenprodukt unseres Willens zur Erkenntnis als unseres Willens zur Macht war. Fukuyamas gelangweilte Zurückweisung des Gedankens einer der Wissenschaft gewidmeten Zukunft sprach Bände. Die überwiegende Mehrzahl der Menschen, darunter nicht bloß die unwissenden Massen, sondern auch Intellektuelle wie Fukuyama, findet wissenschaftliche Erkenntnisse bestenfalls halbwegs interessant, jedenfalls nicht wert, als das Ziel der ganzen Menschheit zu dienen. Was immer das langfristige Schicksal des *Homo sapiens* sein wird – Fukuyamas ewiger Krieg oder Stents ewiger Hedonismus oder, was wahrscheinlicher ist, eine Mischung aus beidem –, die Suche nach wissenschaftlichem Wissen wird es vermutlich nicht sein.

Der *Star Trek*-Faktor

Die Wissenschaft hat uns bereits ein außergewöhnliches Vermächtnis hinterlassen. Sie hat uns ermöglicht, ein Modell des gesamten Universums zu entwerfen, von den Quarks bis hin zu den Quasaren, und die Grundgesetze zu erkennen, die die physikalische und biologische Welt steuern. Sie hat einen wahren Schöpfungsmythos hervorgebracht. Durch die Anwendung wissenschaftlicher Erkenntnisse haben wir eine furchteinflößende Macht über die Natur gewonnen. Doch die Wissenschaft hat die Geißeln Armut, Haß, Gewalt und Krankheit noch nicht besiegt, und sie hat einige Fragen noch immer nicht beantwortet, insbesondere: Ist der Mensch das Produkt einer zwangsläufigen Entwicklung oder eines glücklichen Zufalls? Zudem haben die wissenschaftlichen Erkenntnisse unser Leben keineswegs sinnvoller gemacht, sondern uns dazu gezwungen, der Sinnlosigkeit des Daseins (wie es Steven Weinberg zu formulieren pflegt) ins Auge zu sehen.

Der Niedergang der Wissenschaft wird gewiß unsere geistige Krise verschärfen. Dieses Klischee drängt sich auf. In der Wissenschaft wie überall sonst zählt der Weg, nicht das Ziel. Wenn die Wissenschaft ein neues, intelligibles Problem der Wirklichkeit löst, bringt sie uns zunächst zum Staunen. Doch jede Entdeckung wird schließlich banal. Nehmen wir an, es geschieht ein Wunder und die Physiker bestätigen auf irgendeine Weise, daß die gesamte Wirklichkeit auf den Windungen von Energieschleifen im zehndimensionalen Hyperraum basiert. Wie lange werden die Physiker und alle anderen Menschen über diesen Befund staunen? Wenn diese Wahrheit endgültig ist, insofern sie alle anderen Möglichkeiten ausschließt, dann ist das Dilemma noch gravierender. Dieses Problem mag erklären, weshalb sogar Wahrheitssucher wie Gregory Chaitin – entgegen den Schlußfolgerungen aus seinen eigenen Arbeiten – sich nur schwer damit abfinden können, daß die reine Wissenschaft, die Suche nach den grundlegenden Erkenntnissen, endlich, ja möglicherweise sogar schon zu Ende ist. Der Glaube, daß die Wissenschaft endlos weitergehen wird, ist eben nichts anderes als ein Glaube, der von unserer angeborenen Eitelkeit herrührt. Wir wollen unbedingt glauben, daß wir Schauspieler in einem großen Drama sind, das sich ein kosmischer Dichter ausgedacht hat, der einen Sinn für Spannung, Tragik, Komik und – letztlich, so hoffen wir – ein Happy-End hat. Das glücklichste Ende freilich wäre kein Ende.

Meinen persönlichen Erfahrungen nach zu urteilen, fällt es selbst Menschen mit einem nur oberflächlichen Interesse an der Wissenschaft schwer, sich mit der Vorstellung abzufinden, daß die Tage der Wissenschaft gezählt sind. Der Grund dafür ist leicht einzusehen. Echte und scheinbare Fortschritte prägen unser Alltagsleben. Jedes Jahr bietet man uns kleinere und schnellere Computer, schnittigere Autos und neue Fernsehkanäle an. Unsere Sicht des Fortschritts ist überdies von dem verzerrt, was ich den *Star Trek*-Faktor nennen möchte. Wie kann die Wissenschaft ihrem Höhepunkt entgegengehen, wenn wir bislang noch keine Raumschiffe entwickelt haben, die mit Überlichtgeschwindigkeit fliegen? Oder wenn wir noch nicht mit Hilfe der Gentechnik und der elektronischen Prothesen die phantastischen übersinnlichen Fähigkeiten erworben haben, die in Cyberpunk-Romanen beschrieben werden? Die Wissenschaft selbst – genauer gesagt: die ironische Wissenschaft – fördert den Glauben an solche Fiktionen. Selbst in angesehenen Physik-Magazinen kann man Berichte über Zeitreise, Telekinese und Parallelwelten lesen. Und zumindest ein Physik-Nobelpreisträger, Brian Josephson, hat erklärt, daß die Physik erst dann vollendet sein werde, wenn sie auch die außersinnliche Wahrnehmung und die Telekinese erklären könne.[5]

Doch Brian Josephson hat sich schon vor langer Zeit von der ernstzunehmenden Physik verabschiedet und sich dem Mystizismus und Okkultismus zugewandt. Jemand, der wirklich von der modernen Physik überzeugt ist, wird der außersinnlichen Wahrnehmung und überlichtschnellen Raumschiffen keinen großen Glauben schenken. Und er wird anders als Roger Penrose und die Superstringtheoretiker wohl auch nicht glauben, daß die Physiker jemals eine einheitliche Theorie finden und empirisch bestätigen werden, die die allgemeine Relativitätstheorie mit der Quantenmechanik vereinigt. Die Phänomene, die von einheitlichen Theorien postuliert werden, entfalten sich in einem Mikrokosmos, der auf seine Art noch weiter von uns entfernt ist – und für jedes denkbare Experiment noch unzugänglicher ist – als der Rand unseres Universums. Es gibt nur eine wissenschaftliche Phantasie, die eine gewisse Chance hat, in Erfüllung zu gehen. Vielleicht werden wir eines Tages Maschinen erschaffen, die unsere physikalischen, sozialen und kognitiven Beschränkungen überwinden und das Streben nach Erkenntnis ohne uns fortsetzen können.

10. NATURWISSENSCHAFTLICHE THEOLOGIE ODER DAS ENDE DER MASCHINENWISSENSCHAFT

Der Prophet J. D. Bernal

Der Mensch, so lehrte uns Nietzsche, sei nur ein Sprungbrett, eine Brücke, die zum Übermenschen führte. Wenn Nietzsche in unserer Zeit leben würde, dann würde er wohl prophezeien, daß der Übermensch nicht aus Fleisch und Blut, sondern aus Silicium bestehen werde. Wenn sich die Wissenschaft ihrem Ende zuneigt, müssen diejenigen, die darauf hoffen, daß das Streben nach Erkenntnis weitergeht, ihr Vertrauen nicht in den *Homo sapiens*, sondern in intelligente Maschinen setzen. Nur Maschinen können unsere physischen und kognitiven Schwächen – und unsere Gleichgültigkeit – überwinden.

Es gibt eine sonderbare kleine Subkultur innerhalb der Wissenschaftsgemeinde, deren Mitglieder Mutmaßungen darüber anstellen, wie sich die Intelligenz entwickeln würde, wenn oder falls sie ihre sterbliche Hülle ablegen würde. Diese Personen betreiben natürlich keine echte Wissenschaft, sondern eine von Wunschdenken geprägte ironische Wissenschaft. Sie befassen sich nicht mit der Welt, wie sie ist, sondern wie sie in Jahrhunderten oder Jahrtausenden oder Äonen aussehen könnte bzw. sollte. Dennoch können die Anhänger dieses Fachgebiets – nennen wir es »naturwissenschaftliche Theologie« – neue Aufschlüsse über einige uralte philosophische und sogar theologische Fragen liefern: Was würden wir tun, wenn wir allmächtig wären? Worin besteht der Sinn des Lebens? Was sind die grundlegenden Grenzen der Erkenntnis? Ist das Leiden ein notwendiger Bestandteil des Daseins, oder können wir die ewige Glückseligkeit erlangen?

Einer der ersten modernen Praktiker der naturwissenschaftlichen Theologie war der britische Chemiker (und Marxist) J. D. Bernal. In seinem 1929 erschienenen Buch *The*

World, the Flesh and the Devil behauptete Bernal, die Wissenschaft würde uns bald in die Lage versetzen, unsere eigene Evolution zu steuern. Zunächst, so Bernal, würden wir vielleicht versuchen, unsere Leistungsfähigkeit mit Hilfe der Gentechnik zu verbessern, doch schließlich würden wir den Körper, den uns die natürliche Selektion vermacht habe, zugunsten effizienterer Modelle aufgeben:

> Das Vermächtnis, das in direkter Linie auf die Menschheit gekommen ist – das Vermächtnis der ersten Lebensformen, die auf der Erde entstanden sind –, dürfte allmählich schrumpfen und zu guter Letzt praktisch verschwinden und nur noch als ein kurioses Relikt fortbestehen, während das neue Leben, das nichts von der Substanz und alles vom Geist des alten bewahrt, dessen Platz einnehmen und seine Entwicklung fortsetzen wird. Eine solche Veränderung wäre genauso weitreichend wie jene, die zur Entstehung des Lebens auf der Erde führte, und sie würde möglicherweise genauso allmählich und unmerklich verlaufen. Schließlich wird das Phänomen Bewußtsein möglicherweise selbst verschwinden in einer Menschheit, die in eine völlig geistige Existenzform übergegangen ist, indem sie sich ihrer engen leiblichen Hülle entledigt hat und zu Atombündeln im Raum geworden ist, die durch Strahlen miteinander kommunizieren und die sich womöglich eines Tages vollkommen in Licht auflösen werden. Ob dies ein Ende oder ein Anfang sein wird, läßt sich heute noch nicht absehen.[1]

Hans Moravecs zanksüchtige Geisteskinder

Wie andere Futurologen litt auch Bernal unter einem eigentümlichen Mangel an Phantasie bzw. Kühnheit, als er sich das Endstadium der Evolution der Intelligenz ausmalte. Bernals Nachfahren, wie etwa Hans Moravec, ein Robotikingenieur von der Carnegie Mellon University, haben mehr oder weniger erfolgreich versucht, dieses Problem zu überwinden. Moravec ist ein fröhlicher, in gewisser Hinsicht sogar leichtfertiger Mensch; er scheint buchstäblich von seinen eigenen Ideen berauscht zu sein. Als er mir während eines Telefongesprächs seine Zukunftsvisionen darlegte, stieß er beinahe ununterbrochen ein atemloses Kichern hervor, dessen Heftigkeit proportional zur Absurdität seiner Äußerungen zu sein schien.

Moravec leitete seine Ausführungen mit der Bemerkung ein, die Wissenschaft brauche dringend neue Ziele. »Die meisten Dinge, die im 20. Jahrhundert vollbracht worden sind, gehen eigentlich auf Ideen des 19. Jahrhunderts zurück«, sagte er. »Es ist Zeit für neue Ideen.« Welches Ziel könnte faszinierender sein als die Entwicklung von »Geisteskindern« (Mind Children), intelligenten Maschinen, die Kunststücke fertigbringen könnten, die wir nicht einmal erahnten? »Man zieht sie auf, bildet sie aus und überläßt sie anschließend sich selbst. Man gibt sich die größte Mühe, aber man kann ihr Leben nicht vorhersagen.«

Moravec hatte in seinem Buch *Mind Children*, das 1988 erschien, als Privatfirmen und die US-Bundesregierung erhebliche Geldmittel für die Künstliche Intelligenz und die Robotik bereitstellten, erstmals dargelegt, wie sich diese »Artenbildung« abspielen könnte.[2] Obgleich diese Gebiete seither nicht gerade florieren, blieb Moravec überzeugt davon, daß die Zukunft Maschinen gehören würde. Ende des Jahrtausends, so versicherte er mir, würden Ingenieure Roboter konstruieren, die Hausarbeiten erledigen könnten. »Ein Roboter, der Staub wischt und staubsaugt, ist innerhalb dieses Jahrzehnts möglich. Dessen bin ich mir sicher. Das ist nicht einmal mehr eine Streitfrage.« (Tatsächlich erscheint die Realisierung von Heimrobotern immer *unwahrscheinlicher*, je näher die Tausendjahrfeier rückt, doch das macht nichts; die naturwissenschaftliche Theologie erfordert nun einmal einen gewissen Sinn für Fiktionen.)

Moravec sagte, Mitte des nächsten Jahrhunderts würden Roboter so intelligent sein wie der Mensch und uns die meisten Arbeiten abnehmen. »Uns wird dann buchstäblich die

Arbeit ausgehen«, sagte Moravec mit einem glucksenden Lachen. Die Menschen würden weiterhin »einigen seltsamen Verrichtungen wie etwa der Dichtkunst nachgehen«, die auf schwerfaßbaren psychischen Vorgängen beruhten, die Roboter dann noch immer nicht beherrschten, doch alle wichtigen praktischen Tätigkeiten würden von Robotern ausgeführt. »Es gibt keinen Grund dafür, daß Unternehmen von Menschen geleitet werden«, sagte Moravec, »denn die richten sie nur zugrunde.«

Zudem würden Maschinen eine so große Wertschöpfung erbringen, daß die Menschen möglicherweise gar nicht arbeiten *müßten*; Maschinen würden auch Armut, Krieg und andere Geißeln der vormaschinellen Geschichte besiegen. »Das sind triviale Probleme«, sagte Moravec. Die Menschen würden allerdings durch ihre Kaufkraft vermutlich weiterhin eine gewisse Kontrolle über robotergeleitete Großunternehmen ausüben. »Wir würden entscheiden, welche Produkte welcher Unternehmen wir kaufen wollen. Im Falle der Fabriken, die Heimroboter herstellen, würden wir bei denen kaufen, die sympathische Roboter herstellen.« Die Verbraucher könnten auch robotergeleitete Unternehmen boykottieren, deren Produkte oder deren Geschäftspolitik nachteilig für den Menschen wären.

Die Maschinen, so fuhr Moravec fort, würden auf der Suche nach neuen Ressourcen zwangsläufig in den Weltraum vorstoßen. Sie würden in alle Richtungen des Weltalls ausschwärmen und Rohstoffe in informationsverarbeitende Geräte umwandeln. Roboter innerhalb dieses Gebiets, die nicht physisch expandieren könnten, würden versuchen, die verfügbaren Ressourcen immer effizienter zu nutzen, und sich der reinen Berechnung und Simulation zuwenden. »Schließlich«, so Moravec, »nimmt jedes kleine Wirkungsquant eine physikalische Bedeutung an. So entsteht im Grunde genommen ein Cyberspace mit immer effizienterer Datenverarbeitung.« In dem Maße, wie die Akteure innerhalb dieses virtuellen Raums lernten, Informationen immer schneller zu verarbeiten, dürfte der Austausch von Botschaften zwischen ihnen immer länger dauern, da sich diese Botschaften nach wie vor nur mit Lichtgeschwindigkeit ausbreiten könnten. »All diese Verbesserungen der Codierung würden so dazu führen, daß die Größe des effektiven Universums zunimmt«, sagte er; der Cyberspace wäre, in gewissem Sinne, größer, dichter, komplexer und interessanter als das reale physikalische Universum.

Die meisten Menschen würden ihr sterbliches Selbst aus Fleisch und Blut bereitwillig gegen die größere Freiheit und Unsterblichkeit im Cyberspace eintauschen. Doch sei es immer möglich, spekulierte Moravec, »daß einige renitente Primitivlinge vom Schlag der Amish-People sagen: ›Nein, wir wollen uns nicht mit den Maschinen vereinigen.‹« Die Maschinen würden diesen atavistischen Typen möglicherweise erlauben, in einem paradiesischen, parkähnlichen Refugium auf der Erde zu bleiben. Schließlich sei die Erde »nur ein Staubkorn innerhalb des Systems, und außerdem hat sie eine enorme historische Bedeutung«. Doch die Maschinen, die nach den Rohstoffen der Erde gierten, würden möglicherweise deren letzte Bewohner dazu zwingen, eine neue Heimat im Cyberspace zu akzeptieren.

Ich fragte, was diese Maschinen mit all ihrer Macht und ihren Ressourcen anfangen würden. Würden sie das Streben nach Erkenntnis um seiner selbst willen fortsetzen? Mit Sicherheit, erwiderte Moravec. »Das ist der Kern meiner Vision: Daß unsere nichtbiologischen Nachfahren, befreit von den meisten Beschränkungen, denen wir unterliegen, und in der Lage, sich selbst umzugestalten, die naturwissenschaftliche Grundlagenforschung fortsetzen könnten.« Tatsächlich sei das Erkenntnisstreben das einzige Motiv, das intelligenten Maschinen würdig sei. »Dinge wie Kunst, auf die manchmal hingewiesen wird, sind nicht sonderlich tiefgründig, da sie vor allem der Autostimulation dienen.« Sein Kichern wuchs sich zu schallendem Gelächter aus.

Moravec sagte, er sei fest davon überzeugt, daß die Wissenschaft, jedenfalls die angewandte Wissenschaft, unbegrenzt sei. »Selbst wenn die Anzahl der Grundregeln begrenzt sein sollte«, sagte er, »kann man sich bemühen, sie miteinander zu kombinieren.« Aus dem Gödelschen Unvollständigkeitssatz und Gregory Chaitins Arbeiten über die algorithmische Informationstheorie folge, daß Maschinen immer komplexere mathematische Probleme ersinnen könnten, indem sie ihre Axiomenbasis erweiterten. »Möglicherweise werden wir irgendwann einmal Axiomensysteme von astronomischer Größe betrachten wollen«, sagte er, »und dann können wir daraus Dinge herleiten, die sich aus kleineren Axiomensystemen nicht herleiten lassen.« Natürlich sei es denkbar, daß der Unterschied zwischen der maschinellen Wissenschaft und der menschlichen Wissenschaft noch größer sei als der zwischen der Quantenmechanik und der Aristotelischen Physik. »Ich bin sicher, daß sich die grundlegenden Begriffe und Kategorien der Naturwissenschaft verändern werden.« Maschinen würden vielleicht die vom Menschen erstellten Bewußtseinstheorien als hoffnungslos primitiv erachten, vergleichbar den primitiven physikalischen Begriffen der alten Griechen.

Doch dann änderte Moravec unvermittelt seine Argumentation. Er betonte, daß die Vielfalt der Maschinen so groß sein würde – noch weitaus größer als die der biologischen Organismen –, daß es müßig sei, über ihre Interessen zu spekulieren; diese würden von ihrer »ökologischen Nische« abhängen. Moravec erklärte ferner, daß er die Zukunft – wie Fukuyama – in rein darwinistischen Kategorien betrachte. Die Wissenschaft war für Moravec nur ein Nebenprodukt eines ewigen Konkurrenzkampfs zwischen evolvierenden intelligenten Maschinen. Er wies darauf hin, daß Wissen im Grunde genommen niemals ein Zweck an sich gewesen sei. Die meisten biologischen Organismen seien gezwungen, sich Informationen zu verschaffen, die ihnen helfen würden, in der unmittelbaren Zukunft zu überleben. »Wenn die Existenzbedürfnisse gestillt sind, dann bedeutet dies im wesentlichen, daß man die Nahrungssuche in einem größeren räumlichen und zeitlichen Rahmen durchführen kann. Daher nehmen sich zahlreiche Subaktivitäten dieser Suche wie reine Informationsbeschaffung aus, obgleich sie letztlich zum Nahrungserwerb beitragen mögen.« Selbst Moravecs Katze zeige dieses Verhalten. »Wenn sie nicht unmittelbar Nahrung braucht, läuft sie herum und erkundet die Umgebung. Vielleicht wird sie dabei auf ein Mauseloch stoßen, das in Zukunft von Nutzen sein kann.« Anders gesagt: Neugierde ist adaptiv, »sofern man sie sich leisten kann«.

Moravec bezweifelte daher, daß Maschinen beim Streben nach reiner Erkenntnis oder bei der Verfolgung anderer Ziele jemals Konkurrenz vermeiden und sich kooperativ verhalten würden. Ohne Konkurrenz gebe es keine Selektion, und ohne Selektion »bleibt alles weitgehend beim alten«, meinte er. »Daher braucht man ein Selektionsprinzip. Andernfalls tut sich nichts.« Letztendlich mochte das Universum dieses Konkurrenzverhalten überwinden, »aber um dorthin zu kommen, bedarf es einer Triebkraft. Das ist der Weg. Der Weg ist der halbe Spaß!« Er lachte dämonisch.

Freeman Dysons Vielfalt

Hans Moravec ist nicht der einzige Anhänger der Künstlichen Intelligenz, der der Vorstellung widerspricht, Maschinen könnten sich zu einem »Meta-Geist« zusammenschließen, um ihre Ziele gemeinsam zu verfolgen. Es ist nicht weiter verwunderlich, daß Marvin Minsky, dem Zielstrebigkeit so wesensfremd ist, der gleichen Auffassung ist. »Kooperativ verhält man sich erst am Ende der Evolution«, sagte mir Minsky, »wenn man will, daß sich anschließend nicht mehr viel verändert.« Selbstverständlich, fügte Minsky spöttisch hinzu, sei es immer möglich, daß superintelligente Maschinen von einer Art Religion infiziert würden, die sie dazu brächte, ihre Individualität aufzugeben und zu einem einzigen »Meta-Geist« zu verschmelzen.

Ein anderer Futurologe, der die Aussichten einer endgültigen Vereinheitlichung skeptisch beurteilt, ist Freeman Dyson. In seiner Essaysammlung *Zeit ohne Ende* stellte Dyson Mutmaßungen über die Gründe dafür an, daß es auf der Erde so viel Gewalt und Elend gibt. Die Antwort, so behauptete er, könnte etwas mit dem von ihm so genannten »Prinzip der maximalen Diversität« zu tun haben. Dieses Prinzip

> ist sowohl auf physikalischer als auch auf geistiger Ebene gültig. Es besagt, daß die Naturgesetze und die Anfangsbedingungen so beschaffen sind, daß sie das Universum so abwechslungsreich wie möglich gestalten. Daher ist Leben möglich, aber nicht allzu einfach. Immer wenn wir träge zu werden drohen, taucht etwas auf, das uns herausfordert und uns davon abhält, in einen Trott zu verfallen. Beispiele für Dinge, die das Leben beschwerlich machen, sind allgegenwärtig: Kometeneinschläge, Eiszeiten, Waffen, Seuchen, Kernspaltung, Computer, Sex, Sünde und Tod. Da wir nicht alle Herausforderungen überwinden können, gibt es Tragödien. Maximale Diversität führt oftmals zu maximalem Streß. Letzten Endes überleben wir, aber nur mit knapper Not.[3]

Dyson, so schien mir, wollte sagen, daß wir nicht all unsere Probleme lösen können; wir können nicht den Himmel auf Erden schaffen; wir können *Die Antwort* nicht finden. Das Leben ist ein ewiger Kampf, und es muß ein ewiger Kampf sein.

Las ich zuviel in Dysons Ausführungen hinein? Ich hoffte, dies herauszufinden, als ich ihn im April 1993 im Institute for Advanced Study interviewte, an dem er seit Beginn der vierziger Jahre forscht. Er ist ein schmächtiger Mann, ganz Haut und Knochen, mit einer Hakennase und tiefliegenden, wachsamen Augen. Er glich einem zahmen Raubvogel. Im allgemeinen wirkte er kühl und reserviert; das änderte sich nur, wenn er lachte. Dann prustete er durch die Nasenlöcher und zog den Kopf zwischen die Schultern wie ein zwölfjähriger Schüler, der einen unanständigen Witz gehört hatte. Es war ein subversives Lachen, das Lachen eines Mannes, der sich das Weltall als eine Zufluchtsstätte für »religiöse Fanatiker« und »widerspenstige Teenager« vorstellte und der beteuerte, die Wissenschaft sei im besten Falle eine »Auflehnung gegen Autoritäten«.[4]

Ich fragte Dyson nicht sofort nach seinem Konzept der maximalen Diversität. Zunächst erkundigte ich mich nach einigen Wendungen, die seinen Berufsweg gekennzeichnet hatten. Dyson hatte sich einst an vorderster Front an der Suche nach einer einheitlichen Theorie der Physik beteiligt. Zu Beginn der fünfziger Jahre bemühte sich der aus Großbritannien gebürtige Physiker zusammen mit Richard Feynman und anderen Titanen darum, eine Quantentheorie des Elektromagnetismus zu entwickeln. Es hat immer wieder Stimmen gegeben, die betonten, Dyson gebühre für seine Forschungen ein Nobelpreis oder doch zumindest mehr Anerkennung. Einige seiner Kollegen meinten sogar, Dyson habe sich aus Enttäuschung darüber und vielleicht auch aus einer gewissen Oppositionshaltung später Beschäftigungen zugewandt, die seiner gewaltigen Erkenntniskraft unwürdig seien.

Als ich Dyson diese Einschätzung mitteilte, erntete ich ein schmallippiges Lächeln. Dann antwortete er, wie es seine Gewohnheit war, mit einer Anekdote. Der britische Physiker Lawrence Bragg sei »eine Art Vorbild« für ihn gewesen. Nachdem Bragg im Jahre 1938 zum Direktor des legendären Cavendish Laboratory der Universität Cambridge ernannt worden sei, habe er es von der Kernphysik weg, auf der sein Renommee basiert habe, zu neuen Gebieten geführt. »Alle glaubten, Bragg würde das Cavendish zugrunde richten, wenn er dessen etablierten Schwerpunkt verändere«, sagte Dyson. »Aber natürlich war es eine hervorragende Entscheidung, weil er die Molekularbiologie und die Radioastronomie hereinholte. Diese beiden Disziplinen machten Cambridge während der folgenden dreißig Jahre berühmt.«

Auch Dyson selbst war während seiner gesamten Laufbahn immer wieder in wissenschaftliches Neuland vorgestoßen. Er sattelte von der Mathematik, die auf dem College den Schwerpunkt seines Interesses gebildet hatte, auf die Elementarteilchenphysik um, und wandte sich später der Festkörperphysik, der Kernenergietechnik, der Rüstungskontrolle, der Klimaforschung und schließlich dem Gebiet zu, das ich als naturwissenschaftliche Theologie bezeichne. Im Jahre 1979 veröffentliche das ansonsten seriöse Magazin *Reviews of Modern Physics* einen Artikel, in dem Dyson Mutmaßungen über die langfristigen Aussichten von Intelligenz im Universum anstellte.[5] Dyson war von Steven Weinbergs Bemerkung, daß »das Universum um so sinnloser zu sein scheint, je besser wir es verstehen«, zu dem Aufsatz angeregt worden. Kein Universum mit intelligenten Lebensformen sei sinnlos, erwiderte Dyson. Er versuchte zu zeigen, daß Intelligenz in einem offen, ewig expandierenden Universum durch kluge Energieerhaltung für alle Zeiten fortbestehen könne – vielleicht in Form einer Wolke geladener Teilchen, wie Bernal prophezeit hatte.

Anders als Computerfans wie Moravec und Minsky glaubte Dyson nicht, daß organische Intelligenz bald durch künstliche Intelligenz (geschweige denn durch Wolken aus »intelligentem« Gas) ersetzt würde. In *Zeit ohne Ende* äußerte er die Vermutung, daß Gentechniker vielleicht eines Tages Raumfahrzeuge »von der Größe und der Intelligenz von Hühnern züchten« könnten, die auf solarenergiegetriebenen Flügeln durch das Sonnensystem und darüber hinaus flattern und als unsere Kundschafter dienen könnten. (Dyson nannte sie »Sternenhühner«.)[6] Noch weiter entfernte Zivilisationen, die sich Sorgen wegen der Erschöpfung ihrer Energievorräte machten, könnten die von Sternen emittierte Strahlung einfangen, indem sie energieabsorbierende Schalen – die von anderen »Dyson-Sphären« genannt wurden – um ihre Planeten errichteten. Schließlich, so sagte Dyson vorher, könne sich die Intelligenz im gesamten Universum ausbreiten und dieses in einen einzigen großen Geist verwandeln. Doch er betonte, daß »ganz gleich, wie weit wir in die Zukunft blicken, immer neue

Dinge geschehen, neue Informationen eintreffen, neue Welten zu erkunden sein werden, während sich gleichzeitig die Sphäre von Leben, Bewußtsein und Gedächtnis stetig erweitert«.[7] Das Streben nach Erkenntnis sei in allen Richtungen unendlich.

Dyson sprach selbst die wichtigste Frage an, die von dieser Prophezeiung aufgeworfen wurde: »Was wird der Geist tun, wenn er das Universum durchdringt und beherrscht?« Die Frage, so stellte Dyson klar, war eher eine theologische als eine wissenschaftliche. »Ich treffe keine eindeutige Unterscheidung zwischen Geist und Gott. Der Geist wird zu Gott, sobald er unser Begriffsvermögen übersteigt. Gott kann entweder als eine Weltseele oder als eine Sammlung von Weltseelen betrachtet werden. Wir sind im gegenwärtigen Stadium seiner Entwicklung die Haupteingänge von Gott auf diesem Planeten. Später werden wir vielleicht mit ihm wachsen oder hinter ihm zurückbleiben.«[8] Letzten Endes stimmte Dyson mit seinem Vorgänger, J. D. Bernal, darin überein, daß wir nicht damit rechnen könnten, die Frage zu beantworten, was dieses Superwesen, dieser Gott, tun oder denken werde.

Dyson gab zu, daß seine Sicht der Zukunft der Intelligenz von Wunschdenken geprägt sei. Als ich ihn fragte, ob sich die Wissenschaft endlos weiterentwickeln könne, antwortete er: »Ich hoffe es! So wäre jedenfalls die Welt, in der *ich* leben möchte.« Wenn das Universum erst durch die Existenz von Bewußtsein Sinn gewinne, dann müsse das Bewußtsein immer etwas Bedeutsames haben, über das es nachdenken könne; daher müsse die Wissenschaft unendlich sein. Dyson untermauerte seine Prognose mit altbekannten Argumenten: »Man kann das nur historisch betrachten«, erklärte er. Vor zweitausend Jahren hätten einige »sehr kluge Köpfe« etwas erfunden, das zwar nicht Wissenschaft im neuzeitlichen Sinne, aber offenkundig deren Vorläufer gewesen sei. »Die Wissenschaft der Zukunft wird ganz anders aussehen als heute, aber das bedeutet nicht, daß es keine interessanten Fragen mehr geben wird«, sagte Dyson.

Wie Moravec (und Penrose und viele andere) hoffte auch Dyson, daß der Gödelsche Satz nicht nur für die Mathematik, sondern auch für die Physik gilt. »Da wir wissen, daß die Gesetze der Physik mathematischer Natur sind, und da die Mathematik ein inkonsistentes System ist, ist es plausibel anzunehmen, daß auch die Physik inkonsistent ist« – und aus diesem Grund zeitlich unbegrenzt. »Daher glaube ich, daß diejenigen, die das Ende der Physik vorhersagen, langfristig recht haben mögen. Die Physik mag tatsächlich obsolet werden. Doch ich selbst vermute, daß man über die Physik eines Tages genauso urteilen wird wie über die Wissenschaft der alten Griechen: ein interessanter Anfang, aber den entscheidenden Punkt hat sie nicht erreicht. Das Ende der Physik könnte also durchaus der Beginn von etwas anderem sein.«

Als ich Dyson schließlich nach seinem Konzept der maximalen Diversität fragte, zuckte er die Achseln. Ach, er wolle nicht, daß man das allzu ernst nehme. Er betonte, er sei im Grunde genommen nicht an dem »Gesamtbild« interessiert. Eines seiner Lieblingszitate, so sagte er, laute: »Gott steckt in den Details.« Doch in Anbetracht der Tatsache, daß er Vielfalt und Aufgeschlossenheit als unverzichtbare Elemente des Daseins betrachtete, fragte ich, ob er es nicht beunruhigend finde, daß so viele Wissenschaftler und andere Personen geradezu zwanghaft danach zu streben schienen, alles auf eine einzige, endgültige Idee zurückzuführen? Stellten diese Bemühungen kein gefährliches Spiel dar? »Ja, das ist in gewisser Weise richtig«, antwortete Dyson mit einem Lächeln, das zu sagen schien, daß er mein Interesse an der maximalen Diversität ein wenig übertrieben fand. »Ich habe das nie als eine tiefschürfende philosophische Idee betrachtet«, fügte er hinzu. »Es ist für mich nichts anderes als eine poetische Phantasie.« Natürlich wahrte Dyson eine angemessene ironische Distanz zwischen sich und seinen Ideen. Doch seine Einstellung hatte etwas Unaufrichtiges. Schließlich hatte er sich während seines eigenen eklektischen Berufswegs bemüht, das Prinzip der maximalen Diversität zu befolgen.

Dyson, Minsky, Moravec – sie alle sind im Grunde ihres Herzens theologische Darwinisten und Kapitalisten. Wie Francis Fukuyama erachten sie Wettkampf, Streit und Entzweiung als wesentliche Elemente des Daseins – selbst für posthumane Intelligenzformen. Andere naturwissenschaftliche Theologen – diejenigen mit einer »liberaleren« Einstellung – sind der Ansicht, die Phase des Konkurrenzkampfs sei nur von vorübergehender Dauer, da intelligente Maschinen sie rasch überwinden würden. Einer dieser Liberalen ist Edward Fredkin. Dieser einstige Kollege von Minsky am MIT ist heute der wohlhabende Eigentümer eine Computerfirma und Professor für Physik an der Boston University. Er zweifelt nicht daran, daß die Zukunft den Maschinen gehören wird, »die viele Millionen Mal intelligenter sein werden als wir«, doch er glaubt, daß intelligente Maschinen die von Minsky und Moravec beschriebene Form von Konkurrenz als atavistisch und kontraproduktiv betrachten werden. Schließlich, so erläuterte Fredkin, seien Computer in einzigartiger Weise dazu geeignet, bei der Verfolgung ihrer Ziele zu kooperieren. Was einer lernt, könnten alle lernen, und wenn einer evoluiere, könnten sich auch alle anderen weiterentwickeln; Kooperation bringe allen Beteiligten Vorteile.

Doch worüber wird eine superintelligente Maschine nachdenken, wenn sie den harten darwinistischen Konkurrenzkampf durchgestanden hat? Was wird sie tun? »Natürlich werden Computer ihre eigene Wissenschaft entwickeln«, antwortete Fredkin. »Das scheint mir auf der Hand zu liegen.« Wird sich die von Maschinen betriebene Wissenschaft in irgendeiner bedeutsamen Hinsicht von der Wissenschaft des Menschen unterscheiden? Fredkin meinte ja, aber er konnte dies auch nicht weiter präzisieren. Wenn ich Antworten auf diese Fragen suche, sollte ich mich an Science-fiction-Romane halten. Wer konnte das letzten Endes schon wissen?[9]

NATURWISSENSCHAFTLICHE THEOLOGIE

Frank Tipler und der Omegapunkt

Frank Tipler glaubt es zu wissen. Tipler, ein Physiker an der Tulane University, hat die sogenannte »Omegapunkt-Theorie« aufgestellt, wonach das gesamte Universum allmählich in einen einzigen allmächtigen und allwissenden Computer verwandelt wird. Anders als die meisten anderen Gelehrten, die die ferne Zukunft erkundet haben, scheint sich Tipler nicht bewußt zu sein, daß er keine empirische, sondern ironische Wissenschaft betreibt; er kann tatsächlich den Unterschied nicht erkennen. Doch vielleicht ist es gerade diese Fähigkeit, die es ihm erlaubt hat, sich auszumalen, was eine Maschine von unendlicher Intelligenz und Macht gern tun würde.

Ich interviewte Tipler im September 1994, als er sich auf einer Werberundreise für *Die Physik der Unsterblichkeit* befand, ein 600 Seiten dickes Buch, in dem er die Konsequenzen seiner Omegapunkt-Theorie in qualvoller Ausführlichkeit ausbreitete.[10] Tipler ist ein hochgewachsener Mann mit einem großen fleischigen Gesicht, angegrautem Schnurrbart und Kopfhaar und einer Hornbrille. Seine rhetorische Schlagfertigkeit stand in seltsamem Kontrast zu seinem kauenden Südstaatenakzent. Einmal fragte ich, ob er jemals LSD oder andere bewußtseinsverändernde Drogen genommen habe; schließlich hatte er sich in den siebziger Jahren im Rahmen seines Postdoc-Studiums in Berkeley mit dem Omegapunkt zu befassen begonnen. »Ich nicht«, sagte er unter heftigem Kopfschütteln. »Trink nicht mal Alkohol! Bin vermutlich der einzige abstinente Tipler auf der Welt!«

Er war als strenggläubiger Baptist erzogen worden, doch als Jugendlicher gelangte er zu der Überzeugung, daß die Wissenschaft der einzige Weg zur Erkenntnis und zur »Verbesserung der Menschheit« sei. In seiner Doktorarbeit an der University of Maryland ging Tipler der Frage nach, ob es möglich wäre, eine Zeitmaschine zu bauen. In welcher Beziehung stand diese Arbeit zu seinem Ziel, die menschlichen Daseinsbedingungen zu verbessern? »Eine Zeitmaschine würde offenkundig die menschlichen Fähigkeiten erweitern«, erwiderte Tipler. »Natürlich könnte man sie auch zum Schlechten einsetzen.«

Die Omegapunkt-Theorie erwuchs aus der Zusammenarbeit zwischen Tipler und dem britischen Physiker John Barrow. In einem 700 Seiten dicken Buch mit dem Titel *The Anthropic Cosmological Principle*, das im Jahre 1986 erschien, versuchten Tipler und Barrow die Frage zu beantworten, was geschehen könnte, wenn intelligente Maschinen das gesamte Universum in eine einzige riesige EDV-Anlage verwandeln würden.[11] Sie postulierten, daß sich die Datenverarbeitungskapazität des Universums in einem geschlossenen Kosmos – das ist ein Kosmos, dessen Expansion schließlich zum Stillstand kommt und der dann in sich zusammenstürzt – in dem Maße unendlich nähert, wie es sich auf seine Endsingularität, einen Punkt, zusammenzieht. Tipler übernahm den Begriff *Omegapunkt* von dem jesuitischen Mystiker und Naturwissenschaftler Pierre Teilhard de Chardin, der vorausgesagt hatte, daß sich sämtliche Lebewesen eines fernen Tages zu einem einzigen göttlichen Wesen, das den Geist Christi verkörpere, vereinigen würden. (Diese These zwang Teilhard de Chardin auch dazu, sich mit der Frage auseinanderzusetzen, ob Gott christusähnliche Erlöserfiguren nicht nur auf die Erde, sondern auch auf andere Planeten, die Leben beherbergten, senden würde.)[12]

Tipler hatte zunächst angenommen, es sei möglich, sich vorzustellen, worüber ein unendlich intelligentes Wesen nachdenken bzw. was es tun würde. Doch dann las er einen Aufsatz, in dem der deutsche Theologe Wolfhart Pannenberg darlegte, daß alle Menschen in der Zukunft noch einmal im Geiste Gottes leben würden. Der Aufsatz löste in Tipler ein »Heureka«-Erlebnis aus, das ihn zu der *Physik der Unsterblichkeit* inspirierte. Der Omegapunkt, so erkannte er, besäße die Macht, alle Menschen, die je gelebt hatten, neu zu erschaffen – bzw. auferstehen zu lassen –, um ihnen die ewige Glückseligkeit zu bescheren. Der Omegapunkt würde die Toten nicht nur zum Leben erwecken, sondern ihnen auch ein besseres Leben eröffnen. Auch würden wir unsere irdischen Begierden nicht ablegen. So könnte beispielsweise jeder Mann nicht nur die schönste Frau haben, die er je gesehen bzw. die je gelebt hätte; er könnte darüber hinaus die schönste Frau haben, deren Existenz logisch möglich wäre. Auch Frauen würden sich an ihren persönlichen vollkommenen Megamännern erfreuen können.

Tipler sagte, er selbst habe seine Idee zunächst nicht ganz ernst genommen. »Doch man denkt darüber nach und muß zu einer Entscheidung kommen: Glaubst du wirklich an diese Konstruktionen, die du auf der Grundlage physikalischer Gesetze ersonnen hast, oder tust du so, als handele es sich um bloße Spiele ohne Wirklichkeitsbezug?« Doch als er erst einmal fest von der Richtigkeit der Theorie überzeugt gewesen sei, habe er große Zuversicht daraus geschöpft. »Ich habe mich selbst davon überzeugt – mir vielleicht selbst eingeredet –, daß es ein wunderbares Universum wäre.« Er zitierte »den großen amerikanischen Philosophen Woody Allen, der einmal gesagt hat: ›Ich will nicht durch meine Werke ewig leben. Ich will zum ewigen Leben gelangen, indem ich nicht sterbe.‹ Diese Äußerung verdeutlicht die emotionale Tragweite, die die Möglichkeit einer ›computergestützten Auferstehung‹ für mich anzunehmen begann.«

Im Jahre 1991, so erinnerte sich Tipler, habe ihn ein BBC-Reporter für eine Sendung über die Omegapunkt-Theorie interviewt. Anschließend habe ihn seine sechsjährige Tochter, die das Interview verfolgt habe, gefragt, ob ihre Großmutter, die kurz zuvor gestorben war, eines Tages als Computersimulation auferstehen würde. »Was sollte ich sagen?« fragte mich Tipler achselzuckend. »Natürlich!« Tipler verstummte, und ich vermeinte, einen Anflug des Zweifels über sein Gesicht huschen zu sehen. Doch der war einen Augenblick später schon wieder verflogen.

Tipler tat so, als ließe ihn die Tatsache kalt, daß nur wenige – verschwindend wenige – Physiker seine Theorie ernst nahmen. Schließlich sei auch das heliozentrische Weltbild des Kopernikus erst über einhundert Jahre nach dessen Tod allgemein anerkannt worden. »*Insgeheim*«, zischte Tipler, wobei er sich mit einem konspirativen Blick ruckartig zu mir vorbeugte, »bin ich davon überzeugt, daß ich mich in der gleichen Lage wie Kopernikus befinde. Der entscheidende Unterschied – um es noch einmal zu betonen – besteht freilich darin, daß wir wissen, daß er recht hatte. Von mir wissen wir dies nicht! Das ist der entscheidende Punkt!«

Der Unterschied zwischen dem Wissenschaftler und dem Ingenieur besteht darin, daß jener nach dem Wahren, dieser nach dem Guten strebt. Tiplers Theologie zeigt, daß er im Grunde seines Herzens ein Ingenieur ist. Anders als Freeman Dyson ist Tipler der Ansicht, daß die Suche nach dem reinen Wissen, das er als die Summe der fundamentalen Gesetze, die das Universum steuern, definiert hat, begrenzt und nahezu vollendet ist. Doch die Wissenschaft hat ihre größte Aufgabe noch vor sich: die Verwirklichung des Paradieses. »Wie erreichen wir den Omegapunkt? Das ist noch immer die Frage«, bemerkte Tipler.

Tiplers Streben nach dem Guten statt dem Wahren wirft mindestens zwei Probleme auf. Das eine war bereits Dante und anderen vertraut, die es wagten, sich das Paradies auszumalen: Wie läßt sich vermeiden, daß das Dasein im Paradies unermeßlich langweilig wird? Genau dieses Problem hatte Freeman Dyson dazu veranlaßt, sein Prinzip der maximalen Diversität zu postulieren, das seiner Argumentation nach notwendigerweise zu maximalem Streß führt. Tipler stimmte Dyson zu, daß »wir uns an Erfolgen nur dann erfreuen können, wenn es zumindest die Möglichkeit des Scheiterns gibt. Ich denke, beides gehört eng zusammen.« Aber es widerstrebte Tipler, die Möglichkeit in Betracht zu ziehen, daß der Omegapunkt seinen Untertanen schweres Leid zufügt, nur um ihnen

Langeweile zu ersparen. Er mutmaßte lediglich, daß der Omegapunkt seinen Untertanen die Möglichkeit geben könnte, »sehr viel intelligenter und kenntnisreicher« zu werden. Doch was würden diese Geschöpfe tun, wenn sie immer intelligenter würden, das Streben nach Erkenntnis aber bereits zum Abschluß gekommen wäre? Immer geistreichere Gespräche mit immer schöneren Supermodels führen?

Tiplers Abscheu vor dem Leiden hatte ihn zu einem weiteren Paradox geführt. In seinen Schriften behauptet er, der Omegapunkt habe das Universum erschaffen, obwohl der Omegapunkt selbst *noch nicht erschaffen worden sei*. »Das kann ich Ihnen leicht erklären!« entfuhr es Tipler, als ich seine Aufmerksamkeit auf diesen rätselhaften Punkt lenkte. Er begann mit einer langatmigen, gewundenen Erklärung, deren Quintessenz lautete, daß die Zukunft unser Bezugsrahmen sein sollte, weil sie die Geschichte unseres Kosmos beherrscht – so wie die Sterne und nicht die Erde oder die Sonne den angemessenen Bezugsrahmen für unsere Astronomie bilden. So gesehen, sei es ziemlich naheliegend anzunehmen, daß das Ende des Universums, der Omegapunkt, auch, in einem gewissen Sinne, dessen Anfang sei. Dies sei reine Teleologie, wandte ich ein. Tipler nickte. »Wir betrachten das Universum so, als vollziehe sich seine Entwicklung von der Vergangenheit in die Zukunft. Doch das ist unsere Sichtweise. Es gibt keinen Grund, weshalb das *Universum* dies genauso sehen sollte.«

Um diese These zu untermauern, erinnerte Tipler an die Stelle in der Bibel, an der Moses den brennenden Dornbusch nach seinem Namen fragt (Exodus 3, 13 f.). Laut der offiziellen Einheitsübersetzung entgegnet der Busch: »Ich bin der ›Ich-bin-da‹.« Näher an der ursprünglichen hebräischen Fassung sei jedoch die Übersetzung: »Ich werde sein, der ›Ich-sein-werde‹.« Diese Stelle, so folgerte Tipler triumphierend, beweise, daß es dem biblischen Gott gelinge, das Universum zu erschaffen, mit seinen Propheten zu plaudern und so fort, obwohl er erst in der Zukunft existiere.

Schließlich deutete Tipler an, weshalb er gezwungen war, all diese phantastischen Klimmzüge anzustellen. Wenn der Omegapunkt bereits existierte, dann müßten wir von ihm wiedererschaffene Geschöpfe bzw. Simulationen sein. Aber unsere Geschichte *kann keine* Simulation sein; sie muß ein Original sein. Wieso? Weil der Omegapunkt »zu nett« sei, als daß er eine Welt mit so viel Leid wiedererschaffe, sagte Tipler. Wie alle, die an einen gütigen Gott glaubten, war Tipler über das Problem des Bösen und des Leidens gestolpert. Statt der Möglichkeit ins Auge zu sehen, daß der Omegapunkt für alle Greuel unserer Welt verantwortlich ist, hielt Tipler hartnäckig an seinem Paradox fest: Der Omegapunkt hat uns erschaffen, auch wenn er noch nicht existiert.

Das 1984 erschienene Buch *The Limits of Science* des britischen Biologen Peter Medawar bestand größtenteils aus wiederaufgewärmten Popperianismen. So beteuerte Medawar beispielsweise, daß »die Macht der Wissenschaft, Fragen zu beantworten, die sie beantworten *kann*, grenzenlos ist«, als ob dies eine tiefgründige Wahrheit und keine leere Tautologie wäre. Allerdings finden sich in dem Buch auch einige treffende Äußerungen. So beendete Medawar einen Abschnitt über »Humbug« – worunter er Mythen, Aberglaube und andere Überzeugungen ohne empirische Grundlage verstand – mit der Bemerkung: »Manchmal macht es Spaß, Humbug von sich zu geben.«[13]

Tipler ist vielleicht der größte Phrasendrescher unter allen Wissenschaftlern, die ich kennengelernt habe. Doch ich möchte gleich hinzufügen, daß ich die Omegapunkt-Theorie – zumindest wenn man sie ihrer christlichen Drapierungen entkleidet – für das kühnste Werk ironischer Wissenschaft halte, das ich kenne. Freeman Dyson hält es für möglich, daß eine beschränkte Intelligenz für alle Zeiten in einem offenen, expandierenden Universum herumwandert, das gegen den Wärmetod ankämpft. Tiplers Omegapunkt hingegen riskiert für ein kurzes Aufleuchten unendlicher Intelligenz den großen Kollaps, ein ewiges In-Vergessenheit-Geraten. Meiner Ansicht nach ist Tiplers Vision weitaus faszinierender.

Nur im Hinblick auf die Frage, was der Omegapunkt mit seiner Macht anstellen würde, bin ich anderer Meinung als Tipler. Würde er sich Gedanken darüber machen, ob er Hitler in einer »netten« Variante oder lieber gar nicht auferstehen lassen sollte (einer der Punkte, über den sich Tipler den Kopf zerbrochen hat)? Würde er als eine Art ideale Partnervermittlungsagentur auftreten, die Lieschen Müller mit Cyber-Supermännern in Kontakt bringt? Ich denke nicht. Wie sagte David Bohm doch noch: »Es geht im Grunde genommen nicht um Glück.« Ich glaube, daß der Omegapunkt nicht nach dem Guten – dem Paradies, dem »Neuen Polynesien« oder irgendeiner ewigen Glückseligkeit –, sondern nach dem Wahren streben würde. Er würde genauso wie seine niederen menschlichen Vorfahren bestrebt sein herauszufinden, auf welche Weise und weshalb er entstanden ist. Er würde versuchen, *Die Antwort* zu finden. Welch anderes Ziel wäre seiner auch würdig?

EPILOG

Die Angst Gottes

In dem 1992 erschienenen Buch *Der Plan Gottes* ging der Physiker Paul Davies der Frage nach, ob wir Menschen durch die Wissenschaft zu vollkommener Erkenntnis – *Der Antwort* – gelangen könnten. Davies kam zu dem Schluß, daß dies in Anbetracht der Beschränkungen, die die quantenmechanische Unbestimmtheit, der Gödelsche Unvollständigkeitssatz, Chaos und ähnliches der rationalen Erkenntnis auferlegten, unwahrscheinlich sei. Mystische Erfahrung sei möglicherweise der einzige Weg zu absoluter Wahrheit, spekulierte Davies. Er fügte hinzu, daß er sich für diese Möglichkeit nicht verbürgen könne, da er selbst niemals eine mystische Erfahrung gehabt habe.[1]

Vor vielen Jahren, als ich noch nicht als Wissenschaftsjournalist tätig war, hatte ich das, was man meines Erachtens eine mystische Erfahrung nennen könnte. Ein Psychiater würde dieses Erlebnis vermutlich als eine psychotische Episode bezeichnen. Ich möchte diese Begebenheit, wie aussagekräftig auch immer sie letztlich sein mag, hier kurz schildern. Objektiv gesehen, lag ich mit ausgestreckten Gliedmaßen auf einem Rasen in einem Vorstadtbezirk, ohne Notiz von dem zu nehmen, was in meiner Umgebung vor sich ging. Was meinen subjektiven Zustand anlangte, so befand ich mich auf einer verwirrenden, geheimnisvollen inneren Reise zu dem, was mir als das innerste Geheimnis des Lebens erschien. Welle auf Welle tiefen Erstaunens über das Wunder des Daseins überflutete mich. Zugleich ergriff mich ein Gefühl überwältigender Einsamkeit. Ich spürte – oder vielmehr: ich *wußte* –, daß ich das einzige bewußtseinsbegabte Wesen im gesamten Universum war. Zukunft, Vergangenheit und Gegenwart waren allein das Produkt meiner Vorstellungskraft. Zunächst erfüllte mich ein

Gefühl grenzenloser Freude und Macht. Doch dann spürte ich plötzlich, daß mich diese Ekstase verschlingen könnte, wenn ich mich ihr noch länger hingab. Wenn ich das einzige Lebewesen im Universum war, wer konnte mich dann der Vergessenheit entreißen? Wer konnte mich retten? Mit dieser Einsicht verwandelte sich meine Glückseligkeit in Schrecken; ich floh nun vor derselben Offenbarung, die ich zuvor so ersehnt hatte. Ich hatte das Gefühl, durch eine große Finsternis zu fallen und im Fallen in unendlich viele Selbste zu zersplittern.

Noch Monate, nachdem ich aus diesem Alptraum erwacht war, war ich überzeugt davon, daß ich das Geheimnis des Daseins entdeckt hatte: Gottes Furcht vor seiner eigenen Gottheit und vor seinem eigenen möglichen Tod liegt allem zugrunde. Diese Überzeugung begeisterte und erschreckte mich zugleich – und entfremdete mich von Freunden, Familienangehörigen und all den gewöhnlichen Dingen, die das Leben Tag für Tag lebenswert machen. Ich mußte hart arbeiten, um darüber hinwegzukommen und mit dem Leben weiterzumachen. Und bis zu einem gewissen Grad gelang mir dies auch. Ich verstaute die Erfahrung in einem relativ abgeschotteten Teil meiner Seele, damit sie nicht alle übrigen, praktischeren Teile – die mit dem Finden und Behalten eines Arbeitsplatzes, eines Partners und so fort befaßt sind – überwältigte. Nachdem viele Jahre vergangen waren, kramte ich diese Episode jedoch wieder aus meinem Gedächtnis hervor und begann, darüber nachzusinnen. Dies nicht zuletzt deshalb, weil ich auf eine bizarre pseudowissenschaftliche Theorie gestoßen war, mit der ich meiner Halluzination einen metaphorischen Sinn abgewinnen konnte: der Omegapunkttheorie.

Es gilt als unziemlich, sich vorzustellen, man sei Gott; dagegen ist es durchaus statthaft, sich auszumalen, man sei ein ungemein leistungsfähiger Computer, der das gesamte Universum durchdringt bzw. das gesamte Universum *ist*. Wenn sich der Omegapunkt dem Endkollaps von Zeit und Raum und dem Sein selbst nähert, macht er eine mystische Erfahrung durch. Er wird sich immer deutlicher der äußersten Unwahrscheinlichkeit seines Daseins bewußt. Er erkennt, daß es keinen Schöpfer, keinen Gott außer ihm gibt. Er existiert, und sonst existiert nichts. Der Omegapunkt muß auch erkennen, daß seine Sehnsucht nach endgültigem Wissen und Vereinheitlichung ihn an den Rand des ewigen Nichts gebracht hat und daß mit ihm alle anderen Lebensformen sterben; das Sein selbst wird verschwinden. Wenn der Omegapunkt voller Schrecken seine mißliche Lage erkennt, wird er instinktiv vor sich selbst, vor seiner fürchterlichen Einsamkeit und Selbsterkenntnis, zu fliehen versuchen. Die Schöpfung mit all ihrem Leid, all ihrer Schönheit und Mannigfaltigkeit ist das Produkt der verzweifelten, panischen Flucht des Omegapunkts vor sich selbst.

Ich habe an unverhoffter Stelle Spuren dieser Vorstellung gefunden. In einem Essay mit dem Titel »Borges und Ich« beschreibt der argentinische Erzähler seine Furcht, von sich selbst verschlungen zu werden:

> Ich habe Freude an Sanduhren, an Landkarten, an der Typographie des 18. Jahrhunderts, an Etymologien, an dem Aroma von Kaffee und an der Prosa Stevensons; der andere teilt zwar diese Vorlieben, aber in aufdringlicher Art, die sie zu Attributen eines Schauspielers macht. Es wäre übertrieben zu behaupten, daß wir auf schlechtem Fuß miteinander stünden; ich lebe, ich lebe so vor mich hin, damit Borges seine Literatur ausspinnen kann, und diese Literatur ist meine Rechtfertigung...
>
> Vor Jahren wollte ich mich von ihm befreien; von den Mythologien der Vorstädte ging ich zu Spielen mit der Zeit und mit dem Unendlichen über, doch treibt heute Borges diese Spiele, und ich werde mich anderen Dingen zuwenden müssen. So ist mein Leben eine Flucht, und alles geht mir verloren und fällt dem Vergessen anheim oder dem anderen.
>
> Ich weiß nicht einmal, wer von uns beiden diese Seiten schreibt.[2]

Borges flieht vor sich selbst, aber natürlich ist er gleichzeitig selbst der Verfolger. Eine ähnliche Vorstellung des Verfolgtwerdens-von-sich-Selbst findet sich in einer Fußnote von

EPILOG

William James' Werk *The Varieties of Religious Experience*. In der Fußnote zitiert James einen Philosophen namens Xenos Clark, der eine Offenbarung beschreibt, die durch eine Narkose in ihm ausgelöst worden war. Diese Erfahrung bestärkte Clark in der Überzeugung, daß

> die gewöhnliche Philosophie einem Hund gleicht, der hinter seinem eigenen Schwanz herjagt. Je mehr er hetzt, um so weiter muß er laufen, und seine Nase erreicht niemals seine Fersen, denn sie ist ihnen immer voraus. Die Gegenwart ist also schon immer im voraus festgelegt, und meine Einsicht kommt immer zu spät. Doch in dem Augenblick, in dem ich aus der Narkose erwache, unmittelbar bevor ich wieder ins Leben trete, erhasche ich sozusagen einen flüchtigen Blick von meinen Fersen, einen flüchtigen Blick des ewigen Prozesses, der gerade beginnt. In Wahrheit befinden wir uns auf einer Reise, die bereits vollendet war, noch bevor wir sie angetreten haben; und das wirkliche Ende der Philosophie ist erreicht, nicht wenn wir an unserem Ziel anlangen, sondern wenn wir dort verharren (da wir bereits dort angekommen sind) – was imaginär in diesem Leben geschehen mag, sobald wir mit unserem Erkenntnisstreben aufhören.[3]

Aber wir können mit der Wahrheitssuche nicht aufhören. Täten wir dies, bliebe nichts übrig, würde alles in Vergessenheit geraten. Der Physiker John Wheeler, der den Schwarzen Löchern ihren Namen gegeben und der die Idee des »It from Bit« propagiert hat, erahnte diese Wahrheit. Die Wirklichkeit hält in ihrem Innersten keine Antwort, sondern eine Frage bereit: Weshalb gibt es etwas und nicht vielmehr nichts? *Die Antwort* lautet, daß es keine Antwort gibt, sondern nur eine Frage. Wheelers Vermutung, daß die Welt nichts als »ein Phantasieprodukt« ist, war ebenfalls wohlbegründet. Die Welt ist ein Rätsel, das sich Gott ausgedacht hat, um sich selbst vor seiner schrecklichen Einsamkeit und Todesangst zu schützen.

Charles Hartshornes unsterblicher Gott

Ich habe vergeblich nach einem Theologen gesucht, der diese Vorstellung von einem angsterfüllten Gott geteilt hätte. Freeman Dyson gab mir einen Wink. Nach einer Vorlesung, in der Dyson seine theologische Anschauung darlegte – nämlich daß Gott weder allwissend noch allmächtig ist, sondern einen ähnlichen Entwicklungs- und Lernprozeß durchläuft wie wir Menschen –, kam ein älterer Mann auf ihn zu. Er stellte sich als Charles Hartshorne vor, der, wie Dyson später erfuhr, einer der bedeutendsten Theologen dieses Jahrhunderts war. Hartshorne sagte Dyson, daß sein Gottesbegriff große Ähnlichkeit mit dem des Fausto Sozzini habe, eines italienischen Theologen, der im 16. Jahrhundert gelebt habe und wegen Ketzerei auf dem Scheiterhaufen verbrannt worden sei. Dyson gewann den Eindruck, daß Hartshorne selbst ein Sozinianer war. Ich fragte Dyson, ob er wisse, ob Hartshorne noch am Leben sei. »Ich bin mir nicht sicher«, antwortete Dyson. »Wenn er noch lebt, dann muß er jetzt sehr, sehr alt sein.«

Nachdem ich Princeton verlassen hatte, kaufte ich mir ein Buch mit Aufsätzen über Hartshornes theologische Lehre, die von ihm und anderen geschrieben worden waren, und stellte fest, daß er tatsächlich ein Sozinianer war.[4] Vielleicht würde er meine Idee eines angsterfüllten Gottes verstehen – falls er noch am Leben war. Ich warf einen Blick in einige alte Ausgaben von *Who's Who* und fand heraus, daß er zuletzt an der University of Texas in Austin gelehrt hatte. Ich rief am Fachbereich Philosophie der Universität an, und die Sekretärin sagte mir, daß Professor Hartshorne noch äußerst lebendig sei. Er komme mehrmals in der Woche vorbei. Doch vermutlich würde ich ihn am ehesten erreichen, wenn ich bei ihm zu Hause anriefe.

Hartshorne nahm meinen Anruf entgegen. Ich stellte mich vor und sagte, Freeman Dyson habe mir seinen Namen gegeben. Erinnerte sich Hartshorne noch an sein Gespräch mit

Dyson über Sozzini? Ja, durchaus. Hartshorne sprach eine Zeitlang über Dyson, bevor er sich dem Thema der Sozinianer zuwandte. Obgleich seine Stimme heiser und zitternd war, sprach er mit selbstsicherer Gelassenheit. Doch schon nach einer Minute schnappte seine Stimme über und verwandelte sich in eine mickymausartige Fistelstimme, wodurch unser Gespräch einen noch surrealeren Zug bekam.

Anders als die meisten mittelalterlichen und auch neuzeitlichen Theologen glaubten die Sozinianer, so Hartshorne, daß sich Gott, genau wie der Mensch, im Laufe der Zeit verändere, weiterentwickle und dazulerne. »Wissen Sie, die große klassische Überlieferung in der mittelalterlichen Theologie behauptete, Gott sei unwandelbar«, erklärte er. »Die Sozinianer widersprachen dem, und sie hatten damit völlig recht. Für mich liegt das auf der Hand.«

Demnach ist Gott nicht allwissend? »Gott weiß alles, was es zu wissen *gibt*«, erwiderte Hartshorne. Aber künftige Ereignisse fallen nicht hierunter. Man kann erst dann von ihnen wissen, wenn sie sich ereignet haben.« Das weiß doch jedes Kind, schien seine Stimme zu sagen.

Wenn Gott die Zukunft schon nicht vorhersehen konnte, konnte er sich dann wenigstens vor ihr fürchten? Konnte er seinen eigenen Tod fürchten? »Nein!« versetzte Hartshorne und lachte über die Absurdität dieser Vorstellung. »Wir werden geboren, und wir sterben«, sagte er. »Darin unterscheiden wir uns von Gott. Gott wäre nicht der Rede wert, wenn er geboren und sterben würde. Gott wäre nicht der Rede wert, wenn Gott Geburt und Tod durchmachen würde. Gott erlebt *unsere* Geburt, aber als *unsere* Geburt, nicht als seine Geburt, und er erleidet *unseren* Tod.«

Ich stellte klar, daß ich nicht behaupte, Gott sterbe tatsächlich, sondern nur, daß er sich möglicherweise vor seinem Tod *fürchte*, daß er an seiner eigenen Unsterblichkeit zweifele. »Ach«, sagte Hartshorne, und ich sah förmlich, wie er den Kopf schüttelte. »Das interessiert mich nicht.«

Ich fragte Hartshorne, ob er von der Omegapunkt-Theorie gehört habe. »War es nicht Teilhard de Chardin...?« Ja, antwortete ich, Teilhard de Chardin habe die Inspiration dazu geliefert. Der Grundgedanke laute, daß sich vom Menschen geschaffene superintelligente Maschinen durch das gesamte Universum ausbreiteten... »Ach ja«, unterbrach mich Hartshorne verachtungsvoll. »Das interessiert mich nicht besonders. Die Idee ist recht phantastisch.«

Ich wollte antworten: *Das soll* phantastisch sein, aber dieser ganze sozinianische Unsinn nicht? Statt dessen fragte ich Hartshorne, ob er glaube, daß die Evolution und das Lernen Gottes jemals an ein Ende gelangten. Zum ersten Mal machte er eine Pause, bevor er antwortete. Gott, so sagte er schließlich, sei kein Wesen, sondern ein »Modus des Werdens«; dieses Werden habe keinen Anfang und auch kein Ende: Es gehe in alle Ewigkeit fort.

Schön, wenn man daran glauben kann.

Die Fingernägel Gottes

Ich habe versucht, mehreren Bekannten meine Idee von einem angsterfüllten Gott nahezubringen, doch ich hatte bei ihnen nicht viel mehr Erfolg als bei Hartshorne. Ein mit mir befreundeter, extrem rationaler Wissenschaftspublizist lauschte geduldig meinen Ergüssen, ohne auch nur ein einziges Mal zu grinsen. »Habe ich dich richtig verstanden?« sagte er, »du behauptest, letztlich laufe alles darauf hinaus, daß Gott gewissermaßen an seinen Fingernägeln kaut?« Ich überlegte einen Augenblick lang und nickte dann. Ja, genau. Alles läuft darauf hinaus, daß Gott an den Fingernägeln kaut.

Meines Erachtens hat die Hypothese eines angsterfüllten Gottes viel für sich. Sie erklärt, weshalb wir Menschen, obschon wir instinktiv nach der Wahrheit suchen, gleichzeitig davor zurückschrecken. Die Angst vor der Wahrheit, vor

EPILOG

Der Antwort, durchzieht unsere Kultur, angefangen von der Bibel bis hin zum neuesten Film über einen verrückten Wissenschaftler. Im allgemeinen gelten Wissenschaftler als immun gegen diese Form der Angst. Einige sind es tatsächlich, oder scheinen es doch zumindest zu sein. Man denke nur an Francis Crick, den Mephistopheles des Materialismus, oder auch an den eiskalten Atheisten Richard Dawkins und an Stephen Hawking, den kosmischen Spaßvogel. (Weist die britische Kultur irgendeine Eigentümlichkeit auf, die Wissenschaftler hervorbringt, denen metaphysische Angst völlig fremd ist?)

Doch auf jeden Crick bzw. Dawkins kommen zahlreiche Wissenschaftler, die eine zutiefst zwiespältige Einstellung zum Begriff der absoluten Wahrheit haben. Etwa Roger Penrose, der sich nicht festlegen konnte, ob sein Glaube an eine endgültige Theorie optimistisch oder pessimistisch war. Oder Steven Weinberg, der Verständlichkeit mit Sinnlosigkeit gleichsetzte. Oder David Bohm, der sich genötigt sah, die Wirklichkeit einerseits zu erhellen und andererseits zu verdunkeln. Oder Edward Wilson, der sich nach einer endgültigen Theorie der menschlichen Natur sehnte und den doch die Vorstellung, daß eine solche Theorie erreicht würde, erschauern ließ. Oder Marvin Minsky, dem der Gedanke der Einseitigkeit zutiefst verhaßt war. Oder Freeman Dyson, der beteuerte, daß Angst und Zweifel notwendig zum Dasein gehörten. In der ambivalenten Einstellung dieser Wahrheitssucher gegenüber der Idee einer endgültigen Erkenntnis spiegelt sich die Zwiespältigkeit Gottes – oder des Omegapunktes, wenn Sie so wollen – gegenüber der vollkommenen Erkenntnis seiner eigenen Misere wider.

In seiner Prosadichtung, dem *Tractatus logico-philosophicus,* verkündete Wittgenstein: »Nicht *wie* die Welt ist, ist das Mystische, sondern *daß* sie ist.«[5] Wittgenstein wußte, daß wahre Erleuchtung nicht mehr ist als sprachloses Staunen über die nackte Tatsache des Daseins. Das scheinbare Ziel von Wissenschaft, Philosophie, Religion und allen anderen Erkenntnisformen besteht darin, das ergreifende »Wieso?« mystischen Staunens in ein noch ergreifenderes »Aha!« des Verstehens zu verwandeln. Doch was geschieht, nachdem wir *Die Antwort* gefunden haben? Der Gedanke, daß wir durch unser Wissen ein für allemal unsere Fähigkeit zu staunen verlieren könnten, erfüllt mich mit Grauen. Worin würde dann der Sinn des Daseins bestehen? Es gäbe keinen mehr. Das Fragezeichen mystischen Staunens kann niemals restlos in ein Ausrufezeichen transformiert werden, nicht einmal im Geist Gottes.

Ich habe eine ungefähre Vorstellung davon, wie sich dies anhört. Ich halte mich selbst für einen rationalen Menschen. Ich spotte gern über Wissenschaftler, die ihre metaphysischen Phantasien zu ernst nehmen. Doch, um Marvin Minsky zu paraphrasieren: Wir alle haben mehr als nur ein Ich. Mein praktisches, rationales Ich sagt mir, diese Idee eines angsterfüllten Gottes sei aberwitziger Unsinn. Doch ich habe noch andere Ichs. Eines davon überfliegt hin und wieder eine astrologische Kolumne oder fragt sich, ob vielleicht an all den Berichten über sexuelle Kontakte zwischen Menschen und Außerirdischen nicht doch *etwas* dran ist. Ein anderes Ich glaubt, daß alles auf einen nagelkauenden Gott hinausläuft. Aus diesem Glauben schöpfe ich sogar einen sonderbaren Trost. Unsere Not ist Gottes Not. Und nun, da die Wissenschaft – die wahre, reine, empirische Wissenschaft – an ihr Ende gelangt ist, stellt sich die Frage, woran sollte man sonst glauben?

ANMERKUNGEN

Einleitung: Die Suche nach »Der Antwort«
1 Roger Penrose, *Computerdenken – Die Debatte um Künstliche Intelligenz, Bewußtsein und die Gesetze der Physik,* Heidelberg 1991. Der Astronom Timothy Ferris hat die 1989 erschienene englische Originalausgabe dieses Buches in der *New York Times Book Review* vom 19. November 1989, S. 3, rezensiert.
2 Mein Kurzporträt von Penrose erschien im November 1989 im *Scientific American,* S. 30–33.
3 Das Interview mit Penrose fand im August 1989 in Syracuse statt.
4 Diese Definition von Ironie folgt derjenigen, die Northrop Frye in seinem klassischen Werk über Literaturtheorie, *Anatomy of Criticism,* Princeton 1957, dargelegt hat.
5 Harold Bloom, *Einflußangst. Eine Theorie der Dichtung,* Frankfurt/M. 1995.
6 a. a. O., S. 22.
7 a. a. O., S. 23.

1. Das Ende des Fortschritts
1 Das Tagungsprotokoll des Gustavus-Adolphus-Symposions wurde veröffentlicht unter dem Titel *The End of Science? Attack and Defense,* hg. von Richard Q. Selve, Lanham 1992.
2 Gunther S. Stent, *The Coming of the Golden Age: A View of the End of Progress,* Garden City, N. Y., 1969. Siehe auch Stents Beitrag in Selve, *The End of Science?*
3 Siehe *The Education of Henry Adams,* Massachusetts Historical Society, Boston 1918 (neu aufgelegt bei Houghton Mifflin, Boston 1961). Adams legte sein Beschleunigungsgesetz in dem im Jahre 1904 geschriebenen Kapitel 34 dar.
4 Stent, *Golden Age,* S. 94.
5 a. a. O., S. 111.
6 Linus Pauling legte sein frappantes Fachwissen auf dem Gebiet der Chemie in dem Buch *The Nature of the Chemical Bond and the Structure of Molecules and Crystals* dar, dessen Originalausgabe 1939 erschien und das im Jahre 1960 von der Cornell University Press, Ithaca, N. Y., neu aufgelegt wurde. Es ist eines der einflußreichsten naturwissenschaftlichen Werke, die je geschrieben wurden. Pauling sagte mir, daß

ANMERKUNGEN

er die Grundprobleme der Chemie bereits zehn Jahre vor der Veröffentlichung seines Buchs gelöst habe. Als ich Pauling im September 1992 in Stanford, Kalifornien, interviewte, sagte er: »Meines Erachtens war die organische Chemie spätestens Ende – vielleicht auch schon in der Mitte – der dreißiger Jahre weitgehend vollendet; das gilt auch für die anorganische Chemie und die Mineralogie mit Ausnahme der Sulfidminerale, wo noch immer viel Arbeit vor uns liegt.« Paulus starb am 19. August 1994.

7 Stent, *Golden Age*, S. 74.
8 a. a. O., S. 115.
9 a. a. O., S. 138.
10 Ich interviewte Stent im Juni 1992 in Berkeley.
11 Diese entmutigende Tatsache fand ich in *Kinder der Milchstraße* von Timothy Ferris, Basel 1989. Ein ernüchterndes Fazit der bemannten US-Raumfahrt zog John Nobel Wilford in der *New York Times* vom 17. Juli 1994 anläßlich des 25. Jahrestags der ersten Mondlandung in seinem Artikel »25 Years Later, Moon Race in Eclipse«.
12 Diese pessimistische (optimistische?) Sicht des Alterns findet sich in »Altern als Jungbrunnen«, dem 8. Kapitel des Buchs *Warum wir krank werden. Die Antworten der Evolutionsmedizin* von Randolph M. Nesse und George C. Williams, München 1997. Williams ist eine der unterschätzten Koryphäen der modernen Evolutionsbiologie. Siehe auch seinen klassischen Aufsatz »Pleiotropy, Natural Selection, and the Evolution of Senescence«, *Evolution*, Bd. 11, 1957, S. 398–411.
13 Michelsons Ausführungen sind in mehreren verschiedenen Versionen überliefert worden. Die hier zitierte Lesart wurde in *Physics Today*, April 1968, S. 9, veröffentlicht.
14 Michelsons Dezimalstellen-Kommentar wurde auf Seite 3 von *Superstrings: A Theory of Everything?*, hg. von Paul C. Davies und Julian Brown, Cambridge 1988, fälschlicherweise Kelvin zugeschrieben. Dieses Buch enthält auch die bemerkenswerte Enthüllung, daß der Nobelpreisträger Richard Feynman der Superstringtheorie sehr skeptisch gegenüberstand.
15 Stephen Brush legte diese Analyse über die Physik am Ende des 19. Jahrhunderts in dem Aufsatz »Romance in Six Figures«, *Physics Today*, Januar 1969, S. 9, dar.
16 Siehe beispielsweise »The Completeness of Nineteenth-Century Science« von Lawrence Badash, *Isis*, Bd. 63, 1972, S. 48–58. Badash, ein Wissenschaftshistoriker, der an der University of California in Santa Barbara lehrt, kam zu dem Fazit (S. 58), daß »das Unbehagen an der Vollendung, obzwar es keiner virulenten, sondern eher einer ›leichten‹ Infektion‹ glich, *doch sehr real war*« [kursiv im Original].
17 Daniel Koshlands Essay »The Crystal Ball and the Trumpet Call« und

ANMERKUNGEN

der sich daran anschließende Sonderteil zum Thema Vorhersagen finden sich in *Science*, 17. März 1995. Die Legende vom kurzsichtigen Leiter des US-Patentamts wurde vom Cybermagnaten Bill Gates in seinem 1995 erschienenen Bestseller *Der Weg nach vorn* aufgegriffen, den er zusammen mit Nathan Myhrvold und Peter Rinearson geschrieben hat.

18 Eber Jeffery, »Nothing Left to Invent«, *Journal of the Patent Office Society*, Juli 1940, S. 479–481. Ich danke dem Wissenschaftshistoriker Morgan Sherwood von der University of California in Davis dafür, daß er Jeffreys Artikel für mich ausfindig gemacht hat.

19 J. B. Bury, *The Idea of Progress*, New York 1932. Meine Zusammenfassung von Burys Ansichten ist übernommen aus Stent, *Golden Age*.

20 Gunther S. Stent, *The Paradoxes of Progress*, San Francisco 1978, S. 27. Dieses Buch enthält mehrere Kapitel aus Stents früherem Buch *The Coming of the Golden Age* und neue Diskussionen über biologische und ethische Fragen sowie über die kognitiven Grenzen der Wissenschaft.

21 Vannevar Bush, *Science: The Endless Frontier*, wurde von der National Science Foundation, Washington, D.C., anläßlich ihres 40jährigen Gründungsjubiläums im Jahre 1990 neu aufgelegt.

22 Siehe dazu *Wissenschaftlicher Fortschritt* von Nicholas Rescher, Berlin 1982, S. 132 ff. Der Philosoph Rescher, der an der University of Pittsburgh lehrt, übermittelte mir weitere Quellenangaben, die belegen, daß Engels Glaube an das unendliche Entwicklungspotential der Wissenschaft auch von modernen Marxisten geteilt wird. Siehe auch die Einleitung zu *Paradoxes of Progress*, wo Stent erwähnt, daß die kritischste Rezension von *The Coming of the Golden Age* aus der Feder eines sowjetischen Philosophen, V. Kelle, stamme, der behauptete, die Wissenschaft sei ein zeitlich unbegrenztes Unterfangen und Stents These vom Ende der Wissenschaft sei ein Symptom für die Dekadenz des Kapitalismus.

23 Havels Bemerkungen sind zitiert in Gerald Holton, *Science and Anti-Science*, Cambridge 1993, S. 175–176. Holton lehrt Philosophie an der Harvard University.

24 Diese Sicht von Spenglers Werk stützt sich auf Holton, *Science and Anti-Science*. In *Science and Anti-Science* und in anderen Publikationen (einschließlich eines Aufsatzes im *Scientific American*, Oktober 1995, S. 191) versuchte Holton die These vom Ende der Wissenschaft zu widerlegen, indem er sich auf die Autorität von Einstein berief, der immer wieder betonte, die Suche nach wissenschaftlichen Wahrheiten sei ein unendlicher Prozeß. Es scheint Holton nicht in den Sinn gekommen zu sein, daß Einsteins Auffassung eher auf Wunschdenken als auf einer nüchternen Beurteilung der Zukunftsaussichten der Wissenschaft basiert. Holton behauptete zudem, daß diejenigen, die das Ende der Wissenschaft verkündeten, im allgemeinen Gegner von Wis-

senschaft und Rationalität seien. Dabei stammen die meisten neueren Prophezeiungen über das Ende der Wissenschaft nicht von Gegnern des Rationalismus, wie etwa Havel, sondern von Naturwissenschaftlern wie Steven Weinberg, Richard Dawkins und Francis Crick, die der Ansicht sind, daß die Wissenschaft der ausgezeichnete Weg zur Wahrheit ist.

25 Bentley Glass, »Science: Endless Horizons or Golden Age?«, *Science*, 8. Januar 1971, S. 23–29. Glass, der scheidende Präsident der American Association for the Advancement of Science (AAAS), hatte diesen Vortrag zuvor bei der Jahresversammlung der AAAS am 28. Dezember 1970 in Chicago gehalten.

26 Bentley Glass, »Milestones and Rates of Growth in the Development of Biology«, *Quarterly Review of Biology*, März 1979, S. 31–53.

27 Mein telefonisches Interview mit Glass fand im Juni 1994 statt.

28 Leo Kadanoff, »Hard Times«, *Physics Today*, Oktober 1992, S. 9–11.

29 Mein telefonisches Interview mit Kadanoff fand im August 1994 statt.

30 Rescher, *Wissenschaftlicher Fortschritt*, S. 39.

31 a.a.O. Obgleich ich Reschers Analyse des Entwicklungspotentials der Wissenschaft nicht zustimme, sind seine Bücher *Wissenschaftlicher Fortschritt*, Berlin 1982, und *Die Grenzen der Wissenschaft*, Stuttgart 1985, doch einzigartige Informationsquellen für jeden, der sich für die Grenzen der Wissenschaft interessiert.

32 Bentley Glass' Besprechung von Reschers *Wissenschaftlicher Fortschritt* erschien im *Quarterly Review of Biology*, Dezember 1979, S. 417–419.

33 Immanuel Kant, *Prolegomena zu einer jeden künftigen Metaphysik, die als Wissenschaft wird auftreten können* (Originalausgabe 1783), Stuttgart 1989, S. 129 f.

34 Die Bedeutung von Bacons Schlagwort *plus ultra* wird von Peter Medawar in *The Limits of Science*, New York 1984, erörtert. Medawar war ein berühmter britischer Biologe.

35 *Critical Theory Since Plato*, hg. von Hazard Adams, New York 1971, S. 474.

2. Das Ende der Wissenschaftstheorie

1 T. Theocharis und M. Psimopoulos, »Where Science Has Gone Wrong«, *Nature*, Bd. 329, 15. Oktober 1987, S. 595–598.

2 Peirce' Auffassung über den Zusammenhang zwischen Wissenschaft und endgültiger Wahrheit wird diskutiert in Reschers *Die Grenzen der Wissenschaft* (vgl. Anmerkung 31 zu Kapitel 1). Siehe auch Peirce' *Selected Writings*, hg. von Philip Wiener, New York 1966.

3 Zu Poppers Hauptwerken zählen *Logik der Forschung*, Wien 1935; *Die*

ANMERKUNGEN

offene Gesellschaft und ihre Feinde, Bern 1957, 1958 und *Vermutungen und Widerlegungen,* Tübingen 1994. Poppers Autobiographie *Ausgangspunkte. Meine intellektuelle Entwicklung,* Hamburg 1979, und *Popper Selections,* hg. von David Miller, Princeton 1985, stellen hervorragende Einführungen in sein Denken dar.

4 Siehe »Der Logische Positivismus ist tot: Wer ist der Täter?«, Kapitel 17 von Poppers Autobiographie.
5 a. a. O.
6 Ich interviewte Popper im August 1992.
7 Mein Artikel über die Quantenmechanik, »Quantum Philosophy«, erschien im Juli 1992 im *Scientific American,* S. 94–103.
8 Siehe Karl Popper und John C. Eccles, *Das Ich und sein Gehirn,* München 1983. Eccles wurde im Jahre 1963 für seine Arbeiten zur Erregungsleitung im Nervensystem mit dem Nobelpreis ausgezeichnet. Ich diskutiere seine Thesen in Kapitel 7.
9 Günther Wächtershäuser hat seine Theorie über den Ursprung des Lebens in den *Proceedings of the National Academy of Sciences,* Bd. 87, 1990, S. 200–204, dargelegt.
10 Popper diskutierte seine Zweifel an der Darwinschen Theorie in »Natural Selection and Its Scientific Status«, Kapitel 10 von *Popper Selections.*
11 Frau Mew suchte Poppers Buch *A World of Propensities,* London 1990.
12 *Nature* veröffentlichte am 30. Juli 1992 eine von dem Physiker Hermann Bondi verfaßte Hommage für Popper. Anlaß war der 90. Geburtstag des Philosophen.
13 Der *Economist* veröffentlichte seinen Nachruf auf Popper am 24. September 1994 auf Seite 92. Popper war am 17. September gestorben.
14 Popper, *Ausgangspunkte,* S. 147.
15 Thomas Kuhn, *Die Struktur wissenschaftlicher Revolutionen,* Frankfurt/M. 1973. Mein Interview mit Kuhn fand im Februar 1991 statt.
16 *Scientific American,* Mai 1964, S. 142–144.
17 Kuhns Vergleich von Wissenschaftlern mit der Hauptfigur in *1984* findet sich auf den Seite 178 von *Struktur.*
18 Ich machte diese abfällige Bemerkung über das »Neue Paradigma« der Bush-Administration in einem Kurzporträt von Kuhn, das im *Scientific American* erschien, Mai 1991, S. 40–49. Anschließend erhielt ich einen Beschwerdebrief von James Pinkerton, der damals stellvertretender Leiter der Abteilung für Politische Planung des Weißen Hauses war und der den Begriff »Neues Paradigma« geprägt hatte. Pinkerton beteuerte, daß das »Neue Paradigma« »*keine* wiederaufgewärmte Reagonomics ist, sondern vielmehr eine kohärente Gesamtheit von Ideen und Prinzipien, die auf Wahlfreiheit, Verantwortlichkeit und größere Leistungsfähigkeit durch Dezentralisierung der Kontrolle abstellen«.

ANMERKUNGEN

19 Den Vorwurf, Kuhn habe 21 verschiedene Definitionen von *Paradigma* gegeben, erhebt Margaret Masterman in »The Nature of a Paradigm«, *Criticism and the Growth of Knowledge*, hg. von Imre Lakatos und Alan Musgrave, New York 1970.
20 Paul Feyerabend, *Wider den Methodenzwang*, Frankfurt/M. 1986.
21 Feyerabends Bemerkung über die »positivistische Teetasse« findet sich in seinem Buch *Irrwege der Vernunft*, Frankfurt/M. 1989.
22 Feyerabend stellt diese Analogie zum organisierten Verbrechen in seinem Aufsatz »Consolations for a Specialist« her, in: Lakatos und Musgrave (hg.), *Growth of Knowledge*.
23 Feyerabends hanebüchene Äußerungen werden von William J. Broad, mittlerweile ein Wissenschaftsreporter der *New York Times*, in einem erstaunlich verständnisvollen Porträt zitiert: »Paul Feyerabend: Science and the Anarchist«, *Science*, 2. November 1979, S. 534–537.
24 Feyerabend, *Irrwege der Vernunft*, S. 447.
25 a. a. O., S. 451 f.
26 *Isis*, Bd. 2, 1992, S. 368.
27 Feyerabend starb am 11. Februar 1994 in Genf. Die *New York Times* veröffentlichte am 8. März einen Nachruf auf ihn.
28 Paul Feyerabend, *Zeitverschwendung*, Frankfurt/M. 1995.
29 *After Philosophy: End or Transformation?*, hg. von Kenneth Baynes, James Bohman und Thomas McCarthy, Cambridge, Mass. 1987.
30 Colin McGinn, *Problems in Philosophy*, Cambridge, Mass., 1993.
31 Die Erzählung *Der Zahir* ist enthalten in dem Erzählband *Das Aleph* von Jorge Luis Borges, Frankfurt/M. 1992, S. 90–99.
32 a. a. O., S. 99.

3. Das Ende der Physik

1 Einsteins Bemerkung wird zitiert von John Barrow in *Theorien für Alles*, Heidelberg 1992, S. 122.
2 Glashows Diskussionsbeitrag ist vollständig abgedruckt in *The End of Science? Attack and Defense*, hg. von Richard Q. Selve, Lanham 1992.
3 Sheldon Glashow und Paul Ginsparg, »Desperately Seeking Superstrings«, *Physics Today*, Mai 1986, S. 7.
4 K. C. Cole, »A Theory of Everything«, *New York Times Magazine*, 18. Oktober 1987, S. 20. Aus diesem Artikel entnahm ich den größten Teil der persönlichen Informationen über Witten, die ich in diesem Kapitel darlege. Ich interviewte Witten im August 1991.
5 Siehe *Science Watch* (veröffentlicht vom Institute for Scientific Information, Philadelphia), September 1991, S. 4.
6 Barrow, *Theorien für Alles*.

ANMERKUNGEN

7 David Lindley, *Das Ende der Physik*, Basel 1994.
8 Siehe John Maddox, »Is the *Principia* Publishable Now?«, *Nature*, 3. August 1995, S. 385.
9 Dennis Overbye, *Das Echo des Urknalls*, München 1993.
10 Steven Weinberg, *Der Traum von der Einheit des Universums*, München 1995, S. 26.
11 Steven Weinberg, *Die ersten drei Minuten*, München 1980, S. 162.
12 Weinberg, *Der Traum von der Einheit des Universums*, S. 263.
13 Michio Kaku, *Eine Reise durch den Hyperraum und die zehnte Dimension*, Berlin 1995.
14 Paul C. Davies, *Der Plan Gottes*, Frankfurt/M. 1996. Der Jury, die Davies den Templeton-Preis zuerkannte, gehörten auch George Bush und Margaret Thatcher an.
15 Bethe erörterte seine schicksalhafte Berechnung erstmals in »Ultimate Catastrophe?«, *Bulletin of the Atomic Scientists*, Juni 1976, S. 36–37. Der Artikel ist wieder abgedruckt in einer Sammlung von Aufsätzen Bethes, *The Road from Los Alamos*, New York 1991. Ich interviewte Bethe im Oktober 1991 an der Cornell University.
16 David Mermin, »What's Wrong with Those Epochs?«, *Physics Today*, November 1990, S. 9–11.
17 Eine Sammlung von Wheelers Aufsätzen und Vorträgen erschien unter dem Titel *At Home in the Universe*, Woodbury 1994. Ich interviewte Wheeler im April 1991.
18 Siehe Seite 5 von Wheelers Abhandlung »Information, Physics, Quantum: The Search for Links«, *Complexity, Entropy, and the Physics of Information*, hg. von Wojciech H. Zurek, Reading, Mass., 1990.
19 a.a.O., S. 18.
20 Dieses Zitat und die vorangehende Anekdote über Wheelers Auftritt mit Parapsychologen beim Jahrestreffen der American Association for the Advancement of Science sind entnommen aus »Physicist John Wheeler: Retarded Learner« von Jeremy Bernstein, *Princeton Alumni Weekly*, 9. Oktober 1985, S. 28–41.
21 Eine kurze Einführung in Bohms Denken gibt David Albert in »Bohm's Alternative to Quantum Mechanics«, *Scientific American*, Mai 1994, S. 58–67. Teile dieses Abschnitts über Bohm erschienen in meinem Artikel »Last Words of a Quantum Heretic«, *New Scientist*, 27. Februar 1993, S. 38–42. Bohm legte seine Weltanschauung in *Die implizite Ordnung*, München 1985, dar.
22 Der Aufsatz von Einstein, Podolsky und Rosen, Bohms ursprüngliche Abhandlung über seine alternative Interpretation der Quantenmechanik und viele weitere folgenreiche Artikel über die Quantenmechanik sind zusammengetragen in *Quantum Theory and Measurement*, hg. von John Wheeler und Wojciech H. Zurck, Princeton 1983.

ANMERKUNGEN

23 David Bohm und F. David Peat, *Das neue Weltbild. Naturwissenschaft, Ordnung und Kreativität*, München 1990.
24 Ich interviewte Bohm im August 1992. Er starb am 27. Oktober. Vor seinem Tod schrieb er zusammen mit Basil J. Hiley noch ein weiteres Buch, das zwei Jahre später erschien: *The Undivided Universe*, London 1994.
25 Richard Feynman, *Vom Wesen physikalischer Gesetze*, München 1990, S. 210 f.
26 a. a. O., S. 211.
27 Das Symposion »The Interpretation of Quantum Theory: Where Do We Stand?« fand vom 1. bis 4. April 1992 an der Columbia University statt.
28 Ich habe viele verschiedene Versionen dieses Zitats von Bohr gesehen. Meine Version stammt aus einem Interview mit John Wheeler, der bei Bohr studiert hat.
29 Eine hervorragende Analyse des Zustands der Physik liefert Silvan S. Schweber in seinem Aufsatz »Physics, Community, and the Crisis in Physical Theory«, *Physics Today*, November 1993, S. 34–40. Schweber, ein renommierter Physikhistoriker von der Brandeis University, behauptet, daß die Physik sich immer stärker von der reinen Grundlagenforschung weg, hin zur anwendungsbezogenen Forschung orientieren werde. Ich schilderte die Schwierigkeiten, mit denen Physiker konfrontiert sind, die sich um die Formulierung einer einheitlichen Theorie bemühen, in: »Particle Metaphysics«, *Scientific American*, Februar 1994, S. 96–105. In einem früheren Beitrag für den *Scientific American*, »Quantum Philosophy«, Juli 1992, S. 94–103, besprach ich neuere Arbeiten zur Interpretation der Quantenmechanik.

4. Das Ende der Kosmologie

1 Hawkings Vortrag und die Beiträge der übrigen Teilnehmer des Nobel-Symposions, das vom 11. bis 16. Juni 1990 in Gräftvallen, Schweden, stattfand, wurden unter dem Titel *The Birth and Early Evolution of Our Universe*, hg. von J. S. Nilsson, B. Gustafsson und B.-S. Skagerstam, London 1991, veröffentlicht. Ich schrieb einen Artikel über das Treffen, »Universal Truths«, *Scientific American*, Oktober 1990, S. 108–117. Ich hatte während des ersten Tags des Nobel-Symposions, als alle Teilnehmer des Treffens zu einem Cocktailempfang in ein Wäldchen getrieben wurden, ein sonderbares Erlebnis mit Stephen Hawking. Wir befanden uns bereits in Sichtweite der mit Speisen und Getränken gedeckten Tische, als Hawkings Rollstuhl, der von einer seiner Krankenschwestern geschoben wurde, sich plötzlich in einer Furche im Weg verkeilte. Die Krankenschwester fragte mich, ob es mir etwas ausmachen würde, Hawking den Rest des Wegs zu tragen. Als ich Hawking hoch-

ANMERKUNGEN

hob, spürte ich, daß er befremdlich leicht und steif war wie ein Bündel trockener Zweige. Ich warf ihm aus den Augenwinkeln einen verstohlenen Blick zu und bemerkte, daß er mich bereits seinerseits argwöhnisch beäugte. Er verzog das Gesicht jäh zu einer schmerzverzerrten Fratze; sein Körper bebte, und er stieß ein gurgelndes Geräusch aus. Mein erster Gedanke war: Ein Mensch stirbt in meinen Armen! Wie entsetzlich! Mein zweiter Gedanke war: Stephen Hawking stirbt in meinen Armen! Was für eine Geschichte! Dieser Gedanke wiederum wich einem Gefühl der Scham über das Ausmaß meiner journalistischen Sensationsgier, als die Krankenschwester, die Hawkings Not – und die meine – bemerkt hatte, zu uns eilte.»Keine Sorge«, sagte sie, während sie Hawking sanft in die Arme nahm.»Das kommt häufig vor. Es ist alles in Ordnung.«

2 Eine gekürzte Fassung von Hawkings Vortrag, den er am 29. April 1980 hielt, erschien in der britischen Zeitschrift *Physics Bulletin* (die mittlerweile *Physics World* heißt), Januar 1981, S. 15–17.

3 Stephen Hawking, *Eine kurze Geschichte der Zeit*, Hamburg 1991, S. 218.

4 a.a.O., S. 179.

5 Michael White und John Gribbon, *Stephen Hawking: A Life in Science*, New York 1992. Dieses Buch dokumentiert auch Hawkings Verwandlung von einem Physiker in eine internationale Berühmtheit.

6 Siehe das Interview mit Hawking in *Science Watch*, September 1994. Hawkings Ansichten über das Ende der Physik werden in mehreren Büchern erörtert, die in Kapitel 3 angeführt wurden, darunter *Der Plan Gottes* von Paul C. Davies; *Theorien für Alles* von John Barrow; *Der Traum von der Einheit des Universums* von Steven Weinberg; *Das Echo des Urknalls* von Dennis Overbye und *Das Ende der Physik* von David Lindley. Siehe auch *Denkmuster* von George Johnson, München 1997, der die Frage, ob die Wissenschaft die absolute Wahrheit erreichen kann, auf besonders scharfsinnige Weise erörtert.

7 Schramm beschreibt seine kosmologische Theorie, die der herrschenden Lehrmeinung entspricht, zusammen mit dem Mitautor Michael Riordan in *The Shadows of Creation*, New York 1991. Im Jahre 1994 wettete Schramms Mitautor, Riordan, ein Physiker am Stanford Linearbeschleuniger, mit mir um eine Kiste kalifornischen Wein, daß Alan Guth, der allgemein als »Entdecker« der Inflation gilt, am Ende des 20. Jahrhunderts für seine Arbeiten mit dem Nobelpreis ausgezeichnet werden würde. Ich erwähne diese Wette hier nur, weil ich mir sicher bin, daß ich sie gewinnen werde.

8 Linde legte seine Theorie dar in »The Self-Reproducing Inflationary Universe«, *Scientific American*, November 1994, S. 48–55. Wer sich eingehender mit Lindes Theorie befassen will, kann seine Bücher *Ele-*

mentarteilchen und inflationärer Kosmos, Heidelberg 1993, und *Inflation and Quantum Cosmology,* San Diego 1990, probieren. Teile dieses Abschnitts über Linde erschienen in meinem Artikel »The Universal Wizard«, *Discover,* März 1992, S. 80–85. Mein Interview mit Linde in Stanford fand im April 1991 statt.

9 Das Telefonat mit Schramm führte ich im Februar 1993.
10 Ich interviewte Georgi im November 1993 in Harvard.
11 Eine amüsante Rückschau auf seinen turbulenten Berufsweg hält Hoyle in *Home Is Where the Wind Blows,* Mill Valley 1994. Ich interviewte Hoyle im August 1992 in seiner Wohnung.
12 Siehe zum Beispiel die Besprechung in *Nature,* 13. Mai 1993, S. 124, von *Our Place in the Cosmos,* London 1993, wo Hoyle und sein Mitautor, Chandra Wickramasinghe, die These aufstellen, im Kosmos wimmele es von Leben. Der Rezensent in *Nature,* Robert Shapiro, ein Chemiker an der New York University, schrieb dieses Buch, und andere, in neuerer Zeit erschienene Werke Hoyles »dokumentieren auf schlagende Weise, wie ein brillanter Denker dazu kommen kann, sich mit abseitigen Ideen zu befassen«. Als ein Jahr später Hoyles Autobiographie erschien, zeigten die Medien, die Hoyle wegen seiner exzentrischen Anschauungen jahrelang weitgehend totgeschwiegen hatten, plötzlich Sympathie für den Verfemten. Siehe zum Beispiel Marcus Chown, »The Space Molecule Man«, *New Scientist,* 10. September 1994, S. 24–27.
13 »And the Winner Is...«, *Sky and Telescope,* März 1994, S. 22.
14 Siehe Hoyle und Wickramasinghe, *Our Place in the Cosmos.*
15 Siehe Overbye, *Das Echo des Urknalls,* wo die Debatte über die Hubble-Konstante hervorragend beschrieben wird.
16 Freeman Dyson, »The Scientist as Rebel«, *New York Review of Books,* 25. Mai 1995, S. 32.
17 Martin Harwit, *Die Entdeckung des Kosmos,* München 1983, S. 63. Im Jahre 1995 legte Harwit inmitten einer erbitterten Kontroverse über die Ausstellung »The Last Act: The Atomic Bomb and the End of World War II«, die er organisiert hatte, sein Amt als Direktor des National Air and Space Museum der Smithsonian Institution in Washington, D. C., nieder. Veteranen-Organisationen und andere hatten moniert, die Ausstellung sei zu kritisch gegenüber den US-amerikanischen Atombombenabwürfen auf Hiroshima und Nagasaki.
18 a.a.O., S. 67.

5. Das Ende der Evolutionsbiologie

1 Siehe die 1964 erschienene Ausgabe der Harvard University Press von *On the Origin of Species,* zu der Ernst Mayr, einer der Begründer der modernen Evolutionstheorie, das Vorwort geschrieben hat.

ANMERKUNGEN

2 Stent, *Golden Age*, S. 19.
3 Ich habe dieses Bohr-Zitat in einer Buchbesprechung in *Nature* vom 6. August 1992, S. 464, gefunden. Der genaue Wortlaut des Zitats ist: »Die Aufgabe der Wissenschaft besteht darin, tiefe Wahrheiten in Trivialitäten zu verwandeln.«
4 Die Zusammenkunft mit Dawkins fand im November 1994 im Büro von John Brockman statt, einem außergewöhnlich erfolgreichen Agenten und PR-Experten für Wissenschaftsautoren.
5 Richard Dawkins, *Der blinde Uhrmacher*, München 1990, S. 7. Der Wallace, von dem Dawkins spricht, ist Alfred Russell Wallace, der das Konzept der natürlichen Auslese unabhängig von Darwin entdeckte, aber weder die Tiefe noch die Spannbreite von Darwins Erkenntnissen erreichte.
6 Siehe »Is Uniformitarianism Necessary?«, *American Journal of Science*, Bd. 263, 1965, S. 223–228.
7 Stephen Jay Gould und Niles Eldredge, »Punctuated Equilibria: An Alternative to Phyletic Gradualism«, *Models in Paleobiology*, hg. von T. J. M. Schopf, San Francisco 1972.
8 Meine Lieblingsbücher von Gould sind *Der falsch vermessene Mensch*, Frankfurt/M. 1983, eine kenntnisreiche Chronik und gleichzeitig eine leidenschaftliche Polemik gegen Intelligenztests, und *Zufall Mensch. Das Wunder des Lebens als Spiel der Natur*, München 1994, eine meisterhafte Darlegung seiner Sicht des Lebens als eines Produkts der Kontingenz. Siehe auch »The Spandrels of San Marco and the Panglossian Paradigm« von Gould und seinem Harvard-Kollegen Richard Lewontin (einem Genetiker, dem oftmals, wie Gould, marxistische Tendenzen nachgesagt werden), *Proceedings of the Royal Society* (London), Bd. 205, 1979, S. 581–598. Der Artikel enthält eine vernichtende Kritik an grob vereinfachenden darwinistischen Erklärungen von Physiologie und Verhalten. Einen genauso scharfen Angriff auf Goulds evolutionsbiologisches Modell trägt Robert Wright in seiner Rezension von *Zufall Mensch* in *New Republic* vom 29. Januar 1990 vor.
9 »Punctuated Equilibrium Comes of Age«, *Nature*, 18. November 1993, S. 223–227. Ich interviewte Gould im November 1994 in New York City.
10 Zitiert nach Richard Dawkins, *Der blinde Uhrmacher*, S. 283 f. Das Kapitel, in das dieses Zitat eingeordnet ist, trägt die Überschrift »Der Trick der Intervallisten«.
11 Eine sachliche Darstellung von Lynn Margulis' Theorie der Symbiose findet sich in ihrem Buch *Symbiosis in Cell Evolution*, New York 1981.
12 Siehe Margulis' Beiträge zu *Gaia: The Thesis, the Mechanisms, and the Implications*, hg. von P. Bunyard und E. Goldsmith, Cornwall 1988.
13 Lynn Margulis, Dorion Sagan, *Leben. Vom Ursprung zur Vielfalt*, Heidelberg 1997. Ich interviewte Margulis im Mai 1994.

ANMERKUNGEN

14 Diese Aussage über Lovelocks Glaubenskrise findet sich in »Gaia, Gaia: Don't Go Away« von Fred Pearce, *New Scientist*, 28. Mai 1994, S. 43.
15 Diese und andere herablassende Bemerkungen über Margulis finden sich in »Lynn Margulis: Science's Unruly Earth Mother« von Charles Mann, *Science*, 19. April 1991, S. 378.
16 Ich beziehe mich in diesem Abschnitt auf folgende Werke von Kauffman: »Antichaos and Adaptation«, *Scientific American*, August 1991, S. 78–84; *The Origins of Order*, New York 1993; und *Der Öltropfen im Wasser*, München 1996.
17 Siehe meinen Artikel »In the Beginning«, *Scientific American*, Februar 1991, S. 123.
18 Brian Goodwin legte seine Theorie dar in *Der Leopard, der seine Flecken verliert*, München 1997.
19 John Maynard Smith' geringschätzige Äußerungen über die Arbeiten von Per Bak und Stuart Kauffman wurden kolportiert in *Nature*, 16. Februar 1995, S. 555. Siehe auch die aufschlußreiche Besprechung von Kauffmans *Origins of Order* in *Nature*, 21. Oktober 1993, S. 704–706.
20 In meinem im Februar 1991 im *Scientific American* erschienenen Artikel (siehe Anmerkung 17) gab ich einen Überblick über die bekanntesten Theorien über den Ursprung des Lebens. Ich interviewte Stanley Miller im November 1990 an der University of California in San Diego und erneut – telefonisch – im September 1995.
21 Stent, *Golden Age*, S. 71.
22 Cricks »Wunder«-Äußerung findet sich auf Seite 99 seines Buches *Das Leben selbst*, München 1983.

6. Das Ende der Sozialwissenschaften

1 Ich interviewte Edward Wilson im Februar 1994 in Harvard. Ich beziehe mich in diesem Abschnitt auf folgende Werke Wilsons: *Sociobiology*, Cambridge 1975; *On Human Nature*, Cambridge 1978; *Genes, Mind and Culture* (mit Charles Lumsden), Cambridge 1981; *Das Feuer des Prometheus. Wie das menschliche Denken entstand* (mit Charles Lumsden), München 1984; *Biophilia*, Cambridge 1984; *Der Wert der Vielfalt*, München 1995; und *Naturalist*, Washington, D. C., 1994.
2 Siehe »The Molecular Wars«, Kapitel 12 von *Naturalist*, wo Wilson diese Krise in seiner wissenschaftlichen Laufbahn eingehend schildert.
3 Wilson, *Sociobiolgy*, S. 300
4 Diese Attacken beschreibt Wilson in dem Kapitel »Der Streit um die Soziobiologie« in *Das Feuer des Prometheus*.
5 Wilson, *Das Feuer des Prometheus*, S. 79–81
6 Christopher Wells, ein Biologe von der University of California in San

ANMERKUNGEN

Diego, kommentierte die Theorien von Wilson und Lumsden mit diesen Worten in *The Sciences*, November/Dezember 1993, S. 39.

7 Meines Erachtens waren die Naturwissenschaftler bei der Erklärung des menschlichen Verhaltens in genetischen und darwinistischen Kategorien nicht annähernd so erfolgreich, wie es Wilson zu glauben schien. Siehe meine *Scientific American*-Artikel »Eugenics Revisited«, Juni 1993, S. 122–131; und »The New Social Darwinists«, Oktober 1995, S. 174–181.

8 Wilson, *Sociobiology*, S. 300–301.

9 Siehe Ernst Mayr, *One Long Argument*, Cambridge 1991. Mayr schrieb auf Seite 149: »Einige Kritiker haben den Architekten der Synthetischen Evolutionstheorie [zu denen Mayr gehört] vorgeworfen, sie behaupteten, alle verbleibenden Probleme der Evolutionstheorie gelöst zu haben. Dieser Vorwurf ist reichlich absurd; ich kenne keinen einzigen Evolutionsbiologen, der eine solche Behauptung aufstellen würde. Die Anhänger der Synthetischen Evolutionstheorie behaupteten lediglich, daß sie das Darwinsche Paradigma so weit ausgearbeitet und abgesichert hätten, daß es durch die verbleibenden Detailfragen nicht gefährdet werde.« Erinnern wir uns daran, daß Thomas Kuhn den Ausdruck »Detailfragen« verwendete, um Probleme zu beschreiben, die Wissenschaftler beschäftigen, die in der nichtrevolutionären, »normalen« Wissenschaft tätig sind.

10 Ich fand dieses Zitat aus Darwins *Die Abstammung des Menschen* in *Diesseits von Gut und Böse* von Robert Wright, München 1994, S. 523. (Wright zitiert aus der Faksimile-Ausgabe von *Descent of Man*, Princeton 1981, S. 73.) Dieses Buch von Wright, einem Journalisten, der für die Zeitschrift *New Republic* arbeitet, ist bei weitem das Beste, was ich über neuere Versuche, die menschliche Natur darwinistisch zu erklären, gelesen habe.

11 a.a.O. S. 523 f.

12 Ich traf Chomsky im Februar 1990 im MIT. Die bislang angeführten Aussagen stammen von diesem Treffen. Die späteren Bemerkungen sind einem telefonischen Interview entnommen, das ich im Februar 1993 mit Chomsky führte. Chomskys politische Aufsätze sind in dem Sammelband *The Chomsky Reader*, hg. von James Peck, New York 1987, erschienen.

13 *The New Encyclopaedia Britannica*, 1992 Macropaedia-Ausgabe, Bd. 23, *Linguistics*, S. 45.

14 *Nature*, 19. Februar 1994, S. 521.

15 Noam Chomsky, *Strukturen der Syntax* (1955), Den Haag 1973. Im Jahre 1995 veröffentlichte Chomsky ein weiteres Buch über Linguistik, *The Minimalist Program*, das seine früheren Arbeiten über die angeborene generative Grammatik erweitert. Wie die meisten linguistischen

ANMERKUNGEN

Fachbücher Chomskys ist auch dieses nicht leicht zu lesen. Eine lesenswerte Darstellung von Chomskys Werdegang in der Linguistik ist *The Linguistics Wars* von Randy Allen Harris, New York 1993.
16 Steven Pinker, der ebenfalls am MIT Linguistik lehrt, hat in *Der Sprachinstinkt*, München 1996, dennoch auf überzeugende Weise dargetan, daß sich Chomskys Arbeiten am besten von einem darwinistischen Standpunkt aus verstehen lassen.
17 Noam Chomsky, *Probleme sprachlichen Wissens*, Weinheim 1996. Chomsky legte in diesem Buch auch seine Ansichten über die kognitiven Schranken der Erkenntnis dar.
18 Stent, *Golden Age*, S. 121.
19 Der Essay findet sich in der Sammlung von Aufsätzen Geertz', die unter dem Titel *Dichte Beschreibung. Beiträge zum Verstehen kultureller Systeme*, Frankfurt/M. 1983, erschienen ist.
20 a. a. O., S. 42.
21 Clifford Geertz, *Die künstlichen Wilden*, München 1990, S. 137.
22 »Deep Play« ist in dem Sammelband *Die Beschreibung* enthalten. Dieses Zitat findet sich auf Seite 202.
23 a. a. O., S. 246.
24 Ich interviewte Geertz persönlich im Mai 1989 am Institute for Advanced Study und erneut telefonisch im August 1994.
25 Clifford Geertz, *Spurenlesen*, München 1997, S. 190.

7. Das Ende der Neurowissenschaften

1 Crick hat einen aufschlußreichen Bericht über seine Karriere geschrieben: *What Mad Pursuit*, New York 1988. Er legte seine Theorie des Bewußtseins in *Was die Seele wirklich ist*, München 1994, dar.
2 Francis Crick und Christoph Koch, »Toward a Neurobiological Theory of Consciousness«, *Seminars in the Neurosciences*, Bd. 2, 1990, S. 263–275.
3 Ich interviewte Crick im November 1991 im Salk Institute.
4 James Watson, *Die Doppelhelix. Ein persönlicher Bericht über die Entdeckung der DNS-Struktur*, Reinbek 1969, S. 29
5 Crick, *What Mad Pursuit*, S. 9.
6 Crick, *Was die Seele wirklich ist*, S. 17.
7 Edelman hat folgende Bücher zum Thema Bewußtsein geschrieben: *Unser Gehirn – Ein dynamisches System*, München 1993; *Topobiology*, New York 1988; *The Remembered Present*, 1989; und *Göttliche Luft, vernichtendes Feuer. Wie der Geist im Gehirn entsteht*, München 1995. All diese Bücher – selbst das letzte, das als allgemeinverständliche Einführung in Edelmans Theorie gedacht war – stellen sehr hohe Anforderungen an das Begriffsvermögen des Lesers.

ANMERKUNGEN

8 Steven Levy, »Dr. Edelman's Brain«, *New Yorker*, 2. Mai 1994, S. 62.
9 David Hellerstein, »Plotting a Theory of the Brain«, *New York Times Magazine*, 22. Mai 1988, S. 16.
10 Siehe Cricks Verriß von Edelmans Buch *Unser Gehirn – Ein dynamisches System*: »Neural Edelmanism«, *Trends in Neurosciences*, Bd. 12, Nr. 7, 1989, S. 240–248.
11 Daniel Dennett besprach *Göttliche Luft, vernichtendes Feuer* im *New Scientist*, 13. Juni 1992, S. 48.
12 Koch machte diese Bemerkung bei dem Symposion »Toward a Scientific Basis for Consciousness«, das vom 12. bis 17. April 1994 in Tucson, Arizona, stattfand.
13 Eccles legte seine Theorie in mehreren Publikationen dar, unter anderem in: *Das Ich und sein Gehirn*, mit Karl Popper, München 1982; *How the Self Controls Its Brain*, Berlin 1994; »Quantum Aspects of Brain Activity and the Role of Consciousness«, mit Friedrich Beck, *Proceedings of the National Academy of Science*, Bd. 89, Dezember 1992, S. 11357–11361. Ich interviewte Eccles telefonisch im Februar 1993.
14 Roger Penrose interviewte ich im August 1992 an der University of Oxford. Penrose hat zwei Bücher zum Thema Bewußtsein geschrieben: *Computerdenken*, Heidelberg 1991, und *Schatten des Geistes*, Heidelberg 1995.
15 Mehrere kritische Besprechungen von *Computerdenken* finden sich in *Behavioral and Brain Sciences*, Bd. 13, Nr. 4, Dezember 1990. Scharfe Kritik an *Schatten des Geistes* üben der berühmte Physiker Philip Anderson in »Shadows of Doubt«, *Nature*, 17. November 1994, S. 288–289, und der berühmte Philosoph Hilary Putnam in »The Best of All Possible Brains«, *New York Times Book Review*, 20. November 1994, S. 7.
16 Owen Flanagan, *The Science of the Mind*, Cambridge 1991. Daniel Dennett machte mich auf Flanagans Begriff aufmerksam.
17 Thomas Nagel, »What Is It Like to Be a Bat«, *Mortal Questions*, New York 1979, ein Sammelband mit Aufsätzen von Nagel. Dieses Zitat stammt von Seite 166. Ich rief Nagel im Juni 1992 an, um ihn zu fragen, ob er der Ansicht sei, daß die Wissenschaft jemals vollendet werden könne. Sicherlich nicht, erwiderte er. »Je mehr wir entdecken, um so mehr Fragen wird es geben«, sagte er. »Die literaturwissenschaftliche Interpretation der Werke Shakespeares kann niemals zum Abschluß kommen«, fügte er hinzu. »Wieso sollte das bei der Physik anders sein?«
18 Ich interviewte McGinn im August 1994 in New York City. Siehe McGinns Buch *The Problem of Consciousness*, Cambridge, Mass., 1991, wo er seine skeptizistische Position ausführlich darlegt.
19 Daniel Dennett, *Philosophie des menschlichen Bewußtseins*, Hamburg 1994. Siehe auch »The Brain and Its Boundaries«, *London Times Lite-*

ANMERKUNGEN

rary Supplement, 10. Mai 1991, wo Dennett den skeptizistischen Standpunkt McGinns angreift. Ich unterhielt mich im April 1994 telefonisch mit Dennett über die skeptizistische Position.

20 »Toward a Scientific Basis for Consciousness« fand vom 12. bis 17. April 1994 in Tucson, Arizona, statt. Das Symposion wurde von Stuart Hameroff organisiert, einem Anästhesisten, dessen Arbeiten über Mikrotubuli Roger Penrose' Auffassung über die Bedeutung von Quanteneffekten zur Erklärung des Bewußtseins beeinflußt haben. Das Treffen wurde daher von Vertretern der Quantenbewußtseins-Schule der Neurowissenschaften dominiert. Dazu gehörten nicht nur Roger Penrose, sondern auch Brian Josephson, ein Physik-Nobelpreisträger, der die These aufstellte, daß Quanteneffekte mystische und selbst übersinnliche Phänomene erklären könnten; Andrew Weil, ein Mediziner und Experte für bewußtseinsverändernde Drogen, der behauptet hat, daß eine vollständige Theorie des Bewußtseins auch die Tatsache erklären müsse, daß südamerikanische Indianer nach dem Genuß psychotroper Substanzen kollektive Halluzinationen erleben; und Danah Zohar, ein New-Age-Autor, der behauptet, das menschliche Denken rühre von den »Quantenfluktuationen der Vakuumenergie des Universums« her, die »der wirkliche Gott« sei. Ich schilderte dieses Treffen in »Can Science Explain Consciousness?«, *Scientific American*, Juli 1994, S. 88–94.

21 David Chalmers erläuterte seine Theorie des Bewußtseins im *Scientific American*, Dezember 1995, S. 80–86. In einem Begleitartikel versuchten Francis Crick und Christoph Koch seine Theorie zu widerlegen.

22 Ich interviewte Minsky im Mai 1993 am MIT. Bei diesem Interview bestätigte Minsky, daß er im Jahre 1966 einem Studenten, Gerald Sussman, die Aufgabe gestellt habe, eine Maschine zu entwerfen, die Objekte erkennen bzw. »sehen« könne. Selbstverständlich ist Sussman an der Aufgabe gescheitert (was allerdings seiner weiteren Karriere keinen Abbruch tat: Er ist heute selbst Professor am MIT). Das Künstliche Sehen bleibt eines der schwierigsten Probleme auf dem Gebiet der Künstlichen Intelligenz. Eine kritische Bilanz der Künstlichen Intelligenz zieht Daniel Crevier in seinem Buch *AI: The Tumultuous History of the Search for Artificial Intelligence*, New York 1993. Siehe auch Jeremy Bernsteins respektvolles Kurzporträt von Minsky im *New Yorker*, 14. Dezember 1981, S. 50.

23 Marvin Minsky, *Mentopolis*, Stuttgart 1994. Das Buch ist durchzogen von Bemerkungen, die Minskys Ambivalenz gegenüber den Folgen des wissenschaftlichen Fortschritts verdeutlichen. Vgl. beispielsweise den Aufsatz mit der Überschrift »Selbsterkenntnis ist gefährlich«, in dem Minsky erklärt: »Wenn wir unsere Lustsysteme willkürlich steuern könnten, dann könnten wir unabhängig von realen Errungenschaften die Lust am Erfolg erzeugen. Das wäre allerdings das Ende aller Bestre-

ANMERKUNGEN

bungen.« Gunther Stent sagte voraus, daß diese Form neuraler Stimulation im »Neuen Polynesien« weit verbreitet wäre.
24 Stent, *Golden Age*, S. 73–74.
25 a. a. O., S. 74.
26 Gilbert Ryle prägte in seinem klassischen Angriff auf den Dualismus, *The Concept of Mind*, London 1949, das Schlagwort vom »Geist in der Maschine«.
27 Henry Adams erwähnt Francis Bacons materialistische Anschauung in *The Education of Henry Adams*, S. 484 (vgl. Anmerkung 3 zu Kapitel 1). Laut Adams »bedrängte Bacon die Gesellschaft, die Vorstellung, das Universum lasse sich aus einem Gedanken entwickeln, aufzugeben und sich statt dessen darum zu bemühen, das Denken aus dem Universum zu entwickeln«.

8. Das Ende der Chaoplexität

1 Die University of Illinois gab diese Presseverlautbarung über Mayer-Kress im November 1993 heraus. Mein Bericht über Mayer-Kress' Simulation von »Star Wars« erschien unter der Überschrift »Nonlinear Thinking« im Juni 1989 im *Scientific American*, S. 26–28. Siehe auch Mayer-Kress und Siegfried Grossman, »Chaos in the International Arms Race«, *Nature*, 23. Februar 1989, S. 701–704.
2 Zu den Büchern, die im Gefolge von James Gleicks *Chaos: Die Ordnung des Universums*, München 1988, erschienen und davon beeinflußt sind, zählen: M. Mitchell Waldrop, *Inseln im Chaos. Die Erforschung komplexer Systeme*, Reinbek 1993; Roger Lewin, *Die Komplexitätstheorie – Wissenschaft nach der Chaos-Forschung*, Hamburg 1993; Steven Levy, *KL – Künstliches Leben aus dem Computer*, München 1993; John Casti, *Complexification: Explaining a Paradoxical World through the Science of Surprise*, New York 1994; Jack Cohen und Ian Stewart, *The Collapse of Chaos: Discovering Simplicity in a Complex World*, New York 1994; und Peter Coveny und Roger Highfield, *Frontiers of Complexity: The Search for Order in a Chaotic World*, New York 1995. Dieses letztgenannte Buch deckt sich thematisch zu weiten Teilen mit Gleicks *Chaos*; das bestätigt mein Argument, daß in populärwissenschaftlichen Darstellungen der Chaos- und Komplexitätsforschung der Unterschied zwischen beiden Disziplinen praktisch eingeebnet worden ist.
3 Gleick erwähnt dieses Poincaré-Zitat in *Chaos*.
4 Heinz Pagels, *The Dreams of Reason*, New York 1988. Ich zitiere den Klappentext nach der 1989 bei Bantam erschienenen Taschenbuchausgabe.
5 Benoit Mandelbrot, *Die fraktale Geometrie der Natur*, Basel 1987. Die zu Beginn dieses Absatzes zitierte Aussage, wonach die Mandelbrot-

ANMERKUNGEN

Menge »das komplexeste mathematische Objekt« ist, machte der Informatiker A. K. Dewdney im *Scientific American*, August 1985, S. 16.

6 Ich verfolgte Epsteins Demonstration seines Programms einer »Künstlichen Gesellschaft« bei einem Workshop, der im Mai 1994 am Santa Fe Institute stattfand (und auf den ich im nächsten Kapitel genauer eingehen werde). Bei einem eintägigen Symposion am Santa Fe Institute am 11. März 1995 hörte ich, wie Epstein verkündete, daß Computermodelle wie das seine die Sozialwissenschaften revolutionieren würden.

7 Holland stellte diese Behauptung in einem unveröffentlichten Aufsatz mit dem Titel »Objectives, Rough Definitions, and Speculations for Echo-Class Models« (Der Ausdruck *Echo* bezeichnet die Hauptklasse der von Holland entwickelten genetischen Algorithmen) auf, den er mir zusandte. Er wiederholte diese Behauptung auf Seite 4 seines Buchs *Hidden Order: How Adaptation Builds Complexity*, Reading, Mass., 1995. Im *Scientific American*, Juli 1992, S. 66–72, gab Holland eine prägnante Beschreibung genetischer Algorithmen.

8 Yorke machte diese Bemerkung während eines telefonischen Interviews im März 1995. Gleick schrieb in seinem Buch *Chaos* Yorke das Verdienst zu, den Begriff *Chaostheorie* im Jahre 1975 geprägt zu haben.

9 Siehe Anmerkung 2.

10 Siehe Melanie Mitchell, James Crutchfield und Peter Hraber, »Revisiting the Edge of Chaos«, Santa-Fe-Arbeitspapier 93–03–014. Covenys und Highfields in Anmerkung 2 angeführtes Buch *Frontiers of Complexity* erwähnt ebenfalls die Kritik am Begriff *Chaosrand*.

11 Als ich das Manuskript zu diesem Buch schrieb, hatte Seth Lloyd die von ihm zusammengestellte Liste aller Definitionen von Komplexität noch nicht veröffentlicht. Nachdem ich ihn angerufen hatte, um mich nach den Definitionen zu erkundigen, schickte er mir per E-Mail die folgende Liste, die nach meiner Zählung keine 31, sondern 45 Definitionen enthält. Die Namen, die als nähere Bestimmungen oder in Klammern beigefügt sind, bezeichnen die wichtigsten Urheber der Definition. Nachfolgend die nur geringfügig redigierte Liste von Lloyd: Information (Shannon); Entropie (Gibbs, Boltzmann); algorithmische Komplexität; algorithmischer Informationsgehalt (Chaitin, Solomonoff, Kolmogorov); Fisher-Information; Renyi-Entropie; selbstbegrenzende Codelänge (Huffman, Shannon-Fano); fehlerkorrigierende Codelänge (Hamming); Chernoff-Information; minimale Beschreibungslänge (Rissanen); Anzahl der Parameter bzw. Freiheitsgrade bzw. Dimensionen; Lempel-Ziv-Komplexität; Transinformation bzw. Kanalkapazität; algorithmische Transinformation; Korrelation; gespeicherte Information (Shaw); Verbundinformation; algorithmische Verbundinformationsentropie; metrische Entropie; fraktale Dimension; Selbstähnlichkeit; stochastische Komplexität (Rissanen); Differenziertheit (Koppel,

Atlan); topologische Maschinengröße (Crutchfield); effektive bzw. ideale Komplexität (Gell-Mann); hierarchische Komplexität (Simon); Baum-Teilgraph-Diversität (Huberman, Hogg); homogene Komplexität (Teich, Mahler); rechnerische Zeitkomplexität; rechnerische Raumkomplexität; informationsgestützte Komplexität (Traub); logische Tiefe (Bennett); thermodynamische Tiefe (Lloyd, Pagels); grammatische Komplexität (Position in Chomsky-Hierarchie); Kullbach-Liebler-Information; Unterscheidbarkeit (Wooters, Caves, Fisher); Fisher-Distanz; Diskriminierbarkeit (Zee); Informationsabstand (Shannon); algorithmischer Informationsabstand (Zurek); Hamming-Distanz; Fernordnung; Selbstorganisation; komplexe adaptive Systeme; Chaosrand.

12 Siehe Kapitel 3 von *Das Quark und der Jaguar*, München 1994, in dem Murray Gell-Mann, Physik-Nobelpreisträger und einer der Gründer des Santa Fe Institute, Gregory Chaitins algorithmische Informationstheorie und andere Komplexitätsbegriffe beschreibt. Gell-Mann räumt auf Seite 72 f. ein, daß »jede Definition der Komplexität zwangsläufig kontextabhängig, ja sogar subjektiv [ist]«.

13 Steven Levy beschrieb die Konferenz über Künstliches Leben, die 1987 ins Los Alamos stattfand, auf plastische Weise in seinem Buch *Künstliches Leben aus dem Computer*, das in Anmerkung 2 aufgeführt ist.

14 Vorwort des Herausgebers Christopher Langton, *Artificial Life*, Bd. 1, Nr. 1, 1994, S. vii.

15 Vollständige bibliographische Angaben in Anmerkung 2.

16 Naomi Oreskes, Kenneth Belitz und Kristin Shrader Frechette, »Verification, Validation, and Confirmation of Numerical Models in the Earth Sciences«, *Science*, 4. Februar 1994, S. 641–646. Siehe auch die Briefe, die auf den Artikel reagieren und am 15. April 1994 in *Science* erschienen.

17 Ernst Mayr erörterte die unvermeidliche Ungenauigkeit in der Biologie in *Eine neue Philosophie der Biologie*, München 1991. Siehe insbesondere das Kapitel »Ursache und Wirkung in der Biologie«.

18 Ich interviewte Bak im August 1994 in New York City. Eine gute Einführung in Baks Theorie gibt der von Bak und Kan Chen verfaßte Artikel »Self-Organized Criticality«, *Scientific American*, Januar 1991, S. 46–53.

19 Al Gore, *Wege zum Gleichgewicht*, Frankfurt/M. 1992.

20 Siehe Sidney R. Nagel, »Instabilities in a Sandpile«, *Reviews of Modern Physics*, Bd. 84, Nr. 1, Januar 1992, S. 321–325.

21 Eine Diskussion von Leibniz' Glauben an eine »unwiderlegbare Infinitesimalrechnung«, die sämtliche Probleme – einschließlich der theologischen – lösen könne, findet sich in dem hervorragenden Buch *Ein Himmel voller Zahlen* von John Barrow, Heidelberg u. a. 1994.

22 Norbert Wiener, *Kybernetik*, Düsseldorf 1963.

23 John R. Pierce machte diese Bemerkung über die Kybernetik auf S. 210

ANMERKUNGEN

seines Buchs *An Introduction to Information Theory*, New York 1980 (Originalausgabe 1961).

24 Claude Shannons Aufsatz »A Mathematical Theory of Communications« erschien im *Bell System Technical Journal*, Juli und Oktober 1948.

25 Ich interviewte Shannon im November 1989 in seinem Haus in Winchester, Mass. Ich schrieb auch ein Kurzporträt über ihn, das im Januar 1990 im *Scientific American*, S. 22–22b, erschien.

26 Diese überschwengliche Rezension von Thoms Buch erschien im *London Times Higher Education Supplement*, 30. November 1973. Ich fand diese Quellenangabe in *Searching for Certainty* von John Casti, New York 1990, S. 63–64. Casti, der mehrere ausgezeichnete Bücher über mathematische Themen geschrieben hat, arbeitet mit dem Santa Fe Institute zusammen. Die englische Übersetzung von Thoms Buch *Stabilité structurelle et morphogenèse* erschien 1975 bei Addison-Wesley, Reading, Mass.

27 Diese negativen Kommentare über die Katastrophentheorie sind abgedruckt in Casti, *Searching for Certainty*, S. 417.

28 David Ruelle, *Zufall und Chaos*, Heidelberg 1993, S. 73 f. [leicht modifizierte Übersetzung, A. d. Ü.]. Dieses Buch ist eine unspektakuläre, aber tiefgründige Betrachtung über die Bedeutung der Chaostheorie durch einen ihrer Protagonisten.

29 Philip Anderson, »More Is Different«, *Science*, 4. August 1972, S. 393. Dieser Beitrag ist auch in einem Sammelband mit Aufsätzen von Anderson enthalten: *A Career in Theoretical Physics*, River Edge, N. J., 1994. Ich interviewte Anderson im August 1994 in Princeton.

30 Zitiert nach David Berreby, »The Man Who Knows Everything«, *New York Times Magazine*, 8. Mai 1994, S. 26.

31 Ich beschrieb mein Treffen mit Gell-Mann in New York City, das im November 1991 stattfand, zuerst im *Scientific American*, März 1992, S. 30–32. Ich interviewte Gell-Mann im März 1995 ein weiteres Mal im Santa Fe Institute.

32 Siehe Anmerkung 12.

33 Arturo Escobar, »Welcome to Cyberia: Notes on the Anthropology of Cyberculture«, *Current Anthropology*, Bd. 35, Nr. 3, Juni 1994, S. 222.

34 Ilya Prigogine und Isabelle Stengers, *Dialog mit der Natur*, München 1990.

35 a. a. O.

36 Ruelle, *Zufall und Chaos*, S. 69.

37 Feigenbaums zwei Aufsätze waren »Presentation Functions, Fixed Points, and a Theory of Scaling Function Dynamics«, *Journal of Statistical Physics*, Bd. 52, Nr. 3/4; August 1988, S. 527–569; und »Presentation Functions and Scaling Function Theory for Circle Maps«, *Nonlinearity*, Bd. 1, 1988, S. 577–602.

9. Das Ende der Limitologie

1 Die Tagung »The Limits of Scientific Knowledge« fand vom 24.–26. Mai 1994 im Santa Fe Institute statt.
2 Siehe Chaitins Artikel »Randomness in Arithmetic«, *Scientific American*, Juli 1988, S. 80–85; und »Randomness and Complexity in Pure Mathematics«, *International Journal of Bifurcation and Chaos*, Bd. 4, Nr. 1, 1994, S. 3–15. Chaitin hat auch ein Buch mit dem Titel *The Limits of Mathematics* über das Internet verteilt. Weitere einschlägige Publikationen von Teilnehmern dieser Tagung (in alphabetischer Reihenfolge der Autoren, ausgenommen die bereits angeführten Veröffentlichungen) sind W. Brian Arthur, »Positive Feedbacks in the Economy«, *Scientific American*, Februar 1990, S. 92–99; John Casti, *Complexification*, New York 1994; Ralph Gomory, »The Known, the Unknown, and the Unknowable«, *Scientific American*, Juni 1995, S. 120; Rolf Landauer, »Computation: A Fundamental Physical View«, *Physica Scripta*, Bd. 35, S. 88–95; und »Information Is Physical«, *Physics Today*, Mai 1991, S. 23–29; Otto Rössler, »Endophysics«, *Real Brains, Artificial Minds*, hg. von John Casti und A. Karlqvist, New York 1987, S. 25–46; Roger Shepard, »Perceptual-Cognitive Universals as Reflections of the World«, *Psychonomic Bulletin and Review*, Bd. 1, Nr. 1, 1994, S. 2–28; Patrick Suppes, »Explaining the Unpredictable«, *Erkenntnis*, Bd. 22, 1985, S. 187–195; Joseph Traub, »Breaking Intractability« (mit Henry Wozniakowksi), *Scientific American*, Januar 1994, S. 102–107. Ich erörterte einige der mathematischen Probleme, die bei der Tagung in Santa Fe aufgeworfen wurden, in »The Death of Proof«, *Scientific American*, Oktober 1993, S. 92–103. Eines der besten Bücher, das ich in neuerer Zeit über die Grenzen der Erkenntnis gelesen habe, ist *Denkmuster* von George Johnson, München 1997.
3 Ich interviewte Chaitin bei einem Spaziergang am Hudson River im September 1994.
4 Francis Fukuyama, *Das Ende der Geschichte – Wo stehen wir?*, München 1992.
5 Ich schrieb ein Kurzporträt von Brian Josephson für den *Scientific American*, »Josephson's Inner Junction«, Mai 1995, S. 40–41.

10. Naturwissenschaftliche Theologie oder das Ende der Maschinenwissenschaft

1 J. D. Bernal, *The World, the Flesh and the Devil*, Bloomington 1929, S. 47. Ich möchte Robert Jastrow vom Dartmouth College dafür danken, daß er mir eine Kopie von Bernals Abhandlung zugesandt hat.
2 Hans Moravec, *Mind Children*, Hamburg 1990. Ich interviewte Moravec im Dezember 1993.

ANMERKUNGEN

3 Freeman Dyson, *Infinite in All Directions*, New York 1988, S. 298.
4 Dysons romantische Wissenschaftskonzeption bringt ihn in bedrohliche Nähe zu einem radikalen Relativismus. Siehe seinen Aufsatz »The Scientist as Rebel«, *New York Review of Books*, 25. Mai 1995, S. 31.
5 Freeman Dyson, »Time without End: Physics and Biology in an Open Universe«, *Reviews of Modern Physics*, Bd. 51, 1979, S. 447–460; dt. *Zeit ohne Ende*, Berlin 1989.
6 Dyson, *Infinite in All Directions*, S. 196.
7 a.a.O., S. 115.
8 a.a.O., S. 118–119.
9 Den faszinierenden Berufsweg von Edward Fredkin (sowie von Edward Wilson und dem verstorbenen Wirtschaftswissenschaftler Kenneth Boulding) beschreibt Robert Wright in *Three Scientists and Their Gods*, New York 1988. Ich interviewte Fredkin telefonisch im Mai 1993.
10 Frank Tipler, *Die Physik der Unsterblichkeit*, München 1994.
11 Frank Tipler und John Barrow, *The Anthropic Cosmological Principle*, New York 1986.
12 Teilhard de Chardin erörterte die Frage einer möglichen Erlösung außerirdischer Lebewesen in dem Kapitel »A Sequel to the Problem of Human Origins: The Plurality of Inhabited Worlds«, *Christianity and Evolution*, New York 1969.
13 Peter Medawar, *The Limits of Science*, New York 1984, S. 90.

Epilog: Die Angst Gottes

1 Siehe »The Mystery at the End of the Universe«, Kapitel 9 von *The Mind of God* von Paul C. Davies, New York 1992.
2 Siehe »Borges und Ich«, *Die zwei Labyrinthe* von Jorge Luis Borges, München 1986, S. 221 f.
3 Siehe Anmerkung 9 des Kapitels »Mysticism« in *The Varieties of Religious Experience* von William James, New York 1961 (Erstauflage 1902).
4 Siehe *The Philosophy of Charles Hartshorne*, hg. von Lewis Edwin Hahn, La Salle, Ill., 1991. Ich sprach im Mai 1993 mit Hartshorne.
5 Ludwig Wittgenstein, *Tractatus logico-philosophicus*, 6. 44, Frankfurt/M. 1984, S. 84 (Erstauflage 1922).

LITERATURHINWEISE

Barrow, John, *Theorien für Alles*, Heidelberg 1992
Barrow, John, *Ein Himmel voller Zahlen*, Heidelberg u. a. 1994
Bloom, Harold, *Einflußangst. Eine Theorie der Dichtung*, Basel, Frankfurt/M. 1995
Bohm, David, *Die implizite Ordnung. Grundlagen eines dynamischen Holismus*, München 1985
Bohm, David und F. David Peat, *Das neue Weltbild. Naturwissenschaft, Ordnung und Kreativität*, München 1990
Borges, Jorge Luis, *Die zwei Labyrinthe*, München 1986
Casti, John, *Verlust der Wahrheit. Naturwissenschaft in der Diskussion*, München 1992
Chomsky, Noam, *Probleme sprachlichen Wissens*, Weinheim 1996
Crick, Francis, *Das Leben selbst. Sein Ursprung, seine Natur*, München 1983
Crick, Francis, *Was die Seele wirklich ist. Die naturwissenschaftliche Erforschung des Bewußtseins*, München 1994
Davies, Paul C., *Der Plan Gottes. Die Rätsel unserer Existenz und die Wissenschaft*, Frankfurt/M. 1996
Dawkins, Richard, *Der blinde Uhrmacher. Ein neues Plädoyer für den Darwinismus*, München 1990
Dennett, Daniel, *Philosophie des menschlichen Bewußtseins*, Hamburg 1994
Dyson, Freeman, *Zeit ohne Ende. Physik und Biologie eines offenen Universums*, Berlin 1989
Edelman, Gerald, *Unser Gehirn. Ein dynamisches System*, München 1993
Edelman, Gerald, *Göttliche Luft, vernichtendes Feuer. Wie der Geist im Gehirn entsteht*, München 1995
Feyerabend, Paul, *Wider den Methodenzwang*, Frankfurt/M. 1986
Feyerabend, Paul, *Irrwege der Vernunft*, Frankfurt/M. 1989
Feyerabend, Paul, *Zeitverschwendung*, Frankfurt/M. 1995
Fukuyama, Francis, *Das Ende der Geschichte. Wo stehen wir?*, München 1992
Geertz, Clifford, *Spurenlesen. Der Ethnologe und das Entgleiten der Fakten*, München 1997
Geertz, Clifford, *Dichte Beschreibung. Beiträge zum Verstehen kultureller Systeme*, Frankfurt/M. 1983
Gell-Mann, Murray, *Das Quark und der Jaguar*, München 1994

LITERATURHINWEISE

Gleick, James, *Chaos: Die Ordnung des Universums. Vorstoß in Grenzbereiche der modernen Physik*, München 1988
Gould, Stephen Jay, *Zufall Mensch. Das Wunder des Lebens als Spiel der Natur*, München 1994
Harwit, Martin, *Die Entdeckung des Kosmos. Geschichte und Zukunft astronomischer Forschung*, München 1983
Hawking, Stephen, *Eine kurze Geschichte der Zeit*, Reinbek 1991
Johnson, George, *Denkmuster. Die Physiker von Las Alamos und die Pueblo-Indianer*, München 1997
Kauffman, Stuart, *Der Öltropfen im Wasser. Chaos, Komplexität, Selbstorganisation in Natur und Gesellschaft*, München 1996
Kuhn, Thomas, *Die Struktur wissenschaftlicher Revolutionen*, Frankfurt/M. 1973
Levy, Steven, *KL – Künstliches Leben aus dem Computer*, München 1993
Lewin, Roger, *Die Komplexitätstheorie. Wissenschaft nach der Chaos-Forschung*, Hamburg 1993
Lindley, David, *Das Ende der Physik. Der Mythos der Großen Vereinheitlichten Theorie*, Basel 1994
Mandelbrot, Benoit, *Die fraktale Geometrie der Natur*, Basel 1987
Margulis, Lynn und Dorion Sagan, *Leben. Vom Ursprung zur Vielfalt*, Heidelberg 1997
Mayr, Ernst, *Eine neue Philosophie der Biologie*, München 1991
McGinn, Colin, *Die Grenzen vernünftigen Fragens*, Stuttgart 1996
Minsky, Marvin, *Mentopolis*, Stuttgart 1994
Moravec, Hans, *Mind Children. Der Wettlauf zwischen menschlicher und künstlicher Intelligenz*, Hamburg 1990
Overbye, Dennis, *Das Echo des Urknalls. Kernfragen der modernen Kosmologie*, München 1993
Penrose, Roger, *Computerdenken. Die Debatte um Künstliche Intelligenz, Bewußtsein und die Gesetze der Physik*, Heidelberg 1991
Penrose, Roger, *Schatten des Geistes. Wege zu einer neuen Physik des Bewußtseins*, Heidelberg 1995
Popper, Karl, *Ausgangspunkte. Meine intellektuelle Entwicklung*, Hamburg 1979
Popper, Karl, *Auf der Suche nach einer besseren Welt*, München 1987
Popper, Karl und John C. Eccles, *Das Ich und sein Gehirn*, München 1983
Prigogine, Ilya, *Vom Sein zum Werden*, München 1982
Prigogine, Ilya, und Isabelle Stengers, *Dialog mit der Natur*, München 1990
Rescher, Nicholas, *Wissenschaftlicher Fortschritt. Eine Studie über die Ökonomie der Forschung*, Berlin 1982
Rescher, Nicholas, *Die Grenzen der Wissenschaft*, Stuttgart 1985
Ruelle, David, *Zufall und Chaos*, Heidelberg 1993
Tipler, Frank, *Die Physik der Unsterblichkeit*, München 1994

LITERATURHINWEISE

Waldrop, Mitchell, *Inseln im Chaos. Die Erforschung komplexer Systeme*, Reinbek 1993

Weinberg, Steven, *Der Traum von der Einheit des Universums*, München 1995

Wilson, Edward O., und Charles Lumsden, *Das Feuer des Prometheus. Wie das menschliche Denken entstand*, München 1984

Wright, Robert, *Diesseits von Gut und Böse. The moral animal. Die biologischen Grundlagen unserer Ethik*, München 1994

DANKSAGUNG

Ich hätte dieses Buch niemals schreiben können, wenn die Verantwortlichen des *Scientific American* mir nicht großzügigerweise erlaubt und mich sogar darin bestärkt hätten, meinen eigenen Interessen zu folgen. Sie haben mir auch gestattet, Material aus den folgenden Artikeln, die ich für das Magazin geschrieben habe, zu verwenden: »Profile: Clifford Geertz«, Juli 1989; »Profile: Roger Penrose«, November 1989; »Profile: Noam Chomsky«, Mai 1989; »In the Beginning«, Februar 1991; »Profile: Thomas Kuhn«, Mai 1991; »Profile: John Wheeler«, Juni 1991; »Profile: Edward Witten«, November 1991; »Profile: Francis Crick«, Februar 1992; »Profile: Karl Popper«, November 1992; »Profile: Paul Feyerabend«, Mai 1993; »Profile: Freeman Dyson«, August 1993; »Profile: Marvin Minsky«, November 1993; »Profile: Edward Wilson«, April 1994; »Can Science Explain Consciousness?«, Juli 1994; »Profile: Fred Hoyle«, März 1995; »From Complexity to Perplexity«, Juni 1995; »Profile: Stephen Jay Gould«, August 1995.

Ich danke meinem Agenten Stuart Krichevsky dafür, daß er mir geholfen hat, eine vage Idee in ein tragfähiges Konzept für ein Buch zu verwandeln, und Bill Patrick und Jeff Robbins von Addison-Wesley dafür, daß sie mir genau die richtige Mischung von Kritik und Ermutigung gewährten. Dank auch all den Freunden, Bekannten und Kollegen beim *Scientific American* und andernorts, die mir in manchen Fällen über einen Zeitraum von mehreren Jahren wertvolle Rückmeldungen gegeben haben. Dazu gehören – in alphabetischer Reihenfolge –: Tim Beardsley, Roger Bingham, Chris Bremser, Fred Guterl, George Johnson, John Rennie, Phil Ross, Russell Ruthen, Gary Stix, Paul Wallich, Karen Wright, Robert Wright und Glenn Zorpette. Das größte Dankeschön aber gebührt meiner Frau Suzie, ohne deren Unterstützung ich keine einzige Zeile dieses Buches geschrieben hätte.

REGISTER

Die Abstammung des Menschen (Darwin) 241
Adams, Douglas 123
Adams, Henry 24
After Philosophy: End or Transformation? (Sammelband) 98
After the Fact [Nach den Fakten] (Geertz) 254f.
AIDS 49, 78, 180, 314, 373
Algorithmische Informationstheorie 316, 363, 368, 386, 398
Allen, Woody 268, 408
Allumfassende Theorie *siehe auch* Komplexität, Einheitliche Theorie; Physik, Einheitliche Theorie; Superstrings 11, 55 f., 146, 246
Alpha Centauri 37
Alterungsprozeß des Menschen 37f., 382
American Association for the Advancement of Science 47, 140, 235
Anderson, Philip 41, 334–337, 341
The Anthropic Cosmological Principle (Tipler und Barrow) 407
Anthropisches Prinzip 135, 166
Anthropologie 249–254
Antimaterie 173
Die Antwort, Definition 11 f., 21
Aristoteles 43, 75, 77, 398
Artenbildung *siehe auch* Evolutionsbiologie 196
Arthur, Brian 372
Asimov, Isaac 296
The Astonishing Hypothesis: The Scientific Search for the Soul [Die erstaunliche Hypothese: Die wissenschaftliche Suche nach der Seele] (Crick) 264 f.
Astronomie *siehe auch* Kosmologie, Urknall 26, 34, 36, 49, 89, 155, 160, 177, 181, 183, 185 f.
At Home in the Universe [Der Öltropfen im Wasser] (Kauffman) 217, 220
Attraktor 216, 334
Autokatalyse 215, 217, 219, 226

Baby-Universum 154, 166, 172 f.
Bacon, Francis 43, 55 ff., 304 f.
Bak, Per 218, 221, 325–330, 334, 344, 353
Balkankonflikt 30, 308
Barlow, John Perry 192 f.
Barrow, John 118, 407
Bateson, William 220
Beck, Friedrich 279
Behaviorismus 99, 243 f., 258, 260, 279
Belitz, Kenneth 323
»Bemerkungen zu einer deutenden Theorie der Kultur« (Geertz; Essay) 249
Bernal, J.D. 393 f., 402 f.
Bernstein, Jeremy 140
Beschleunigungsgesetz (Henry Adams) 24
Bethe, Hans 130–133
Bewußtsein *siehe auch* Künstliche Intelligenz, Mystizismus, Neurowissenschaft 31 f., 278, 280f., 286–289, 290–294, 295,

297–300, 303 f., 321, 343, 373
Definition 258 ff., 287 ff.
»Toward a Scientific Basis for Consciousness« (Symposion) 290–294
Bibel 13, 173, 410, 420
»Die Bibliothek von Babel« (Borges; Erzählung) 288
Biodiversität 231, 237, 239 f.
Biologie *siehe auch* Bewußtsein, Darwin, Evolutionsbiologie, Genetik, Künstliches Leben, Natürliche Selektion, Neurowissenschaft, Soziobiologie, Ursprung des Lebens 19, 24 ff., 31, 41, 332
Einheitliche Theorie 202 f., 205, 237 f.
Entwicklungsbiologie 23, 31, 51, 193 f., 238 f.
Grenzen der 51 f., 201 ff.
mathematische Modelle 325
Molekularbiologie 23, 29, 51, 138, 189 f., 193
Ockhams Rasiermesser 374
Biophilie 240
Der blinde Uhrmacher (Dawkins) 193
Bloom, Harold 17 f., 56, 97, 179, 187, 195, 212, 325
Bohm, David 141–149, 151, 169, 302, 356, 412, 420
Bohr, Niels 65, 73, 134 f., 139, 141, 143, 151, 189 f., 305
Bondi, Hermann 175 f.
Boolesche Funktionen 222
Booth, John Wilkes 127
Borges, Jorge Luis 101 f., 288, 415
»Borges und Ich« (Borges; Essay) 415
Borrini, Grazia 88 f., 92, 96 f.
Boscovich, Roger 375
Bragg, Lawrence 401

Brockman, John 338
Brush, Stephen 40
Bury, J. B. 43
Bush, George 44, 80, 387
Bush, Vannevar 44, 47

Camus, Albert 238
Caroll, Lewis 265
Cartwright, Nancy 324
Casti, John 363 f., 369
Chaitin, Gregory 316, 363 f., 367–370, 376–379, 380–386, 390, 398
Chalmers, David 290–292
Chaoplexität *siehe auch* Chaos, Komplexität 307–361
Definition 307–312
Grenzen 358 f.
Zukunft 360 f.
Chaos 14, 16, 20, 33, 51, 66, 307–361, 377, 413
abflauendes 334
Antichaos 216, 220, 223
Chaosrand-Hypothese 315 f., 330, 360
Definition 315
Chaos – Die Ordnung des Universums (Gleick) 308, 310, 326, 353
Chemie, Ende der 25
Chomsky, Noam 100, 241–248, 294
Clark, Xenos 416
Clinton, Bill 122
Coleridge, Samuel 57
The Coming of the Golden Age: View of the End of Progress (Stent) 24, 30 f., 33 f., 383, 386 f., 389
Computer *siehe auch* Intelligente Maschinen, Künstliche Intelligenz, Künstliches Leben, Naturwissenschaftliche Theolo-

REGISTER

gie, Neuronales Netz, Omegapunkt, Zellularer Automat 13, 32, 38, 52, 215, 221, 280, 289 f., 308–314, 336, 357, 361, 375, 384 f.
Computersimulation 215, 218, 221, 289, 307 f., 315 f., 321–324, 336, 357, 361, 371
Entwicklungskosten 371
Quantencomputer 281, 371 f.
als Wissenschaftler 20 f., 156, 290, 300, 374, 392, 393–412
Computerdenken (Penrose) 9, 11, 280 f., 283 f.
Conquest of Abundance (Feyerabend) 94
Conway, John 310
Crick, Francis 29, 31 f., 35, 189, 193, 228, 257–265, 266, 268, 275–278, 284 f., 291, 293 f., 303 f., 420
Crutchfield, James 316
Cybernetics: Control and Communication in the Animal and the Machine [Steuerung und Kommunikation in Tier und Maschine] (Wiener) 331
Cyberspace 332, 396 f.

Dante Alighieri 13, 17, 409
Darwin, Charles 18 ff., 25 f., 31, 35, 44, 49, 54, 68, 78, 85, 98 f., 133, 181, 187 ff., 191, 194–198, 201 f., 205, 207, 215, 219 f., 224, 227, 233–236, 240 f., 243 f., 257 f., 309, 313, 398
Darwin 4 (Roboter) 272–275
Darwinismus *siehe auch* Evolutionsbiologie, natürliche Auswahl 184, 193, 211, 218, 221, 239, 405
Davies, Paul 129, 413
Dawkins, Richard 187–195, 196, 205, 208 ff., 212 f., 221 f., 230, 233, 237, 264, 420
»Deep Play: Bemerkungen zum balinesischen Hahnenkampf« (Geertz) 250
Delbrück, Max 29
Dennett, Daniel 276, 287–290, 301
Descartes, René 43, 145, 243, 245 f., 350
Determinismus 66, 196, 278, 350
Dialektik der Natur (Engels) 44 f.
Dialog mit der Natur (Prigogine) 346, 352
Dicke, Robert 177 f.
Dionysius Areopagita 95
Dirac, Paul 173
DNA/DNS 18, 25, 29, 35 f., 46, 51 f., 138, 175, 189 f., 193, 227, 233 f., 258 f., 262 f., 265
Die Doppelhelix (Watson) 263
Doria, Francisco Antonio »Chico« 369, 377, 379
The Dreams of Reason (Pagel) 309
Dualismus 64, 278–280, 304
Dunkle Materie 160 f., 176
Dyson, Freeman 122, 183, 399–405, 409, 411, 417 f., 420

Eccles, John 278 ff.
Das Echo des Urknalls (Overbye) 120
The Economist (Zeitschrift) 72 f.
Edelman, Gerald 266–278, 296
Einflußangst in den Wissenschaften 17 f., 187, 233, 243
Einflußangst (Bloom) 17, 56, 97
Einheitliche Theorie
  des Gehirns 329
  der menschlichen Natur 237 ff.
Einheitliches Ordnungsmodell für Teilchen 337

451

REGISTER

Einstein, Albert 9, 16, 18, 20, 35 f., 39, 61, 65, 103, 105, 111, 115, 119, 133 ff., 143 f., 159, 177, 183, 277, 313, 348, 350, 353, 370, 377, 379
Einstein-Podolsky-Rosen-Gedankenexperiment 144
Eldredge, Niles 195, 197 f., 202, 210
Elektromagnetismus 34, 150
Elektron 19, 34, 49, 109, 135, 137, 149
Ellsworth, Henry 41 f.
Emergenz *siehe auch* »More Is Different« 211, 217 f., 309, 341
Das Ende der Geschichte (Fukuyama) 387 f.
Das Ende der Physik (Lindley) 118
»Das Ende der Wissenschaft« (Symposion des Gustavus-Adolphus-College) 23, 28, 107
Energieerhaltungssatz 279, 304
Engels, Friedrich 44 f.
Die Entdeckung des Kosmos (Harwit) 185
Entropie 342, 348, 380
Entwicklung der Wissenschaft 23–57, 195 f., 200 f., 309, 390 ff.
Historischer Blick 24, 38 ff., 43
Vereinigte Staaten 45, 48 f.
Zukunftsvisionen 37 f., 331, 390 ff.
Epstein, Joshua 312 f.
Erkenntnistheorie (Darwin) 26
Escobar, Arturo 345
ET (Film) 214
Eukaryontische Zellen 209
Evolutionsbiologie 14, 16, 19, 31, 34, 36, 38, 49, 85, 92 f., 98, 171, 174 f., 187–195, 198, 203, 330
und Soziobiologie 233–241, 244
Evolutionspsychologie 235

Evolutionstheorie, synthetische 188 f.
Expansionsgeschwindigkeit des Universums *siehe auch* Universum, expandierendes 182

Falsifikation 62, 69 f., 72, 77, 83, 91, 216, 251, 280
Faschismus 62, 73, 86, 94
Feigenbaum, Mitchell 353–360
Das Feuer des Prometheus. Wie das menschliche Denken entstand (Lumsden/Wilson) 235
Feyerabend, Paul 59 ff., 83–98, 101 f., 124, 243, 302
Feynman, Richard 150 ff., 283, 382 f., 401
Finnegans Wake (Joyce) 121, 316, 337
Flanagan, Owen 286
Fraktale 310 f., 358 ff., 377, 379
Die fraktale Geometrie der Natur (Mandelbrot) 311
Frankenstein (Shelley) 318
Fredkin, Edward 405
Freier Wille *siehe auch* Dualismus, Determinismus 99, 245, 260 f., 278 f.
Freud, Sigmund 61, 298, 304
Friedmann-Kosmologie 177
Führungswellen-Interpretation 141, 143 f., 147, 151
Fukuyama, Francis 386–389, 398, 405
Fundamentalismus, religiöser 16, 46, 85, 93, 352

Gaia 209–214, 223, 239
Galaxie 158–161, 163 f., 166, 175 f., 182 ff.
Galilei, Galileo 81, 84, 107
Geertz, Clifford 248–255

»Geist in der Maschine« (Ryle) 304
»Geisteskinder« *siehe auch* Mind Children 395
Gell-Mann, Murray 111, 337, 340, 360
Genes, Mind, and Culture (Lumsden/Wilson) 235
Genetik *siehe auch* DNA, Mendel, Molekularbiologie, Soziobiologie 25, 98, 166, 188, 217, 219
Genetische Algorithmen 313
Gentechnologie 29, 36, 385, 394, 402
Georgi, Howard 171 f.
Gibbons, Jack 122
Glashow, Sheldon 106–110, 158, 172
Glass, Bentley 47 ff., 53 f.
Gleick, James 308, 310, 326, 353
Gödel, Kurt 16, 118, 139, 157, 285, 364 f., 367, 369, 379, 382, 386
Gödels Unvollständigkeitssatz 16, 118, 157, 280, 282, 343, 363 f., 367, 398, 404, 413
Goethe, Johann Wolfgang von 219
Gold, Thomas 175 f.
Gomory, Ralph 366 f., 374, 380
Goodwin, Brian 220
Gore, Al 329 f.
Gott *siehe auch* Naturwissenschaftliche Theologie, Omegapunkt 95, 103, 120 f., 128 f., 156 f., 180, 191, 352, 407, 411, 414 f., 417 f., 420
angsterfüllter 415 ff., 419, 421
Die Göttliche Kömödie (Dante) 13
Göttliche Luft, vernichtendes Feuer (Edelman) 266, 276
Gould, Stephen Jay 172, 195–209, 210, 213, 220 f., 223, 230, 233, 235, 237, 248, 336

Gravitation 34, 45, 115 f., 163, 166, 355, 371
Theorie der 9, 103, 105, 119, 134
Gravitationswellendetektor 185
»Die Grenzen der wissenschaftlichen Erkenntnis« (Workshop des Santa Fe Instituts) 363–392
Gustavus-Adolphus-College 23, 28, 107
Guth, Alan 163, 165 f.

Haldane, J. B. S. 225
Hameroff, Stuart 284
Hamlet (Shakespeare) 249
Hartshorne, Charles 417 ff.
Harwit, Martin 184 ff.
Havel, Václav 45
Hawking, Jane 157
Hawking, Stephen 128, 153–158, 161 f., 172, 186, 420
Heisenberg, Werner Karl 65
Heisenbergsche Unschärferelation 294
Herodot 366
Hitler, Adolf 412
Hochtemperatur-Supraleiter 131, 151, 326
Holismus 309
Holland, John 313 f., 334
Holocaust 73, 86, 129
Hoyle, Barbara 173
Hoyle, Fred 166, 173–181, 186
Hubble-Konstante 182
Hut, Piet 370 f., 380
Huxley, Aldous 350
Hyperraum 10 f.
Hyperspace (Kaku) 126

Das Ich und sein Gehirn (Eccles/Popper) 278

453

REGISTER

»Ich-Zeugenschaft« (I-Witnessing) 253
The Idea of Progress (Bury) 43
Identitätstheorie 279
Immunologie 267
Inflationsmodell des Universums
siehe auch Kosmologie
163–166, 169–173, 176
Informatik 281, 310, 316
Informationsgestützte Theorie des Bewußtseins 292 f.
Informationstheorie *siehe auch* Algorithmische Informationstheorie, It from Bit 136, 138, 331 ff., 368, 386, 398
Inseln im Chaos (Waldrop) 315, 318
Intelligente Maschinen 32, 289 f., 300, 385, 398 f.
Interferenzmuster 136
Internet 289, 385
Investitionsprinzip 298
Ironische Sichtweise der Literaturtheorie 13
Ironische Wissenschaft 12 f., 19, 57, 84, 111, 113, 152, 155, 158, 162, 186, 248, 263, 393, 406
  Definition 19
  naiv-ironischer Wissenschaftler 111, 113
  Negative Begabung 57
Irrwege der Vernunft (Feyerabend) 85
»Ist das Ende der theoretischen Physik in Sicht?« (Hawkins; Vortrag) 156
»It from Bit« (Das Es aus dem Bit) 137, 140, 151, 170, 291, 332, 416

Jackson, E. Atlee 365
James, Henry 250
James, William 259, 416
Jeffrey, Eber 41 f.
Josephson, Brian 391
Joyce, James 12, 121, 316, 337

Kadanoff, Leo 50 ff., 54
Kaku, Michio 126
Kallosh, Renata 164
Kalter Krieg 30, 45, 100
Kant, Immanuel 55, 77 f., 219, 269, 367, 379
Katastrophentheorie 331, 333
Kauffman, Stuart 215–222, 223, 226, 230, 233, 316, 330, 334, 344, 353, 365 ff., 372
Keats, John 57
»Keine-Grenzen-Bedingung« (Hawkins) 156
Kelvin (Basiseinheit der Temperatur) 40
Kelvin, Lord 40, 381
Kernenergie 27, 34, 44
Kernfusion 130, 159, 170, 182
Kernkraft 27, 34
Kernwaffen 13, 27, 38, 44 f., 134, 130 f.
Koch, Christoph 259 ff., 278, 291 ff., 303
Kohlenstoff-Stickstoff-Zyklus 130
Kommunismus *siehe* Marxismus, Sowjetunion
Komplexität *siehe auch* Chaoplexität, Chaos, Künstliches Leben 14, 20, 33, 52, 215, 221, 307–361
  Definition 314 f., 378
  Einheitliche Theorie 313 f., 327, 334, 341
Die Komplexitätstheorie (Lewin) 315, 318
König Lear (Shakespeare) 18, 251
Kontinuumproblem 369 f.
Kopenhagener Interpretation 135, 141 ff.

REGISTER

Kopernikus, Nikolaus 409
Koshland, Daniel 40 ff.
Kosmische Hintergrundstrahlung 159, 170, 176 ff., 181, 226
Kosmologie *siehe auch* Urknall 14, 138, 153–186
 Ähnlichkeit zur Evolutionsbiologie 171, 181–184
 Grenzen der 171, 184 ff., 371, 375
 Inflationsmodell des Universums 163–166, 169–173, 176
 Quantenkosmologie 153, 166, 172
Kosmologische Makrostruktur 160
Kreationismus 92 f., 157, 190, 195, 198, 224
Krieg der Sterne (Film) 272
Krishnamurti 148 f.
Kuhn, Thomas 18, 59 ff., 74–83, 84 f., 90 f., 97 f., 102, 109, 112 f., 196, 199 f.
Kultur 201, 235, 238, 249, 328
Kundera, Milan 350
Kunst 13, 27, 66, 147, 212, 223, 250, 370, 397
Künstliche Intelligenz (KI) *siehe auch* Computer, bewußte Maschinen, naturwissenschaftliche Theologie 32, 41, 56, 156, 269, 274, 280, 285, 290, 294, 297 f., 302, 317 f., 321, 395–399, 402, 405
Künstliches Leben 317–322, 360
Künstliches Leben (Levy) 318
Eine kurze Geschichte der Zeit (Hawking) 156 f.
Kybernetik 253, 331–334
Kyoto-Preis (jap. Nobelpreis) 64, 71

Lakatos, Imre 59 f., 90
Lamarck, Jean-Baptiste 187 f., 201, 211

Landauer, Rolf 371 ff., 376 ff.,
Langton, Christopher 315 f., 317–322, 345, 353, 361
Das Leben selbst (Crick) 228
Leben, außerirdisches 36, 166, 180, 192, 205, 217, 229 f., 386, 402
Leib-Seele-Problem 99, 287 f., 291 f.
Leibniz, Gottfried 43, 139, 331
Leid, menschliches 129, 393, 410 ff.
Levy, Steven 318
Lewin, Roger 315, 318
Lichtgeschwindigkeit 37, 39, 154
Limitologie
 Definition 379
 Ende der 363–392
The Limits of Mathematics (Chaitin) 385
The Limits of Science (Medawar) 411
Lincoln, Abraham 127
Linde, Andrej 162–169, 172, 186
Lindley, David 118
Linguistik 100, 242 f., 246, 248, 332
LISP (Computerprogramm) 295
Literaturkritik 12 f., 18 f., 57, 152, 207, 236, 248 f., 301
Lloyd, Seth 316, 379
Locke, John 243
Logischer Positivismus 61 f., 66, 99, 279
Lorenz, Edward 308
Lovelock, James 210, 213
Lumsden, Charles 235 f.

Ma, Yo-Yo 301
Maddox, John 119, 202
Malcolm, Janet 29
Malthus, Thomas 187
Mandelbrot, Benoit 33, 310 ff., 327
 Mandelbrot-Menge 310 f.
Manhattan-Projekt 130

455

REGISTER

Margulis, Lynn 209–214, 220, 223, 228, 233
Mars, bemannter Raumflug zum 230
Marxismus 61, 197, 200 f., 253
Maschinenwissenschaft *siehe* Computer als Wissenschaftler
Materialismus 99, 279, 304
A Mathematical Theory of Communication (Shannon) 332
Mathematik *siehe auch* Algorithmische Informationstheorie, Computersimulation, Gödels Unvollständigkeitssatz, Superstring, 78, 147, 253, 282, 310 ff., 322–325, 367 f., 376, 381, 396, 411
Maximale Diversität 400 f., 404
Maxwell, James Clerk 379 f.
Maxwells Dämon 380
Mayer-Kress, Gottfried 307
Mayr, Ernst 188, 208, 240, 325
McCarthy, Joseph Raymond 141
McKellar, Andrew 178
McGinn, Colin 97–101, 245, 286 ff., 291, 294, 303
Medawar, Peter 194, 411
»Megaversum« (Linde) 164
Meme (Selbstkopierprogramme) 191
Mendel, Gregor 49, 188, 193, 258, 312
Mendelsche Theorie der Vererbung 188, 258, 312
Mentopolis (Minsky) 297
Mermin, David 132 f.
Michelson, Albert 39 f.
Mikrotubili 284 f.
Milchstraße *siehe* Galaxie
Miller, Stanley 224–230
Milton, John 17
Mind Children (Moravec) 395

Minsky, Marvin 32, 269, 283, 294–302, 402, 405, 420 f.
Mitchell, Melanie 316
Molekularbiologie 23, 29, 51, 138, 189 f., 193
Molekulargenetik 194
Monroe, Marilyn 273 f.
Moravec, Hans 394–399, 402, 404 f.
»More Is Different« (Anderson) 335, 341
Mutation 64, 188
Mystiker 285–290, 292, 294, 304
Mystische Wahrheit 82, 156
Mystizismus 83, 128, 142, 157, 169, 285–290, 413

Nagel, Thomas 286 f., 291, 303
National Science Foundation 44
Natural Philosophy [Naturphilosophie] (Wilson) 237
Nature (Wissenschaftsmagazin) 59, 72, 97, 119, 197, 202, 333
Natürliche Auslese *siehe auch* Darwin, Evolutionsbiologie, Soziobiologie 16, 18, 20, 35 f., 38, 68, 99, 179, 181, 184, 187 ff., 191 f., 216 f., 219 f., 230, 240, 244, 257, 293, 309, 312 f., 394
Allgemeingültigkeit 191 f.
Erklärung 187 ff.
Kritik an 69, 179, 215–222, 244
Urknalltheorie und 166
Naturwissenschaftliche Theologie 393–412
Definition 395 f.
Nazismus *siehe auch* Faschismus 86
Negative Begabung 57
Neodarwinistisches Paradigma 240
Das neue Weltbild (Bohm, Peat) 149

Neumann, John von 310
Neunzehntes Jahrhundert, Vorstellungen der Physiker 38 ff.
1984 (Orwell) 80, 350
Neuron 261 f., 265, 269–272, 277, 279, 284, 290, 300
Neuronales Netz 271, 275
Neurotransmitter 279
Neurowissenschaft *siehe auch* Bewußtsein, Mystiker 10, 14, 24, 257–265, 266–277, 281, 288, 291, 302 f.
Neutronen 36, 104, 109
New York Times 96, 112, 230, 267, 275, 308, 352
New Yorker 80, 267
Newton, Isaac 18, 20, 43, 45, 66, 76, 111, 119, 145, 156, 245, 309, 313, 319, 346, 352 f., 370, 378
 Newtonsche Physik 39, 128
Nichtlokalität eines Teilchens 143 f.
Nietzsche, Friedrich 27, 101, 241, 393

Occam, Wilhelm von 119
 Ockhamsche Rasiermesser-Prinzip 119, 374
Ödipus (Sophokles) 13
Die offene Gesellschaft und ihre Feinde (Popper) 62 f.
Omegapunkt-Theorie 406–412, 414 f., 419 f.,
Oppenheimer, Robert 141
Opus Posthumus (Stevens) 277
Oreskes, Naomi 323 f.
The Origins of Order: Self-Organization and Selection in Evolution (Kauffman) 216, 220
Orwell, George 80, 350
Oszillationstheorie 261, 263
Overbye, Dennis 120

Packard, Norman 315 f.
Pagel, Heinz 309
Pannenberg, Wolfhart 407
Paradigma 74, 76–81, 83, 109, 180
 Paradigmenwechsel 76
Paradise Lost (Milton) 17
The Paradoxes of Progress (Stent) 44
Parameter, »verborgene« 143
Parapsychologie 140, 391
Pasteur, Louis 299
Patentbüro-Anekdote 40–43
Pauling, Linus 25
Peat, F. David 149
Peirce, Charles Sanders 61, 82
Penrose, Roger 9–12, 14, 17, 19 f., 23, 55, 280–285, 286, 294, 296, 302, 335, 343 f., 392, 404, 420
 »Penrose-Fliesen« 280
Penzias, Arno 178
Per Anhalter durch die Galaxis (D. Adams) 123
Periodensystem der Elemente 46, 99
Periodenverdopplung 354
Phantasie 56, 135, 157, 186
Pheidole (Ameisengattung) 231
Philosophie *siehe auch* Falsifikation, Leib-Seele-Problem, Logischer Positivismus, Mystiker, Relativismus, Religion 10, 13, 57, 59–73, 76, 84, 88, 99, 124, 141, 150, 195, 211, 220, 237, 332, 387
 der »implizierten Ordnung« 141, 145
 des Pragmatismus 61
Philosophie des menschlichen Bewußtseins (Dennett) 287
Photon 135
Physics Today 50 f., 132
Physik *siehe auch* Allumfassende Theorie, Kosmologie, Neun-

REGISTER

zehntes Jahrhundert, Quantenmechanik, Superconducting Supercollider, Teilchenphysik, Thermodynamik, 9 f., 13, 26, 27, 36, 39, 51, 64 f., 71, 75, 90, 109, 126, 131, 134 f., 149, 344
Einheitliche Theorie der Physik 155 ff., 163, 165, 170, 172, 343 f.
Endgültige Theorie der Physik 11, 126 ff., 132 f., 139 f., 146, 149, 156 ff.
Festkörperphysik 131
Grenzen der 14, 26, 31, 35–38, 46–52, 107–110, 118–121, 156 f., 370 f., 392
Physik der kondensierten Materie 51, 109
Die Physik der Unsterblichkeit (Tipler) 406 f.
Physik (Aristoteles) 75
Picasso, Pablo 370
Pierce, John R. 331
Der Plan Gottes (Davies) 129, 413
Planck, Max 268
Plancksches Wirkungsquantum 189
Platon 43
Plektik 340 f.
plus ultra-Schlagwort 56
Podolsky, Boris 144
Poesie in der Wissenschaft 322
Poincaré, Henri 308
Polymorphe Menge 270 f.
»Polynesien, neues« 27, 30, 34, 44, 56, 412
Popper, Karl 59–73, 77, 81–84, 89 ff., 97 f., 102, 278, 280, 350
Positivismus, logischer 61 f., 66, 99, 279
Prigogine, Ilya 345–353
Principia (Newton) 333

Probleme sprachlichen Wissens (Chomsky) 246
Problems in Philosophy (McGinn) 100
Prolegomena zu einer jeden künftigen Metaphysik, die als Wissenschaft wird auftreten können (Kant) 55
Propensities (Popper) 71
Proton 36, 104 f., 109
Proust, Marcel 250
Psimopoulos, M. 59 f., 97
Psychoanalyse 61, 73
Psychologie siehe auch Bewußtsein, Neurowissenschaft, Sozialwissenschaft 332
Ptolemäus 119 f.
Ptolemäisches Weltsystem 119 f.
»Punctuated Equilibrium Comes of Age« [Die Theorie des durchbrochenen Gleichgewichts wird volljährig] (Gould und Eldredge) 197

Quanten
Doppelnatur der 141
Quasiqantentrick 302
Quasiquanten-Bewußtsein 280–285
Quantenchromodynamik 104, 115
Quantencomputer 281, 371 f.
Quantenfluktuation 164
Quantengravitation 160
Quantenkosmologie, Definition 153–156
Quantenmechanik 9, 16, 19 f., 36, 39, 52, 54, 64, 66, 71, 78, 84, 98, 103, 109, 128, 130–136, 141–144, 150 ff., 154, 163, 166, 170, 190, 223, 278 f., 281 f., 294, 312, 329, 335, 344, 346 f., 371, 377, 383 f., 392, 398
Bewußtsein und 9 f., 278 ff.

Endgültige Theorie 133
Interpretation 133 ff., 141 ff.
Paradoxien der 127
Standardmodell 144
Quantenphysik 135
Quantentheorie 116 f., 119, 132, 138
Das Quark und der Jaguar (Gell-Mann) 340
Quarks 18 f., 34, 36, 49, 56, 104, 325, 337–344
Theorie 339 f.
»top-Quarks« 55
Quasare 105, 390

Rasmussen, Steen 378
Rationale Morphologie 220
Rationalismus 93 f.
kritischer 62, 84
Raumzeit 137, 154, 156 f., 166
Reagan, Ronald 80, 307
»Rebellen aus Prinzip« (Bloom) 18, 97
Reduktionismus 216, 220, 265, 302, 313, 335, 340, 349
Relativismus 81, 85, 98, 108, 140, 199, 206, 212
Relativitätstheorie
allgemeine 9, 18, 39, 51 f., 61, 103, 115, 117, 119 f., 134, 145, 159, 177, 223, 312, 347, 392
spezielle 16, 144
Religion *siehe auch* Fundamentalismus, Gott, Kreationismus, naturwissenschaftliche Theologie 32, 46, 67, 87, 94 f., 101, 141, 191 f.
The Remembered Present (Edelman) 266
Rescher, Nicholas 53 ff.
Reziproke Kopplung 271 f., 276 f., 296
RNA (Ribonukleinsäure) und Ursprung des Lebens 193 f., 227 f.
Roboter *siehe auch* Computer, Darwin 4, Künstliche Intelligenz 272–275, 296, 394 ff.
Rose, Charlie 122
Rosen, Nathan 144
Rosen, Robert 380
Rössler, Otto 374–380
Rössler-Attraktor 374
Rotverschiebung der Galaxien (Doppler-Effekt) 158 f., 176, 181 f.
Ruelle, David 334, 354
Ryle, Gilbert 249, 304

Sachs, Goldman 110
Sacks, Oliver 276
Sagan, Dorion 211
Salam, Abdus 107
Sandhaufen-Analogie 218, 327
Santa Fe Institut 338, 340, 343, 363–392
Schatten des Geistes (Penrose) 283
Schmetterlingseffekt 308, 358, 360
Schöne neue Welt (Huxley) 350
Schopenhauer, Arthur 378
Schramm, David 159–162, 169 f., 181 f., 184
Schrödinger, Erwin 29, 65
Schuld und Sühne (Dostojewski) 251
Schwarz, John 115
Schwarze Löcher 134, 138, 170, 183 f., 280, 384, 416
Die schwarze Wolke (Hoyle) 179
»Schwere Zeiten« (Kadanoff; Essay) 50
»Science: Endless Horizons or Golden Age?« (Glass) 47
Science: The Endless Frontier (V. Bush) 44, 47

Science (Wissenschaftszeitschrift) 41, 47, 323, 335
Scientific Amercian (Zeitschrift) 10, 15, 64, 75, 112, 216
Seele *siehe* Bewußtsein, Neurowissenschaft
Segel, Lee 379
Selbstorganisierte Kritizität 218, 221, 325–330, 360
Selbstreferentialität 367
Seminars in Neurosciences (Crick, Koch) 259
SETI (Search for Extraterrestrial Intelligence) 229
Sexualität, Ursprung der 194
Shakespeare, William 17 f., 83, 121, 249, 251
Shannon, Claude 136, 332
Shelley, Mary 225, 318
Shepard, Roger 373, 377, 380
Shrader Frechette, Kristin 323
Skeptizismus 84, 108
Skinner, B. F. 260
Sky and Telescope (Magazin) 177
Smith, John Maynard 221
Sociobiology: the New Synthesis (Wilson) 234 ff., 238
Softwareprogramme menschlicher Persönlichkeiten *siehe auch* Intelligente Maschinen 301
Solipsismus 292
Sommernachtstraum (Shakespeare) 121
Sonnen-Prinzip 181–184
Sowjetunion 44 f., 307, 332, 387
Sozialdarwinismus 235
Sozialwissenschaft *siehe auch* Anthropologie, Soziobiologie, Volkswirtschaft 67, 231–241, 252, 328, 376
Soziobiologie 196, 231–241, 253, 257

Soziologie, einheitliche Theorie 234
Sozzini, Fausto 417 f.
Spengler, Oswald 45 f., 56
Spielberg, Steven 213
Sprache
 Entstehung der 203 f., 243 f., 247
 Grenzen der 78 f., 246, 322
Sprachfähigkeit 245
Stabilité structurelle et morphogenèse (Thom) 333
Star Trek (TV-Serie) 154, 389–392
Star Wars (Strategische Verteidigungsinitiative) 307
Starke Wissenschaftler, Definition 18 f.
Steady-State-Theorie 166, 176
»Quasi-Steady-State-Theorie« 176
Stengers, Isabelle 347
Stent, Gunther 23–34, 41 f., 44, 47, 53–56, 107, 189 f., 193, 204, 227, 245, 248, 275, 294, 303, 310, 380, 383, 386 f., 389
Die Struktur wissenschaftlicher Revolutionen (Kuhn) 74, 76, 80 f., 83, 199
Strukturen der Syntax (Chomsky) 244
Der Sturm (Shakespeare) 83
Subjektivismus 64 f., 98, 141
Superconducting Supercollider (Supraleitender Superbeschleuniger) 31, 49, 106, 108 f., 122 ff.
Superkosmos 166
Supernova 34
Superposition (exotische Quanteneffekte) 281
Superstrings *siehe auch* Allumfassende Theorie, Einheitliche Theorie, Physik 10 f., 56, 105,

108f., 111f., 114–121, 125ff.,
131, 138, 145, 152, 154f., 170,
172, 230, 268, 282, 343f., 354,
371, 392
Supersymmetrie *siehe auch* Superstrings 117
Suppes, Patrick 367, 369f.
Symbiose-Modell 210ff., 219
Systemtheorie, allgemeine 253

tabula rasa, der Geist als 243
Teilchenphysik 31, 51f., 98,
103–111, 118, 120f., 123f.,
130, 132, 155, 163, 169–172,
181, 222, 254, 299, 314, 325f.,
335, 337f., 353, 355f., 384, 402
Standardmodell *siehe auch* Allumfassende Theorie, Endgültige Theorie der Physik, Physik, Quantenmechanik, Superstring, 103–106, 120, 131
Teilhard de Chardin, Pierre 407, 419
Teller, Edward 130f.
Theocharis, T. 59f., 97
Theorie des durchbrochenen Gleichgewichts 195, 197f., 200ff., 207, 219, 223, 330
Theorien für alles (Barrow) 118
Thermodynamik 316, 329, 335, 340, 342, 346ff.
zweiter Hauptsatz 215, 371, 380
Thom, René 333f.
Thomas von Aquin 38
Thompson, D'Arcy Wentworth 220
Tierschützer 16, 50
Tipler, Frank 406–412
Toffler, Alvin 346
Topobiology (Edelman) 266
Topologie 116

Tractatus logico-philosophicus (Wittgenstein) 420
Traub, Joseph 363, 365, 370, 374, 376, 379f.
Der Traum von der Einheit des Universums (Weinberg) 121–124, 129, 340
Triangulation 68
Turok, Neil 161f.

Über den Ursprung der Arten (Darwin) 31, 44, 187, 207
Ulysses (Joyce) 12
Umweltverschmutzung 31, 45
Unbestimmtheitsrelation
und Biologie 189f.
und Neurowissenschaft 292
und Physik 143
Unended Quest (Popper) 67
Die unerträgliche Leichtigkeit des Seins (Kundera) 350
Uniformitarismus 195
Unitarismus 133
Universum 56
Entstehung 19, 103, 155, 159, 172, 175
expandierendes 36, 46, 182
Grenzen des 49
selbstreproduzierendes 164, 166, 168
Unser Gehirn – Ein dynamisches System (Edelman) 266, 270
Unsterblichkeit, menschliche 37f.
Der Untergang des Abendlandes (Spengler) 46
Unvollständigkeitssatz (Gödel) 16, 118, 157, 280, 282, 343, 363f., 367, 398, 404, 413
Urknall (Big Bang) *siehe auch* Kosmologie 19, 20, 34, 68, 95, 156, 159–163, 170f., 173, 176ff., 181, 194
Beweise für 158–162

REGISTER

Doppler-Effekt 158 f., 176, 181 f.
Kernfusion 159, 170
Kosmische Hintergrundstrahlung 159, 170, 176 f., 226
Kritik am 68, 173–177
Namensgebung 177
Probleme der Urknallhypothese 159 ff.
Ursprung des Lebens 19, 37, 69, 194
»Ursprung und frühe Entwicklung unseres Universums« (Symposion) 153
»Ursuppe« 225
US-Kongreß 41, 49, 106, 229
Utopia *siehe auch* »neues Polynesien« 30, 44

The Varieties of Religious Experience (James) 416
»Verification, Validation, and Confirmation of Numerical Models in the Earth Sciences« (Aufsatz in *Science*) 323
Vermutungen und Widerlegungen (Popper) 67
Vielwelten-Theorie der Quantenmechanik 127, 134, 151
Vitalismus 51, 157, 190, 265, 285, 309
Volkswirtschaft, Wirtschaftswissenschaften 87, 326 ff., 331 f., 335, 372
Vom Wesen physikalischer Gesetze (Feynman) 150
Wächtershäuser, Günther 65, 69
»Wahrheit über die Natur« (Peirce) 82
Waldrop, M. Mitchell 315, 318
Wallace, Alfred Russell 193
Was ist Leben? (Schrödinger) 29
Watson, James 29, 35, 189, 193, 258, 262 f.

Wege zum Gleichgewicht (Gore) 330
Weinberg, Steven 107, 111, 121–130, 132 f., 151, 157, 285, 339 f., 349, 390, 402, 420
Weltraumforschung 37, 45, 229 f.
What Is It Like to Be a Bat? [Wie ist es, eine Fledermaus zu sein?] (Nagel) 286 f.
What is Life? (Margulis) 211
Wheeler, John Archibald 133–141, 151, 165 f., 168–170, 183, 186, 291, 332, 416
»Where Science Has Gone Wrong« (Theocharis, Psimopoulos) 59, 97
Whitman, Charles 130
Wider den Methodenzwang (Feyerabend) 84, 90
Wiener, Norbert 331 f.
Wille zur Macht 25, 387, 389
»Wille zur Macht« (Nietzsche) 27
Wilson, Edward O. 31, 231–241, 244, 252, 257, 420
Wilson, Robert 178
Wirklichkeitssimulation *siehe auch* Zellularer Automat 309 f., 316
Wissenschaft *siehe auch* Biologie, Computer als Wissenschaftler, Ironische Wissenschaft, Physik
  Ästhetik und Wissenschaft 118–121, 124, 147
  Definition 13 f.
  Ende der 12, 24–27, 43–46, 53 f., 82, 97–101, 264, 301 f., 344, 390
  Entwicklung 23–57, 195 f., 200 f., 309, 390 ff.
  Grenzen der 14, 25 f., 31, 35–38, 46–52, 78 f., 107–110,

118–121, 156 f., 171, 184 ff.,
201 ff., 246, 322, 358 f., 370 f.,
375, 392
Hierarchie 68, 338
Historischer Blick 38 ff., 43,
47, 145, 331, 375, 407
Konservatismus 98–101, 223
und Kunst 147, 212, 250
Philosophie 59–102,
290–294, 386 f.
versus Religion 32, 46, 67, 87,
94 f., 101, 129, 141 f., 191 f.,
212, 352
spielerisches Element 149
Vereinigte Staaten 41, 45,
48 f., 106, 229
und Vorstellungskraft 57,
157, 186
Wissenschaftlicher Fortschritt
(Rescher) 53
Wissenschaftskritik 16, 45 f., 50 f.,
379 f.

Witten, Edward 111–117, 120 ff.,
124, 131, 230, 248, 268, 355
Wittgenstein, Ludwig 99, 101, 269,
271, 366 f., 420
The World, the Flesh and the Devil
(Bernal) 393 f.
Wurmlöcher 154 f., 161, 171 f.

Yorke, James 315, 326, 334

Der Zahir (Borges) 101 f.
Zeit ohne Ende (Dyson; Essays)
400, 402
Zeitreise 127, 391, 406 f.
Zeitverschwendung (Feyerabend)
97
Zellularer Automat 310, 315
Zenon von Elea 53
Zufall und Chaos (Ruelle) 334
»Zwanzig-Fragen-Spiel« 136 f.
Zweispaltexperiment 136
2001 (Film) 36